矿物浮选的交互影响

印万忠　马英强　王纪镇　牛艳萍　孙乾予　罗溪梅　姚　金　著

北　京

冶　金　工　业　出　版　社

2024

内 容 提 要

本书提出了"矿物浮选交互影响"的学术思想，并明确了其定义、作用形式、对矿物浮选的影响及消除交互作用对矿物浮选影响的方法。按矿种着重介绍了铁矿石、钛铁矿、菱镁矿、水镁石、白钨矿、铜矿石、蓝晶石族矿物、石英和长石、磷灰石在浮选体系中矿物交互影响的研究成果，包括矿物间的交互影响及作用机理和利用或消除交互影响的方法，最后介绍了矿物浮选交互影响理论的实践应用实例。

本书可供从事复杂矿物浮选领域的专家、学者、研究人员及选矿生产工作者阅读，也可供高等院校矿物加工工程专业的师生参考。

图书在版编目（CIP）数据

矿物浮选的交互影响 / 印万忠等著 . -- 北京：冶金工业出版社，2024. 12. -- ISBN 978-7-5240-0015-0

Ⅰ . TD923

中国国家版本馆 CIP 数据核字第 2024W1Z514 号

矿物浮选的交互影响

出版发行	冶金工业出版社	电 话	(010)64027926
地 址	北京市东城区嵩祝院北巷 39 号	邮 编	100009
网 址	www. mip1953. com	电子信箱	service@ mip1953. com

责任编辑 王梦梦 美术编辑 彭子赫 版式设计 郑小利
责任校对 葛新霞 责任印制 禹 蕊
三河市双峰印刷装订有限公司印刷
2024 年 12 月第 1 版，2024 年 12 月第 1 次印刷
787mm×1092mm 1/16；20 印张；487 千字；310 页
定价 129.00 元

投稿电话 (010)64027932 投稿信箱 tougao@cnmip. com. cn
营销中心电话 (010)64044283
冶金工业出版社天猫旗舰店 yjgycbs. tmall. com
(本书如有印装质量问题，本社营销中心负责退换)

前　　言

　　矿物浮选是矿物加工工程领域的主要处理方法。浮选方法的适用性强，特别是在处理细粒难选贫矿石时比其他选矿方法效率高，当该法与其他分选方法联合使用时，可使矿产资源得到充分综合利用。近年来，世界矿产资源均逐渐趋向于"贫、细、杂、散"，尤其在我国，资源禀赋差，贫矿多，富矿少，矿物共伴生情况突出，浮选是处理这些矿产资源的最有效方法之一。

　　在采用浮选方法处理复杂矿石时，由于复杂矿石中细粒矿物颗粒在浮选矿浆体系中会因物理化学因素发生交互作用，如矿泥罩盖、表面转化等，从而影响浮选分离效率，有用矿物虽已达到单体解离，但混合矿体系中矿物的分离还是极为困难，这是复杂矿石选别难度大的一个重要原因。当矿物嵌布粒度较小或矿物溶解组分吸附迁移规律复杂（对应于非罩盖吸附或表面转化的情况）时，这种交互影响更为突出。

　　21世纪初，笔者在研究东鞍山含碳酸盐铁矿石、菱镁矿石和石英长石分离时，发现矿物交互影响现象的存在，且这种交互影响严重影响了矿物间的浮选分离。笔者据此提出了"矿物浮选交互影响"的学术思想，即复杂矿石浮选体系中两种及以上矿物间相互吸附、活化、抑制、表面转化等对浮选分离产生的影响，明确了矿物交互影响的形式、作用机制及利用或消除方法。围绕矿物浮选的交互影响这一研究方向，笔者带领研究团队针对不同矿种开展了系统的研究工作，一些研究成果还获得了工业应用，并取得了较大的经济效益。

　　本书即对笔者研究团队近年来矿物浮选交互影响研究成果的一个总结，明确提出了"矿物浮选交互影响"这一学术思想的定义、作用形式、对矿物浮选的影响及消除交互作用对矿物浮选影响的方法。按矿物类型着重介绍了氧化物矿物（铁矿石、钛铁矿）和氢氧化物矿物（水镁石）、钙镁含氧盐类矿物（菱镁矿、白钨矿、磷灰石）、硫化矿物（铜矿石）和硅酸盐矿物（蓝晶石族矿物、石英、长石）在浮选体系中矿物交互影响的研究成果，包括矿物间的交互影响及作用机理和利用或消除交互影响的方法，最后还介绍了矿物浮选交互影响理论的实践应用实例。

　　本书在撰写过程中，也参阅了大量相关的国内外文献，并补充了国内其他学者的一些类似研究成果，谨向本书参考资料和研究成果所涉及的所有学者表示诚挚的感谢！交互影响是复杂难选矿石体系中的普遍现象，对浮选交互影响规律的系统和深入研究，有助于选矿科技工作者了解引起矿物之间分离困难的本质，从而为找到解决难选矿物之间的选择性分离问题提供依据。因此，本书的出版开辟了浮选领域的一个新方向，也有助于为从事浮选领域的专家、学者、研究生及选矿生产工作者对难处理矿产资源的加工与利用提供新思路，从而促进矿物加工工程学科及难选矿石的浮选分离实践的发展。本书可供从事复杂矿物浮选领域的专家、学者、研究人员及选矿生产工作者阅读，也可供高等院校矿物加工工程专业的师生参考。

　　本书由印万忠（第 1 章、第 3 章、第 9 章、第 11 章）、罗溪梅（第 2 章）、姚金（第 4 章、第 5 章）、王纪镇（第 6 章）、孙乾予（第 7 章）、牛艳萍（第 8 章）、马英强（第 10 章）共同撰写。全书由印万忠统稿，其他作者按姓氏笔画排序署名，贡献相同。

　　由于作者水平所限，书中不足之处，敬请广大读者批评指正。

2024 年 3 月

目　　录

1 绪 论

1.1 矿物浮选的交互影响定义

矿物浮选过程中的交互影响是指复杂矿石浮选体系中两种以上矿物间相互吸附、活化、抑制、表面转化等对浮选分离产生的影响。

复杂矿石中矿物间产生交互影响的原因主要是有用矿物嵌布粒度太细、共伴生矿物种类多，要实现矿物间的单体解离，首先必须对矿石进行细磨，从而使矿物单体解离过程中产生粒度和组成各异的颗粒，这些矿物颗粒在浮选矿浆体系中会由于物理化学因素发生交互作用，如矿泥罩盖、表面转化等，从而影响浮选分离效率，出现有用矿物虽已达到单体解离，但矿物的分离还是极为困难的现象，这是复杂矿石选别难度大的一个重要原因。当矿物嵌布粒度较小时，交互影响更为突出。有时为了实现细颗粒矿物的浮选，还要向浮选体系中人为加入一种粗颗粒的载体矿物，通过粗细颗粒间的选择性交互来提高细颗粒的分离效果。

通常情况下，矿物间的这些交互影响包括直接交互和间接交互两种形式。直接作用形式较为直观，即矿物间的相互黏附罩盖。而间接交互作用形式主要有药剂消耗、矿物溶解与表面转化、提高泡沫稳定性、电化学作用等对矿物浮选的影响。

直接交互主要分为粗细交互和细细交互。其中，粗细交互形式有：（1）细粒有用矿物与粗粒脉石矿物交互；（2）细粒有用矿物与粗粒有用矿物交互；（3）细粒脉石矿物与粗粒有用矿物交互；（4）细粒脉石矿物与粗粒脉石矿物交互。细细交互形式有：（1）细粒有用矿物之间的交互；（2）细粒脉石矿物之间的交互；（3）细粒有用矿物与细粒脉石矿物之间的交互作用。这些交互作用有些有利于对有用矿物的回收，有些则对浮选过程产生不利影响。

间接交互形式包含：（1）矿物表面不饱和断裂键的重组及离子的溶解，例如硫化铜矿物溶解的 Cu^{2+} 对闪锌矿和方铅矿的活化作用；（2）具有一定溶解性的盐类矿物，矿物间会由于溶解组分吸附迁移、表面转化等产生交互影响[1]；（3）电化学性质不同的硫化矿物（如方铅矿-黄铁矿、黄铜矿-黄铁矿）存在电化学性质的相互作用，影响硫化矿溶解行为、表面性质和浮选行为[2-4]；（4）矿物还可通过改变矿浆流变性质、气泡稳定性等方式影响共存矿物的浮选行为[5-7]。

矿物之间还有可能发生多重交互作用，此时对浮选的影响就更为复杂。如果选别过程中有几种物理化学性质相近的有用矿物或脉石矿物，有用矿物与有用矿物、有用矿物与脉石矿物的粗细矿物之间会发生更为复杂的交互影响，产品中互含情况严重，从而降低各有用矿物的品位和回收率。

整体来看，矿物交互作用既可促进矿物浮选也可恶化浮选过程，因此，要实现复杂矿物体系中有用矿物的选择性分离，首先必须摸清不同复杂矿石体系中矿物之间的交互影响属性和作用机制，进而找到利用或消除矿物间交互影响的调控方法，最终达到提高复杂矿物浮选效率和分离选择性的目的。

1.2 粗细矿物交互对浮选的影响及机理

粗细矿物交互是指一种细颗粒矿物在另外一种粗颗粒表面的交互。由于不同矿物硬度的不同，在相同的粉碎和磨碎条件下，硬度较小的矿物会迅速变细，而产生大量的微细粒矿泥，从而在一定的条件下在另外一种粗粒矿物表面发生吸附罩盖而对浮选产生影响；或者为了实现对某种微细粒矿物的浮选或脱除，人为外加一种粗粒级的载体矿物，通过对发生交互作用的粗细矿物的共同浮选来达到目的。

1.2.1 细粒有用矿物与粗粒脉石矿物的交互作用

细粒有用矿物黏附在粗粒脉石矿物表面发生吸附罩盖，会导致细粒有用矿物夹带在粗粒尾矿中而损失，导致最终有用矿物回收率的降低。例如，赤铁矿浮选中微细粒的赤铁矿颗粒吸附在石英表面而损失到尾矿中，造成回收率的降低。但有时为了提高细粒有用矿物的浮选回收率，可以加入一种粗粒级的载体矿物，通过这种粗粒级的载体矿物吸附细粒有用矿物，粗细矿物共同浮选来实现提高细颗粒有用矿物浮选回收率的目的。

笔者团队在研究细粒级石英浮选过程中发现，在 pH 值为 11 左右，添加油酸钠、淀粉和氯化钙浮选回收 −18 μm 粒级石英时，添加一定量粗粒赤铁矿、菱铁矿、磁铁矿、褐铁矿或白云石均能够稍微降低浮选精矿石英的回收率。张明[8] 通过对东鞍山含碳酸盐铁矿石的工艺矿物学特性、主要矿物可浮性等的系统研究，认为微细粒的菱铁矿在粗粒石英表面的黏附罩盖导致石英在反浮选时可浮性变差，从而使其与赤铁矿的分离效果变差，甚至导致含碳酸盐赤铁矿石无法进行有效分选而成为"呆矿"。

梁瑞禄等人[9] 进行了不同载体种类对微细粒锡矿石浮选影响的试验研究。结果表明，以油酸钠作捕收剂时，与常规浮选相比，粗粒级石英、锡矿石、方铅矿、白铅矿 4 种载体均能显著提高微细粒锡矿石的回收率。进一步研究表明，以粗粒白铅矿和粗粒锡矿石为载体，在不同的载体粒度、搅拌速度、搅拌时间、浮选时间、矿浆 pH 值、载体比例等条件下，虽然目的矿物回收率不同，但它们的变化趋势相似。

1.2.2 细粒有用矿物与粗粒有用矿物的交互作用

利用细粒有用矿物与粗粒有用矿物的交互作用而实现浮选，实际上就是同类载体或自载体浮选技术。载体浮选又称背负浮选，其基本原理是：向微细粒悬浮体系中添加适宜粒度的粗颗粒作为载体，在表面活性剂及剪切力场等动力学因素的共同作用下使细粒矿物附着在粗粒载体上，形成疏水性聚团，然后再用常规泡沫浮选法回收。载体浮选提高了微细粒与气泡黏着的可能性。国内外学者对载体浮选技术进行了大量的研究，证明载体浮选法对细粒矿物的浮选效果远远优于常规浮选法。载体浮选技术关键是要找到合适粒级范围的粗粒级矿物作载体。

笔者团队研究了在十二胺用量为 2×10^{-4} mol/L，pH 值为 2.5 时，油酸钠用量对粗细粒长石混合矿浮选的影响。结果表明，随着细粒级长石添加量的增加，长石的回收率整体有所降低，而添加一定量油酸钠后，长石的浮选回收率提高，说明在油酸钠的作用下，细粒长石和粗粒长石可以发生相互作用，粗粒长石可以成为载体与细粒长石一起上浮。

G. Atesok 等人[10]以疏水强的粗粒煤作为载体对低品位难浮煤泥（−0.038 mm）进行了浮选试验研究。结果表明，载体粒度、细泥与载体量对浮选过程有重要的影响。在合适的条件下，用疏水性强的粗煤作为载体，异辛醇作为浮选药剂，可从含灰 16.3%、硫 2.0%的褐煤泥中得到含灰 8.30%、硫 0.72%的精煤，回收率为 81.00%。带少许电荷的载体粒子和高负电荷的褐煤细粒的静电引力作用是取得良好浮选指标的重要原因。董世武等人[11]用低阶煤为研究对象，用重选精煤作载体，进行低阶煤载体浮选试验，结果表明，0.5~0.25 mm 粒级的载体可大幅提升低阶煤的浮选回收率，可达到 98.92%，载体粒径大小对低阶煤的浮选回收效果有很大的影响。

邱冠周等人[12]用大于 10 μm 的不同粒级黑钨矿对−5 μm 粒级的黑钨矿进行载体浮选，回收率从原来的 40.50%上升到 70.38%；对于−20 μm 石英矿混合矿进行载体浮选，回收率从原来的 40.75%上升到 79.47%，同时精矿品位从 53.97%提高到 74.98%。研究认为，粒度不同的矿物颗粒会通过诱导疏水性絮凝发生吸附罩盖，当粗/细粒矿物含量比值在合适的范围时，可浮性好的粗粒矿物对细粒起载体-中介-助凝作用，有助于提高微细粒矿物浮选回收率[13]；反之，粗/细粒度颗粒含量比例不合适时细粒矿物与粗粒矿物竞争吸附捕收剂，降低粗粒矿物回收率[14]。

R. M. Rahman 等人[15]研究了不同粒级硅石的浮选行为。结果表明，在相同的浮选条件下，细粒级硅石（$d_{80} = 72$ μm）的浮选回收率高于粗粒级硅石（$d_{80} = 299$ μm）的浮选回收率。当浮选粗粒级硅石时，加入一定量细粒级硅石有利于提高粗粒级硅石的浮选回收率；A. M. 维艾拉[16]研究表明，矿浆中一定数量细粒石英的存在能够提高粗粒级和中等粒级的浮选指标。

李东[17]研究了赤铁矿浮选过程中粗-细赤铁矿间的"自载体"作用，试验结果表明微细粒赤铁矿在浮选过程中有明显的夹带作用，同时还会降低粗粒赤铁矿的浮选速率；微细粒赤铁矿的含量会影响粗-细赤铁矿的总浮选回收率，其中当粗粒和微细粒赤铁矿的质量近似相等时，总的浮选回收率最高，这可能是由于粗-细赤铁矿间更易发生团聚，且粗-细赤铁矿中粗粒或微细粒的含量过高时上述这种团聚现象会减弱。郭建斌[18]用粗粒赤铁矿作为载体进行了东鞍山−10 μm 粒级赤铁矿和石英混合矿的浮选试验研究。在 pH 值为 8、油酸浓度为 2.5×10^{-4} mol/L、载体粒度为 25~50 μm、载体比例为 40%的条件下，获得了精矿铁品位 64.20%、回收率 90.76%的浮选指标。Cristoveanu 和 Meech[13]用较粗的赤铁矿为载体，分离赤铁矿矿泥，都取得了很好的工业试验效果。邱冠周等人[19]对−5 μm 微细粒赤铁矿进行了载体浮选。试验研究表明，疏水化赤铁矿颗粒间的疏水作用，可以使细粒赤铁矿在粗粒赤铁矿上进行黏附；且粗粒的载体作用，可以背负细粒上浮，粗粒的助凝及中介裂解作用，使细粒形成较多的中间粒级聚集体，增大了细粒的可浮性。同时，载体浮选可大大提高−5 μm 赤铁矿的浮选回收率。

朱阳戈等人[20]对 0~20 μm 微细粒钛铁矿的自载体浮选试验研究表明，微细粒钛铁矿浮选中自载体作用显著，当粗粒载体比例为 50%以上时就能体现出良好的浮选效果。应用载体浮选工艺分选攀枝花难处理微细粒钛铁矿，与细粒矿物单独浮选相比，0~20 μm 微细粒钛铁矿的回收率由 52.56% 提高至 61.96%。

Muhammad Bilal 等人[21]考察了粗粒黄铜矿作为载体对细粒黄铜矿浮选行为的影响。浮选试验结果表明,载体颗粒的加入提高了超细颗粒黄铜矿的回收率,从 25% 左右(无载体)提高到 80% 左右,细粒黄铜矿回收率随载体(粗粒黄铜矿)用量的增加而提高。

但在某些情况下细粒有用矿物与粗粒有用矿物的交互不利于有用矿物的分选。例如,笔者研究了在十二胺浮选体系中,pH 值为 2.0 和 2.5 时,细粒级 (−5 μm) 长石对粗粒级 (−100+37 μm) 长石浮选的影响。结果表明,随着细粒级长石的逐渐增加,长石的上浮量均有所下降,细粒级长石对粗粒级长石有微弱的抑制作用;当细粒级长石从 0 g 增加到 2 g, pH 值为 2.0 时,长石的回收率由 42% 降低至 24.5%; pH 值为 2.5 时,长石的回收率由 69% 降低至 36.2%。

1.2.3　细粒脉石矿物与粗粒有用矿物的交互作用

细粒脉石矿物与粗粒有用矿物发生交互作用,一般情况下会造成细粒脉石矿物在精矿中的夹带而降低精矿品位。例如,在钛铁矿的浮选回收中,−10 μm 粒级的钛辉石会严重影响钛铁矿的浮选,急剧降低钛铁矿的回收率;在脉石矿物以蛇纹石为主的硫化矿的浮选过程中,蛇纹石的存在也会严重影响硫化矿物的浮选;细粒级的长石黏附在粗粒级的石英表面,影响石英的精矿品位,造成产品质量下降。微细粒的脉石矿物在粗粒有用矿物表面发生交互而引起的夹带作用是微细粒矿物分选效率和精矿质量偏低的重要原因之一。

K. E. Bremmell 等人[22]研究了利用蛇纹石对镍黄铁矿浮选的影响,动电位测量结果表明,当 pH 值为 9 左右时镍黄铁矿表面荷负电而蛇纹石表面荷正电,因此蛇纹石会通过静电引力作用黏附在镍黄铁矿表面,从而会大大影响镍黄铁矿的浮选回收。但是,当加入羧甲基纤维素(CMC)后,蛇纹石的表面电性由正电变为负电,蛇纹石与镍黄铁矿间的静电作用力由引力变为斥力,蛇纹石较难黏附在镍黄铁矿的表面,此时镍黄铁矿的浮选得到改善。

Yongjun Peng 等人[23]研究了膨润土在黄铜矿和辉铜矿表面的罩盖行为。结果表明,辉铜矿在磨矿和浮选过程中的氧化会促进膨润土在其表面的黏附罩盖,而膨润土较难黏附在黄铜矿表面,黄铜矿氧化前后与膨润土之间都存在明显的静电斥力。

Zhenghe Xu 等人[24]研究了蒙脱石和高岭石对煤浮选的影响。试验结果表明,蒙脱石会抑制煤的浮选,而高岭石对煤的浮选影响不大,并测量了蒙脱石-煤及高岭石-煤混合矿的动电位分布,表明煤与蒙脱石可以发生团聚,而与高岭石间不团聚,这也是蒙脱石抑制煤浮选的主要原因。

张国范等人[25]研究表明,微细粒钛辉石可在钛铁矿表面发生罩盖现象,所以 −10 μm 粒级的钛辉石不利于钛铁矿的浮选,通过增大颗粒的粒度、矿物表面的负电性及润湿性,增大钛铁矿和钛辉石之间的斥能,有利于二者的浮选分离。

1.2.4　细粒脉石矿物与粗粒脉石矿物的交互作用

细粒脉石矿物吸附罩盖在粗粒同种或异种脉石矿物表面,有利于实现不同粒级、不同种类脉石矿物同时与有用矿物分离,因此对提高有用矿物精矿品位和回收率均是有利的。

例如，通过在浮选体系中加入某种粗粒的载体矿物，从而将欲脱除的细粒脉石矿物吸附在粗粒载体矿物上，从而达到浮选脱除细粒脉石矿物的目的，这是载体浮选的另外一种重要作用。

美国 Monltyre-Philipp 选厂最早运用载体浮选提纯高岭土，其目的是去除含钛杂质锐钛矿并增加高岭土亮度。用-60 μm 方解石作载体，塔尔油及燃料油作捕收剂，载体浮选脱钛使高岭土的亮度指标从 84.10% 提高到 88.20%，回收率达 90%。即通过添加粗颗粒的方解石，使细颗粒的锐钛矿与粗颗粒的方解石发生交互作用，最终使人为添加的粗颗粒脉石方解石与细颗粒的脉石矿物锐钛矿一起脱除，从而提高了有用矿物高岭土的纯度和亮度。

为了降低土耳其某高岭土矿精矿中 SO_3（主要为明矾石）的含量，S. 科尔等人[26]利用粗粒方解石做明矾石浮选的载体试验表明，在 pH 值为 11、捕收剂油酸钠用量为 1 kg/t、载体粒度为 0.053~0.038 mm、载体与高岭土比值为 10%、捕收剂搅拌时间为 15 min、搅拌速度为 1750 r/min、矿浆温度为 45 ℃ 的条件下，获得精矿 SO_3 含量为 1.03%、高岭土回收率为 57.95% 的优良指标，载体浮选工艺优于传统浮选工艺。

1.2.5 粗细矿物交互作用机理

粗粒矿物与细粒矿物之所以能够发生交互作用，一些学者认为是细粒和粗粒之间发生了化学反应引起的，另外一些学者则认为是细粒和粗粒之间的静电作用引起的。当粗粒矿物和细粒矿物二者表面的 ζ 电位高，且符号相反时，细颗粒罩盖在粗颗粒表面严重；当粗颗粒的 ζ 电位低，而细颗粒的 ζ 电位高时，细颗粒罩盖较轻，若细颗粒 ζ 电位低，则罩盖严重。当细颗粒和粗颗粒二者表面 ζ 电位高，且符号相同，则罩盖可避免。C. E. Hemmlings[27]的试验说明了这一点，粗粒的方铅矿（75~105 μm）在细粒的石英（0~5 μm）、刚玉（0~4 μm，8~11 μm）和萤石（$P_{43}<10$ μm）存在的条件下进行浮选，用改变 pH 值的方法改变 ζ 电位，且于不同 pH 值时，在有或没有细粒存在时进行浮选，这样所观察到的方铅矿被抑制可用静电作用来解释。例如，在 pH 值为 6 时，用黄药处理的方铅矿和石英均有负的 ζ 电位，大量石英的存在也不影响方铅矿的浮选；而萤石有正的、数值高的 ζ 电位，在此情况下，甚至少量萤石的存在也对方铅矿有强烈的抑制作用。

有研究者从"载体效应""助凝效应"和"中介效应"三个方面对载体浮选进行了详细的机理研究。载体效应的基本依据是粗细粒之间的碰撞（载体作用）速率大大超过微细粒之间的碰撞（矿泥团聚）速率；助凝效应的机理为粗粒在紊流中运动尾迹形成的旋涡，提高了细粒之间的碰撞凝聚速率；中介效应的机理为在紊流剪切力场作用下，由于剪切、磨剥作用，黏附在粗粒上的细粒聚集体会脱附成为中间体，或者形成的较大细粒聚集体裂解成小的聚集体，粗粒起着"中介-裂解"作用。邱冠周等人[12]通过对微细粒黑钨矿自载体浮选试验研究，提出了"碰撞-黏附"的机理，并从动力学和热力学两方面进行了探讨与阐释。从动力学方面来说，强烈的搅拌作用是载体浮选取得较好效果的必要条件，其一，不同粒径的颗粒具有不同的碰撞速率，微细粒对载体之间的碰撞速率远远大于微细粒之间的团聚速率，这就使得微细粒能够聚集成大的颗粒，达到较好的上浮粒径；其二，强烈搅拌带给矿浆中颗粒的能量能够克服颗粒碰撞时介质阻力及颗粒间相互作用的"能垒"。从热力学方面来说，首先，微细粒与载体间的黏附，主要取决于捕收剂在矿物表面的吸附量及疏水基间的缔合力；其次，微细粒从载体上脱附，取决于疏水性颗粒间的黏结力或

"抗剪强度"。

朱阳戈等人[28]通过观察加入了载体并调浆后矿浆粒度变化发现，粗细粒混合调浆后，由于粗粒矿物的载体、中介和助凝作用，细粒矿物在粗粒载体上发生黏附，矿粒表观粒度增加，细粒级含量降低，优化了浮选环境，因此，自载体浮选提高了微细粒级的浮选速率。"碰撞-黏附"过程受有关物理、化学、几何等因素的相互制约，几何因素包括颗粒粒度、载体比、搅拌器结构等，物理因素包括搅拌速度、搅拌时间和矿浆浓度，化学因素包括药剂种类、药剂浓度、调浆温度和介质 pH 值等。

1.3　细细矿物交互对浮选的影响及机理

细粒矿物的可浮性较差，其主要原因如下：（1）由于细粒级矿粒质量小，与气泡碰撞概率小，因而浮选速度较慢；（2）由于微细粒矿物表面有更多的活性中心（如残余键、活性离子等），因而会对浮选药剂产生非选择性吸附，浮选分离选择性吸附降低；（3）微细粒矿物的溶解度增大，从而使矿浆中难免离子浓度增大，溶解组分在矿物表面吸附和转化，从而干扰浮选过程；（4）由于细粒矿物表面能较大，因而容易发生矿泥罩盖，如泥化的铝硅酸盐脉石在一水硬铝石的罩盖将影响精矿质量；（5）细粒夹带，粒度越细，细粒矿物越容易被泡沫水机械夹带进入精矿，若细粒为脉石矿物将严重影响精矿质量。综上所述，在细粒矿物浮选体系中，既存在细粒级矿物与气泡碰撞概率小、浮选速度慢、细粒夹带和机械夹杂等物理性质造成的不利影响，也存在细粒矿物溶解度大、溶解组分在矿物表面的吸附和转化、矿泥罩盖及细粒互凝、颗粒对药剂的非选择性吸附等化学性质造成的一系列问题。

细细交互包括细粒有用矿物之间的交互、细粒脉石矿物之间的交互及细粒有用矿物与细粒脉石矿物之间的交互。同种细粒矿物之间的交互作用一般对浮选是有利的，但不同种细粒矿物之间的交互通常对浮选不利。

1.3.1　细粒有用矿物之间的交互作用

如何提高细粒矿物的可浮性，一直是浮选领域的难点。解决细粒矿物浮选难题时，除了减小气泡的尺寸以产生更微小的气泡而增加与细粒矿物碰撞黏附的概率外，最主要的方法之一是聚团浮选。聚团浮选是指在矿浆充分分散的前提下将悬浮体中的微细颗粒通过某些团聚方法选择性聚集成粒度合适的聚团，然后用浮选法将这些团聚体回收的微细粒分选技术，即通过增大细颗粒矿物的表观粒径，以实现常规条件下微细粒矿物的浮选。例如，选择性絮凝浮选、剪切絮凝浮选、油团聚浮选、磁团聚浮选、纳米气泡浮选等。聚团浮选的方法，其本质就是利用微细粒有用矿物之间的交互作用，使微细矿物颗粒选择性团聚在一起，以增加矿物颗粒的表观粒径，从而提高目的矿物与气泡的碰撞和黏附概率而实现良好的浮选。在聚团浮选中，不是单个微细颗粒而是微细颗粒的疏水聚团与气泡发生碰撞，然后黏着在气泡的表面。

如果是采用反浮选技术，则聚团浮选是指通过某些方法将细颗粒选择性团聚后进行抑制的技术。

1.3.1.1　选择性絮凝浮选

选择性絮凝浮选是指在高分子絮凝剂的桥联作用下，选择性地使处于分散状态的细颗粒目的矿物团聚，产生松散的、多孔的具有三度空间的絮状体，从而通过浮选使絮团与仍呈分散状态的脉石矿物分离的技术。其主要原理是：高分子絮凝剂分子含有能与矿物颗粒表面相互作用的化学基团，其高分子链上的某些基团吸附在颗粒表面上，而链的其余部分则朝外伸向溶液中；当另一个具有吸附空位的颗粒接触到聚合物分子的外伸部分就会发生同样的吸着。这样，细颗粒借助于聚合物分子连接形成聚集体，聚合物分子起桥联作用。

李树磊[29]以辉钼矿、石英和高岭石为研究对象，系统研究了聚氧化乙烯对辉钼矿的选择性絮凝机理，六偏磷酸钠作用下聚氧化乙烯对石英和高岭石的絮凝行为，微细粒辉钼矿絮凝选择性流体流动作用，聚氧化乙烯溶液环境下微细粒辉钼矿浮选试验，以及混合矿的实际絮凝-浮选效果。结果表明，通过分散剂六偏磷酸钠添加及絮凝过程搅拌转速提高，较常规浮选，在精矿品位略有降低情况下，辉钼矿的回收率由 56.53% 大幅度提高至 80%以上。Li 等人[30]研究了聚环氧乙烷对微细粒辉钼矿的团聚行为。研究表明，聚环氧乙烷能够选择性团聚微细粒辉钼矿，提高了其浮选性能，进而改善了辉钼矿与石英的浮选分离效率。Alvarez 等人[31]研究了在柴油浮选体系中聚环氧乙烷对微细粒辉钼矿浮选的影响，结果表明，聚环氧乙烷和柴油共同添加能够有效地团聚微细粒辉钼矿颗粒，进而显著提高辉钼矿的浮选回收率。

Buttner 采用羧甲基纤维素或羧甲基淀粉作絮凝剂和分散剂，使超细磷灰石絮凝、方解石分散，然后用肌氨酸钠及壬基酚基聚乙三醇醚混合作捕收剂，选别磷酸盐矿石，使含 P_2O_5 5.8%、-6 μm 占 42% 的原矿经过一次粗选和二次精选，得到含 P_2O_5 35%、回收率 65% 的精矿。

王怀发等人[32]对高灰极难选煤泥进行了试验研究。结果表明，选择性絮凝浮选是该种煤泥的一种有效分选方法，其分选效果优于常规浮选。戚家伟等人[33]对极细粒煤进行了试验研究，表明选择性双向絮凝脱硫降灰可以获得灰分小于 1% 的超低灰精煤，脱灰率为 77.49%，脱硫率达到 87.00%。谢登峰[34]对太西煤进行煤岩分析、筛分、浮沉试验研究后，提出利用选择性絮凝—浮选法制备超纯煤。研究表明，利用该法可得到精煤的灰分为 1.29%、产率为 41.26% 的较好指标。邹文杰等人[35]通过对聚丙烯酰胺在煤及高岭石颗粒表面的吸附等温线和吸附量差值的测定，研究了聚丙烯酰胺对煤和高岭石颗粒选择性絮凝作用，结果表明，阴离子型聚丙烯酰胺对煤的选择性絮凝较好，而阳离子型聚丙烯酰胺对高岭石的选择性絮凝较好。Liang 等人[36]研究了聚环氧乙烷对烟煤浮选的影响，结果表明，不添加六偏磷酸钠时，聚环氧乙烷无选择性地团聚高岭石和烟煤颗粒，导致精煤产率下降，恶化烟煤浮选指标。然而，添加六偏磷酸钠后，聚环氧乙烷能够选择性团聚烟煤颗粒，大大改善了烟煤浮选分离指标。沙杰等人[37]研究了阳离子型聚丙烯酰胺对高灰煤泥絮凝浮选的影响。结果表明，添加絮凝剂能够显著地提高可燃体回收率和精煤产率，可燃体回收率提高了 26.50 个百分点，且精煤产率提高了 25 个百分点。

王淀佐等人[38]以 FD 作为选择性絮凝剂，分别用水玻璃（化学名称为硅酸钠）、六偏磷酸钠、氟硅酸钠、酸化水玻璃为分散剂，对 4 种脉石矿物（石英、萤石、方解石和石榴石）的分散行为进行了研究。结果表明，水玻璃能很好地克服水中 Ca^{2+} 和 Mg^{2+} 的不良影响；六偏磷酸钠是微细粒黑钨矿选择性絮凝工艺中最佳的分散剂。人工混合矿试验表明，采用最佳药剂制度可使微细粒黑钨矿与 4 种脉石分离，并取得了令人满意的分选指标。

陈茂等人[39]研究了人工合成磺化聚丙烯酰胺等高分子絮凝剂在微细粒钛铁矿和长石上的吸附特性、絮凝行为及其机理，处理钛铁矿-长石混合矿时，获得的钛精矿 TiO_2 品位为 42.12%，回收率为 83.00%。

沈慧庭[40]针对东鞍山铁矿石进行了絮凝脱泥—反浮选的试验研究，在磨矿细度为 -0.075 mm 粒级占 85%左右时，通过分散剂（Na_2CO_3＋水玻璃）＋絮凝剂（淀粉）的方法实现了絮凝脱泥。黄艳芳等人[41]基于选择性絮凝工艺利用腐殖酸絮凝剂处理拜耳赤泥。试验研究表明，腐殖酸聚合物主要以吸附联桥的作用对铁矿物进行选择性絮凝，最终可得到铁品位为 61.12%±0.10%、铁回收率为 86.25%±1.13%的铁精矿。杨诚等人[42]用聚氧化乙烯（PEO）和淀粉分别用作石英和赤铁矿的选择性絮凝剂，实现-10 μm 的赤铁矿和石英浮选分离，研究表明选择合适的 PEO，赤铁矿和石英分离效果有很大改善，此时可以获得不错的浮选指标。这说明选择性絮凝增强了赤铁矿和表面性质差异，为两者分离提供了条件。Cheng 等人[43]研究了以油酸钠为捕收剂，用聚丙烯酸钠（PAAS）对细粒赤铁矿进行选择性絮凝，实现细粒赤铁矿与石英的分离，并深入探讨了 PAAS 与赤铁矿相互作用的机理。Zeta 电位变化表明，油酸钠经絮凝剂 PAAS 絮凝后能够吸附在赤铁矿表面，而 PAAS 在石英表面的吸附抑制了捕收剂油酸钠在石英表面的吸附，从而大大改善了细粒赤铁矿和石英的可浮性差异，实现了细粒赤铁矿与细粒石英的有效分离。

魏宗武等人[44]针对某地细粒级锡尾矿品质差，伴生关系复杂的特点，用磺化聚丙烯酰胺（PAMS）来絮凝锡石，然后进行浮选回收，获得了不错的富集比，为尾矿回收细粒级锡石工艺提供了新的思路。

1.3.1.2 剪切絮凝浮选

剪切絮凝浮选，亦称疏水团聚浮选，主要通过表面活性剂（捕收剂）的疏水作用在高速的搅拌作用下选择性聚集细粒疏水矿物来实现矿粒间的团聚，以增大"表观直径"，生成的疏水性絮团与气泡的碰撞效率更高，可以使疏水微细粒矿物颗粒达到能够用常规方法有效分选的目的从而提高浮选回收率。该浮选技术通常作为微细粒矿物浮选前的预处理，影响疏水聚团的物理因素主要包括搅拌速度、搅拌时间、疏水作用力等。

聚团动力学研究表明[45-46]，机械搅拌是促进疏水矿粒相互碰撞及黏着的必要动力学条件，因为在强搅拌条件下粒子获得动能才能克服粒子间相互作用的势能。影响疏水聚团的化学因素主要包括矿浆 pH 值、矿浆溶解组分、表面活性剂的种类及用量等。

1975 年，Warren 对超细白钨矿在油酸钠溶液中的疏水凝聚（剪切絮凝）进行了系统的研究，剪切絮凝可以使超细白钨矿的粒度增大，增大细粒白钨矿的浮选速度。Warren 强调吸附在矿粒表面捕收剂分子非极性烃链间的疏水缔合作用是剪切絮凝发生的根本原因。瑞典的 Yxioberg 白钨选厂选用碳酸钠、硅酸钠、焦磷酸钠作分散剂，油酸钠作捕收剂浮选白钨矿，可以观察到强烈的剪切絮凝作用，提高了白钨矿的回收率。试验结果表明，从含 0.50%白钨矿、7%萤石和 5%方解石的矿石中，可选出含 WO_3 68%～74%，回收率近 80% 的白钨矿精矿。该矿石中有 15.7%的 WO_3 分布在-9 μm 粒级中，剪切絮凝有利于这部分微细粒白钨矿的回收。

笔者团队[47]用剪切絮凝法对鞍山微细粒赤铁矿进行了浮选，试验结果表明，剪切絮凝浮选的最佳疏水絮凝条件为：矿浆的 pH＝9、油酸钠浓度为 $3.94×10^{-4}$ mol/L、剪切搅拌速度为 1400 r/min 及剪切搅拌时间为 20 min。根据 DLVO 理论可知，机械搅拌使颗粒获得动能从而克服能垒，且随着颗粒的进一步靠近，颗粒间疏水作用势能会显著增大，从而引起颗粒团聚。絮凝浮选的回收率比未絮凝浮选的回收率有明显的提高。R. D. Pascoe 等人[48]用油酸钠作为疏水絮凝剂对微细粒赤铁矿和石英进行了浮选分离，试验结果表明赤铁矿絮团的粒径与油酸钠浓度、矿浆 pH 值、搅拌强度、搅拌时间有关，铁品位 15% 的赤铁矿-石英混合矿通过剪切（疏水）絮凝浮选粗选可到精矿铁回收率 94%、铁品位 46% 的浮选指标。英国的 R. D. 帕斯科等人[49]研究发现，超细赤铁矿在浮选之前先进行剪切絮凝可显著提高浮选回收率。D. W. Fuerstenau 等人[50]采用十二烷基硫酸钠对细粒赤铁矿絮凝浮选进行了研究。结果表明，剪切絮凝作用可以提高 $-10~\mu m$ 粒级赤铁矿颗粒的浮选速率。在絮凝过程中加入药剂处理过的粗粒赤铁矿作为剩余细粒的载体，可明显提高总回收率。Ng 等人[51]采用聚 N-异丙基丙烯酰胺对微细赤铁矿颗粒进行了剪切絮凝浮选试验，结果表明，聚 N-异丙烯酰胺在赤铁矿的剪切絮凝浮选中同时具备了絮凝剂和捕收剂的作用，能够促进微细赤铁矿形成疏水聚团，并有利于矿化气泡的生成。曹明礼等人[52]利用 Auger 电子能谱对赤铁矿的剪切絮凝进行了研究。试验研究表明，油酸钠能够以化学吸附的方式使赤铁矿的表面疏水。并且通过对赤铁矿颗粒间总作用势能的计算，推测其絮凝的主要原因是赤铁矿在剪切搅拌力场的作用下发生了疏水作用，而在同样的条件下油酸钠与高岭石未发生相互作用，从而其颗粒仍能保持高度的分散。苑宏倩等人[53]通过对齐大山铁矿选矿分厂磁选精矿剪切絮凝正浮选试验研究，在磨矿细度 $-0.037~mm$ 占 85%、矿浆 pH 值为 3、石油磺酸钠用量为 5 kg/t、水玻璃用量为 300g/t、搅拌强度为 2200 r/min、剪切絮凝时间为 6 min 的条件下，获得了精矿铁品位为 66.80%、回收率为 95.93%、尾矿铁品位仅 5.03% 的良好指标。

范桂侠等人[54]在油酸钠浮选体系下研究了钛铁矿和钛辉石的剪切絮凝浮选行为。试验结果表明，适宜的搅拌强度和搅拌时间可提高微细粒钛铁矿和钛辉石的浮选回收率，当颗粒的疏水性增强时搅拌强度对剪切絮凝效果的影响减小。

Sahinkaya 和 Ozkan[55]分别对阴离子型疏水改性剂和金属阳离子无机盐作用下硬硼钙石的剪切絮凝行为进行了试验研究。结果表明，相比于十二烷基硫酸钠，油酸钠在更宽的 pH 值范围内对硬硼钙石具有更好的絮凝效果。

Huang 等人[56]通过研究苯乙烯基膦酸对微细粒金红石疏水絮凝的影响后发现，苯乙烯基膦酸能够有效地絮凝微细粒金红石颗粒，当捕收剂用量为 1000 mg/L 时，提高搅拌转速能够有效增加微细粒金红石的表观粒径，促使其浮选回收率增加 10%。

1.3.1.3 油团聚浮选

油团聚浮选是指通过采用煤油、变压器油、柴油等中性油团聚微细粒目的矿物，增加目的矿物的表观粒径而提高其浮选效果的技术。其浮选过程为：矿石磨细后加入调整剂分散矿浆，加入表面活性剂使目的矿物疏水，再加入中性油使其在疏水化矿粒表面铺展，在疏水作用及形成的油桥作用下，被中性油覆盖的细矿粒相互黏附形成油聚团，再通过常规浮选方法对其进行分离。

为了解决微细粒辉钼矿难以通过传统浮选回收的难题，杨丙桥等人[57]以煤油为添加剂，以聚团粒度与规则度为表征手段，探讨微细粒辉钼矿疏水聚团过程中聚团的形成、破坏和重组行为，并在此基础上研究了聚团对微细粒辉钼矿浮选效果的影响。结果表明，聚团的形成与搅拌速度和煤油用量密切相关；搅拌速度越高，聚团形成越快；煤油用量可以显著提高聚团强度和承受高应力剪切，煤油用量越高，使得聚团破碎和重组所需的搅拌速度越大，时间越长；聚团规则度受搅拌速度和煤油用量影响非常明显，搅拌速度越大，煤油用量越大，聚团变得越规则。与常规浮选相比，聚团浮选使得微细粒辉钼矿的上浮率显著提高，聚团浮选效果与疏水聚团过程中搅拌强度紧密相关，搅拌速度越高，达到最大上浮率所需时间越短，添加煤油能够显著提高辉钼矿上浮率。Song 等人[58]采用油团聚方法实现了细粒辉钼矿浮选的强化。结果表明，强烈的搅拌和较小的煤油液滴更有助于细粒辉钼矿颗粒的团聚。相比于传统浮选，采用油团聚浮选能够大大提高细粒辉钼矿的浮选性能，细粒辉钼矿的回收率从 35% 提升到 90%。Qingquan Lin 等人[59]研究了中性油对辉钼矿细粒的浮选机理，结果表明，在 pH 值为 2～11 时，在变压器油中，微细辉钼矿的可浮性明显优于煤油和柴油。变压器油的加入增强了微细辉钼矿的可浮性，促进了辉钼矿颗粒的聚集。傅里叶变换红外测量表明，物理相互作用是辉钼矿吸附中性油的主要机理。界面相互作用计算表明，疏水吸引力是烃类油捕收剂、水和辉钼矿之间的关键作用力。烃类油捕收剂与水之间的强疏水吸引力提供了捕收剂在水中的强分散能力。此外，捕收剂的分散能力，而不是烃类油捕收剂与辉钼矿之间的相互作用强度，在微细辉钼矿浮选系统中具有非常重要的作用。他们还采用一级动力学模型研究 -38 μm 粒度微细粒辉钼矿在不添加或者添加柴油时的浮选动力学[60]。研究结果表明，不添加柴油时微细粒辉钼矿的浮选速率常数小，浮选回收率低；在添加柴油的体系中，柴油用量的增加可以增大疏水团聚体的粒径，提高浮选速率常数，从而增大微细粒辉钼矿的浮选效率；矿浆 pH 值对微细粒辉钼矿浮选速率的影响较大，在酸性和中性 pH 值条件下，辉钼矿的浮选速率常数明显大于碱性条件下的速率常数；在柴油体系中，降低 pH 值会促进辉钼矿颗粒的聚集行为，但聚集程度增加不大，从而引起辉钼矿浮选回收率增加不明显；适当增大搅拌转速也可以促进微细粒辉钼矿的聚团行为，增大团聚体的平均粒径，提高其浮选速率常数和浮选回收率；微细粒辉钼矿与柴油油滴之间相互作用力以疏水引力为主。在理论研究基础上，为了解决微细粒辉钼矿浮选的问题，提出了油团聚浮选技术[61]。针对某钼矿石，工艺矿物学研究表明，在原矿中，61.63% 的辉钼矿颗粒分布在 -20 μm 的粒度组分中，并与白云母和黄铁矿共生，呈浸染状。对比试验表明，对于 -25 μm 的颗粒，常规浮选的回收效率较差。油团聚浮选结果表明，变压器油的用量对捕获的辉钼矿颗粒平均尺寸 d_{50}、团聚体的平均粒径 d_{50} 和钼的回收率起着关键作用。工业试验表明：与钼硫混合浮选法相比，油团聚浮选不仅使钼精矿的钼回收率和品位分别提高了 22.75 个百分点和 17.47 个百分点，而且获得了 38.92% 的优质硫精矿。王晖等人[62]对浙江某钼矿的微细粒钼矿尾矿采用油团聚浮选技术进行了试验研究。试验研究表明，采用变压器油可以产生较好的油团聚浮选效果，配合适量的起泡剂、必要的搅拌强度及充足的团聚时间等，可以实现尾矿中钼资源的回收。同时工业试验显示，选用油团聚浮选技术处理含钼的尾矿，可以从含钼为 1.05% 的浮选尾矿中，获得钼精矿中钼品位为 22.62%、回收率为 94.93% 的较好指标。

邹建新等人[63]研究了细粒钛铁矿油团聚体系中各种因素的影响，对钛铁矿和长石按 1:1 组成的人工混合矿，采用油团聚-淘析法和油团聚-浮选法均收到良好的效果，后者中性油用量可大幅降低。中性油在细粒钛铁矿表面的作用机理及细粒钛铁矿的油团聚动力学均有报道。一般认为，中性油分子能与吸附在钛铁矿表面的捕收剂非极性基团缔合，提高了钛铁矿表面的疏水性，改善了浮选的效果。

Li 等人[64]探究了不同捕收剂体系下油团聚对微细粒赤铁矿浮选的影响。试验结果表明，相比于辛基异羟肟酸，油酸钠或油酰异羟肟酸更容易团聚微细粒赤铁矿颗粒，煤油的添加进一步增加了微细粒赤铁矿的表观粒径，从而改善了微细粒赤铁矿的浮选性能。

Zambrana 等人[65]研究了通过油团聚工艺回收锡石的工艺技术。研究表明，在 pH 值为 3 左右时，使用烷基磺酸盐为捕收剂，以汽油为团聚剂，进行油团聚浮选可以从细泥尾矿中回收粗锡精矿。

柴社居等人[66]认为，用油团聚脱灰法制备超低灰煤的影响因素很多，其中最为重要的因素有：煤的结构特性和表面性质、煤的粒径、团聚剂（油）的种类及用量、添加剂；其次是搅拌时间和速度、煤浆 pH 值、搅拌强度；而用水量、浓度及煤浆的密度等对油团聚的影响相对前者较小。同时，煤的结构特性和表面性质直接影响后续团聚剂及添加剂的选择与使用。

Sen 等人[67]采用油团聚浮选工艺来提高微细粒金矿石中金的回收率，试验研究了油类型、团聚材料粒度、油团聚与矿石比等操作参数对金浮选回收率的影响。试验研究表明，在 Kozlu 煤和煤油辅助的油团聚中，石油比植物油对金的回收率效果更好。使用团聚体的含量越高，金的回收率越高，但浮选精矿中金品位会显著降低，并且在油聚集阶段粗粒煤粉的利用对金颗粒有较高的选择性和回收率。Sen 等人[68]还采用煤-油团聚辅助微细粒金浮选法，结果表明，煤油团聚辅助金浮选法能有效回收-300+53 μm 粒级的微细金颗粒，且煤/油用量比为 30：1 能获得较高的金回收率。

1.3.1.4 磁团聚浮选

磁团聚浮选是指强磁性或弱磁性细颗粒物有选择性地自行团聚成链状或团状的磁聚体，再与不发生团聚的脉石矿物进行浮选分离的技术。在进行磁团聚浮选时，可以将发生磁团聚的矿物浮选，也可以将发生磁团聚的矿物进行抑制。

唐雪峰[69]对湖南某铁矿石通过采取强磁选抛尾、加磁种进行选择性团聚脱泥及反浮选手段，使极微细粒嵌布的赤铁矿得到了较好的回收，最终获得了铁品位为 63.55%、铁回收率为 71.34%的综合铁精矿。

张卯均等人[70]对包头铁矿进行了选矿试验，研究证明：利用细粒磁铁矿选择性团聚赤铁矿和借助水玻璃分散硅酸盐类脉石矿物，矿浆经多次脱泥即可获得较好的选铁指标；在选择性脱泥过程中，微细颗粒的磁铁矿起到了类似于高梯磁选机中"钢毛"介质的作用，而赤铁矿的反铁磁性及由此决定的磁性变化规律则是它能被磁铁矿团聚的内在原因。

王东辉等人[71]研究了赤铁矿反浮选过程中磁铁矿对赤铁矿产生的选择性磁团聚作用及其机理。试验结果表明，对于赤铁矿-石英人工混合矿反浮选而言，加入磁铁矿可以提高精矿中赤铁矿的回收率，从而降低尾矿中铁的品位；并且添加磁铁矿的粒度越细，其影响越显著，而将淀粉与磁铁矿组合使用比单独使用磁铁矿的作用效果更加明显。与不添加磁铁矿相比，当-5 μm 粒级磁铁矿的添加量为 4%时，精矿赤铁矿回收率提高了 6.5 个百分点，尾矿铁品位降低了 22.50 个百分点。通过扫描电镜图片和 EDS 能谱分析可知，加入的磁铁矿能选择性地团聚微细粒赤铁矿，这样一方面避免微细粒赤铁矿过多地黏附到石英颗粒表面，减少了微细粒赤铁矿随尾矿的流失量；另一方面，抑制剂对团聚后的赤铁矿有更好的抑制效果，从而导致赤铁矿回收率的提高，尾矿 Fe 品位的降低。-5 μm 粒级磁铁矿可罩盖在粗粒石英表面，从而降低石英的浮选回收率。磁铁矿颗粒的磁场分布规律分析结果表明，磁铁矿粒度小于 5 μm 以后，磁铁矿颗粒表面附近的磁场梯度急剧上升，在磁铁矿颗粒表面 0.5 μm 范围内，上升趋势较为明显，因而呈现出微细粒磁铁矿所具有的磁力"高梯度效应"，导致磁铁矿颗粒对周围弱磁性赤铁矿颗粒的磁力作用迅速增加，从而使磁铁矿颗粒与赤铁矿颗粒产生磁团聚现象[72]。

Shao 等人[73]认为，赤铁矿在较低的转速和较弱的磁场强度下就可发生磁团聚，并且增大磁场强度可以缩短搅拌时间。S. Prakash 等人[74]利用选择性磁种罩盖技术从人工混合矿中回收微细粒级赤铁矿，试验结果表明，通过选择性磁种罩盖技术可使精矿纯度达到90%~92%，回收率为 90%~96%。

1.3.1.5 纳米气泡浮选

纳米气泡指的是小于 1 μm 的微小球形气泡，通常可以划分为界面纳米气泡和体相纳米气泡。纳米气泡浮选主要是指利用纳米气泡强化微细粒疏水性矿物浮选的方法。纳米气泡在疏水颗粒表面优先生成，具有先天选择性；可降低溶液表面张力，促进水化膜破裂和颗粒团聚；接触角增大，显著提高颗粒疏水性；纳米气泡有利于提高微细粒矿物与纳米气泡之间的碰撞概率和附着概率，降低脱落概率；另外，纳米气泡具有毛细架桥作用，可以促进微细粒矿物之间的交互影响作用，凝聚细颗粒，增大其表观尺寸，从而增加捕收概率。因此纳米气泡浮选可用于强化浮选，有效提高微细矿物浮选效率和回收率，改善精矿品位。

冯其明等人[75]的研究表明，纳米气泡提高了超细颗粒与气泡的碰撞概率，进而提高了微细白钨矿的回收率和浮选速率；Ma 等人[76]将纳米气泡浮选技术应用于微细鳞片石墨浮选，显著缩短了石墨浮选段数，并使得微细鳞片石墨回收率提高了 14.73 个百分点。Ahmadi 等人研究表明，纳米气泡浮选可使超细黄铜矿回收率提高 16~21 个百分点，并且可使浮选药剂用量降低 50%~75%；陶有俊等人[77]发现，纳米气泡浮选细颗粒煤炭使得可燃体回收率提高 10~30 个百分点；Tao 等人[78]研究表明，纳米气泡反浮选赤铁矿可使得赤铁矿回收率从 68% 提高至 84%。

1.3.2 细粒脉石矿物之间的交互作用

在矿物浮选过程中，一些易泥化的脉石矿物经常与有用矿物伴生，这些脉石矿物粒度非常细，一般小于 10 μm，这些细粒脉石通常吸附罩盖在粗粒有用矿物的表面而影响其可浮性，且在浮选过程中会消耗大量浮选药剂，并在泡沫中发生无选择性夹带，从而影响浮选过程的选择性。但是，通过一些方法选择性加强细粒脉石矿物之间的交互作用，使之发生选择性团聚，则可大大降低这些细粒矿物对有用矿物浮选的影响，减小细颗粒夹带，从而提高分离选择性。

复杂难选铁矿石具有铁品位低、铁矿物嵌布粒度细且伴生矿物组分复杂的特点，在细磨过程中会产生大量的微细粒硅酸盐脉石矿物。在铁矿石反浮选过程中，由于微细粒硅酸盐矿物粒度小且浮游性差，大量微细粒硅酸盐矿物进入浮选精矿，降低铁精矿的产品质量。杨斌[79]在十二胺体系中通过添加非极性油（硅油或煤油）或聚环氧乙烷（PEO）大大促进了微细粒脉石矿物石英、角闪石和绿泥石发生团聚，增加了其表观粒径，反浮选过程中增加了微细粒硅酸盐矿物的浮选回收率，进而改善了赤铁矿与微细粒硅酸盐矿物的反浮选分离效率。相比于硅油和煤油，PEO 更有利于促使赤铁矿与微细粒硅酸盐矿物浮选分离。对于赤铁矿-石英-角闪石混合矿体系，添加 PEO 后，SiO_2 脱除率提高了 10.70 个百分点，分离效率提高了 16.91 个百分点，铁精矿 TFe 品位提升了 5.45 个百分点。与此同时，对于赤铁矿-石英-斜绿泥石混合矿体系，添加 PEO 后，SiO_2 脱除率提高了 7.04 个百分点，分离效率提高了 15.09 个百分点，铁精矿 TFe 品位提升了 6.09 个百分点。

陆英等人[80]研究发现，煤油能够降低气泡液膜弹性和泡沫稳定性，添加适宜的煤油可以有效实现微细粒绢云母的选择性团聚，从而降低其夹带行为。Liu 等人[81]通过添加淀粉和羧甲基纤维素絮凝微细粒石英，减少了石英在铁精矿的夹带。李洪强等人[82]在石墨浮选过程中添加聚合氯化铝凝聚剂，选择性凝聚微细粒绢云母，增加绢云母颗粒的表观粒径，降低绢云母夹带行为，从而改善石墨精矿的产品质量。Peng 和 Bradshaw[83]研究发现，地下水中丰富的电解质能够压缩蛇纹石表面双电子层，促使微细粒蛇纹石团聚形成大的颗粒絮团，从而减少蛇纹石夹带。徐建平等人[84]对混合煤样进行了黄铁矿油团聚分选的脱硫试验研究，获得了硫脱除率为 73.12% 且精煤产率 84.01% 的合格产品。在此之后，徐建平等人[85]还自主开发了一种油团聚脱硫工艺，并用此脱硫工艺研究了不同复合药剂对高硫煤中细粒黄铁矿的脱除效果。

1.3.3 细粒有用矿物与细粒脉石矿物之间的交互作用

细粒脉石矿物和细粒有用矿物有时可以相互吸附聚集成大颗粒，这种情况聚集的颗粒要么进入精矿影响精矿品位，要么进入尾矿，故均会影响有用矿物的回收率。

当细粒脉石矿物黏附后可使有用矿物的疏水性降低，从而降低了其与气泡黏附的概率，导致精矿回收率下降。例如，黏土矿物黏附到闪锌矿表面，导致闪锌矿的回收率下降[86]；细粒铝土矿颗粒黏附到石英表面，导致石英浮选回收率下降[87-88]。笔者团队在研究复杂铁矿石体系中矿物的交互作用影响发现，在 pH 值为 11.4 左右，添加油酸钠、淀粉和氯化钙浮选回收石英时，$-18~\mu m$ 粒级磁铁矿能够降低石英的回收率的原因之一正是微细粒级磁铁矿颗粒在石英表面的黏附罩盖，减少了 Ca^{2+} 和油酸钠在石英表面作用的活性位点，石英表面部分具有磁铁矿的性质，因而被淀粉抑制。

黏附到有用矿物表面的脉石矿物会进入浮选泡沫中，污染浮选精矿。例如，微细粒黏土矿物能够黏附在辉铜矿和黄铜矿表面[89-90]，细粒石英能够黏附到金红石表面[91]，这些现象均导致浮选精矿的品位下降。而对于煤炭，微细粒脉石和细煤颗粒之间的交互团聚会影响浮选精煤质量，促使浮选精煤灰分增高。Arnold 和 Aplan[92]研究发现，煤泥中的蒙脱石会黏附到煤炭表面，严重污染浮选精煤。Xu 等人[93]通过测定煤炭和黏土矿物混合物的动电位分布发现，在酸性和中性条件下，黏土矿物会黏附到煤炭颗粒表面；在碱性条件下，由于颗粒间双电层斥力较大，黏土矿物与煤炭不会发生黏附。

1.4 间接交互对矿物浮选的影响及机理

矿物的间接交互作用主要体现在药剂消耗、矿物溶解与表面转化、泡沫稳定性等。

1.4.1 药剂消耗

药剂消耗由矿物本身对药剂吸附量的差异及矿物溶解引起，浮选药剂被矿粒吸附的程度与溶液中药剂浓度、吸附自由能及矿粒的表面积有关。因细粒有较大的比表面积，因而会更多地吸附药剂，甚至无选择性吸附药剂。在浮选过程中，为了使每单位比表面积吸附的药剂为定值，以期得到好的浮选指标，就需要增加药剂。例如，为得到同一指标，用油酸钠浮选白钨矿时，比表面积为 18.2 m^2/g 的细粒，浮选时所需药剂用量为 1~1.5 kg/t；比表面积为 2.6 m^2/g 的粗粒，连续浮选时药量仅为 0.2 kg/t。又如在 pH 值为 9 左右，仅添加油酸钠浮选赤铁矿时，-45 μm 粒级磁铁矿和-18 μm 褐铁矿会降低赤铁矿浮选回收率的原因是微细粒级矿物颗粒表面积大能够消耗大量捕收剂，减少了油酸钠在赤铁矿表面的吸附；不同粒级菱铁矿会降低赤铁矿浮选回收率的原因除了本身对油酸钠吸附量的差异外，正是菱铁矿溶解的大量 HCO_3^-、CO_3^{2-} 与油酸根离子发生了竞争吸附，此种作用形式可通过调整药剂用量的方式来削弱不利影响。

方解石是褐铁矿的主要造岩矿物之一。谢兴中等人[94]研究了油酸钠体系中褐铁矿和方解石混合矿的分选行为，发现混合矿体系中褐铁矿会被方解石溶解的钙离子抑制，其中钙离子影响褐铁矿浮选的原因是：消耗捕收剂，减少了捕收剂在褐铁矿表面的吸附；竞争吸附在褐铁矿表面的钙离子与油酸根离子生成的油酸钙容易发生脱落，降低褐铁矿可浮性。

1.4.2 矿物溶解与表面转化

笔者团队研究发现，在 pH 值为 9 左右，添加油酸钠浮选赤铁矿时，添加一定量不同粒级白云石能够降低赤铁矿回收率的原因之一是白云石在弱碱性条件下易溶解出大量的 Ca^{2+}、Mg^{2+} 并吸附在赤铁矿表面，由于油酸根离子与 Ca^{2+} 的结合能力小于油酸根离子与 Fe^{3+} 的结合能力，从而对赤铁矿起抑制作用；在 pH 值为 11.4 左右，添加油酸钠、淀粉、氯化钙浮选回收石英时，添加菱铁矿能够抑制石英的浮选，其原因正是菱铁矿溶解产生的大量 HCO_3^-、CO_3^{2-}，钙离子以碳酸钙的形式沉积在石英表面而被淀粉抑制，此种形式可以通过调节药剂制度或浮选流程来削弱不利影响。例如分步浮选，即在中性 pH 值条件下，添加油酸钠和淀粉优先正浮选浮出菱铁矿，由于此时菱铁矿溶解组分含有较少碳酸根离子，且未添加活化石英的 Ca^{2+}，因此排除了菱铁矿对石英浮选的干扰，为第二步反浮选脱硅创造了良好的条件。

添加碳酸钠、三聚磷酸钠、草酸等药剂进行沉淀或络合以减弱或消除金属离子的影响[95]。国内外学者[96-99]介绍了碳酸钠、柠檬酸、磷酸盐等调整剂在消除金属离子方面的研究，取得了较好的效果。

六偏磷酸钠可选择性抑制方解石，对锡石浮选影响较弱。然而，有研究发现锡石和方解石混合矿浮选时六偏磷酸钠失去了选择性抑制作用。分析结果认为，六偏磷酸钠在方解石表面生成的 $CaNa_4P_6O_{18}$ 并不完全留在方解石表面，而是会解吸至溶液后被锡石吸附，导致锡石和方解石同时被抑制[100]。

WANG 等人[101-103]研究发现，油酸钠体系中脉石矿物通过影响溶液环境、溶解组分吸附、异相凝聚等方式影响氟碳铈矿浮选。基于浮选试验、多种表面分析手段发现，方解石上清液会降低氟碳铈矿回收率，其作用过程可能分为两部分，一是方解石溶解产生的钙离子在溶液中与油酸钠生成油酸钙组分，阻碍了油酸根离子与氟碳铈矿作用；二是含钙组分在氟碳铈矿表面沉淀，阻止捕收剂吸附。基于上述分析，提出通过降低方解石溶解性、减少氟碳铈矿表面沉淀或离子吸附等方式消除矿物交互影响。ZHANG 等人[104]以辛基羟肟酸为捕收剂，通过浮选试验发现方解石降低了独居石浮选回收率，而独居石对方解石回收率影响较小；进一步研究发现方解石溶解产生的碳酸根离子对独居石影响较弱，而钙离子削弱了辛基羟肟酸对独居石的捕收作用。机理分析认为，辛基羟肟酸吸附在独居石的磷酸根离子位点和 Ce 位点，方解石溶解产生的钙离子通过氢键和静电作用吸附在独居石的磷酸根离子位点，与捕收剂发生竞争吸附，降低了独居石回收率。ZHANG 等人[105]研究还发现，对独居石和方解石具有选择性抑制用的硅酸钠、六偏磷酸钠在混合矿体系中失去了选择性，其主要原因是方解石溶解产生的钙离子与六偏磷酸钠、硅酸钠在独居石表面发生了共吸附，对捕收剂吸附产生了空间位阻效应。借助柠檬酸和 EDTA 解吸独居石表面的钙离子，消除了独居石和方解石的交互作用，实现了独居石与方解石混合矿浮选分离。

Zn 和 Ca 亲硫性差异明显，硫化后采用十二铵或黄药有实现菱锌矿与方解石分离的可能性。然而，硫化-胺浮选法体系中方解石有向菱锌矿表面性质转变的趋势，菱锌矿澄清液对方解石浮选有活化作用；由于溶解组分的其他作用，方解石澄清液对菱锌矿浮选有一定的抑制作用[106]，恶化了硫化-胺浮选法的选择性。CHEN 等人[107]以硫化-黄药法浮选菱锌矿，研究了方解石溶解组分对菱锌矿浮选的影响机制，发现钙离子及其水解产物会在菱锌矿表面吸附，阻碍了硫化钠在菱锌矿表面的吸附，碳酸钠可消除钙离子对菱锌矿硫化浮选的影响。油酸钠体系中六偏磷酸钠对方解石的抑制作用强于菱锌矿，然而，菱锌矿澄清液会削弱六偏磷酸钠对方解石的抑制作用，而方解石澄清液对菱锌矿浮选行为影响较弱，其结果是降低了混合矿体系中菱锌矿与方解石回收率差异[108]。机理分析表明[109-110]，菱锌矿溶解产生的含锌组分会在矿物（如方解石、石英）表面发生无选择吸附，阻碍阴离子型药剂或促进阳离子型捕收剂吸附；碳酸根离子可消除含锌组分对石英浮选的影响，与钙离子组合使用可消除锌离子对方解石浮选的不利影响。

菱锰矿和方解石是另一类常见的共伴生岛状碳酸盐矿物。滕青等人[111]以十二胺为捕收剂、六偏磷酸钠和硅酸钠为抑制剂，研究发现 pH 值为 7 或 8 时菱锰矿与方解石有一定的可分选性。然而，该混合矿体系中菱锰矿溶解的 Mn^{2+} 在方解石表面沉淀，使方解石表面向菱锰矿性质转变，增加了混合矿分选难度。与之不同的是，罗娜等人[112]以油酸钠为捕收剂，六偏磷酸钠为抑制剂，碳酸钠为 pH 值调整剂，研究结果表明，混合矿体系中方解石溶解产生的 Ca^{2+} 在调浆过程中会与 Na_2CO_3 生成 $CaCO_3$ 吸附在菱锰矿表面，导致菱锰矿与方解石表面性质趋同，强化了六偏磷酸钠对菱锰矿抑制作用。改变六偏磷酸钠与碳酸钠的加药顺序（通过优先加入六偏磷酸钠络合钙离子，阻止 Ca^{2+} 与 Na_2CO_3 生成 $CaCO_3$ 影响菱锰矿可浮性，然后再加入碳酸钠调节矿浆 pH 值）消除了方解石对菱锰矿浮选的影响，实现了菱锰矿和方解石混合矿浮选分离。

在研究白钨矿与方解石交互影响机制时存在不同观点。一般认为，表面转化是白钨矿与方解石交互作用方式[113]。然而，也有研究者发现两种矿物还存在其他交互作用方式。沈慧庭等人[114]以油酸钠为捕收剂、水玻璃为抑制剂，在 pH 值为 9.6 的条件下进行了白钨矿与方解石混合矿浮选试验，认为白钨矿浮选体系中方解石的存在增加了 Ca^{2+} 浓度，与溶液中捕收剂（$RCOO^-$）生成沉淀，从而恶化了白钨矿浮选，通过加入碳酸钠消除了方解石对白钨矿浮选影响，同时证明 CO_3^{2-} 不是恶化白钨矿浮选的原因。值得注意的是，有研究表明油酸钠和钙离子生成的油酸钙组分仍具有捕收性[115-116]，甚至对白钨矿的捕收能力强于油酸钠[117]，因此，方解石通过溶解组分（钙离子）消耗捕收剂而影响白钨矿浮选的机制还有待进一步研究。也有研究发现钙离子强化了聚丙烯酸钠、羧甲基纤维素、六偏磷酸钠等抑制剂在白钨矿表面的吸附[117-118]，并通过混合矿物的溶液化学计算证明方解石增加了白钨矿浮选体系钙离子浓度；基于同离子效应，通过添加碳酸钠降低方解石溶解产生的钙离子浓度，消除或削弱了方解石对白钨矿浮选的影响[119]，也间接证明了方解石溶解的碳酸根离子不是影响白钨矿浮选的机制。上述研究表明，方解石溶解增加了白钨矿浮选体系中钙离子浓度，进而干扰捕收剂或抑制吸附特性，是方解石影响白钨矿浮选的主要原因之一。

溶解化学计算结果表明[120]，方解石与萤石发生表面转化的临界 pH_s 为 8.4~9.1，$pH>pH_s$ 时萤石表面向方解石表面性质转化；$pH<pH_s$ 时方解石可浮性与萤石相近。SUN 等人[121]在 pH 值为 9.6 的条件下研究了方解石和萤石的表面性质转变规律，发现碎磨过程中萤石组分会迁移至方解石表面，而方解石溶解组分在萤石表面吸附能力差；在溶液环境中，方解石澄清液会使萤石表面转化为方解石性质。也有研究者认为，方解石与萤石浮选交互影响是 Ca^{2+} 或含 Ca 组分所致。WANG 等人[122]在 pH 值为 9 的条件下，发现方解石澄清液削弱了 OHA 对萤石的捕收能力，认为其内在原因可能是方解石上清液中的 $CaCO_3$ 和 Ca^{2+} 组分在萤石表面吸附，通过静电斥力阻碍 OHA 在萤石表面吸附。王震等人[123]以油酸钠为捕收剂、单宁为抑制剂，研究发现方解石澄清液对萤石浮选起抑制作用，通过 Visual MINTEQ 模拟和离子饱和指数计算得出 pH 值为 9 条件下萤石和方解石表面相互转换反应较弱，萤石在方解石溶解澄清液中浮选被抑制的主要原因是 Ca^{2+} 消耗油酸根离子。由此可见，方解石和萤石浮选的交互影响机制分为表面转化、溶解组分吸附或方解石溶解产生的钙离子消耗捕收剂等机制。对于萤石与方解石、白钨矿（或磷灰石）三元矿物共存的体系，有研究表明萤石-方解石的表面转化优先于萤石-白钨矿（或磷灰石），因此，萤石对白钨矿（或磷灰石）表面性质的影响较弱，而方解石表面可转化为萤石表面性质[124-125]，可通过氟离子或萤石选择性使方解石表面生成萤石组分，降低 Pb-BHA 配合物对方解石的捕收能力，进而强化白钨矿（或磷灰石）与方解石浮选分离。

1.4.3 泡沫稳定性

矿物的间接交互作用可提高泡沫稳定性，这是因为细粒矿物迟滞了泡沫表面水层的减薄，如粒度为 1~4 μm 的石英形成的三相泡沫比粒度为 4~400 μm 的石英的三相泡沫稳定得多；又如在 pH 值为 9 左右，添加油酸钠浮选回收菱铁矿时，泡沫层稳定性较差。添加一定量-18 μm 粒级赤铁矿、褐铁矿、白云石能够提高菱铁矿回收率的原因之一是加入细粒级颗粒后有利于提高气泡的数量和稳定性，细颗粒起到一种类似"泡沫稳定剂"的作用。另外，细粒矿物的形状对泡沫的稳定性也有影响，试验表明，当方解石和白钨矿在粒度大小、疏水性和数目相近时，方解石防止气泡兼并的能力要强得多。扫描电镜研究表明，0.5 μm 粒度的方解石是平板状的，而 1 μm 粒度的白钨矿的形状是不规则的。

综上所述，矿物之间的间接交互作用相当复杂，其主要作用机制为：矿物溶解组分释放至溶液中消耗捕收剂或影响浮选药剂在溶液中的存在形态、吸附迁移规律，恶化浮选药剂性能；矿物颗粒或溶解组分在矿物表面吸附、沉淀及发生化学反应（表面转化），进而遮蔽矿物表面位点、促活/抑制浮选药剂吸附或同化矿物表面性质，影响矿物表面性质差异。针对不同的矿物间接交互作用影响机制，研究者提出了调节矿物表面电位消除异相凝聚、螯合剂解吸矿物表面吸附的离子、基于同离子效应控制矿物溶解、调控晶格离子浓度及改变药剂添加顺序等方法消除矿物间接交互作用的影响。

1.5 消除直接交互作用对矿物浮选影响的方法

1.5.1 分步浮选

笔者针对东鞍山含碳酸盐铁矿石开发了一种新的铁矿石浮选工艺——分步浮选[126]，用以消除菱铁矿对赤铁矿和石英的交互作用。该技术是利用不同矿物在不同介质条件下可浮性的差异，先在中性条件下采用正浮选将易发生罩盖的细粒菱铁矿和绿泥石等含泥硅酸铁矿物第一步提前分离，减少对后续分选的影响；然后第二步在强碱性条件采用常规反浮选技术分选赤铁矿，原则工艺流程如图1.1所示。研究表明[127]，采用分步浮选工艺可削弱菱铁矿对赤铁矿浮选的不利影响，有利于提高精矿品位和回收率。

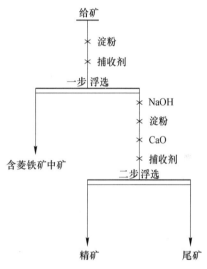

图 1.1 铁矿石分步浮选原则工艺流程图

1.5.2 分散浮选

分散浮选技术主要是指通过物理和化学方法分散矿物颗粒，防止矿物颗粒团聚和矿物间的交互作用影响，最终达到提高浮选指标的目的。为了有效实现微细矿粒的浮选，必须对矿浆进行预先分散处理，使矿粒处于稳定分散状态。分散方法有物理分散方法和化学分散方法。物理分散方法主要包括超声波分散和机械搅拌分散。化学分散方法是通过在颗粒悬浮体中加入无机电解质、有机高聚物及表面活性剂等分散剂使其在颗粒表面吸附，改变颗粒表面的性质，从而改变颗粒与液相介质、颗粒与颗粒间的相互作用，使体系分散，防止矿物颗粒团聚和罩盖的方法。这种方法使用最为广泛，且分散效果良好，形成的分散体系性能稳定，主要使用的分散剂有柠檬酸、水玻璃、六偏磷酸钠、碳酸钠、氢氧化钠、羧甲基纤维素钠等。

笔者针对上述东鞍山烧结厂分步浮选过程中产生的含菱铁矿的中矿在分散剂水玻璃作用前后进行了 SEM 对比研究，结果如图1.2所示。由图1.2可知，添加模数为2.4的水玻璃作分散剂前，悬浮液中有明显的微细颗粒相互聚团和罩盖等现象；在添加水玻璃后，随着浮选机的搅拌，粗颗粒表面黏附的微细颗粒及微细粒聚团被打散脱离粗颗粒，均匀分布于悬浮液中的微细粒聚团也随着药剂作用而分散。Ximei Luo 等人[128]研究了柠檬酸对微细粒赤铁矿浮选的影响，试验结果表明，少量的柠檬酸（300 g/t）即可提高微细粒赤铁矿的反浮选效果，其主要原因可能是柠檬酸通过氢键作用吸附在赤铁矿和石英的表面，从而增大了矿物颗粒间的静电斥力，降低了浮选过程中"矿泥罩盖"等异相凝聚现象的发生。

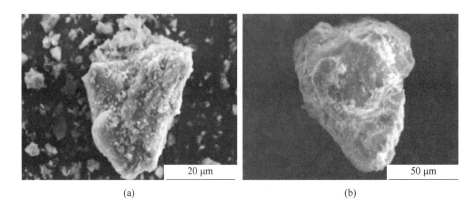

(a)   (b)

图 1.2   水玻璃作用前后含菱铁矿的中矿 SEM 图

（a）作用前；（b）作用后

　　金川镍矿石浮选降镁是一个国际性的选矿难题，其主要原因是镍黄铁矿常常受到主要含镁矿物蛇纹石的干扰，即蛇纹石较易与镍黄铁矿发生互凝，在镍黄铁矿表面造成矿泥罩盖，使精矿中的氧化镁含量升高。夏启斌等人[129]针对金川二矿区镍矿石，在不改变现有流程的前提下，采用六偏磷酸钠与高分子絮凝剂 V8 组合抑制剂的降镁方案，取得了良好效果。六偏磷酸钠作为一种高分子长链化合物，可以很好地分散镍黄铁矿和蛇纹石，它以化学吸附形式吸附在蛇纹石表面，提高了颗粒间静电排斥作用能和空间斥力。此外，龙涛等人[130]研究了滑石、绿泥石和蛇纹石 3 种层状镁硅酸盐矿物对金川镍矿中黄铁矿浮选的影响及 CMC 的抑制和分散作用。郭昌槐等人[131]研究了蛇纹石矿泥对含镍磁黄铁矿浮选特性的影响，并研究了 CMC、六偏磷酸钠、水玻璃等药剂对蛇纹石矿泥在浮选含镍磁黄铁矿中有害影响的控制作用。E. Kristen 等人[132]研究了利用蛇纹石对镍黄铁矿浮选分离的影响。张明强等人[133]研究了蛇纹石对黄铁矿浮选的影响。结果均表明，由于静电吸附作用的异相凝聚，蛇纹石的存在会造成黄铁矿的浮选回收率降低，加入分散剂有利于黄铁矿的浮选。

　　我国铝土矿资源主要为一水硬铝石型铝土矿，铝硅比偏低、矿物组成复杂、嵌布粒度细，一水硬铝石与硅酸盐矿物之间存在硬度差异是矿泥产生的主要原因。王毓华等人[134]研究了磷酸盐对细粒一水硬铝石、高岭石、伊利石和叶蜡石分散行为的影响规律。结果表明，六偏磷酸钠的分散效果最佳，它能够增大矿物颗粒表面电位的绝对值，从而提高颗粒间静电排斥作用，并加剧颗粒间的空间位阻效应，使颗粒间产生较强的位阻排斥力。

　　为了有效回收微细粒钛铁矿，王丽[135]探讨了钛辉石对钛铁矿浮选的影响，结果表明，$-10~\mu m$ 粒级的钛辉石严重影响钛铁矿的回收率，特别是当其含量超过 40% 时，会导致钛铁矿回收率急剧降低；其他粗粒级的钛辉石对钛铁矿回收率影响较小；添加调整剂水玻璃能够减弱钛辉石和钛铁矿间的引力。实际矿石试验结果表明，使用脂肪酸类捕收剂，硫酸为酸碱调整剂，加入水玻璃时，经一次粗选，TiO_2 品位从 15.69% 提高到 27.9%，钛精矿的回收率为 86.79%，而不加入水玻璃钛铁矿与脉石几乎无法分离。邓传宏等人[136]研究了水玻璃对微细粒钛铁矿和钛辉石的抑制与分散作用，在弱酸性条件下（pH = 5.5 ～

7.0），水玻璃通过化学吸附的方式作用在钛辉石表面，而在钛铁矿表面吸附较弱，水玻璃可使矿粒间的静电斥力迅速增加，从而减弱矿粒间的异相凝聚。

卢屏毅等人[137]采用沉降法研究了阳离子表面活性剂和几种亲水基不同的阴离子表面活性剂对微细滑石颗粒的分散效果，结果表明，阳离子表面活性剂对微细滑石粉体的分散效果不佳；含有强亲水性的磺酸基团和羧酸基团的阴离子表面活性剂对滑石粉体具有一定的分散效果；加入表面活性剂使颗粒表面电位绝对值变大，提高了悬浮液的稳定性，表面活性剂通过增大静电斥力和空间位阻起分散作用；表面活性剂的最佳浓度分别为：月桂酸钠 2×10^{-5} mol/L，十二烷基苯磺酸钠 4×10^{-5} mol/L，合适的 pH 值范围为 10.5 ~ 11.5。

孔雀石属于典型的氧化铜矿物，目前工业上氧化铜浮选最常用的方法是硫化-黄药法[138]。LIU 等人[139-140]研究发现，石英对孔雀石硫化浮选影响较小，而孔雀石硫化浮选回收率会随方解石含量增加和粒度减小而降低。其主要原因是方解石、石英和孔雀石均荷负电，表面负电性强的石英与孔雀石的静电斥力强于范德华引力作用，石英难以在孔雀石表面吸附罩盖；方解石表面负电性弱，方解石-孔雀石间的范德华引力强于静电斥力，导致方解石更容易在孔雀石表面吸附罩盖，阻碍了孔雀石硫化过程。基于此，采用水玻璃增加方解石与孔雀石间的静电斥力，消除了方解石吸附罩盖对孔雀石硫化浮选的影响[141]。

M. O. Silvestre 等人[142]研究了分散剂对某铅锌硫化矿浮选分离的影响，结果表明，在铅浮选过程中虽然 4 种分散剂（聚丙烯酸钠、六偏磷酸钠、硅酸钠、硅酸钠+偏硅酸钠）都能增加铅的金属回收率，但会增加锌元素在铅精矿中的损失量；在锌浮选过程中，不考虑精矿质量的情况下，两种分散剂（聚丙烯酸钠和六偏磷酸钠）可明显增加锌的回收率。冯博等人[143]研究了碳酸根离子在蛇纹石-黄铁矿浮选体系中的分散作用及机理，由于蛇纹石可通过静电作用吸附在黄铁矿表面，而碳酸根离子能够吸附在蛇纹石表面进而改变其表面电性，减弱蛇纹石对黄铁矿的抑制作用。

Song 等人[144]针对墨西哥某萤石矿石进行了浮选试验研究，结果表明，当矿浆 pH 值为 9 时，在萤石-石英和方解石-石英间存在较强的静电引力，在萤石-方解石间存在较弱的静电斥力，因此在浮选过程中容易发生"矿泥罩盖"，加入分散剂 CMC 后可减弱矿物颗粒间的异相凝聚，在保证精矿中 CaF_2 品位同为 98% 的条件下，可将萤石的浮选回收率由 72% 提高至 78.5%。

Di Liu 等人[145]分别研究了木质磺酸盐（D748）在淡水和海水中对煤和黏土矿物的分散作用。试验结果表明，在淡水中少量的木质磺酸盐可明显减弱黏土在煤表面的"罩盖"行为，提高煤的浮选效果，这是由于木质磺酸盐在矿物表面的吸附可增加矿粒间的静电斥力；而在海水中木质磺酸盐对煤浮选效果的改善不明显，可能是由于其在矿物表面吸附后不能产生足够的空间位阻来减弱黏土"罩盖"。

1.5.3 分级浮选

分级浮选是指将矿样分级后不同粒级物料采用不同的浮选工艺分别进行选别，可解决宽粒级物料浮选过程中药剂利用率低的问题，并减弱浮选过程中微细粒矿物对粗颗粒矿物的交互作用，降低细颗粒矿物机械夹杂的可能性。

　　笔者团队针对铁矿石磨矿产品粒级宽的问题，以赤铁矿和石英为研究对象，在阴离子正浮选和反浮选体系下研究了粒度大小和分布对赤铁矿和石英浮选分离的影响。试验结果表明，窄粒级的粗粒（或中等粒级）赤铁矿-石英人工混合矿通过正浮选可获得较好的浮选指标，明显优于全粒级赤铁矿-石英人工混合矿，但窄粒级的细粒赤铁矿-石英人工混合矿的正浮选分离效果较差；窄粒级的（粗粒或细粒）石英-赤铁矿人工混合矿通过反浮选均可获得较好的浮选指标，在一定程度上优于全粒级石英-赤铁矿人工混合矿的浮选效果。因此，对于赤铁矿和石英来说，窄粒级物料的分选效果优于全粒级物料。

　　邢耀文等人[146]针对河南某选煤厂煤泥进行了基于能量适配的分级浮选试验研究，与均一能量输入的混合浮选相比，分级浮选的回收率最高可增加9.43个百分点，粗粒级低能量浮选可减少粗颗粒与气泡的脱附概率，高能量输入浮选细颗粒时可增加微细粒与气泡的碰撞概率。佟顺增等人[147]针对开滦集团某高灰细粒级煤泥，以0.125 mm为分级粒度进行了分级浮选试验研究，试验结果表明，分级浮选的精煤产率比全粒级提高了约9个百分点，同时尾煤灰分比全粒级提高了约6.5个百分点，分级浮选在精煤产率和尾煤灰分等方面均优于全粒级浮选。

　　杨勇等人[148]针对某磷矿进行了分级浮选试验研究。结果表明，分级浮选与传统的正-反浮选工艺相比，在低药剂消耗量的条件下可同时提高浮选精矿的品位和回收率。

　　孙永峰[149]针对大红山铜矿进行了硫化铜矿-柱机联合分级浮选的工艺研究。试验结果表明，无论对于浮选机还是浮选柱的分选，分级浮选的指标都要好于常规浮选，浮选柱+浮选机分级浮选新工艺的精矿品位为21.93%，精矿回收率为95.88%，与常规浮选相比在精矿品位接近的情况下，精矿回收率可提高1.56个百分点。

1.5.4　磁团聚浮选

　　通过磁团聚浮选消除矿物之间的交互影响，是指在细粒赤铁矿浮选体系中，在粗粒石英表面会吸附罩盖细粒的赤铁矿，这种交互作用会影响赤铁矿的浮选分离效果。通过在该体系中加入粗粒的磁铁矿，在磁铁矿的磁作用下会吸引细粒赤铁矿在粗粒磁铁矿表面发生吸附，消除了细粒赤铁矿在粗粒石英表面的交互作用，从而改善了细粒赤铁矿的浮选分离效果。

　　笔者团队[150]以磁铁矿为磁种，以赤铁矿和石英单矿物为研究对象，考察了磁铁矿对赤铁矿和石英的磁团聚抑制及与其粒度之间的关系。研究表明，无淀粉体系下粗粒磁铁矿对细粒赤铁矿有磁团聚抑制作用，且磁铁矿与赤铁矿的粒度差越大，抑制效果越明显。淀粉体系下粗粒磁铁矿对细粒赤铁矿有明显的磁团聚抑制效果，对于细粒赤铁矿-石英混合矿浮选而言，由于粗粒磁铁矿对细粒赤铁矿产生的磁团聚抑制作用，显著降低了浮选尾矿中赤铁矿的回收率，提高了浮选尾矿中石英的回收率，从而提高了精矿中铁的品位。机理研究表明，磁铁矿与赤铁矿颗粒之间的相互作用力为引力，且粒度的差别越大引力越大，即在磁铁矿与赤铁矿磁团聚过程中，细粒赤铁矿易被粗粒级的磁铁矿团聚。团聚作用一方面增大了细粒赤铁矿的表观粒径，促进了淀粉对赤铁矿的抑制作用；另一方面减少了细粒赤铁矿在石英表面的黏附、罩盖，有利于石英进入泡沫产品，从而促进了细粒赤铁矿与石英的分离效果，如图1.3和图1.4所示。

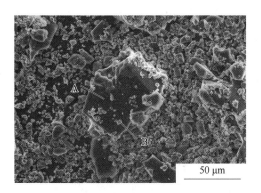

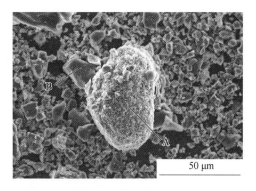

图 1.3 添加磁铁矿前赤铁矿和石英人工
混合矿的扫描电镜图
A—石英；B—赤铁矿

图 1.4 添加磁铁矿后赤铁矿和石英人工
混合矿的扫描电镜图
A—赤铁矿；B—石英

1.5.5 超声浮选

超声波作用于液体时会产生大量空化气泡，这些气泡在超声作用下继续振荡和生长，并在能量达到空化阈值时发生闭合和溃灭，同时释放巨大能量，产生一系列机械效应和化学效应，在一定程度上改变矿物表面或矿浆性质，进而影响浮选。目前，国内外在超声处理煤脱硫、超声清洗矿物表面氧化层、超声分散乳化矿浆、超声处理改变矿化气泡性质等方面都进行了大量的研究。

超声浮选可以在浮选过程中通过控制超声条件消除目的矿物表面其他细颗粒矿物或表面氧化层的交互作用，从而对目的矿物表面起到清洗作用，且增加气泡与矿物的碰撞概率，达到目的矿物选择性浮选回收的目的。

唐超[151]在煤泥浮选时进行超声预处理试验发现，当超声功率为 30 W、超声时间为 3 min 时，对加入捕收剂的矿浆进行超声处理后，取得了较好的浮选效果。机理研究发现，超声波有清洗煤粒表面细粒矿物的作用，且超声处理后煤表面的含氧官能团减少且煤样接触角减小。Celik 等人[152]的研究表明，超声处理可以去除硼矿物表面的黏土矿物，从而提高硼矿物的浮选回收率。

彭樱等人[153]研究了超声处理对矿物表面性质和浮游性的影响，浮选结果表明，吸附在矿物表面的氢氧化镁沉淀会在超声清洗作用下以很短的时间迅速被去除，从而提高了黄铜矿与辉钼矿的回收率，但超声处理时间过长会对矿物表面产生不利影响，反而会降低其可浮性。Hulya Kursun[154]采用超声波预处理浮选精矿，获得了品位和回收率分别为 18.73% 和 33.18% 的锌精矿，试验结果及机理分析表明，利用超声波清洗槽中产生的空化气泡释放的能量对闪锌矿表面进行冲刷清洗，从而改善其可浮性并提高了锌浮选的品位和回收率。马永义等人[155]将超声波用于处理不同体系中的方铅矿，并探究了其对可浮性的影响，研究发现超声处理能一定程度去除方铅矿表面氧化层，从而使方铅矿回收率从 32.42% 提高到 90% 以上。

笔者团队[156-157]为了改善微细粒菱铁矿对赤铁矿浮选的交互作用影响，研究了在正反浮选体系中超声处理对赤铁矿与石英浮选分离的影响。试验结果表明，不同含量的微细粒菱铁矿均会严重影响赤铁矿和石英的浮选分离，而通过超声处理能改善菱铁矿对赤铁矿与石英分离的不利影响。在菱铁矿含量（质量分数，后同）5%、超声功率200 W 的条件下处理矿浆 1 min，正浮选体系下精矿铁品位提高了 12 个百分点；同样，在反浮选体系下，处理矿浆 2 min，精矿铁品位提高了 17 个百分点。机理研究表明，在适宜的超声处理条件下能够去除微细粒菱铁矿的吸附罩盖，如图 1.5 和图 1.6 所示。

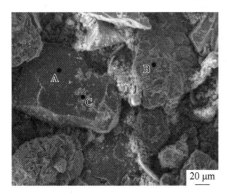

图 1.5　超声处理前人工混合矿的扫描电镜图　　图 1.6　超声处理 1 min 后正浮选尾矿的
　　　A—赤铁矿；B—石英；C—菱铁矿　　　　　　　　　　扫描电镜图

由上述试验结果可知，在超声处理前，微细粒菱铁矿会在赤铁矿与石英表面产生无选择性罩盖，经过超声处理之后矿物表面与原矿相比表面罩盖物大幅减少，超声波产生的清洗效应能够有效去除赤铁矿与石英表面的微细粒菱铁矿的罩盖，从而改善赤铁矿和石英的分离效果，促进赤铁矿与石英的浮选分离。

1.6 矿物药剂理论与技术

基于矿物交互影响的研究，笔者团队提出了"矿物药剂"的理论与技术，即将产生交互影响的细颗粒矿物等同于粗颗粒矿物的"药剂"，称之为矿物药剂。矿物药剂可分为矿物调整剂和矿物捕收剂。矿物调整剂是指在浮选过程中将矿物作为调整剂使用，其目的在于调整目的矿物的表面性质或矿浆的组成，引起目的矿物被活化、抑制或絮凝等，从而优化矿物的浮选分离。矿物捕收剂是指在浮选过程中将矿物作为捕收剂使用，其目的在于提高目的矿物表面的疏水性，从而使目的矿物得以浮选的药剂。

1.6.1 矿物抑制剂

矿物抑制剂是指一些细颗粒矿物吸附罩盖在目的矿物表面时，使目的矿物的疏水性降低，抑制了目的矿物的浮选。这些细颗粒矿物就起到了类似抑制剂的作用，将这类矿物称之为矿物抑制剂。

笔者团队在研究伴生矿物蛇纹石、滑石、石英对菱镁矿浮选影响时发现，在油酸钠体系中，蛇纹石的添加大大抑制了菱镁矿的浮选，使菱镁矿的回收率下降了近 60%；滑石的添加使菱镁矿的回收率下降，产品的 MgO 品位下降，SiO_2 的品位上升，滑石的添加会恶化菱镁矿的浮选效果，但对菱镁矿没有明显的抑制作用；石英的添加会恶化菱镁矿的浮选效果, 对菱镁矿也没有明显的抑制作用。以上研究表明, 细粒级的蛇纹石、滑石、石英都可作为菱镁矿的矿物抑制剂, 且抑制能力存在差异, 细粒蛇纹石对菱镁矿的抑制作用最强。

笔者团队还研究了十二胺、油酸钠和十二烷基硫酸钠浮选体系下, 菱铁矿和磁铁矿分别对假象赤铁矿和石英混合矿浮选的影响。结果表明, 在十二胺和油酸钠浮选体系下, 添加菱铁矿会恶化假象赤铁矿和石英混合矿的浮选; 在十二烷基硫酸钠浮选体系下, 加入少量菱铁矿, 可以提高精矿品位, 但菱铁矿的加入量超过 5.3% 后, 品位和回收率均逐渐下降; 在十二胺和油酸钠浮选体系中, 加入少量 (<10%) 的磁铁矿能够使浮选精矿品位升高约 2 个百分点。

铁矿石体系中矿物的交互影响研究表明[158], 当 pH 值为 9 左右, 添加油酸钠浮选 $-106+45 \mu m$ 粒级赤铁矿时, 添加不同粒级不同矿物能够在一定程度上降低赤铁矿回收率, $-45 \mu m$ 粒级磁铁矿和白云石及 $-18 \mu m$ 粒级褐铁矿影响最大; 当添加油酸钠、淀粉和氯化钙浮选 $-106+45 \mu m$ 粒级赤铁矿时, 除石英外, 其他矿物对精矿 Fe 品位有所影响, 对精矿 Fe 回收率影响较小。石英对精矿 Fe 回收率影响较小, 但 $-45 \mu m$ 粒级石英对精矿 Fe 品位影响较大; 当 pH 值为 11 左右, 添加油酸钠、淀粉和氯化钙浮选 $-106+45 \mu m$ 粒级石英时, $+18 \mu m$ 粒级菱铁矿对石英浮选影响最大, 其次为所有粒级白云石和 $-18 \mu m$ 粒级磁铁矿, 其他粒级矿物对石英浮选影响相对较小。不同粒级不同矿物能够略降低 $-18 \mu m$ 粒级石英的回收率。

DENG 等人[159]以十二胺为捕收剂, 研究发现矿浆 pH 值为 7.5 时淀粉对石英无抑制作用, 而当方解石存在时淀粉强烈地抑制了石英浮选, 且细粒级方解石对石英浮选的影响强于粗粒级方解石。其作用机理是: 方解石在石英表面发生罩盖, 为淀粉在石英表面提供吸附位点。

Y. J. Peng 和 S. L. Zhao[160]试验中发现, 细粒膨润土可以对氧化后辉铜矿的浮选产生抑制作用, 而对未氧化的辉铜矿的浮选无影响。主要原因是未氧化的辉铜矿和膨润土表面均荷负电, 两种矿物颗粒间为静电斥力作用; 而当辉铜矿表面氧化后, 其表面电位增加, 细粒膨润土颗粒可以通过静电作用吸附在辉铜矿表面, 阻碍捕收剂在辉铜矿表面的有效吸附, 从而对辉铜矿产生抑制作用。

1.6.2 矿物活化剂

矿物活化剂是指一些细颗粒矿物吸附罩盖在目的矿物表面时, 使目的矿物与捕收剂的作用增强, 或者使泡沫的稳定性增加, 从而活化了目的矿物的浮选。这些细颗粒矿物就起到了类似活化剂的作用, 故可将这类矿物称之为矿物活化剂。

笔者团队在研究伴生矿物白云石对菱镁矿浮选影响时发现, 当 pH 值为 11 左右, 在油酸钠体系中, 六偏磷酸钠作为调整剂时, 添加少量白云石可以活化菱镁矿, 当其添加量由 0 增加至 5% 时, 菱镁矿的浮选回收率由 66.60% 提高至 81.04%。但是, 添加量增大会使产品中的 CaO 品位升高。

笔者团队研究了细粒级长石对石英分选的影响及加入油酸钠和草酸后细粒级长石对粗粒级石英矿物浮选的影响。结果表明, 当 pH 值为 2.5, 单独使用十二胺 2×10^{-4} mol/L 时, 石英的回收率随着细粒级长石的增加而提高, 细粒级的长石对粗粒级石英有一定的活化作用; 当使用十二胺和油酸钠混合捕收剂时, 添加了细粒长石的石英可浮性提高。草酸对细粒级长石活化了的石英有很强的抑制作用，有可能成为减轻或消除细粒级长石对长石、石英浮选不利影响的有效调整剂。

笔者团队在研究铁矿物间的交互作用影响时发现，当 pH 值为 9 左右，添加油酸钠浮选−106+45 μm 粒级菱铁矿时，−18 μm 粒级的赤铁矿、菱铁矿、褐铁矿、白云石能够大幅度提高菱铁矿的回收率，其中−18 μm 粒级的赤铁矿添加量由 0 增加至 5% 时，菱铁矿的浮选回收率由 78.30% 提高至 92.20%。机理研究表明，细颗粒起一种类似"泡沫稳定剂"的作用，可作为浮选菱铁矿的矿物"活化剂"。此种作用形式表明，当浮选过程中泡沫层不稳定时，加入适量细颗粒有利于提高泡沫稳定性；也表明，在某种程度上细颗粒可以作为粗颗粒的矿物"活化剂"，细颗粒也可拉动粗颗粒，有利于粗颗粒的浮选，对菱铁矿具有活化作用。

Bo Feng 等人[161]针对蛇纹石在镍黄铁矿表面罩盖的问题，提出了在浮选矿浆中加入石英颗粒的方法。由于石英与镍黄铁矿相比具有更强的电负性，因此加入石英颗粒后蛇纹石更易罩盖在石英表面，这种方法可以在一定程度上提高镍黄铁矿的浮选回收率，此时的石英就起到活化剂的作用。

1.6.3 矿物捕收剂

矿物捕收剂是指作用类似于有机捕收剂的一类疏水性矿物，即将矿物作为捕收剂来使用。国内外对"矿物捕收剂"进行了一些研究工作。有研究者基于矿物浮选过程中混合粗细颗粒矿物之间有利的交互影响[162-164]，将矿物颗粒进行细磨处理，将其作为浮选过程中的捕收剂使用，以减少或替代黄药等传统药剂，达到了矿物捕收剂的效果，从而提高了目的矿物表面的疏水性，优化了目的矿物的浮选分离。有文献报道[165-166]，将高分子化合物纳米颗粒作为孔雀石的捕收剂，与孔雀石传统的硫化浮选工艺不同，而是将高分子化合物纳米颗粒直接选择性吸附到孔雀石表面，作为孔雀石的捕收剂。Yang 等人[167]将聚苯乙烯纳米粒子作为镍黄铁矿的捕收剂，成功提高了镍黄铁矿的浮选回收率。Hajati 等人[168]研究了纳米滑石颗粒作为捕收剂对石英可浮性的影响。通过调节溶液的 pH 值，滑石和石英可以带相反的电荷，滑石静电吸附于石英表面提高了其疏水性，从而改善了石英的浮选效果。

笔者团队[169]研究了以微细粒滑石作为"矿物捕收剂"直接浮选孔雀石的相关规律，并采用动电位、接触角、傅里叶红外光谱（FTIR）、扫描电子显微镜（SEM）和 X 射线能谱仪（EDS）结合等检测手段，探讨了微细粒滑石对孔雀石的捕收作用机理。结果表明：滑石的粒度越小，比表面积越大，孔雀石表面滑石的吸附量越大，对孔雀石的捕收作用越明显，且其可浮性随着滑石吸附量的增加而增大。机理研究表明，在 pH<7.4 时，滑石通过静电作用吸附在孔雀石表面，依靠滑石的天然疏水性提高了孔雀石的可浮性；在滑石粒径 $d_{50}=96.64$ nm、比表面积 $S=505.7249$ m^2/g、作用时间为 8 min、用量为 800 mg/L、pH值为 5 的条件下，对孔雀石的捕收作用最强，此时孔雀石浮选回收率可达到 76.72%，孔雀石表面滑石吸附量达到 14.44 mg/g。

参 考 文 献

[1] 肖力平，陈荩，董宏军. 盐类矿物的浮选溶液化学 [J]. 中国有色金属学报，1992（3）：19-24.

[2] YANG L，ZHOU X，YAN H，et al. Effects of galvanic interaction between chalcopyrite and monoclinic

pyrrhotite on their flotation separation ［J］. Minerals, 2021, 12 (39)：1-11.

［3］ WANG X, QIN W, JIAO F, et al. The influence of galvanic interaction on the dissolution and surface composition of galena and pyrite in flotation system ［J］. Minerals Engineering, 2020, 156：106525.

［4］ 周丽, 李和平, 徐丽萍. 开放体系下方铅矿和黄铁矿之间原电池反应的实验研究 ［J］. 矿物岩石, 2006 (1)：110-115.

［5］ CHEN W, CHEN F, BU X, et al. A significant improvement of fine scheelite flotation through rheological control of flotation pulp by using garnet ［J］. Minerals Engineering, 2019, 138：257-266.

［6］ 罗仙平, 张博远, 张燕, 等. 微细粒锂辉石矿浆流变性特征及对浮选的影响 ［J］. 中国矿业大学学报, 2022, 51 (3)：503-512.

［7］ 罗溪梅, 马鸣泽, 孙传尧, 等. 铁矿石浮选体系中矿物交互影响的作用形式 ［J］. 中国矿业大学学报, 2018, 47 (3)：645-651.

［8］ 张明. 东鞍山含碳酸盐铁矿石浮选行为研究 ［D］. 沈阳：东北大学, 2009.

［9］ 梁瑞禄, 沼田芳明, 藤田丰久. 关于微细粒锡矿石载体浮选的研究 ［J］. 国外金属矿选矿, 1999 (8)：7-13.

［10］ ATESOK G, BOYLU F, CELIK M S. Carrier flotation for desulfurization and deashing of difficult-to-float coals ［J］. Minerals Engineering, 2001, 6：661-670.

［11］ 董世武, 黄根. 低阶煤载体浮选试验研究 ［J］. 煤炭工程, 2019, 51 (3)：136-140.

［12］ 邱冠周, 胡为柏, 金华爱. 微细粒黑钨矿的载体浮选 ［J］. 中南大学学报 (自然科学版), 1982 (3)：28-35.

［13］ 邱冠周, 胡岳华, 王淀佐. 颗粒间相互作用与细粒浮选 ［M］. 长沙：中南工业大学出版社, 1993.

［14］ 王纪镇, 印万忠, 孙忠梅. 碳酸钠对白钨矿自载体浮选的影响及机理 ［J］. 工程科学学报, 2019, 41 (2)：174-180.

［15］ RAHMAN R M, ATA S, JAMESON G J. The effect of flotation variables on the recovery of different particle size fractions in the froth and the pulp ［J］. International Journal of Mineral Processing, 2012 (106)：70-77.

［16］ 维艾拉 A M. 胺的种类、pH 和矿粒粒度对石英浮选的影响 ［J］. 国外金属矿选矿, 2007 (12)：31-34.

［17］ 李东. 基于粒度效应的含碳酸盐赤铁矿石浮选分离研究 ［D］. 沈阳：东北大学, 2018.

［18］ 郭建斌. 东鞍山赤铁矿载体浮选试验研究 ［J］. 矿冶工程, 2003, 23 (3)：29-31.

［19］ 邱冠周, 胡岳华, 王淀佐. 微细粒赤铁矿载体浮选机理研究 ［J］. 有色金属, 1994, 46 (4)：23-28.

［20］ 朱阳戈, 张国范, 冯其明. 微细粒钛铁矿的自载体浮选 ［J］. 中国有色金属学报, 2009 (3)：554-560.

［21］ BILAL MUHAMMAD, ITO MAYUMI, KOIKE KANAMI, et al. Effects of coarse chalcopyrite on flotation behavior of fine chalcopyrite ［J］. Minerals Engineering, 2021, 63：106776.

［22］ BREMMELL K E, FORNASIERO D, RALSTON J. Pentlandite-lizardite interactions and implications for their separation by flotation ［J］. Colloids and Surfaces A：Physicochemical and Engineering Aspects, 2005, 252 (2)：207-212.

［23］ PENG Y J, ZHAO S. The effect of surface oxidation of copper sulfide minerals on clay slime coating in flotation ［J］. Minerals Engineering, 2011, 24 (15)：1687-1693.

［24］ XU Z H, LIU J, CHOUNG J W, et al. Electrokinetic study of clay interactions with coal in flotation ［J］. International Journal of Mineral Processing, 2003, 68 (1)：183-196.

［25］ 张国范, 王丽, 冯其明, 等. 钛辉石与钛铁矿颗粒间相互作用的影响因素. 中国有色金属学报,

2010，20（2）：339-345.

[26] 科卡S，等. 从高岭土中载体浮选明矾石［J］. 国外金属矿选矿，2001，38（9）：42-45.

[27] HEMMINGS C E. Depression of galena by slime gangue in an agitated pulp［J］. International Journal of Mineral Processing，1978，5（1）：85-92.

[28] 朱阳戈，张国范，冯其明. 微细粒钛铁矿的自载体浮选［J］. 中国有色金属学报，2009（3）：554-560.

[29] 李树磊. 微细粒辉钼矿选择性絮凝-浮选基础研究［D］. 徐州：中国矿业大学，2018.

[30] LI S，GAO L，WANG J，et al. Polyethylene oxide assisted separation of molybdenite from quartz by flotation［J］. Minerals Engineering，2021，162：106765.

[31] ALVAREZ A，GUTIERREZ L，LASKOWSKI J S. Use of polyethylene oxide to improve flotation of fine molybdenite［J］. Minerals Engineering，2018，127：232-237.

[32] 王怀发，湛含辉，杨润全. 高灰极难选煤泥的絮凝浮选试验研究［J］. 选煤技术，2001（1）：17-18.

[33] 戚家伟，朱书全，解维伟，等. 极细粒煤选择性双向絮凝脱硫降灰实验研究［J］. 选矿技术，1999（1）：41-44.

[34] 谢登峰. 选择性絮凝-浮选法制备超纯煤的试验研究［J］. 选煤技术，2008（5）：25-27.

[35] 邹文杰，曹亦俊，李维娜，等. 煤及高岭石的选择性絮凝［J］. 煤炭学报，2013，38（8）：1448-1453.

[36] LIANG L，TAN J，LI Z，et al. Coal flotation improvement through hydrophobic flocculation induced by polyethylene oxide［J］. International Journal of Coal Preparation and Utilization，2016，36（3）：139-150.

[37] 沙杰，谢广元，李晓英，等. 细粒煤选择性絮凝分选试验研究［J］. 煤炭科学技术，2012，40：118-121.

[38] 王淀佐，罗家珂，等. 微细粒黑钨矿选择性絮凝工艺中调整剂的研究［J］，矿冶工程，1995（4）：26-30.

[39] 陈荩，陈万雄，徐正和. 磺化聚丙烯酰胺在钛铁矿和长石上的吸附特性与絮凝行为［J］. 中南矿冶学院学报，1986（6）：21.

[40] 沈慧庭. 东鞍山铁矿石脱泥-反浮选工艺流程研究［J］. 矿冶工程，1995，4：20-23.

[41] HUANG Y F，HAN G H，LIU J T，et al. A facile disposal of Bayer red mud based on selective flocculation desliming with organic humics［J］. Journal of Hazardous Materials，2016，301：46-55.

[42] 杨诚，李明阳，龙红明，等. 微细粒石英/赤铁矿异步絮凝浮选分离研究［J］. 矿产保护与利用，2022，42（5）：82-87.

[43] CHENG K，WU X Q，TANG H H，et al. The flotation of fine hematite by selective flocculation using sodium polyacrylate［J］. Minerals Engineering，2022，176：10273.

[44] 魏宗武，高场，杨梅金，等. 微细粒锡石的选择性絮凝浮选［J］. 矿业研究与开发，2022，42（1）：42-46.

[45] 邱冠周，胡岳华，王淀佐. 颗粒间相互作用与细粒浮选［M］. 长沙：中南大学出版社，1993.

[46] LU S，DING R，GUO J. Kinetics of fine particle aggregation in turbulence［J］. Advances in Colloid and Interface Science，1998（3）：197-235.

[47] YIN W，YANG X，ZHOU D，et al. Shear hydrophobic flocculation and flotation of ultrafine Anshan hematite using sodium oleate［J］. Transactions of Nonferrous Metals Society of China，2011，21（3）：652-664.

[48] PASCOE R D，DOHERTY E. Shear flocculation and flotation of hematite using sodium oleate［J］. International Journal of Mineral Processing，1997，51（1）：269-282.

［49］帕斯科 R D，多尔蒂 E. 用油酸钠对赤铁矿进行剪切絮凝和浮选的研究（一）［J］. 选矿技术，
      1999（1）：41-44.

［50］FUERSTENAU D W. 用剪切絮凝和载体浮选法提高细粒赤铁矿浮选回收率［J］. 国外金属矿选矿，
      1993（3）：1-8.

［51］NG W S, SONSIE R, FORBES E, et al. Flocculation/flotation of hematite fines with anionic temperature-
      responsive polymer acting as a selective flocculant and collector［J］. Minerals Engineering, 2015, 77：
      64-71.

［52］曹明礼，陈礼永，龚文琪，等. 用剪切絮凝法脱除高岭石中的赤铁矿［J］. 中国有色金属学报，
      2000, 10（6）：934-936.

［53］苑宏倩，韩跃新，李艳军，等. 齐大山选矿分厂磁选精矿剪切絮凝正浮选研究［J］. 金属矿山，
      2011,（4）：50-53.

［54］范桂侠，曹亦俊. 微细粒钛铁矿和钛辉石的剪切絮凝浮选行为［J］. 中国矿业大学学报，2015, 44
      （3）：532-539.

［55］SAHINKAYA H U, OZKAN A. Investigation of shear flocculation behaviors of colemanite with some anionic
      surfactants and inorganic salts［J］. Separation and Purification Technology, 2011, 80：131-139.

［56］HUANG X, XIAO W, ZHAO H, et al. Hydrophobic flocculation flotation of rutile fines in presence of styryl
      phosphonic acid［J］. Transactions of Nonferrous Metals Society of China, 2018, 28：1424-1432.

［57］杨丙桥，黄鹏亮，张汉泉，等. 微细粒辉钼矿疏水聚团及聚团浮选研究［J］. 金属矿山，2018,
      （10）：86-91.

［58］SONG S X, ZHANG X W, YANG B Q, et al. Flotation of molybdenite fines as hydrophobic agglomerates
      ［J］. Separation and Purification Technology, 2012, 98：451-455.

［59］LIN Qingquan, GU Guohua, WANG Hui, et al. Flotation mechanisms of molybdenite fines by neutral oils
      ［J］. International Journal of Minerals, Metallurgy and Materials , 2018, 25（1）：1-10.

［60］林清泉，顾帼华，陈雄，等. 微细粒辉钼矿的浮选动力学研究［J］. 中南大学学报（自然科学版），
      2018, 49（7）：1573-1581.

［61］LIN Qingquan , Gu Guohua , WANG Hui, et al. An effective approach for improving flotation recovery of
      molybdenite fines from a finely-disseminated molybdenum ore［J］. Journal of Central South University,
      2018, 25（6）：1326-1339.

［62］王晖，于润存，符剑刚，等. 油团聚浮选回收尾矿中微细粒辉钼矿的研究［J］. 矿冶工程，2009,
      29（1）：30-33.

［63］邹建新，周建国，周友斌. 攀枝花钛矿资源选别技术进步与发展趋势［J］. 矿冶工程，2006, 26
      （3）：15-22.

［64］LI H, LIU M, LIU Q. The effect of non-polar oil on fine hematite flocculation and flotation using sodium
      oleate or hydroxamic acids as a collector［J］. Minerals Engineering, 2018, 119：105-115.

［65］ZAMBRANA G Z, MEDINA R T, GUTIERREZ G B, et al. Recovery of minus ten micron cassiterite by
      liquid-liquid extraction［J］. International Journal of Mineral Processing. 1974（1）：335-345.

［66］柴社居，李桂春. 油团聚法制备超低灰煤的研究进展［J］. 选煤技术，2016（4）：83-87.

［67］SEN S, IPEKOGLU U, CILINGIR Y. Flotation of fine gold particles by the assistance of Coal-Oil
      agglomerates［J］. Separation Science & Technology, 2010, 45（5）：610-618.

［68］SEN S, SEYRANKAYA A, CILINGIR Y. Coal-oil assisted flotation for the gold recovery［J］. Minerals
      Engineering, 2005, 18：1086-1092.

［69］唐雪峰. 某微细粒嵌布铁矿石磁选-絮凝脱泥-反浮选试验［J］. 金属矿山，2015, 44（2）：53-57.

［70］张卯均，徐群，罗家珂. 细粒磁铁矿团聚赤铁矿的机理研究［J］. 有色金属工程，1986,（3）：24-29.

[71] 王东辉, 印万忠, 马英强, 等. 磁铁矿对赤铁矿反浮选过程的选择性磁团聚研究 [J]. 金属矿山, 2016, (12): 57-61.

[72] 王东辉. 基于矿物交互影响的选择性磁团聚浮选技术研究 [D]. 福州: 福州大学, 2015.

[73] SHAO Y, VEASEY T J, ROWSON N A. Magnetic flocculation of hematite minerals [J]. Magnetic and Electrical Separation. 1996, 7 (4): 227-241.

[74] PRAKASH S, DAS B, MOHANTY J K, et al. The recovery of fine iron minerals from quarts and corundum mixtures using selective magnetic coating [J]. International Journal of Mineral Processing, 1999, 57 (2): 57-87.

[75] 冯其明, 周伟光, 石晴. 纳米气泡的形成及其对微细粒矿物浮选的影响 [J]. 中南大学学报 (自然科学版), 2017, 48 (1): 9-15.

[76] MA F Y, TAO D P, TAO Y J, et al. An innovative flake graphite upgrading process based on HPGR, stirred grinding mill, and nanobubble column flotation [J]. International Journal of Mining Science and Technology, 2021, 31 (6): 1063-1074.

[77] 陶有俊, 刘谦, TAO D, 等. 纳米泡提高细粒煤浮选效果的研究 [J]. 中国矿业大学学报, 2009, 38 (6): 820-823.

[78] TAO D P, WU Z X, SOBHY A, et al. Investigation of nanobubble enhanced reverse anionic flotation of hematite and associated mechanisms [J]. Powder Technology, 2021, 379: 12-25.

[79] 杨斌. 微细粒硅酸盐矿物选择性聚团强化赤铁矿反浮选脱硅研究 [D]. 沈阳: 东北大学, 2022.

[80] 陆英, 李洪强, 冯其明. 绢云母的夹带行为及其控制 [J]. 中南大学学报 (自然科学版), 2015, 46 (1): 20-26.

[81] LIU Q, WANNAS D, PENG Y. Exploiting the dual functions of polymer depressants in fine particle flotation [J]. International Journal of Mineral Processing, 2006, 80: 244-254.

[82] 李洪强, 冯其明, 欧乐明, 等. 利用聚合氯化铝降低隐石墨浮选过程中绢云母脉石的夹带 [J]. 中南大学学报 (自然科学版), 2015, 46 (11): 3975-3982.

[83] PENG Y, BRADSHAW D. Mechanisms for the improved flotation of ultrafine pentlandite and its separation from lizardite in saline water [J]. Minerals Engineering, 2012, 36-38: 284-290.

[84] 徐建平, 陈跃华, 彭晓琴, 等. 煤中黄铁矿硫团聚脱硫的主要影响因素 [J]. 煤炭科学技术, 2006, 34 (6): 81-84.

[85] 徐建平, 陈跃华, 蔡昌凤. 复合团聚药剂脱除高硫煤中黄铁矿硫 [J]. 北京科技大学学报, 2008, 30 (1): 7-10.

[86] HOLUSZKO M E, FRANZIDIS J P, MANLAPIG E V, et al. The effect of surface treatment and slime coatings on ZnS hydrophobicity [J]. Minerals Engineering, 2008, 21: 958-966.

[87] XU D, AMETOV I, GRANO S R. Quantifying rheological and fine particle attachment contributions to coarse particle recovery in flotation [J]. Minerals Engineering, 2012, 39: 89-98.

[88] WU C, WANG L, HARBOTTLE D, et al. Studying bubble-particle interactions by zeta potential distribution analysis [J]. Journal of Colloid and Interface Science, 2015, 449: 399-408.

[89] PENG Y, ZHAO S. The effect of surface oxidation of copper sulfide minerals on clay slime coating in flotation [J]. Minerals Engineering, 2011, 24: 1687-1693.

[90] FORBES E, DAVEY K J, SMITH L. Decoupling rehology and slime coatings effect on the natural flotability of chalcopyrite in a clay-rich flotation pulp [J]. Minerals Engineering, 2014, 56: 136-144.

[91] HUYNH L, FEILER A, MICHELMORE A, et al. Control of slime coatings by the use of anionic phosphates: A fundamental study [J]. Minerals Engineering, 2000, 13 (10/11): 1059-1069.

［92］ ARNOLD B J, APLAN F F. The effect of clay slimes on coal flotation, part Ⅰ：The nature of the clay ［J］. International Journal of Mineral Processing, 1986, 17：225-242.

［93］ XU Z H, LIU J J, CHOUNG J W, et al. Electrokinetic study of clay interactions with coal in flotation ［J］. International Journal of Mineral Processing, 2003, 68：183-196.

［94］ 谢兴中, 王毓华, 姜燕清, 等. 油酸钠浮选体系中褐铁矿与方解石的分离及机理 ［J］. 中南大学学报（自然科学版）, 2011, 42 （12）：3605-3611.

［95］ 周瑜林. 金属离子对铝硅矿物选择性分散影响的理论研究与实践 ［D］. 长沙：中南大学, 2011.

［96］ 杨久流, 罗家珂, 李颖, 等. Ca^{2+}、Mg^{2+} 对黑钨矿选择性絮凝的影响及其机理研究 ［J］. 矿冶, 1998 （1）：29-32.

［97］ GAN W B, CROZIER B, LIU Q. Effect of citric acid on inhibiting hexadecane-quartz coagulation in aqueous solutions containing Ca^{2+}, Mg^{2+}, and Fe^{3+} ions ［J］. Int J. Miner. Process, 2009, 29 （1/2）：84-91.

［98］ RASHCHI F, FINCH J A. Polyphosphates：A review their chemistry and application with particular regerence to mineral processing ［J］. Mineral Engineering, 2000 （10/11）：1019-1035.

［99］ 何廷树, 松全元. 细粒弱磁性铁矿的选择性絮凝—脱泥研究 ［J］. 中国矿业, 1996 （3）：40-42.

［100］ 朱玉霜, 朱建光. 浮选药剂的化学原理 ［J］. 长沙：中南工业大学出版社, 1996.

［101］ WANG Z, WU H, XU Y, et al. The effect of dissolved calcite species on the flotation of bastnaesite using sodium oleate ［J］. Minerals Engineering, 2020, 145：106095.

［102］ 周欢, 徐龙华, 王周杰, 等. 不同粒级萤石对氟碳铈矿颗粒分散与凝聚影响 ［J］. 中国稀土学报, 2022, 40 （4）：690-696.

［103］ WANG Z, WU H, XU Y, et al. Effect of dissolved fluorite and barite species on the flotation and adsorption behavior of bastnaesite ［J］. Separation and Purification Technology, 2019, 237：116387.

［104］ ZHANG W, HONAKER R, GROPPO J. Flotation of monazite in the presence of calcite part Ⅰ：Calcium ion effects on the adsorption of hydroxamic acid ［J］. Minerals Engineering, 2017, 100：40-48.

［105］ ZHANG W, HONAKER R. Flotation of monazite in the presence of calcite part Ⅱ：Enhanced separation performance using sodium silicate and EDTA ［J］. Minerals Engineering, 2018, 127：318-328.

［106］ 胡岳华, 徐竞, 罗超奇, 等. 菱锌矿/方解石胺浮选溶液化学研究 ［J］. 中南工业大学学报, 1995 （5）：589-594.

［107］ CHEN Y, ZHANG G, WANG M, et al. Utilization of sodium carbonate to eliminate the adverse effect of Ca^{2+} on smithsonite sulphidisation flotation ［J］. Minerals Engineering, 2019, 132：121-125.

［108］ SHI Q, ZHANG G, FENG Q, et al. Effect of solution chemistry on the flotation system of smithsonite and calcite ［J］. International Journal of Mineral Processing, 2013, 119：34-39.

［109］ ZHAO L, LIU W, DUAN H, et al. Sodium carbonate effects on the flotation separation of smithsonite from quartz using N, N'-dilauroyl ethylenediamine dipropionate as a collector ［J］. Minerals Engineering, 2018, 126：1-8.

［110］ SHI Q, ZHANG G, FENG Q, et al. Effect of the lattice ions on the calcite flotation in presence of Zn （Ⅱ） ［J］. Minerals Engineering, 2013, 40：24-29.

［111］ 滕青, 冯雅丽, 李浩然, 等. 十二胺浮选分离菱锰矿与方解石及其机理 ［J］. 中国有色金属学报, 2014, 24 （10）：2676-2683.

［112］ 罗娜, 张国范, 朱阳戈, 等. 六偏磷酸钠对菱锰矿与方解石浮选分离的影响 ［J］. 中国有色金属学报, 2012, 22 （11）：3214-3220.

［113］ 胡岳华, 王淀佐. 盐类矿物的溶解、表面性质变化与浮选分离控制设计 ［J］. 中南矿冶学院学报, 1992 （3）：273-279.

[114] 沈慧庭，宫中桂．白钨矿浮选中方解石的影响及消除影响的方法和机理研究 [J]．湖南有色金属，1996（2）：36-39．

[115] FA K, NGUYEN A, MILLER J. Interaction of calcium dioleate collector colloids with calcite and fluorite surfaces as revealed by AFM force measurements and molecular dynamics simulation [J]. International Journal of Mineral Processing, 2006, 81: 166-177.

[116] FA K, JIANG T, NALASKOWSKI J, et al. Interaction forces between a calcium dioleate sphere and calcite/fluorite surfaces and their significant in flotation [J]. Langmuir , 2003, 19: 10523-10530.

[117] SUN W, HAN H, SUN W, et al. Novel insights into the role of colloidal calcium dioleate in the flotation of calcium minerals [J]. Minerals Engineering, 2022, 175: 107274.

[118] 王纪镇，印万忠，孙忠梅．方解石和六偏磷酸钠对白钨矿浮选的协同抑制作用及机理 [J]．中国有色金属学报，2018，28（8）：1645-1652．

[119] WANG J, BAI J, YIN W, et al. Flotation separation of scheelite from calcite using carboxyl methyl cellulose as depressant [J]. Minerals Engineering, 2018, 127: 329-333.

[120] 石伟，黄国智．萤石和方解石的溶解特性及浮选分离研究 [J]．非金属矿，2000（4）：11-12．

[121] SUN R , LIU D, ZHANG B, et al. Homogenization phenomena of surface components of fluorite and calcite [J]. Physicochemical Problems of Mineral Processing, 2020, 57（1）: 250-258.

[122] WANG Z, XU L, WU H, et al. Adsorption of octanohydroxamic acid at fluorite surface in presence of calcite species [J]. Transactions of Nonferrous Metals Society of China, 2021, 31（12）: 3891-3904.

[123] 王震，钱玉鹏，陈彬，等．矿物溶解对萤石、方解石浮选行为的影响 [J]．非金属矿，2019，42（6）：53-56．

[124] WANG R, WEI Z, HAN H, et al. Fluorite particles as a novel calcite recovery depressant in scheelite flotation using Pb-BHA complexes as collectors [J]. Minerals Engineering, 2019, 132: 84-91.

[125] WANG R, LU Q, SUN W, et al. Flotation separation of apatite from calcite based on the surface transformation by fluorite particles [J]. Minerals Engineering, 2022, 176: 107320.

[126] 印万忠，马英强，刘明宝，等．东鞍山高碳酸铁矿石磁选精矿分步浮选工业试验 [J]．金属矿山，2011，40（8）：64-67．

[127] 印万忠，马英强，王乃玲，等．基于矿物浮选交互式影响的铁矿石分散浮选技术研究 [J]．有色金属（选矿部分），2013（s1）：146-150．

[128] LUO X M, YIN W, SUN C, et al. Improved flotation performance of hematite fines using citric acid as a dispersant [J]. International Journal of Minerals, Metallurgy and Materials, 2016, 23（10）: 1119-1125.

[129] 夏启斌，李忠，邱显扬，等．六偏磷酸钠对蛇纹石的分散机理研究 [J]．矿冶工程，2002，22（2）：53-55．

[130] 龙涛，冯其明，卢屏毅，等．CMC 对层状镁硅酸盐矿物浮选的抑制与分散作用 [J]．中国有色金属学报，2011，21（5）：1145-1150．

[131] 郭昌槐，胡熙庚．蛇纹石矿泥对金川含镍磁黄铁矿浮选特性的影响 [J]．矿冶工程，1984（2）：28-32．

[132] KRISTEN E. BREMMELL, DANIEL F, et al. Pentlandite-lizardite interactions and implications for their separation by flotation [J]. Colloids and Surfaces, 2005（252）: 207-212.

[133] 张明强．蛇纹石与黄铁矿异相分散的调控机理研究 [D]．长沙：中南大学，2010．

[134] 王毓华，陈兴华，胡业民，等．磷酸盐对细粒铝硅酸盐矿物分散行为的影响 [J]．中南大学学报（自然科学版），2007，38（2）：238-244．

[135] 王丽．钛辉石对钛铁矿浮选影响研究 [D]．长沙：中南大学，2009．

[136] 邓传宏，马军二，张国范，等．水玻璃在钛铁矿浮选中的作用 [J]．中国有色金属学报，2010，

20 (3): 551-556.

[137] 卢屏毅, 陈志友, 冯其明, 等. 表面活性剂对微细滑石的分散作用 [J]. 中南大学学报 (自然科学版), 2006, 37 (1): 16-19.

[138] 申培伦, 刘瑞增, 赖浩, 等. 氧化铜矿浮选基础理论研究新进展 [J]. 中国矿业大学学报, 2022, 51 (3): 591-598.

[139] LIU C, ZHANG G, SONG S, et al. Interaction of gangue minerals with malachite and implications for the sulfidization flotation of malachite [J]. Colloids and Surfaces A: Physicochemical and Engineering Aspects, 2018, 555: 679-684.

[140] LIU C, SONG S, LI H, et al. Sulfidization flotation performance of malachite in the presence of calcite [J]. Minerals Engineering, 2019, 132: 293-296.

[141] LIU C, SONG S, LI H, et al. Elimination of the adverse effect of calcite slimes on the sulfidization flotation of malachite in the presence of water glass [J]. Colloids and Surfaces A: Physicochemical and Engineering Aspects, 2019, 563 (20): 324-329.

[142] SILVESTRE M O, PEREIRA C A, GALERY R, et al. Dispersion effect on a lead-zinc sulphide ore flotation [J]. Minerals Engineering, 2009, 22 (9): 752-758.

[143] 冯博, 卢毅屏, 翁存建. 碳酸根对蛇纹石/黄铁矿浮选体系的分散作用机理 [J]. 中南大学学报 (自然科学版), 2016, 47 (4): 1085-1091.

[144] SONG S, LOPEZ-VALDIVIESO A, MARTINEZ-MARTINEZ C, et al. Improving fluorite flotation from ores by dispersion processing [J]. Minerals Engineering, 2006, 19 (9): 912-917.

[145] LIU D, PENG Y. Understanding different roles of lignosulfonate in dispersing clay minerals in coal flotation using deionised water and saline water [J]. Fuel, 2015, 142: 235-242.

[146] 邢耀文, 桂夏辉, 刘炯天, 等. 基于能量适配的分级浮选试验研究 [J]. 中国矿业大学学报, 2015, 44 (5): 923-930.

[147] 佟顺增, 夏灵勇, 桂夏辉, 等. 高灰难选煤泥分级浮选试验研究 [J]. 选煤技术, 2011 (5): 18-22.

[148] 杨勇, 钱押林. 某磷矿分级浮选试验研究 [J]. 矿产保护与利用, 2010 (3): 23-26.

[149] 孙永峰. 基于柱-机联合的硫化矿分级浮选研究 [D]. 徐州: 中国矿业大学, 2012.

[150] 秦洪斌. 赤铁矿磁团聚抑制与其粒度之间关系的研究 [D]. 沈阳: 东北大学, 2018.

[151] 唐超. 超声预处理对煤泥浮选过程的强化作用研究 [D]. 徐州: 中国矿业大学, 2014.

[152] CELIK M S, ELMA I, HANCER M, et al. Effect of in-situ ultrasonic treatment on the floatability of slime coated colemanite [J]. Innovations in Mineral and Coal Processing, 1998: 153-157.

[153] 彭樱, 李育彪, 王洪铎, 等. 超声波对黄铜矿与辉钼矿可浮性的影响 [J]. 金属矿山, 2020 (2): 24-28.

[154] Hulya Kursun. A study on the utilization of ultrasonic pretreatment in zinc flotation [J]. Separation Science and Technology, 2014, 49 (18): 2975-2980.

[155] 马永义, 王毓华, 卢东方, 等. 超声波预处理对不同体系中方铅矿浮选行为的影响 [J]. 矿冶工程, 2018, 38 (3): 58-62.

[156] 蔡立政, 印万忠. 超声处理改善赤铁矿浮选体系中菱铁矿交互影响的研究 [J]. 金属矿山, 2023 (4): 86-91.

[157] 蔡立政. 超声处理改善赤铁矿浮选体系中菱铁矿交互影响的研究 [D]. 福州: 福州大学, 2023.

[158] 罗溪梅. 含碳酸盐铁矿石浮选体系中矿物的交互影响研究 [D]. 沈阳: 东北大学, 2014.

[159] DENG J, YANG S, LIU C, et al. Effects of the calcite on quartz flotation using the reagent scheme of starch/dodecylamine [J]. Colloids and Surfaces A: Physicochemical and Engineering Aspects, 2019,

583：123983.

[160] PENG Y J, ZHAO S L. The effect of surface oxidation of copper sulfide minerals on clay slime coating in flotation [J]. Minerals Engineering, 2011, 24 (15)：1687-1693.

[161] FENG B, FENG Q, LU Y. A novel method to limit the detrimental effect of serpentine on the flotation of pentlandite [J]. International Journal of Mineral Processing, 2012, 114-117 (12)：11-13.

[162] LIU C, SONG S, LI H, et al. Sulfidization flotation performance of malachite in the presence of calcite [J]. Minerals Engineering, 2019, 132：293-296.

[163] YANG S, PELTON R, ABARCA C, et al. Towards nanoparticle flotation collectors for pentlandite separation [J]. International Journal of Mineral Processing, 2013, 123：137-144.

[164] YANG S, RAZAVIZADEH B B M, PELTON R, et al. Nanoparticle flotation collectors the influence of particle softness [J]. ACS applied materials & interfaces, 2013, 5 (11)：4836-4842.

[165] DONG X, PRICE M, DAI Z, et al. Mineral-mineral particle collisions during flotation remove adsorbed nanoparticle flotation collectors [J]. Journal of colloid and interface science, 2017, 504：178-185.

[166] ABARCA C, YANG S, PELTON R H. Towards high throughput screening of nanoparticle flotation collectors [J]. Journal of colloid and interface science, 2015, 460：97-104.

[167] YANG S T, Robert P, Carla A, et al. Towards nanoparticle flotation collectors for pentlandite separation [J]. International Journal of Mineral Processing 2013, 123：137-144.

[168] HAJATI A, SHAFAEI S Z, NOAPARAST M, et al. Novel application of talc nanoparticles as collector in flotation [J]. RSC advances, 2016, 6 (100)：98096-98103.

[169] 印万忠, 龙恺云, 张西山, 等. 矿物捕收剂滑石对孔雀石的捕收作用及其机理 [J]. 金属矿山, 2023 (8)：66-73.

2 铁矿石浮选的交互影响

铁矿石是钢铁生产最为重要的基础原料，我国目前的铁矿石产量难以满足钢铁产业的需求，将部分未被利用的铁矿资源储量变成现实的铁矿供应能力，是当前我国铁矿资源开发利用面临的重要课题。铁矿物种类繁多，目前已发现的铁矿物和含铁矿物有 300 余种，其中具有工业利用价值的主要为磁铁矿、赤铁矿、磁赤铁矿、钛铁矿、褐铁矿和菱铁矿等。世界铁矿石储量主要集中在澳大利亚、巴西、俄罗斯和中国。我国的铁矿石储量丰富但铁矿石含铁量低[1]，主要分布在辽宁、河北、四川、山西、安徽、湖北、云南、内蒙古、山东九个省区。

我国复杂矿石资源储量丰富，但选别难度大，其原因之一是矿物之间存在交互影响，导致分选差异性减小，使矿物难以分离，特别是当矿物嵌布粒度较小时，交互影响更为突出。例如，在复杂铁矿浮选研究领域，铁矿物种类较多，目前具有工业利用价值的铁矿物包括磁铁矿、赤铁矿、褐铁矿、菱铁矿等，这些铁矿物在分选过程中经常伴生且相互影响，导致铁矿物之间的分离极为困难。如从鞍钢集团齐大山、东鞍山、弓长岭、鞍千矿业公司红矿浮选尾矿中发现，尽管有用矿物已经大部分单体解离，但仍然有大量铁矿物损失于尾矿中，导致浮选尾矿的全铁品位偏高，浮选回收率较低。东鞍山含碳酸盐铁矿石随着开采深度的增加，矿石中碳酸盐的含量逐年增加。生产实践表明，碳酸盐的出现对东鞍山铁矿石的浮选影响极大，随着碳酸盐含量的增加，浮选指标呈下降趋势，导致这部分矿石无法得到有效处理。

本章以赤铁矿、菱铁矿、磁铁矿、褐铁矿、白云石和石英为研究对象，研究了不同粒级 6 种矿物分别对赤铁矿、菱铁矿及石英浮选的影响，并基于浮选溶液化学、EDLVO 等理论，采用 SEM、UV、FTIR、ICP、XPS 等检测手段，探讨了矿物产生交互影响的机理，以期找到削弱或促进矿物交互影响和适于复杂铁矿石分离的方法。

2.1 铁矿石体系中二元矿物间浮选的交互影响

本节探讨了不同粒级赤铁矿、菱铁矿、磁铁矿、褐铁矿、白云石、石英分别对 $-106+$ 45 μm 粒级赤铁矿、$-106+45$ μm 粒级菱铁矿、$-106+45$ μm 粒级石英及 -18 μm 粒级菱铁矿、-18 μm 粒级石英浮选的影响。同时，研究了 pH 值、调整剂等对二元混合矿物浮选的影响，以期找到削弱或加强二元体系中矿物间交互影响的方法。

2.1.1 不同粒级不同矿物对 $-106+45$ μm 粒级赤铁矿浮选的影响

在仅添加油酸钠（pH 值为 9 左右，正浮选体系）和同时添加油酸钠、淀粉、氯化钙

（pH 值为 11 左右，反浮选体系）的条件下，分别探讨了−106+45 μm 粒级、−45+18 μm 粒级、−18 μm 粒级的菱铁矿、磁铁矿、褐铁矿、白云石及石英对−106+45 μm 粒级赤铁矿浮选的影响。

2.1.1.1　正浮选体系

A　不同粒级菱铁矿对赤铁矿浮选的影响

当 pH 值为 9 左右，仅添加油酸钠浮选回收−106+45 μm 粒级赤铁矿时，不同粒级菱铁矿对−106+45 μm 粒级赤铁矿浮选的影响结果如图 2.1 所示。由图 2.1 可知，随着各个粒级菱铁矿添加量的增加，给矿 Fe 品位逐渐降低，浮选精矿 Fe 品位也逐渐降低；浮选精矿 Fe 回收率和赤铁矿回收率呈现逐渐下降的趋势。以上说明，当油酸钠作捕收剂浮选回收赤铁矿时，添加不同粒级菱铁矿能够降低浮选精矿 Fe 回收率和赤铁矿回收率，影响赤铁矿的浮选，各个粒级的菱铁矿与赤铁矿分离均较困难。

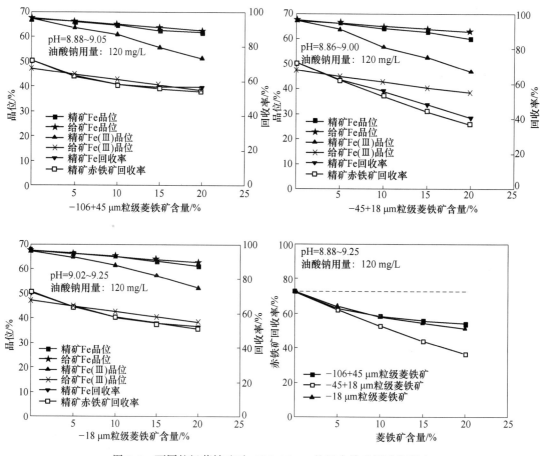

图 2.1　不同粒级菱铁矿对−106+45 μm 粒级赤铁矿浮选的影响

B　不同粒级磁铁矿对赤铁矿浮选的影响

当 pH 值为 9 左右，仅添加油酸钠浮选回收−106+45 μm 粒级赤铁矿时，不同粒级磁铁矿对−106+45 μm 粒级赤铁矿浮选的影响结果如图 2.2 所示。由图 2.2 可知，随着各个粒级磁铁矿含量的增加，给矿 Fe 品位逐渐小幅度提高，浮选精矿 Fe 品位也相应升高；随着-106+45 μm 粒级磁铁矿含量的增加，浮选精矿 Fe 回收率和赤铁矿回收率变化趋势均较小，与不添加磁铁矿相比，浮选精矿 Fe 回收率和赤铁矿回收率稍有降低，但幅度不大；随着-45+18 μm 粒级和-18 μm 粒级磁铁矿含量的增加，浮选精矿 Fe 回收率和赤铁矿回收率变化幅度较明显，与不添加磁铁矿相比，浮选精矿 Fe 回收率急剧下降，精矿 Fe 回收率从 82.5% 下降至 50% 以下。以上说明，当油酸钠作捕收剂浮选回收-106+45 μm 粒级赤铁矿时，添加磁铁矿能够降低赤铁矿回收率，其中-45+18 μm 粒级对赤铁矿浮选影响尤为突出，其次为-18 μm 粒级磁铁矿，-106+45 μm 粒级磁铁矿对赤铁矿浮选影响不大，各个粒级的磁铁矿与赤铁矿分离均较困难。

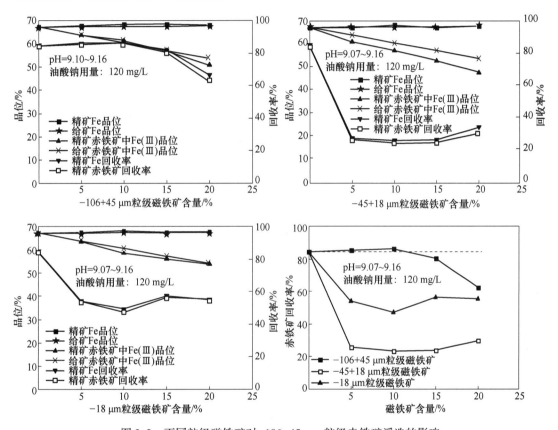

图 2.2　不同粒级磁铁矿对-106+45 μm 粒级赤铁矿浮选的影响

此外，试验中发现当添加-18 μm 粒级磁铁矿后，泡沫较丰富且稳定，试验现象表明添加细粒级颗粒有利于提高气泡的数量和稳定性，细颗粒起着一种类似"泡沫稳定剂"的作用。A. M. 维艾拉等人[2]指出，矿浆中一定数量细粒石英的存在能影响到气泡的形状，减小气泡的尺寸和提高泡沫的稳定性。Leja 论述了进入泡沫结构的固体颗粒对泡沫稳定性的影响，指出疏水性的固体随着它们到空气/水界面上时，并因此而牢固地结合在一起，使排出液体受到限制，因而能提高气泡的稳定性。根据这一道理，细颗粒由于有着较大的比表面积，因此就会吸附更多的捕收剂，达到更高的疏水程度，更有利于泡沫的稳定。

　　C　不同粒级褐铁矿对赤铁矿浮选的影响

　　当 pH 值为 9 左右，仅添加油酸钠浮选回收−106+45 μm 粒级赤铁矿时，不同粒级褐铁矿对−106+45 μm 粒级赤铁矿浮选的影响结果如图 2.3 所示。由图 2.3 可知，随着各个粒级褐铁矿含量的增加，给矿 Fe 品位逐渐小幅度降低，浮选精矿 Fe 品位也相应降低；随着−106+45 μm 粒级和−45+18 μm 粒级褐铁矿含量的增加，浮选精矿 Fe 回收率逐渐降低，与不添加褐铁矿相比，浮选精矿 Fe 回收率稍有降低，但幅度较小，由试验现象可以看出，浮选精矿 Fe 回收率降低主要是由于褐铁矿进入尾矿；随着−18 μm 粒级褐铁矿含量的增加，浮选精矿 Fe 回收率大幅度降低，与不添加−18 μm 粒级褐铁矿相比，浮选精矿 Fe 回收率急剧下降，当−18 μm 粒级褐铁矿含量（质量分数，后同）为 20% 时，浮选精矿 Fe 回收率由 69.42% 降低至 7.08%；还可以看出，−18 μm 粒级褐铁矿对赤铁矿浮选影响较为突出，其次为−45+18 μm 粒级和−106+45 μm 粒级褐铁矿。以上说明，当油酸钠作捕收剂浮选回收−106+45 μm 粒级赤铁矿时，添加褐铁矿对赤铁矿浮选有一定影响，会降低浮选精矿 Fe 回收率，且−18 μm 粒级褐铁矿对赤铁矿浮选影响较为突出。此外，试验中也发现添加−18 μm 粒级褐铁矿后，泡沫较丰富且稳定。

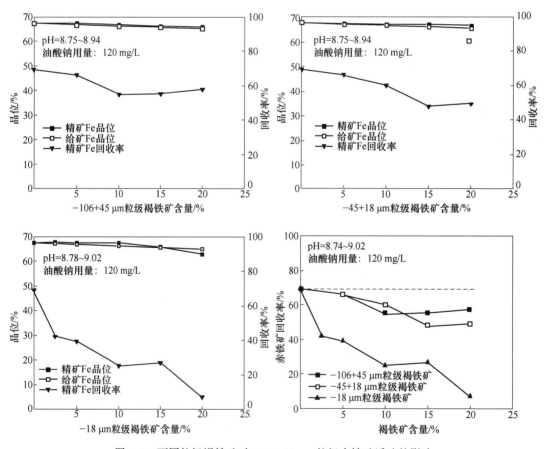

图 2.3　不同粒级褐铁矿对−106+45 μm 粒级赤铁矿浮选的影响

　　值得说明的是，当探讨褐铁矿对赤铁矿浮选的影响时，仅能计算 Fe 回收率，因此，将 Fe 回收率作为分析指标。从此现象可以看出，−106+45 μm 粒级褐铁矿能够降低 Fe 回收率的原因主要是部分褐铁矿损失于尾矿。因此，可以认为−106+45 μm 粒级褐铁矿对赤铁矿的浮选影响不大。

D 不同粒级白云石对赤铁矿浮选的影响

当 pH 值为 9 左右，仅添加油酸钠浮选回收−106+45 μm 粒级赤铁矿时，不同粒级白云石对−106+45 μm 粒级赤铁矿浮选的影响结果如图 2.4 所示。由图 2.4 可知，随着各个粒级白云石含量的增加，给矿 Fe 品位逐渐降低，浮选精矿 Fe 品位也相应降低；随着−106+45 μm 粒级白云石含量的增加，浮选精矿赤铁矿回收率逐渐降低；随着−45+18 μm 粒级和−18 μm 粒级白云石含量的增加，浮选精矿赤铁矿回收率大幅度降低，与不添加白云石相比，浮选精矿赤铁矿回收率急剧下降；当−45+18 μm 粒级和−18 μm 粒级白云石含量为 5% 时，赤铁矿回收率由 77.24% 分别降低至 18.56%、13.23%；−18 μm 粒级对赤铁矿浮选影响最为突出，其次为−45+18 μm 粒级，最后为−106+45 μm 粒级。以上说明，当油酸钠作捕收剂浮选回收−106+45 μm 粒级赤铁矿时，添加白云石会降低精矿 Fe 品位和赤铁矿回收率，且−45 μm 粒级白云石影响较为突出。浮选精矿中 Fe 品位低于给矿 Fe 品位，主要是因为油酸钠浮选体系中白云石可浮性较好，易进入精矿。

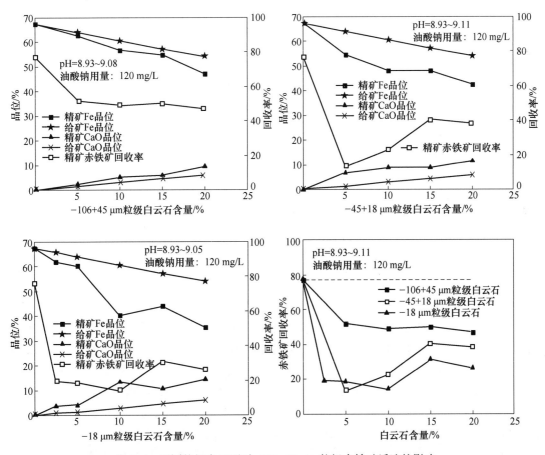

图 2.4 不同粒级白云石对−106+45 μm 粒级赤铁矿浮选的影响

E 不同粒级石英对赤铁矿浮选的影响

当 pH 值为 9 左右，仅添加油酸钠浮选回收−106+45 μm 粒级赤铁矿时，不同粒级石英对−106+45 μm 粒级赤铁矿浮选的影响结果如图 2.5 所示。由图 2.5 可知，当仅添加油酸钠浮选−106+45 μm 粒级赤铁矿时，添加一定量不同粒级石英，浮选精矿赤铁矿的回收率变化幅度不大；随着−106+45 μm 粒级石英含量的增加，给矿 Fe 品位逐渐降低，浮选精矿 Fe 品位略有降低，但幅度很小；随着−45 μm 粒级石英含量的增加，浮选精矿 Fe 品位有小幅度降低，这主要是因为细粒级石英更容易进入精矿。总的来说，石英对赤铁矿的浮选影响较小，与赤铁矿分离较为容易。

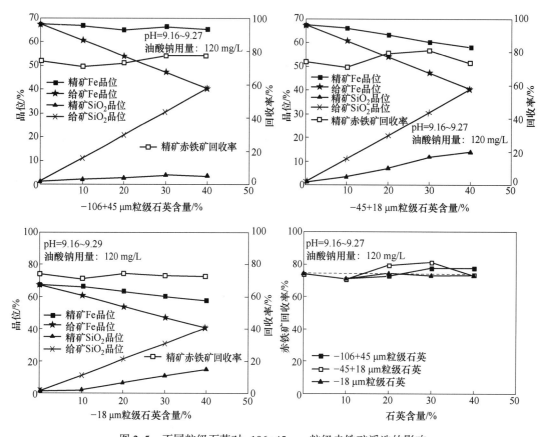

图 2.5　不同粒级石英对−106+45 μm 粒级赤铁矿浮选的影响

F　不同粒级不同矿物对赤铁矿浮选的影响

当 pH 值为 9 左右，仅添加油酸钠浮选回收−106+45 μm 粒级赤铁矿时，不同粒级不同矿物对赤铁矿浮选的影响结果如图 2.6 和表 2.1 所示。由此可知，对于−106+45 μm 粒级矿物，对赤铁矿浮选回收率影响大小顺序为：白云石>菱铁矿 ≈ 褐铁矿>磁铁矿>石英；对于−45+18 μm 粒级矿物，对赤铁矿浮选回收率影响大小顺序为：磁铁矿>白云石>菱铁矿>褐铁矿>石英；对于−18 μm 粒级矿物，对赤铁矿浮选回收率影响大小顺序为：白云石>褐铁矿>磁铁矿>菱铁矿>石英；−45 μm 粒级矿物对赤铁矿浮选影响相对较大，−45 μm 粒级磁铁矿和−18 μm 粒级褐铁矿最为明显，其次为各个粒级的白云石，再次为各个粒级的菱铁矿，各个粒级的石英对赤铁矿的浮选影响最小。

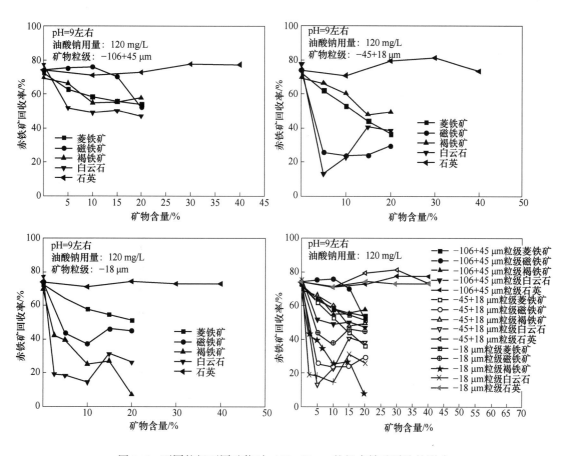

图2.6　不同粒级不同矿物对−106+45 μm粒级赤铁矿浮选的影响

表2.1　油酸钠体系中添加不同粒级矿物对赤铁矿浮选的影响总结

添加矿物种类	粒级/μm	随着矿物添加量的增加，赤铁矿回收率变化趋势	与不添加时的回收率相比	回收率（添加量10%）/%	影响显著含量/%	分离难易程度	粒级影响程度排序
菱铁矿	−106+45	逐渐降低	降低	58.38	≥10	困难	−45+18 μm>−18 μm≈−106+45 μm
	−45+18	逐渐降低	降低	52.97	≥10	困难	
	−18	逐渐降低	降低	57.96	≥10	困难	
磁铁矿	−106+45	变化趋势较小	稍有降低	75.91	—	困难	−45 μm≫+45 μm
	−45+18	先急剧降低，后变化趋势较小	急剧降低	23.62	≥5	困难	
	−18	先急剧降低，后变化趋势较小	急剧降低	36.96	≥5	困难	

添加矿物种类	粒级/μm	随着矿物添加量的增加，赤铁矿回收率变化趋势	与不添加时的回收率相比	回收率（添加量10%）/%	影响显著含量/%	分离难易程度	粒级影响程度排序
褐铁矿	-106+45	先小幅度降低，后变化趋势较小	有所降低	54.75	—	困难	-18 μm>-45+18 μm≈-106+45 μm
	-45+18	先小幅度降低，后变化趋势较小	有所降低	60.21	—	困难	
	-18	大幅度降低	急剧降低	25.19	≥2.5	困难	
白云石	-106+45	先降低，后变化趋势较小	降低	49.06	≥5	困难	-18 μm>-45+18 μm>-106+45 μm
	-45+18	先急剧降低，后逐渐升高	急剧降低	22.80	≥5	较困难	
	-18	先急剧降低，后稍有升高	急剧降低	14.53	≥2.5	有可能	
石英	-106+45	变化幅度较小	变化幅度小	70.86	—	容易	—
	-45+18	变化幅度较小	变化幅度小	70.83	—	较容易	
	-18	变化幅度较小	变化幅度小	71.11	—	较容易	

注：不添加其他矿物时，赤铁矿的浮选回收率为74.02%。

2.1.1.2　反浮选体系

A　不同粒级菱铁矿对赤铁矿反浮选的影响

当 pH 值为 11 左右，添加油酸钠、淀粉和氯化钙浮选回收 -106+45 μm 粒级赤铁矿时，不同粒级菱铁矿对赤铁矿反浮选的影响结果如图 2.7 所示。由图 2.7 可知，各个粒级菱铁矿对赤铁矿浮选精矿 Fe 回收率无影响，浮选时几乎无泡沫和矿，赤铁矿不上浮，浮选精矿赤铁矿回收率均接近 100%，在油酸钠、淀粉和氯化钙的作用下，浮选时赤铁矿与菱铁矿均进入精矿，影响精矿 Fe 品位，不能实现赤铁矿与菱铁矿的分离。

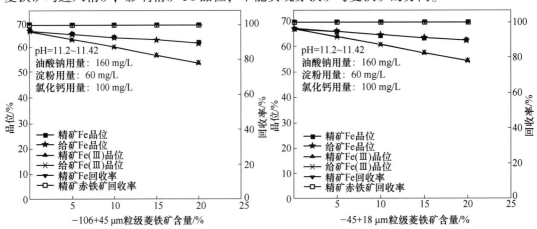

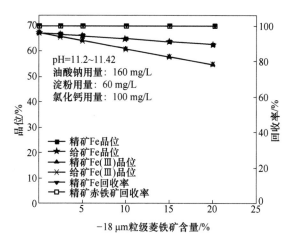

图 2.7 不同粒级菱铁矿对−106+45 μm 粒级赤铁矿反浮选的影响

B 不同粒级磁铁矿对赤铁矿反浮选的影响

当 pH 值为 11 左右，添加油酸钠、淀粉和氯化钙浮选回收−106+45 μm 粒级赤铁矿时，不同粒级磁铁矿对赤铁矿反浮选的影响结果如图 2.8 所示。由图 2.8 可知，各个粒级

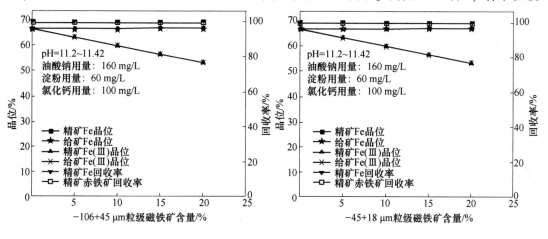

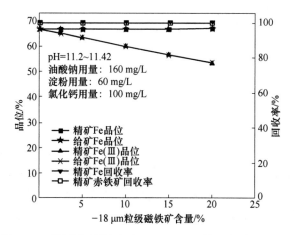

图 2.8 不同粒级磁铁矿对−106+45 μm 粒级赤铁矿反浮选的影响

磁铁矿对赤铁矿浮选精矿Fe回收率无影响，浮选精矿赤铁矿回收率均接近100%，在油酸钠、淀粉和氯化钙作用下，浮选时赤铁矿与磁铁矿均进入精矿，影响精矿Fe品位，不能实现赤铁矿与磁铁矿的分离。

C 不同粒级褐铁矿对赤铁矿反浮选的影响

当pH值为11左右，添加油酸钠、淀粉和氯化钙浮选回收-106+45 μm粒级赤铁矿时，不同粒级褐铁矿对赤铁矿反浮选的影响结果如图2.9所示。由图2.9可知，各个粒级褐铁矿对赤铁矿浮选精矿Fe回收率无影响，浮选精矿赤铁矿回收率均接近100%，在油酸钠、淀粉和氯化钙作用下，浮选时赤铁矿与褐铁矿均进入精矿，影响精矿Fe品位，不能实现赤铁矿与褐铁矿的分离。

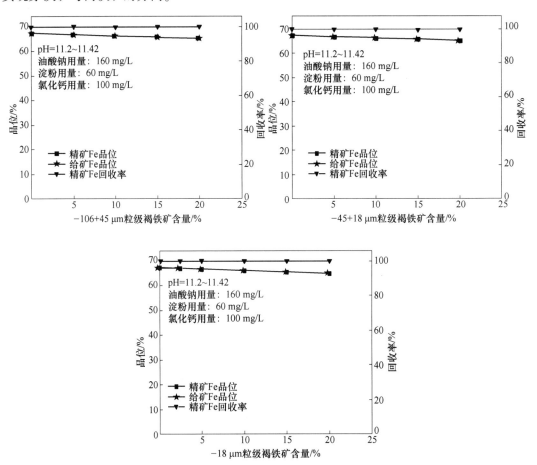

图2.9 不同粒级褐铁矿对-106+45 μm粒级赤铁矿反浮选的影响

D 不同粒级白云石对赤铁矿反浮选的影响

当pH值为11左右，添加油酸钠、淀粉和氯化钙浮选回收-106+45 μm粒级赤铁矿时，不同粒级白云石对赤铁矿反浮选的影响结果如图2.10所示。由图2.10可知，各个粒级白云石对赤铁矿浮选精矿Fe回收率无影响，浮选精矿赤铁矿回收率均接近100%，在油酸钠、淀粉和氯化钙作用下，白云石与赤铁矿均进入精矿，从而降低浮选精矿Fe品位，不能实现赤铁矿与白云石的分离。

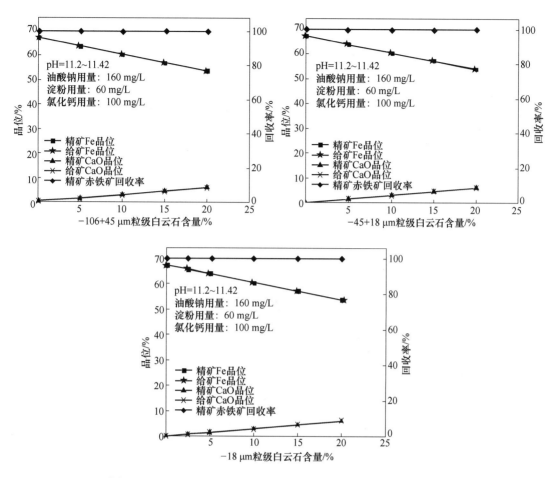

图 2.10　不同粒级白云石对−106+45 μm 粒级赤铁矿反浮选的影响

E　不同粒级石英对赤铁矿反浮选的影响

当 pH 值为 11 左右，添加油酸钠、淀粉和氯化钙浮选回收−106+45 μm 粒级赤铁矿时，不同粒级石英对赤铁矿反浮选的影响结果如图 2.11 所示。由图 2.11 可知，随着−106+45 μm 粒级石英含量的增加，给矿 Fe 品位逐渐降低，精矿 Fe 品位变化幅度较小，相对于给矿品位来说，精矿 Fe 品位逐渐提高。添加−106+45 μm 粒级石英，对赤铁矿浮选精矿 Fe 品位和赤铁矿回收率基本无影响，在油酸钠、淀粉和氯化钙中，赤铁矿与−106+45 μm 粒级石英分离较为容易；随着−45+18 μm 粒级石英和−18 μm 粒级石英含量的增加，精矿 Fe 品位逐渐降低，相对于给矿 Fe 品位来说，精矿 Fe 品位稍有提高，添加−45+18 μm 粒级石英和−18 μm 粒级石英，对赤铁矿浮选回收率几乎无影响，但部分石英会进入浮选精矿降低浮选精矿 Fe 品位。在油酸钠、淀粉和氯化钙中，赤铁矿与−45+18 μm 粒级石英和−18 μm 粒级石英的分离均较为困难。总的来说，当 pH 值为 11 左右，添加捕收剂油酸钠和调整剂淀粉、氯化钙浮选回收赤铁矿时，添加−106+45 μm 粒级石英对赤铁矿反浮选精矿 Fe 品位和赤铁矿回收率几乎无影响，但添加−45 μm 粒级石英时因部分石英会进入浮选精矿从而影响精矿 Fe 品位。

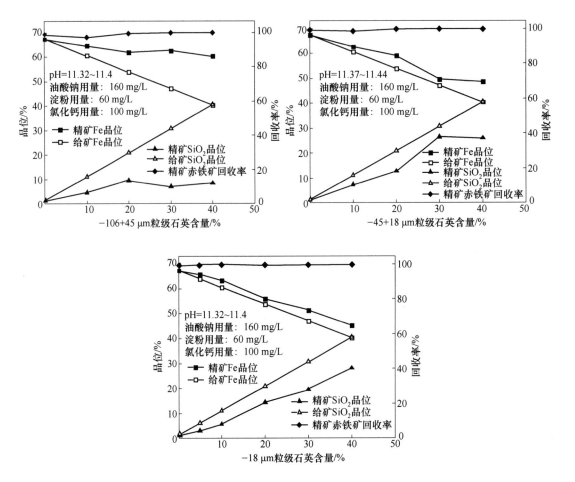

图 2.11　不同粒级石英对 −106+45 μm 粒级赤铁矿反浮选的影响

F　不同粒级不同矿物对赤铁矿浮选的影响

当 pH 值为 11 左右，在油酸钠、淀粉和氯化钙的共同作用下，浮选精矿中赤铁矿的回收率接近于 100%。添加不同含量的不同粒级菱铁矿、磁铁矿、褐铁矿或白云石对赤铁矿浮选回收率几乎无影响，但会进入浮选精矿影响精矿 Fe 品位。添加不同含量 −106+45 μm 粒级石英对赤铁矿反浮选精矿 Fe 品位和赤铁矿回收率几乎无影响，添加 −45 μm 粒级石英尽管不会影响赤铁矿回收率，但部分石英会进入浮选精矿从而影响精矿 Fe 品位。

2.1.2　不同粒级不同矿物对 −106+45 μm 粒级菱铁矿浮选的影响

赤铁矿石中常常含有菱铁矿，是有用铁矿物之一。生产实践表明，含有一定量菱铁矿的赤铁矿石分选较为困难，随着碳酸铁含量的增加，浮选指标呈下降趋势。在仅添加油酸钠（pH 值为 9 左右，正浮选体系）和同时添加油酸钠、淀粉和氯化钙（pH 值为 11 左右，反浮选体系）的条件下，分别探讨了 −106+45 μm 粒级、−45+18 μm 粒级、−18 μm 粒级赤铁矿、磁铁矿、褐铁矿、白云石、石英对 −106+45 μm 粒级菱铁矿浮选的影响。

2.1.2.1 正浮选体系

A 不同粒级赤铁矿对菱铁矿浮选的影响

当 pH 值为 9 左右，仅添加油酸钠浮选回收 $-106+45$ μm 粒级菱铁矿时，不同粒级赤铁矿对菱铁矿浮选的影响结果如图 2.12 所示。

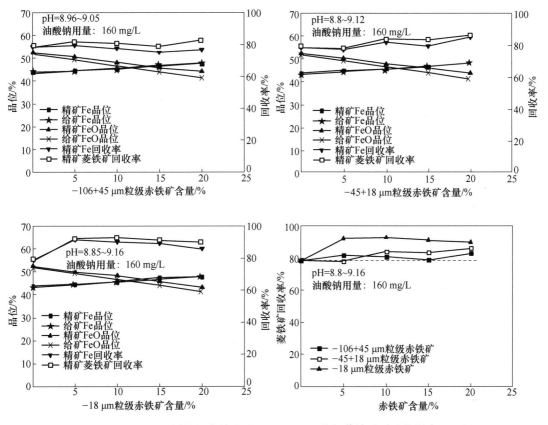

图 2.12 不同粒级赤铁矿对 $-106+45$ μm 粒级菱铁矿浮选的影响

由图 2.12 中的结果可知，随着各个粒级赤铁矿含量的增加，给矿 Fe 品位和浮选精矿 Fe 品位均小幅度提高，给矿 FeO 品位和浮选精矿 FeO 品位均逐渐降低。相对于给矿 FeO 品位来说，浮选精矿 FeO 品位有所提高，提高了 $1~3$ 个百分点，说明添加不同粒级赤铁矿有利于提高浮选精矿 FeO 品位；还可知，添加一定量 $+18$ μm 粒级赤铁矿对菱铁矿浮选影响较小，浮选精矿菱铁矿回收率变化幅度不大，略有提高，而添加一定量 -18 μm 粒级赤铁矿能够提高浮选精矿菱铁矿回收率。当 -18 μm 粒级赤铁矿含量由 0 增加至 5% 时，浮选精矿中菱铁矿回收率由 78.30% 提高至 92.20%。从试验现象可以看出，添加 -18 μm 粒级赤铁矿后，菱铁矿上浮速度很快，泡沫层变厚且稳定。总的来说，添加一定量 $-106+18$ μm 粒级赤铁矿对菱铁矿浮选影响较小，而添加一定量 -18 μm 粒级赤铁矿对菱铁矿浮选影响较大，能够加快菱铁矿的浮选速度，提高泡沫层的稳定性，大幅度提高菱铁矿浮选回收率。以上说明，在正浮选体系中，细粒级赤铁矿可作为浮选菱铁矿的"活化剂"。

B 不同粒级磁铁矿对菱铁矿浮选的影响

当 pH 值为 9 左右，仅添加油酸钠浮选回收 $-106+45$ μm 粒级菱铁矿时，不同粒级磁铁矿对菱铁矿浮选的影响结果如图 2.13 所示。

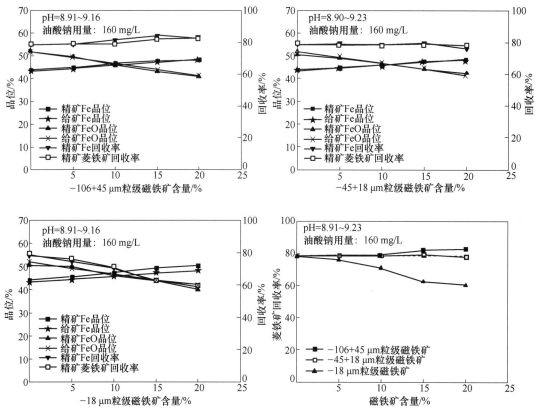

图 2.13　不同粒级磁铁矿对−106+45 μm 粒级菱铁矿浮选的影响

由图 2.13 中的结果可知，随着各个粒级磁铁矿含量的增加，给矿 Fe 品位和浮选精矿 Fe 品位均小幅度提高；添加一定量−106+18 μm 粒级磁铁矿对菱铁矿浮选回收率影响较小，浮选精矿菱铁矿回收率变化幅度不大，略有提高；添加一定量−18 μm 粒级磁铁矿对菱铁矿浮选回收率影响较大，随着−18 μm 粒级磁铁矿含量的增加，浮选精矿菱铁矿回收率逐渐降低；当−18 μm 粒级磁铁矿含量由 0 增加至 20%时，浮选精矿中菱铁矿回收率由 78.30%降低至 60.22%，降低了约 18 个百分点。总的来说，添加一定量−106+18 μm 粒级磁铁矿对菱铁矿浮选影响较小，而添加一定量−18 μm 粒级磁铁矿能够降低菱铁矿浮选回收率。

C　不同粒级褐铁矿对菱铁矿浮选的影响

当 pH 值为 9 左右，仅添加油酸钠浮选回收−106+45 μm 粒级菱铁矿时，不同粒级褐铁矿对菱铁矿浮选的影响结果如图 2.14 所示。

由图 2.14 中的结果可知，随着各个粒级褐铁矿含量的增加，浮选精矿 Fe 品位变化幅度较小；添加一定量−106+18 μm 粒级褐铁矿，浮选精矿菱铁矿回收率变化幅度不大；添加一定量−18 μm 粒级褐铁矿能够提高菱铁矿浮选回收率，当−18 μm 粒级褐铁矿含量由 0 增加至 5%时，菱铁矿浮选回收率由 78.30%提高至 95.93%。从试验现象可以看出，添加−18 μm 粒级褐铁矿后，菱铁矿上浮速度很快，泡沫层变厚且稳定。总的来说，添加一定量

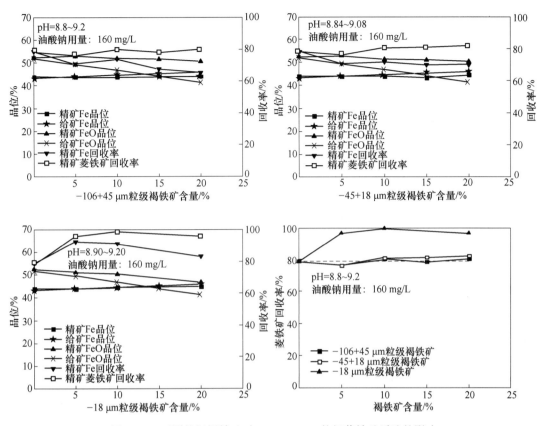

图 2.14　不同粒级褐铁矿对−106+45 μm 粒级菱铁矿浮选的影响

−106+18 μm 粒级褐铁矿对菱铁矿浮选影响较小，而添加一定量−18 μm 粒级褐铁矿能够加快菱铁矿的浮选速度，提高泡沫层的稳定性，大幅度提高菱铁矿浮选回收率。以上说明，在正浮选体系中，细粒级褐铁矿也可作为浮选菱铁矿的"活化剂"。

D　不同粒级白云石对菱铁矿浮选的影响

当 pH 值为 9 左右，仅添加油酸钠浮选回收−106+45 μm 粒级菱铁矿时，不同粒级白云石对菱铁矿浮选的影响结果如图 2.15 所示。

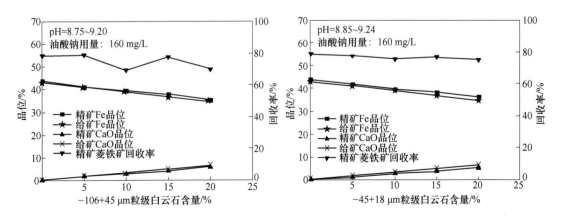

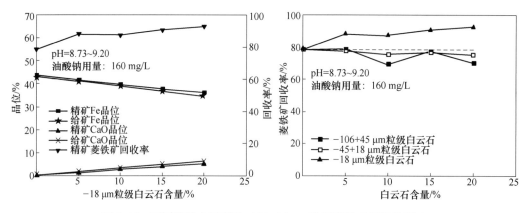

图 2.15　不同粒级白云石对−106+45 μm 粒级菱铁矿浮选的影响

由图 2.15 中的结果可知，随着各粒级白云石含量的增加，浮选精矿 Fe 品位逐渐降低，CaO 品位逐渐升高；随着−106+18 μm 粒级白云石含量的增加，菱铁矿浮选回收率略有降低，但幅度不大；添加−18 μm 粒级白云石能够提高菱铁矿浮选回收率，当−18 μm 粒级白云石含量由 0 增加至 20% 时，浮选精矿中菱铁矿回收率由 78.30% 提高至 92.67%。从试验现象可以看出，添加−18 μm 粒级白云石后，菱铁矿上浮速度很快，浮选泡沫产品较多。总的来说，添加一定量−106+18 μm 粒级白云石对菱铁矿浮选影响较小，而添加一定量−18 μm 粒级白云石能够大幅度提高菱铁矿浮选回收率。以上说明，在正浮选体系中，细粒级白云石也可作为浮选菱铁矿的“活化剂”。

E　不同粒级石英对菱铁矿浮选的影响

当 pH 值为 9 左右，仅添加油酸钠浮选回收−106+45 μm 粒级菱铁矿时，不同粒级石英对菱铁矿浮选的影响结果如图 2.16 所示。

由图 2.16 中的结果可知，随着−106+45 μm 粒级石英含量的增加，给矿 Fe 品位逐渐降低，浮选精矿 Fe 品位变化幅度较小，与给矿 Fe 品位相比，浮选精矿 Fe 品位有所提高；随着−45 μm 粒级石英含量增加，浮选精矿 Fe 品位逐渐降低，与给矿 Fe 品位相比，浮选精矿 Fe 品位稍有提高；还可以看出，随着不同粒级石英含量的增加，浮选精矿 Fe 回收率（菱铁矿回收率）有所降低。总的来说，添加一定量不同粒级石英对菱铁矿浮选有所影响，能够在一定程度上降低菱铁矿浮选回收率。

F　−18 μm 粒级菱铁矿对菱铁矿浮选的影响

当 pH 值为 9 左右时，仅添加油酸钠浮选回收−106+45 μm 粒级菱铁矿时，−18 μm 粒级菱铁矿对菱铁矿自身浮选的影响结果如图 2.17 所示。由图 2.17 可知，添加一定量−18 μm 粒级菱铁矿有利于提高菱铁矿浮选回收率。从试验现象可以看出，当浮选−106+45 μm 粒级菱铁矿时，泡沫层不稳定，刮泡时泡沫层易分散，泡沫产品也易进入挡板后。添加−18 μm 粒级菱铁矿后，菱铁矿上浮速度变快，泡沫丰富且稳定。这也说明，细粒级菱铁矿可作为浮选粗粒级菱铁矿的矿物“活化剂”。以上也表明，不但粗颗粒可以背负细颗粒，有利于细颗粒的浮选，同时细颗粒在某种程度上也可以拉动粗颗粒，有利于粗颗粒的浮选。

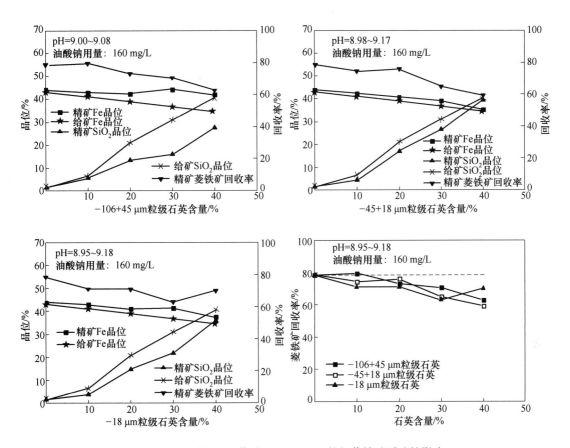

图 2.16 不同粒级石英对 -106+45 μm 粒级菱铁矿浮选的影响

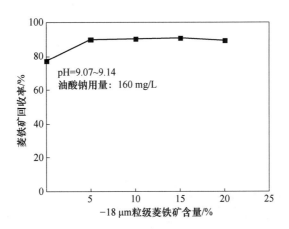

图 2.17 -18 μm 粒级菱铁矿对 -106+45 μm 粒级菱铁矿浮选的影响

G 不同粒级不同矿物对菱铁矿浮选的影响

当 pH 值为 9 左右，仅添加油酸钠浮选回收 -106+45 μm 粒级菱铁矿时，不同粒级不同矿物对菱铁矿浮选的影响结果如图 2.18 和表 2.2 所示。

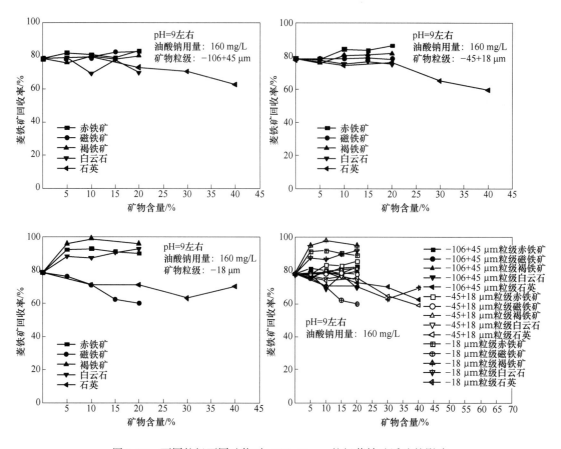

图 2.18　不同粒级不同矿物对−106+45 μm 粒级菱铁矿浮选的影响

表 2.2　油酸钠体系中添加不同粒级矿物对−106+45 μm 粒级菱铁矿浮选的影响总结

添加矿物种类	粒级 /μm	随着矿物添加量增加，菱铁矿回收率变化趋势	与不添加时的回收率相比	回收率（添加量10%）/%	影响显著含量/%	分离难易程度	粒级影响程度排序
赤铁矿	−106+45	变化趋势较小	变化幅度小	80.72	—	困难	−18 μm> +18 μm
	−45+18	变化趋势较小	变化幅度小	84.08	—	困难	
	−18	先上升，后变化趋势较小	有所升高	92.79	≥5	困难	
磁铁矿	−104+45	变化趋势较小	变化幅度小	79.15	—	困难	−18 μm> −106+18 μm
	−45+18	变化趋势较小	变化幅度小	78.43	—	困难	
	−18	逐渐降低	有所降低	70.88	≥15	困难	
褐铁矿	−106+45	变化趋势较小	变化幅度小	79.80	—	有可能	−18 μm> −106+18 μm
	−45+18	变化趋势较小	变化幅度小	80.43	—	有可能	
	−18	先上升，后变化趋势较小	有所升高	98.84	≥5	有可能	

添加矿物种类	粒级/μm	随着矿物添加量增加，菱铁矿回收率变化趋势	与不添加时的回收率相比	回收率（添加量10%）/%	影响显著含量/%	分离难易程度	粒级影响程度排序
白云石	-106+45	变化趋势较小	变化幅度小	69.27	—	困难	-18 μm> -106+18 μm
	-45+18	变化趋势较小	变化幅度小	75.43	—	困难	
	-18	先升高，后变化趋势较小	有所升高	87.32	≥5	困难	
石英	-106+45	缓慢降低	小幅度降低	79.55	≥30	较容易	-106+45 μm ≈-45+18 μm ≈-18 μm
	-45+18	缓慢降低	小幅度降低	74.34	≥30	较困难	
	-18	缓慢降低	小幅度降低	71.06	≥30	较困难	

注：不添加其他矿物时，菱铁矿的浮选回收为 78.50%。

由上述结果可知，对于-106+45 μm 粒级 5 种矿物，对菱铁矿浮选回收率影响大小顺序为：赤铁矿≈磁铁矿≈褐铁矿≈白云石≈石英（影响较小）；对于-45+18 μm 粒级 5 种矿物，对菱铁矿浮选回收率的影响大小顺序为：赤铁矿（略提高回收率）>磁铁矿≈褐铁矿≈白云石≈石英（影响较小）；对于-18 μm 粒级 5 种矿物，对菱铁矿浮选回收率的影响大小顺序为：褐铁矿>赤铁矿>白云石（提高回收率），磁铁矿>石英（降低回收率）。总的来说，当仅添加油酸钠浮选-106+45 μm 粒级菱铁矿时，-106+18 μm 粒级的 5 种矿物对-106+45 μm 粒级菱铁矿浮选的影响较小，而-18 μm 粒级的 5 种矿物影响较为明显，其中赤铁矿、褐铁矿和白云石均能在一定程度上提高菱铁矿的浮选回收率，而磁铁矿和石英能够在一定程度上降低菱铁矿的浮选回收率。在菱铁矿浮选过程中发现，泡沫层稳定性较差，泡沫层中的菱铁矿容易分散，且易进入挡板后，不易被刮出，加入-18 μm 粒级赤铁矿、菱铁矿、褐铁矿、白云石后，泡沫层较为稳定，菱铁矿上浮很快，且不易进入挡板后。在正浮选体系中，-18 μm 粒级赤铁矿、菱铁矿、褐铁矿和白云石可以作为菱铁矿浮选的矿物"活化剂"。

以上表明，粗细颗粒间除表现为粗颗粒可以背负细颗粒，有利于细颗粒浮选外，还可以表现为细颗粒在某种程度上也可以拉动粗颗粒，有利于粗颗粒的浮选，粗细颗粒的浮选在某种程度上相辅相成。

2.1.2.2　反浮选体系

A　不同粒级赤铁矿对菱铁矿反浮选的影响

当 pH 值为 11.2 左右，添加油酸钠、淀粉和氯化钙浮选回收-106+45 μm 粒级菱铁矿时，不同粒级赤铁矿对菱铁矿反浮选的影响结果如图 2.19 所示。由图 2.19 可知，各个粒级赤铁矿对菱铁矿反浮选精矿 Fe 回收率无影响，浮选精矿菱铁矿回收率均接近 100%，在油酸钠、淀粉和氯化钙作用下，浮选时菱铁矿与赤铁矿均进入精矿，影响精矿 Fe 品位，不能实现菱铁矿与赤铁矿的分离。

B　不同粒级磁铁矿对菱铁矿反浮选的影响

当 pH 值为 11.2 左右，添加油酸钠、淀粉和氯化钙浮选回收-106+45 μm 粒级菱铁矿

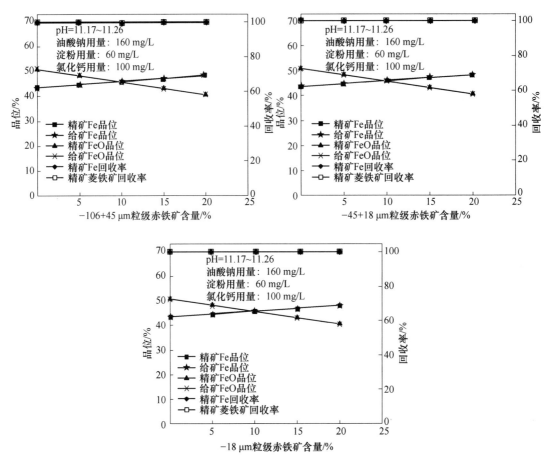

图 2.19 不同粒级赤铁矿对-106+45 μm 粒级菱铁矿反浮选的影响

时，不同粒级磁铁矿对菱铁矿反浮选的影响结果如图 2.20 所示。由图 2.20 可知，各个粒级磁铁矿对菱铁矿浮选精矿 Fe 回收率影响较小，浮选精矿菱铁矿回收率均在 98% 以上，在油酸钠、淀粉和氯化钙作用下，浮选时菱铁矿与磁铁矿均进入精矿，提高精矿 Fe 品位，不能实现菱铁矿与磁铁矿的分离。

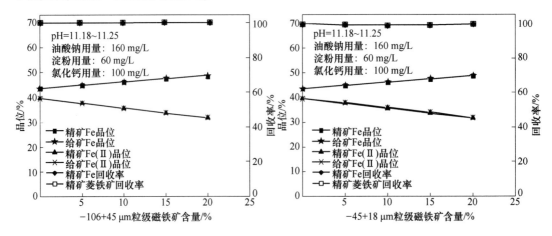

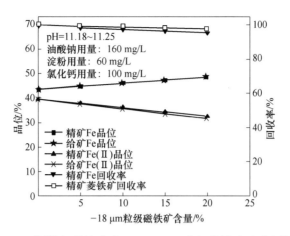

图 2.20　不同粒级磁铁矿对−106+45 μm 粒级菱铁矿反浮选的影响

C　不同粒级褐铁矿对菱铁矿反浮选的影响

当 pH 值为 11.2 左右，添加油酸钠、淀粉和氯化钙浮选回收−106+45 μm 粒级菱铁矿时，不同粒级褐铁矿对菱铁矿反浮选的影响结果如图 2.21 所示。由图 2.21 可知，各个粒

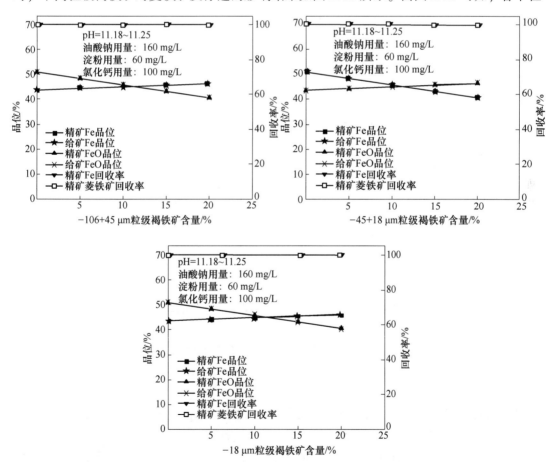

图 2.21　不同粒级褐铁矿对−106+45 μm 粒级菱铁矿反浮选的影响

级褐铁矿对菱铁矿浮选精矿 Fe 回收率影响较小，浮选精矿菱铁矿回收率均接近 100%，在油酸钠、淀粉和氯化钙作用下，浮选时菱铁矿与褐铁矿均进入精矿，影响精矿 Fe 品位，不能实现菱铁矿与褐铁矿的分离。

　　D　不同粒级白云石对菱铁矿反浮选的影响

　　当 pH 值为 11.2 左右，添加油酸钠、淀粉和氯化钙浮选回收 -106+45 μm 粒级菱铁矿时，不同粒级白云石对菱铁矿反浮选的影响结果如图 2.22 所示。

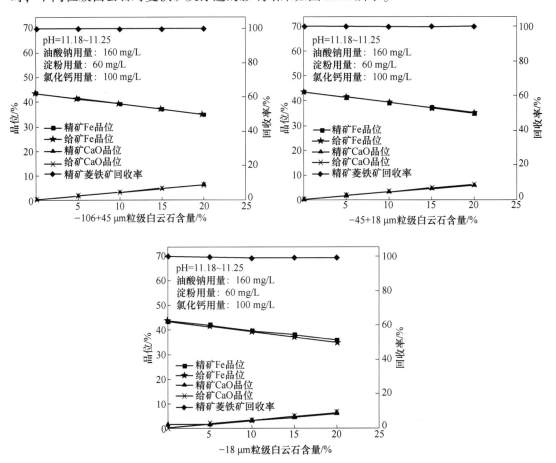

图 2.22　不同粒级白云石对 -106+45 μm 粒级菱铁矿反浮选的影响

　　由图 2.22 中的结果可知，各个粒级白云石对菱铁矿浮选精矿 Fe 回收率几乎无影响，浮选精矿菱铁矿回收率均接近 100%，在油酸钠、淀粉和氯化钙作用下，白云石与菱铁矿均进入精矿，从而降低浮选精矿 Fe 品位，不能实现菱铁矿与白云石的分离。

　　E　不同粒级石英对菱铁矿反浮选的影响

　　当 pH 值为 11.2 左右，添加油酸钠、淀粉和氯化钙浮选回收 -106+45 μm 粒级菱铁矿时，不同粒级石英对菱铁矿反浮选的影响结果如图 2.23 所示。由图 2.23 可知，各个粒级石英对菱铁矿反浮选精矿 Fe 回收率几乎无影响，浮选精矿菱铁矿回收率均接近 100%，但在油酸钠、淀粉和氯化钙作用下，石英与菱铁矿均进入精矿，从而大幅度降低浮选精矿 Fe 品位，不能实现菱铁矿与石英的分离。

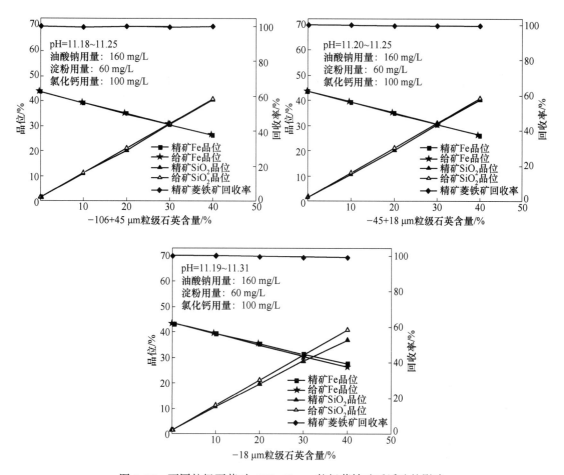

图 2.23　不同粒级石英对−106+45 μm 粒级菱铁矿反浮选的影响

F　不同粒级不同矿物对菱铁矿反浮选的影响

当 pH 值为 11.2 左右，添加油酸钠、淀粉和氯化钙浮选回收−106+45 μm 粒级菱铁矿时，添加不同含量的不同粒级赤铁矿、磁铁矿、褐铁矿、白云石、石英后，对菱铁矿浮选回收率影响较小，但因进入浮选精矿中从而影响精矿 Fe 品位。

2.1.3　不同粒级不同矿物对−18 μm 粒级菱铁矿浮选的影响

一般菱铁矿硬度较小，容易泥化，粒度较细。在 pH 值为 9 左右，仅添加油酸钠的条件下，分别探讨了−106+45 μm 粒级、−45+18 μm 粒级、−18 μm 粒级赤铁矿、磁铁矿、褐铁矿、白云石、石英对−18 μm 粒级菱铁矿浮选的影响。

2.1.3.1　不同粒级赤铁矿对−18 μm 粒级菱铁矿浮选的影响

当 pH 值为 9.2 左右，仅添加油酸钠浮选回收−18 μm 粒级菱铁矿时，不同粒级赤铁矿对−18 μm 粒级菱铁矿浮选的影响结果如图 2.24 所示。

由图 2.24 中的结果可知，随着不同粒级赤铁矿含量的增加，给矿 Fe 品位逐渐升高，浮选精矿 Fe 品位也逐渐升高，与给矿 Fe 品位相比，浮选精矿 Fe 品位有所提高；随着不同粒级赤铁矿含量的增加，精矿菱铁矿回收率呈现上升的趋势。以上说明，当 pH 值为

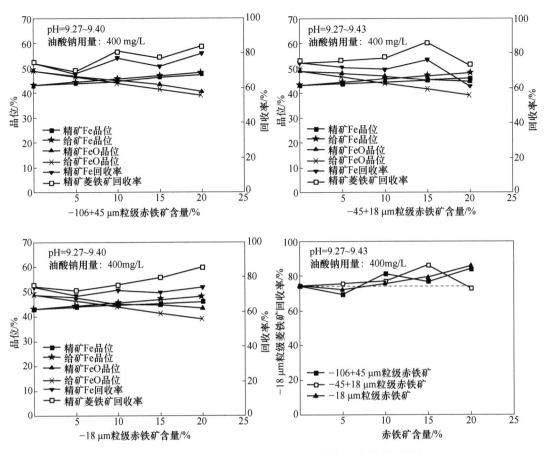

图 2.24　不同粒级赤铁矿对−18 μm 粒级菱铁矿浮选的影响

9.2 左右，仅添加油酸钠浮选回收−18 μm 粒级菱铁矿时，添加赤铁矿能够略提高−18 μm 粒级菱铁矿的回收率。

2.1.3.2　不同粒级磁铁矿对−18 μm 粒级菱铁矿浮选的影响

当 pH 值为 9.2 左右，仅添加油酸钠浮选回收−18 μm 粒级菱铁矿时，不同粒级磁铁矿对−18 μm 粒级菱铁矿浮选的影响结果如图 2.25 所示。

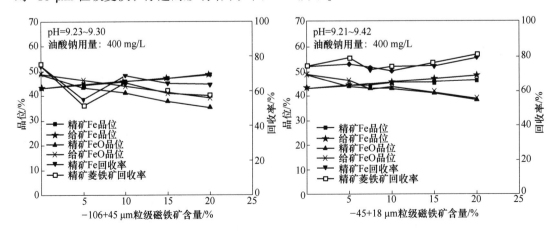

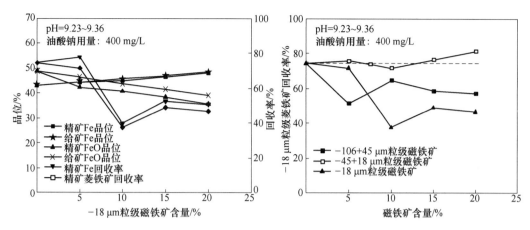

图 2.25 不同粒级磁铁矿对-18 μm 粒级菱铁矿浮选的影响

由图 2.25 中的结果可知,随着不同粒级磁铁矿含量的增加,给矿 Fe 品位逐渐升高,浮选精矿 Fe 品位也逐渐升高;随着-106+45 μm 粒级和-18 μm 粒级磁铁矿含量的增加,浮选精矿菱铁矿回收率呈降低的趋势;随着-45+18 μm 粒级磁铁矿含量的增加,浮选精矿菱铁矿回收率变化趋势较小;还可以看出,-18 μm 粒级磁铁矿对-18 μm 粒级菱铁矿浮选的影响最大,其次为-106+45 μm 粒级磁铁矿,-45+18 μm 粒级磁铁矿影响较小。以上说明,当 pH 值为 9.2 左右,仅添加油酸钠浮选回收-18 μm 粒级菱铁矿时,添加一定量磁铁矿能够在一定程度上降低-18 μm 粒级菱铁矿浮选回收率,其中-18 μm 粒级磁铁矿影响最大。

2.1.3.3 不同粒级褐铁矿对-18 μm 粒级菱铁矿浮选的影响

当 pH 值为 9.2 左右,仅添加油酸钠浮选回收-18 μm 粒级菱铁矿时,不同粒级褐铁矿对-18 μm 粒级菱铁矿浮选的影响结果如图 2.26 所示。由图 2.26 可知,随着不同粒级褐铁矿含量的增加,给矿 Fe 品位小幅度升高,浮选精矿 Fe 品位也相应升高,与给矿 Fe 品位相比,浮选精矿 Fe 品位有所提高,并随着其含量的增加,提高幅度变大;还可以看出,随着不同粒级褐铁矿含量的增加,浮选精矿菱铁矿回收率呈上升的趋势。以上说明,当 pH 值为 9.2 左右,仅添加油酸钠浮选回收-18 μm 粒级菱铁矿时,添加褐铁矿能够提高-18 μm 粒级菱铁矿的浮选回收率。

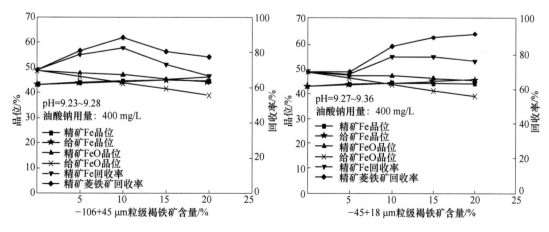

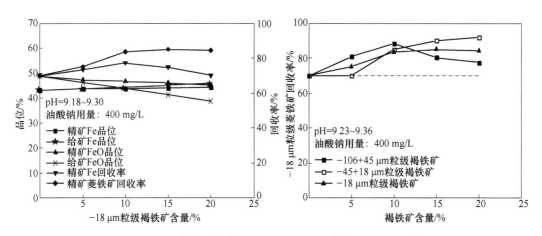

图 2.26　不同粒级褐铁矿对-18 μm 粒级菱铁矿浮选的影响

2.1.3.4　不同粒级白云石对-18 μm 粒级菱铁矿浮选的影响

当 pH 值为 9.2 左右，仅添加油酸钠浮选回收-18 μm 粒级菱铁矿时，不同粒级白云石对-18 μm 粒级菱铁矿浮选的影响结果如图 2.27 所示。由图 2.27 可知，随着不同粒级白云石含量的增加，给矿 Fe 品位和浮选精矿 Fe 品位均逐渐降低；随着-106+45 μm 粒级和

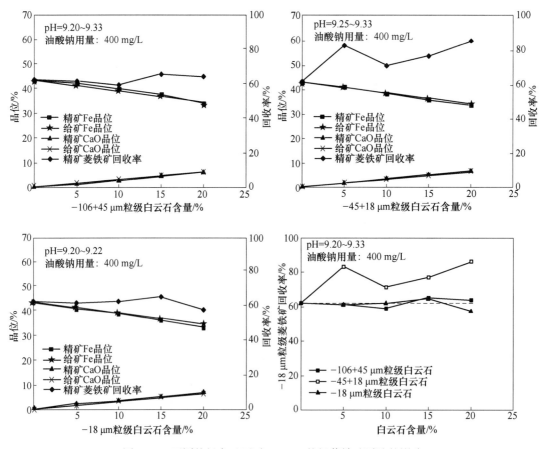

图 2.27　不同粒级白云石对-18 μm 粒级菱铁矿浮选的影响

−18 μm 粒级白云石含量的增加，浮选精矿菱铁矿回收率变化趋势较小；随着−45+18 μm 粒级白云石含量的增加，浮选精矿菱铁矿回收率呈逐渐上升的趋势。以上说明，当 pH 值为 9.2 左右，仅添加油酸钠浮选回收−18 μm 粒级菱铁矿时，除−45+18 μm 粒级白云石外，添加一定量白云石对−18 μm 粒级菱铁矿浮选影响较小，而添加一定量−45+18 μm 粒级白云石能够在一定程度上提高−18 μm 粒级菱铁矿浮选回收率。

2.1.3.5 不同粒级石英对−18 μm 粒级菱铁矿浮选的影响

当 pH 值为 9.3 左右，仅添加油酸钠浮选回收−18 μm 粒级菱铁矿时，不同粒级石英对−18 μm 粒级菱铁矿浮选的影响结果如图 2.28 所示。

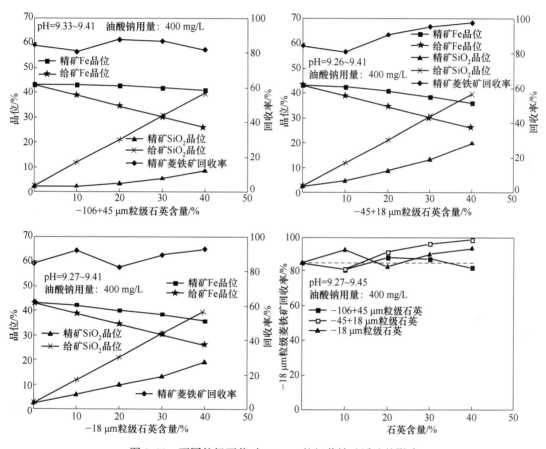

图 2.28 不同粒级石英对−18 μm 粒级菱铁矿浮选的影响

由图 2.28 中的结果可知，随着不同粒级石英含量的增加，给矿 Fe 品位逐渐降低，给矿 SiO₂ 品位逐渐升高；随着−106+45 μm 粒级石英含量的增加，浮选精矿 Fe 品位变化趋势较小，与给矿 Fe 品位相比，浮选精矿 Fe 品位有所提高，并随着石英含量的增加，提高量增大，浮选精矿菱铁矿回收率变化幅度较小；随着−45 μm 粒级石英含量的增加，浮选精矿 Fe 品位小幅度降低，与给矿 Fe 品位相比，有所提高，浮选精矿菱铁矿回收率也有所提高。以上说明，当 pH 值为 9.3 左右，仅添加油酸钠浮选回收−18 μm 粒级菱铁矿时，添加一定量−106+45 μm 粒级石英对−18 μm 粒级菱铁矿浮选影响较小，添加一定量−45 μm 粒级石英能够略提高−18 μm 粒级菱铁矿浮选回收率。

2.1.3.6　不同粒级不同矿物对-18 μm 粒级菱铁矿浮选的影响

当 pH 值为 9.2 左右，仅添加油酸钠浮选回收-18 μm 粒级菱铁矿时，不同粒级不同矿物对-18 μm 粒级菱铁矿浮选的影响结果如图 2.29 所示。

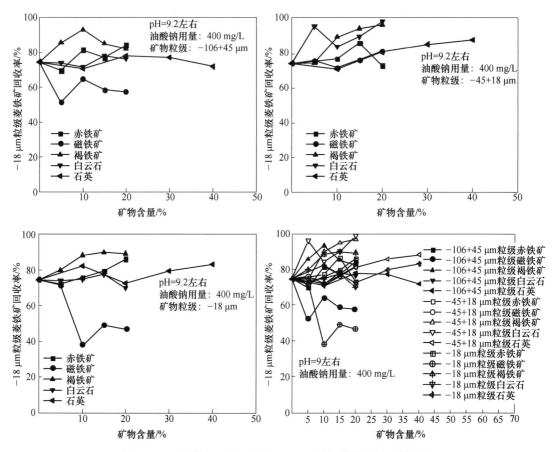

图 2.29　不同粒级不同矿物对-18 μm 粒级菱铁矿浮选的影响

由图 2.29 中的结果可知，除了磁铁矿能够降低-18 μm 粒级菱铁矿浮选回收率外，添加一定量一定粒级其他矿物均能在一定程度上提高浮选精矿菱铁矿的回收率；对于-106+45 μm 粒级 5 种矿物，除了磁铁矿能够降低菱铁矿浮选回收率外，其他 4 种矿物均能提高-18 μm 粒级菱铁矿浮选回收率，大小顺序为：褐铁矿>赤铁矿>白云石≈石英；对于-45+18 μm 粒级 5 种矿物，对-18 μm 粒级菱铁矿浮选回收率的影响大小顺序为：褐铁矿>白云石>赤铁矿>石英>磁铁矿；对于-18 μm 粒级 5 种矿物，除了磁铁矿能够降低菱铁矿回收率外，其他 4 种矿物均能提高-18 μm 粒级菱铁矿浮选回收率，大小顺序为：褐铁矿>赤铁矿>石英>白云石。

2.1.4　不同粒级不同矿物对-106+45 μm 粒级石英浮选的影响

石英是铁矿石中最主要的脉石矿物，铁矿石反浮选脱硅通常在强碱性的条件下通过活化石英等脉石矿物，抑制有用铁矿物的方式来实现有用矿物与脉石矿物的分离。在 pH 值为 11 左右，添加油酸钠、淀粉和氯化钙的条件下，分别探讨了-106+45 μm 粒级、

−45+18 μm 粒级、−18 μm 粒级的赤铁矿、菱铁矿、磁铁矿、褐铁矿、白云石对−106+45 μm 粒级石英浮选的影响。

2.1.4.1　不同粒级赤铁矿对石英浮选的影响

当 pH 值为 11.3，油酸钠用量 160 mg/L、淀粉用量 60 mg/L 和氯化钙用量 100 mg/L 时，不同粒级赤铁矿对−106+45 μm 粒级石英浮选的影响结果如图 2.30 所示。

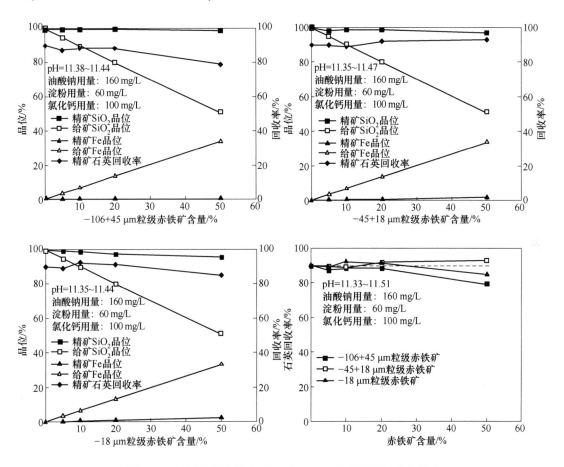

图 2.30　不同粒级赤铁矿对−106+45 μm 粒级石英浮选的影响

由图 2.30 中的结果可知，随着不同粒级赤铁矿含量的增加，给矿 SiO₂ 品位逐渐降低，浮选精矿 SiO₂ 品位变化较小，均在 95% 以上，与给矿 SiO₂ 品位相比，浮选精矿 SiO₂ 品位有所提高，且随着赤铁矿含量的增加，提高幅度增大；随着不同粒级赤铁矿含量的增加，浮选精矿石英回收率有所降低，但幅度不大。以上说明，在强碱性的浮选环境中，在油酸钠、淀粉和氯化钙的共同作用下，添加不同粒级赤铁矿对石英的浮选影响相对较小，赤铁矿与石英的分离较容易。

2.1.4.2　不同粒级菱铁矿对石英浮选的影响

当 pH 值为 11.3 左右，添加油酸钠 160 mg/L、淀粉 60 mg/L 和氯化钙 100 mg/L 浮选回收−106+45 μm 粒级石英时，不同粒级菱铁矿对石英浮选的影响结果如图 2.31 所示。

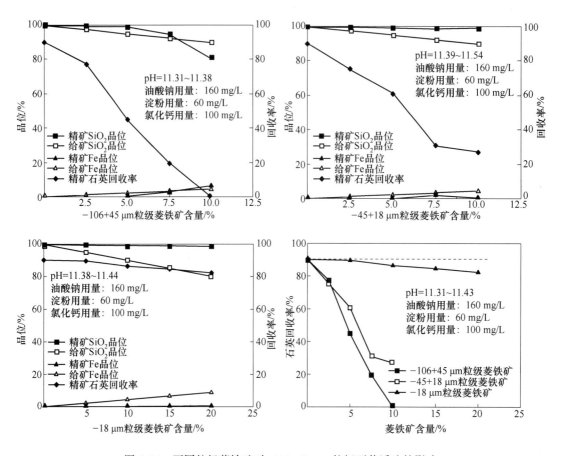

图 2.31　不同粒级菱铁矿对−106+45 μm 粒级石英浮选的影响

　　由图 2.31 中的结果可知，在油酸钠、淀粉和氯化钙的共同作用下，−106+18 μm 粒级菱铁矿对石英浮选影响很大，随着其含量的增大，石英浮选回收率急剧下降，当含量仅为 5% 时，石英的浮选回收率从 90% 降低至 44%~60%；−18 μm 粒级菱铁矿对石英浮选影响相对较小，随着其含量的增大，石英的浮选回收率缓慢下降；−106+45 μm 粒级菱铁矿对石英浮选影响最大，其次是−45+18 μm 粒级菱铁矿，而−18 μm 粒级菱铁矿对石英的浮选影响相对较小。添加−18 μm 粒级菱铁矿会造成精矿 SiO₂ 品位略有降低，是因为少量细粒级菱铁矿不能被完全抑制而上浮。

2.1.4.3　不同粒级磁铁矿对石英浮选的影响

　　当 pH 值为 11.3 左右，添加油酸钠 160 mg/L、淀粉 60 mg/L 和氯化钙 100 mg/L 浮选回收−106+45 μm 粒级石英时，不同粒级磁铁矿对石英浮选的影响结果如图 2.32 所示。由图 2.32 可知，随着−106+18 μm 粒级磁铁矿含量的增加，浮选精矿石英回收率稍有降低，但幅度不大；随着−18 μm 粒级磁铁矿含量的增加，浮选精矿石英回收率下降幅度较为明显，当−18 μm 粒级磁铁矿含量由 0 增加至 50% 时，浮选精矿石英回收率由 90% 降低至 49%。以上说明，−106+18 μm 粒级磁铁矿对石英的浮选影响较小，而−18 μm 粒级磁铁矿对石英的浮选影响较大，能够大幅度降低石英的浮选回收率。

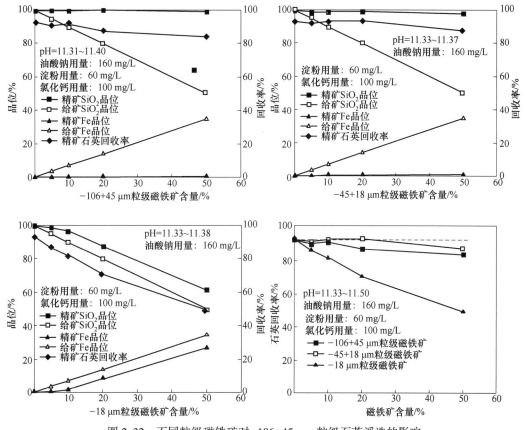

图 2.32 不同粒级磁铁矿对-106+45 μm 粒级石英浮选的影响

2.1.4.4 不同粒级褐铁矿对石英浮选的影响

当 pH 值为 11.3 左右，添加油酸钠 160 mg/L、淀粉 60 mg/L 和氯化钙 100 mg/L 浮选回收-106+45 μm 粒级石英时，不同粒级褐铁矿对石英浮选的影响结果如图 2.33 所示。由图 2.33 可知，添加一定量各个粒级褐铁矿后，浮选精矿石英回收率波动较小，对石英的浮选影响较小，但当各个粒级褐铁矿含量达到 50%后，浮选精矿石英回收率有所下降。总的来说，添加褐铁矿对石英浮选的影响较小，当褐铁矿添加量很大时，对石英的浮选影响有一定影响，能够降低石英的浮选回收率。

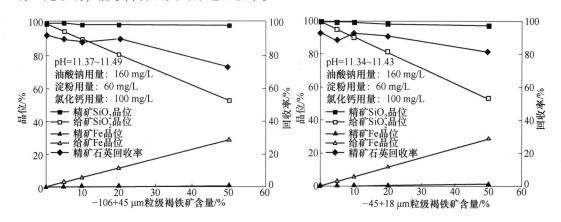

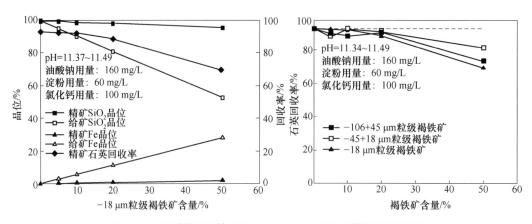

图 2.33　不同粒级褐铁矿对-106+45 μm 粒级石英浮选的影响

2.1.4.5　不同粒级白云石对石英浮选的影响

当 pH 值为 11.2 左右，添加油酸钠 160 mg/L、淀粉 60 mg/L 和氯化钙 100 mg/L 浮选回收-106+45 μm 粒级石英时，不同粒级白云石对石英浮选的影响结果如图 2.34 所示。由图 2.34 可知，随着不同粒级白云石含量的增加，给矿 SiO$_2$ 品位逐渐降低，浮选精矿 SiO$_2$

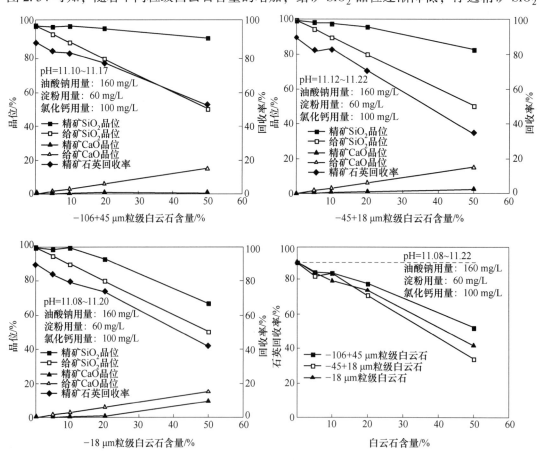

图 2.34　不同粒级白云石对-106+45 μm 粒级石英浮选的影响

品位和石英回收率也逐渐降低；在油酸钠、淀粉和氯化钙的共同作用下，添加白云石对石英的浮选有一定影响，能够使浮选精矿石英回收率有所降低；还可以看出，石英与−106+18 μm 粒级白云石分离相对容易，石英与−18 μm 粒级白云石分离较为困难。

2.1.4.6 不同粒级不同矿物对石英浮选的影响

当 pH 值为 11.4 左右，添加油酸钠、淀粉和氯化钙浮选回收−106+45 μm 粒级石英时，不同粒级不同矿物对石英浮选的影响结果如图 2.35 和表 2.3 所示。

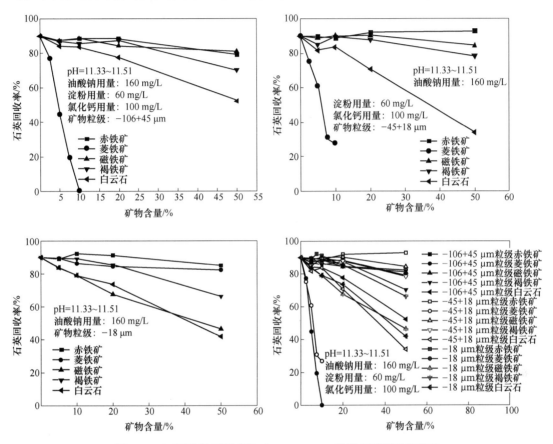

图 2.35 不同粒级不同矿物对−106+45 μm 粒级石英浮选的影响

表 2.3 不同粒级不同矿物对−106+45 μm 粒级石英浮选的影响总结

添加矿物种类	粒级/μm	随着矿物添加量增加石英回收率变化趋势	与不添加时的回收率相比	回收率（添加量20%）/%	影响显著含量/%	分离难易程度	粒级影响程度排序
赤铁矿	−106+45	变化趋势较小，当含量为50%时稍有降低	降低	88.34	50	容易	影响较小
	−45+18	变化趋势较小	变化幅度小	91.99	—	容易	
	−18	变化趋势较小	变化幅度小	85.01	—	容易	

续表2.3

添加矿物种类	粒级/μm	随着矿物添加量增加石英回收率变化趋势	与不添加时的回收率相比	回收率（添加量20%）/%	影响显著含量/%	分离难易程度	粒级影响程度排序
菱铁矿	-106+45	急剧降低	急剧降低	0.25	≥2.5	困难	-106+45 μm>-45+18 μm>-18 μm
	-45+18	急剧降低	急剧降低	26.92	≥2.5	困难	
	-18	缓慢降低	稍有降低	84.53	—	容易	
磁铁矿	-106+45	小幅度降低	稍有降低	84.35	—	容易	-18 μm>-106+18 μm
	-45+18	小幅度降低	稍有降低	90.38	—	容易	
	-18	逐渐降低	降低	67.58	≥5	较困难	
褐铁矿	-106+45	先变化趋势较小，后降低	降低	87.60	≥50	容易	影响不大
	-45+18	先变化趋势较小，后降低	降低	87.94	≥50	容易	
	-18	先变化趋势较小，后降低	降低	85.50	≥50	容易	
白云石	-106+45	逐渐降低	降低	77.61	≥50	较容易	-45 μm>-106+45 μm
	-45+18	逐渐降低	降低	70.75	≥50	较容易	
	-18	逐渐降低	降低	73.63	≥50	较困难	

注：不添加其他矿物时，石英的浮选回收率为90.05%。

由以上结果可知，添加不同粒级赤铁矿和褐铁矿、-106+18 μm粒级磁铁矿对石英浮选影响较小，但是当其含量达到50%后，能够稍降低浮选精矿石英回收率；不同粒级白云石和-18 μm粒级磁铁矿对石英浮选影响稍大，菱铁矿对石英浮选影响最大，当添加少量的菱铁矿时，浮选精矿石英回收率大幅度降低。对于-106+45 μm粒级5种矿物，对石英浮选回收率影响大小顺序为：菱铁矿>白云石>褐铁矿≈赤铁矿≈磁铁矿；对于-45+18 μm粒级5种矿物，对石英浮选回收率的影响大小顺序为：菱铁矿>白云石>褐铁矿≈磁铁矿≈赤铁矿；对于-18 μm粒级5种矿物，对石英浮选回收率的影响大小顺序为：磁铁矿≈白云石>褐铁矿>菱铁矿>赤铁矿。

2.1.4.7　pH值对二元体系中石英浮选的影响

由前述结果可知，在添加油酸钠160 mg/L、淀粉60 mg/L和氯化钙100 mg/L浮选回收-106+45 μm粒级石英时，添加不同粒级赤铁矿和褐铁矿对石英的浮选影响较小，而添加一定量菱铁矿、磁铁矿和白云石能够降低浮选精矿菱铁矿回收率，尤其是-106+18 μm粒级菱铁矿、-18 μm粒级磁铁矿、-45 μm粒级白云石较为突出。因此，在油酸钠、淀粉和氯化钙共同存在的条件下，选取-106+45 μm粒级菱铁矿、-18 μm粒级磁铁矿、-18 μm粒级白云石的添加量分别为5%、20%、20%时，探讨了pH值对二元体系中石英浮选的影响，结果如图2.36所示。

由图2.36中的结果可知，当不添加其他矿物时，随着pH值的升高，石英的浮选回收率逐渐上升；当分别添加5%含量的-106+45 μm粒级菱铁矿、20%含量的-18 μm粒级磁铁矿、20%含量的-18 μm粒级白云石后，随着pH值的升高，浮选精矿石英的回收率也呈

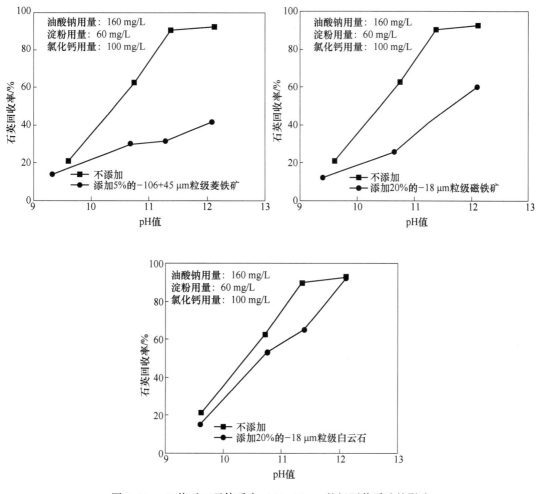

图 2.36　pH 值对二元体系中 $-106+45~\mu m$ 粒级石英浮选的影响

逐渐上升的趋势,但均低于不添加其他矿物时的回收率;同时还可以看出,当 pH 值较低时,3 种添加矿物对石英浮选的影响减小,但石英回收率均非常低。以上说明,当添加油酸钠、淀粉和氯化钙浮选石英时,调节 pH 值能够在一定程度上削弱其他矿物带来的不利影响,但并不能有效回收石英。

2.1.4.8　调整剂对二元体系中石英浮选的影响

在 pH 值为 11.3 左右,油酸钠、淀粉和氯化钙共同存在的条件下,选取 $-106+45~\mu m$ 粒级菱铁矿、$-18~\mu m$ 粒级磁铁矿、$-18~\mu m$ 粒级白云石的添加量分别为 5%、20%、20% 时,探讨了调整剂硅酸钠和柠檬酸对二元体系中石英浮选的影响,结果见表 2.4。由表 2.4 可知,当添加矿物为 5% 的 $-106+45~\mu m$ 粒级菱铁矿时,添加调整剂水玻璃或柠檬酸能够在一定程度上提高浮选精矿石英回收率,精矿 SiO_2 品位稍有降低。当硅酸钠用量为 40 mg/L 时,回收率达到了 60.50%,与不添加调整剂相比,提高了约 30 个百分点。当柠檬酸用量为 20 mg/L 时,石英回收率达到了 52.15%,与不添加调整剂相比,提高了约 28 个百分点;当添加矿物为 $-106+45~\mu m$ 粒级磁铁矿或白云石时,添加一定量调整剂水玻璃或柠檬酸能够在一定程度上提高浮选精矿 SiO_2 品位和石英回收率。当添加矿物为 20% 的

-18 μm 粒级磁铁矿时，添加 40 mg/L 硅酸钠，精矿石英回收率提高了约 5 个百分点。添加 10 mg/L 柠檬酸，精矿石英回收率也提高了约 3 个百分点；当添加矿物为 20% 的 -18 μm 粒级白云石时，添加 80 mg/L 硅酸钠，精矿石英回收率提高了约 9 个百分点。总体来说，添加一定量的水玻璃或柠檬酸能在一定程度上削弱菱铁矿和磁铁矿对石英浮选的影响，添加一定量水玻璃能够在一定程度上削弱白云石对石英浮选的影响。

表 2.4　调整剂对二元体系中 -106+45 μm 粒级石英浮选的影响

添加矿物名称	调整剂名称	调整剂用量/mg·L⁻¹	精矿 SiO₂ 品位/%	精矿 SiO₂ 回收率/%
-106+45 μm 粒级菱铁矿（含量为 5%）	不添加	0	99.55	30.58
	硅酸钠	40	95.31	60.50
		80	98.83	58.35
	柠檬酸	10	97.67	47.84
		20	99.44	52.15
-18 μm 粒级磁铁矿（含量为 20%）	不添加	0	85.69	40.98
	硅酸钠	40	88.37	45.04
		80	96.88	42.67
	柠檬酸	10	98.79	43.51
		20	93.13	39.26
-18 μm 粒级白云石（含量为 20%）	不添加	0	92.03	65.00
	硅酸钠	40	94.48	64.69
		80	95.39	73.93
	柠檬酸	10	94.10	54.94
		20	93.15	49.82

2.1.5　不同粒级不同矿物对 -18 μm 粒级石英浮选的影响

2.1.5.1　不同粒级赤铁矿对 -18 μm 粒级石英浮选的影响

当 pH 值为 11.1 左右，添加油酸钠 400 mg/L、淀粉 60 mg/L 和氯化钙 300 mg/L 浮选回收 -18 μm 粒级石英时，不同粒级赤铁矿对 -18 μm 粒级石英浮选的影响结果如图 2.37 所示。

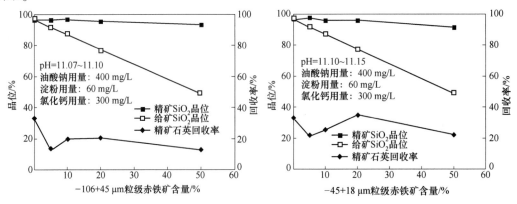

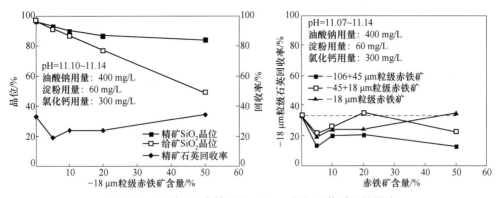

图 2.37　不同粒级赤铁矿对-18 μm 粒级石英浮选的影响

由图 2.37 中的结果可知，随着不同粒级赤铁矿含量的增加，给矿 SiO₂ 品位逐渐降低；随着-106+18 μm 粒级赤铁矿含量的增加，浮选精矿 SiO₂ 品位变化较小，均在 90% 以上，与给矿 SiO₂ 品位相比，浮选精矿 SiO₂ 品位有所提高，且随着赤铁矿含量的增加，提高幅度增大；随着-18 μm 粒级赤铁矿含量的增加，浮选精矿 SiO₂ 品位逐渐降低，但幅度不大，与给矿 SiO₂ 品位相比，浮选精矿 SiO₂ 品位有所提高，且随着赤铁矿含量的增加，提高幅度增大；随着不同粒级赤铁矿含量的增加，浮选精矿石英回收率有所降低。

2.1.5.2　不同粒级菱铁矿对-18 μm 粒级石英浮选的影响

当 pH 值为 11.1 左右，添加油酸钠 400 mg/L、淀粉 60 mg/L 和氯化钙 300 mg/L 时，不同粒级菱铁矿对-18 μm 粒级石英浮选的影响结果如图 2.38 所示。

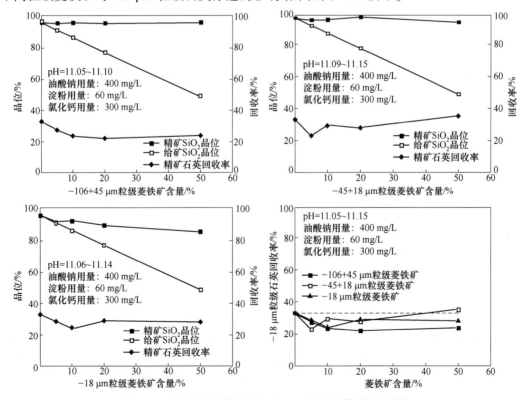

图 2.38　不同粒级菱铁矿对-18 μm 粒级石英浮选的影响

由图 2.38 中的结果可见，随着 $-106+18~\mu m$ 粒级菱铁矿含量的增加，给矿 SiO_2 品位逐渐降低，浮选精矿 SiO_2 品位变化较小，与给矿 SiO_2 品位相比，浮选精矿 SiO_2 品位有所提高，且随着菱铁矿含量的增加，提高幅度增大；随着 $-18~\mu m$ 粒级菱铁矿含量的增加，浮选精矿 SiO_2 品位稍有降低；添加不同粒级菱铁矿能小幅度降低浮选精矿石英的回收率。

2.1.5.3　不同粒级磁铁矿对 $-18~\mu m$ 粒级石英浮选的影响

当 pH 值为 11.1 左右，添加油酸钠 400 mg/L、淀粉 60 mg/L 和氯化钙 300 mg/L 时，不同粒级磁铁矿对 $-18~\mu m$ 粒级石英浮选的影响结果如图 2.39 所示。由图 2.39 可知，在油酸钠、淀粉和氯化钙的共同作用下，添加各个粒级磁铁矿均能够在一定程度上降低 $-18~\mu m$ 粒级石英浮选回收率；$-106+18~\mu m$ 粒级磁铁矿对浮选精矿 SiO_2 品位影响较小，$-18~\mu m$ 粒级磁铁矿由于不能被淀粉和氯化钙完全抑制而进入精矿影响精矿品位。

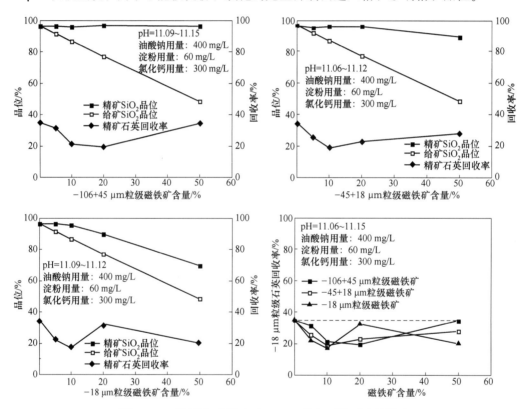

图 2.39　不同粒级磁铁矿对 $-18~\mu m$ 粒级石英浮选的影响

2.1.5.4　不同粒级褐铁矿对 $-18~\mu m$ 粒级石英浮选的影响

当 pH 值为 11.1 左右，添加油酸钠 400 mg/L、淀粉 60 mg/L 和氯化钙 300 mg/L 时，不同粒级褐铁矿对 $-18~\mu m$ 粒级石英浮选的影响结果如图 2.40 所示。

由图 2.40 中的结果可知，随着 $-106+45~\mu m$ 粒级褐铁矿含量的增加，精矿 SiO_2 品位波动幅度较小，精矿石英回收率呈逐渐下降的趋势；随着 $-45~\mu m$ 粒级褐铁矿含量的增加，精矿 SiO_2 品位波动幅度也较小，而精矿石英回收率则呈先降低后上升的趋势。与不添加褐铁矿相比，添加褐铁矿能够使浮选精矿石英回收率降低，且 $-106+45~\mu m$ 粒级褐铁矿影响相对较大。

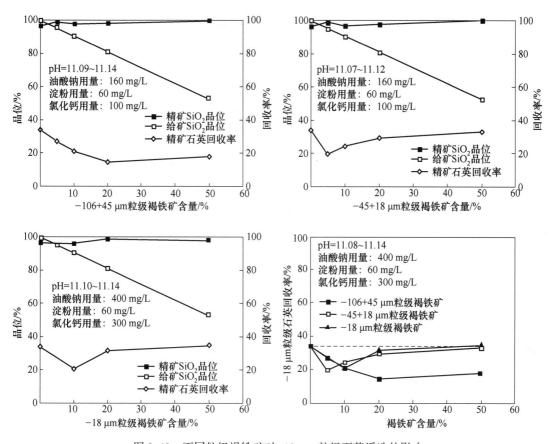

图 2.40　不同粒级褐铁矿对-18 μm 粒级石英浮选的影响

2.1.5.5　不同粒级白云石对-18 μm 粒级石英浮选的影响

当 pH 值为 11.1 左右，添加油酸钠 400 mg/L、淀粉 60 mg/L 和氯化钙 300 mg/L 时，不同粒级白云石对-18 μm 粒级石英浮选的影响结果如图 2.41 所示。由图 2.41 可知，添加不同粒级白云石也能够略降低浮选精矿石英的回收率，-106+45 μm 粒级白云石对浮选精矿 SiO_2 品位影响较小，-45 μm 粒级白云石由于不能被淀粉和氯化钙完全抑制而进入精矿影响精矿品位。

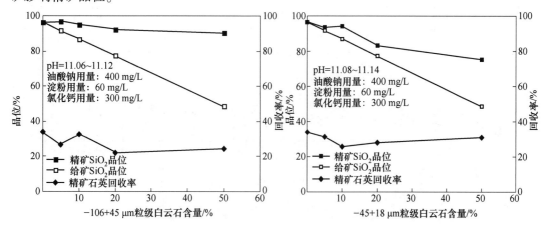

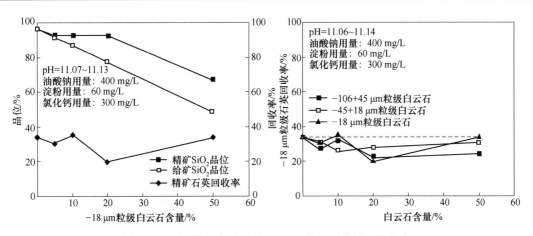

图 2.41　不同粒级白云石对-18 μm 粒级石英浮选的影响

2.1.5.6　不同粒级不同矿物对-18 μm 粒级石英浮选的影响

当 pH 值为 11.1 左右，添加油酸钠 400 mg/L、淀粉 60 mg/L 和氯化钙 300 mg/L 时，不同粒级不同矿物对-18 μm 粒级石英浮选的影响结果如图 2.42 所示。

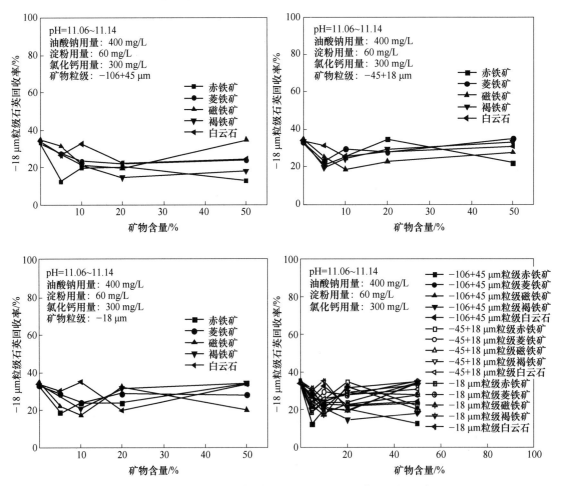

图 2.42　不同粒级不同矿物对-18 μm 粒级石英浮选的影响

由图 2.42 中的结果可知，添加一定量赤铁矿、菱铁矿、磁铁矿、褐铁矿、白云石对 -18 μm 粒级石英浮选的影响规律相似，能够略降低精矿石英的回收率，同一粒级 5 种矿物对石英浮选的影响大小也相似。因此，在铁矿石反浮选时，复杂的矿物体系中细粒级石英易进入铁精矿从而影响精矿品位。

2.2 铁矿石体系中三元矿物间浮选的交互影响

在二元体系矿物交互影响研究的基础上，探讨了不同粒级菱铁矿、磁铁矿、褐铁矿、白云石分别对 $-106+45$ μm 粒级赤铁矿与 $-106+45$ μm 粒级石英组成的混合矿浮选的影响。在三元体系矿物间交互影响研究的试验设计中，将 $-106+45$ μm 粒级赤铁矿和 $-106+45$ μm 粒级石英按照 4：5 的比例混合，添加不同粒级其他矿物后总质量共计 2.7 g。矿样配比方案见表 2.5。

表 2.5 矿样配比方案

添加矿物含量/%	添加矿物质量/g	赤铁矿质量/g	石英质量/g	总质量/g	赤铁矿：石英	赤铁矿：石英：添加矿物
0	0	1.2	1.5	2.7	4：5	4：5：0
3.7	0.1	1.16	1.44	2.7	4：5	43：53.3：3.7
7.4	0.2	1.11	1.39	2.7	4：5	41.1：51.5：7.4
11.1	0.3	1.07	1.33	2.7	4：5	39.6：49.3：11.1
14.8	0.4	1.02	1.28	2.7	4：5	37.8：47.4：14.8
22.2	0.6	0.93	1.17	2.7	4：5	34.5：43.3：22.2

2.2.1 不同粒级菱铁矿对赤铁矿和石英混合矿浮选的影响

当 pH 值为 11.3 左右，添加油酸钠、淀粉和氯化钙反浮选回收赤铁矿时，不同粒级菱铁矿对 $-106+45$ μm 粒级的赤铁矿和石英混合矿浮选的影响结果如图 2.43 所示。

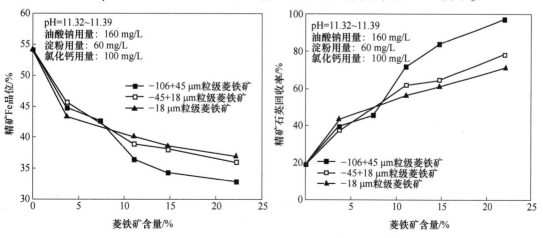

图 2.43 不同粒级菱铁矿对 $-106+45$ μm 粒级的赤铁矿和石英混合矿浮选的影响

由图 2.43 中的结果可知，随着各个粒级菱铁矿含量的增加，浮选精矿 Fe 品位逐渐降低，由 54.13% 降低至 40% 以下，精矿中石英回收率逐渐升高，由 19.5% 升高至 71% ~ 98%。菱铁矿的加入对赤铁矿的反浮选造成了较大的影响，由图 2.31 结果可知，其主要原因是菱铁矿对石英的浮选产生了强烈影响。−106+45 μm 粒级菱铁矿对赤铁矿反浮选影响最大，其次为−45+18 μm 粒级，最后为−18 μm 粒级。

2.2.2　不同粒级磁铁矿对赤铁矿和石英混合矿浮选的影响

当 pH 值为 11.3 左右，添加油酸钠、淀粉和氯化钙反浮选回收赤铁矿时，不同粒级磁铁矿对−106+45 μm 粒级的赤铁矿和石英混合矿浮选的影响结果如图 2.44 所示。由图 2.44 可知，随着−106+18 μm 粒级磁铁矿含量的增加，浮选精矿 Fe 品位略有提高，原因是淀粉对−106+18 μm 粒级磁铁矿有很强的抑制作用（见图 2.45），所以在油酸钠、淀粉和氯化钙共同作用下，理论铁品位较高的磁铁矿被抑制进入浮选精矿，从而精矿 Fe 品位

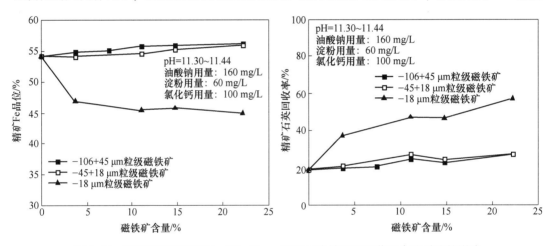

图 2.44　不同粒级磁铁矿对−106+45 μm 粒级的赤铁矿和石英混合矿浮选的影响

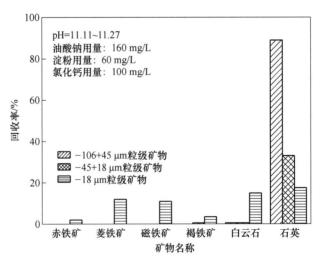

图 2.45　淀粉和氯化钙对纯矿物可浮性的影响

升高；还可以看出，随着-18 μm粒级磁铁矿含量的增加，浮选精矿Fe品位逐渐降低，精矿石英回收率逐渐升高。由不同粒级磁铁矿对石英浮选的影响结果可知，添加-18 μm粒级磁铁矿会对石英的浮选产生影响，使部分石英进入精矿中，导致浮选精矿Fe品位降低。-18 μm粒级磁铁矿对赤铁矿反浮选影响较大，-106+18 μm粒级磁铁矿对赤铁矿反浮选影响相对较小，与前述结果一致。

2.2.3 不同粒级褐铁矿对赤铁矿和石英混合矿浮选的影响

当pH值为11.3左右，添加油酸钠、淀粉和氯化钙反浮选回收赤铁矿时，不同粒级褐铁矿对-106+45 μm粒级的赤铁矿和石英混合矿浮选的影响结果如图2.46所示。

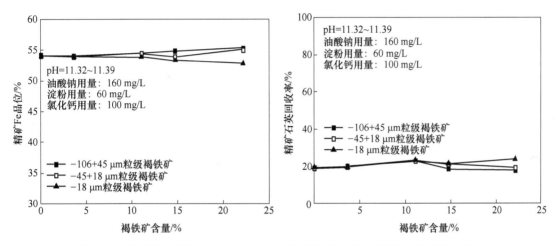

图2.46 不同粒级褐铁矿对-106+45 μm粒级的赤铁矿和石英混合矿浮选的影响

由图2.46中的结果可知，当添加-106+18 μm粒级褐铁矿时，精矿Fe品位略有提高；当添加-18 μm粒级褐铁矿时，精矿Fe品位略有降低。总体来说，褐铁矿对赤铁矿的反浮选影响不大。

2.2.4 不同粒级白云石对赤铁矿和石英混合矿浮选的影响

当pH值为11.3左右，添加油酸钠、淀粉和氯化钙反浮选回收赤铁矿时，不同粒级白云石对-106+45 μm粒级的赤铁矿和石英混合矿浮选的影响结果如图2.47所示。

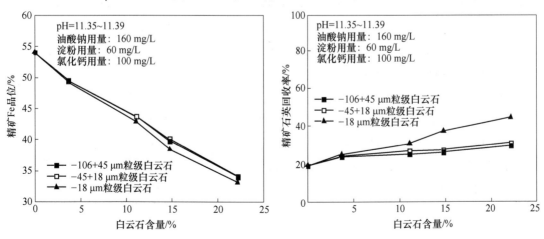

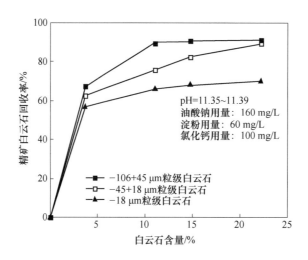

图 2.47　不同粒级白云石对−106+45 μm 粒级的赤铁矿和石英混合矿浮选的影响

由图 2.47 中的结果可知，随着不同粒级白云石含量的增加，精矿 Fe 品位逐渐降低，精矿石英回收率和白云石回收率逐渐上升；添加白云石对赤铁矿反浮选影响较大，能够大幅度降低精矿 Fe 品位。由不同粒级白云石对石英浮选的影响结果可知，这主要是因为添加白云石会降低泡沫产品中石英的浮选回收率。不同粒级白云石对精矿 Fe 品位降低的大小顺序为−18 μm> −106+18 μm，对精矿石英回收率提高的大小顺序为−18 μm> −106+18 μm，对精矿白云石回收率提高的大小顺序为−106+45 μm> −45+18 μm> −18 μm。

2.3　铁矿石体系中矿物浮选交互影响的作用机理

2.3.1　不同粒级不同矿物对−106+45 μm 粒级赤铁矿浮选影响的机理

前述结果表明，当 pH 值为 9 左右，添加油酸钠浮选−106+45 μm 粒级赤铁矿时，添加一定量−45 μm 粒级磁铁矿、−18 μm 粒级褐铁矿及各个粒级白云石和菱铁矿能够在一定程度上降低赤铁矿的浮选回收率。以下从油酸钠用量、油酸钠吸附量、矿物溶解、金属离子吸附等方面分析几种矿物对−106+45 μm 粒级赤铁矿浮选影响的原因。

2.3.1.1　磁铁矿和褐铁矿对赤铁矿浮选的影响

前述结果表明，当 pH 值为 9 左右，仅添加油酸钠浮选−106+45 μm 粒级赤铁矿时，添加一定量−45+18 μm 粒级和−18 μm 粒级磁铁矿、−18 μm 粒级褐铁矿能够在一定程度上降低−106+45 μm 粒级赤铁矿的浮选回收率。选取−45+18 μm 粒级和−18 μm 粒级磁铁矿添加量均为 5%，−18 μm 粒级褐铁矿添加量为 10% 时，探讨了油酸钠用量对磁铁矿−赤铁矿、褐铁矿−赤铁矿二元体系中赤铁矿浮选的影响，结果见表 2.6。

表 2.6 油酸钠用量对二元体系中-106+45 μm 粒级赤铁矿浮选的影响

矿 物	添加矿物			油酸钠用量 /mg·L⁻¹	赤铁矿回收率 /%
	名称	粒级/μm	含量/%		
-106+45 μm 粒级 赤铁矿+添加矿物 (pH 值为 9 左右)	不添加	—	—	120	93.05
	磁铁矿	-45+18	5	120	25.62
				200	86.78
		-18	5	120	60.92
				200	95.57
	褐铁矿	-18	10	120	65.60
				200	92.65

由表 2.6 中的结果可知，当添加矿物为-45 μm 粒级磁铁矿或-18 μm 粒级褐铁矿时，增大油酸钠用量后赤铁矿回收率大幅度提高，说明-45 μm 粒级磁铁矿或-18 μm 粒级褐铁矿能够降低赤铁矿回收率主要是消耗大量油酸钠造成的。

取-106+45 μm 粒级赤铁矿、-45+18 μm 粒级磁铁矿、-18 μm 粒级磁铁矿、-18 μm 粒级褐铁矿各 2.0 g，在 pH 值为 9 左右时，加入油酸钠（120 mg/L）搅拌 5 min 后利用紫外分光光度计分别测试了矿物对油酸钠的吸附量，结果见表 2.7。由表 2.7 可知，当 pH 值为 9 左右时，-45+18 μm 粒级磁铁矿、-18 μm 粒级磁铁矿、-18 μm 粒级褐铁矿对油酸钠的吸附量分别为 1.60 mg/g、1.80 mg/g、1.32 mg/g，其吸附量均高于-106+45 μm 粒级赤铁矿对油酸钠的吸附量 0.56 mg/g，说明添加-45 μm 粒级磁铁矿和-18 μm 粒级褐铁矿能够降低赤铁矿回收率的原因是微细粒级矿物颗粒表面积大，对油酸钠吸附量较大，能够消耗大量捕收剂，因而减少了油酸钠在赤铁矿表面的吸附，从而降低赤铁矿的回收率。

表 2.7 矿物对油酸钠的吸附量

矿 物	粒级/μm	油酸钠吸附量/mg·g⁻¹
赤铁矿	-106+45	0.56
磁铁矿	-45+18	1.60
	-18	1.80
褐铁矿	-18	1.32

2.3.1.2 菱铁矿对赤铁矿浮选的影响

A 油酸钠用量对菱铁矿-赤铁矿二元体系中赤铁矿浮选的影响

前述结果表明，当 pH 值为 9 左右，仅添加油酸钠浮选回收-106+45 μm 粒级赤铁矿时，添加一定量不同粒级菱铁矿均能够在一定程度上降低-106+45 μm 粒级赤铁矿的浮选回收率。选取-106+45 μm 粒级、-45+18 μm 粒级、-18 μm 粒级菱铁矿添加量均为 20% 时，探讨了油酸钠用量对菱铁矿-赤铁矿二元体系中赤铁矿浮选的影响，结果见表 2.8。由表 2.8 可知，当添加矿物为不同粒级的菱铁矿时，增大油酸钠用量，精矿赤铁矿回收率均大幅度提高，说明添加不同粒级菱铁矿能够降低赤铁矿回收率主要是消耗大量油酸钠造成的。

表 2.8　油酸钠用量对二元体系中−106+45 μm 粒级赤铁矿浮选的影响

矿　物	添加矿物			油酸钠用量 /mg·L⁻¹	赤铁矿回收率 /%
	名称	粒级/μm	含量/%	/mg·L⁻¹	/%
−106+45 μm 粒级 赤铁矿+添加矿物 （pH 值为 9 左右）	不添加	—	—	120	93.05
	菱铁矿	−106+45	20	120	73.61
				200	91.88
		−45+18	20	120	50.44
				200	94.64
		−18	20	120	59.38
				200	74.27
				400	94.30

取−106+45 μm 粒级赤铁矿、−106+45 μm 粒级菱铁矿、−45+18 μm 粒级菱铁矿、−18 μm粒级菱铁矿各 2.0 g，在 pH 值为 9 左右时，加入油酸钠（120 mg/L）搅拌 5 min后利用紫外分光光度计测试了矿物对油酸钠的吸附量，结果见表 2.9。由表 2.9 可知，在 pH值为 9 左右时，−106+45 μm 粒级赤铁矿对油酸钠的吸附为 0.56 mg/g，−106+45 μm 粒级菱铁矿、−45+18 μm 粒级菱铁矿、−18 μm 粒级菱铁矿对油酸钠的吸附量分别为0.46 mg/g、0.58 mg/g、1.17 mg/g。除了−18 μm 粒级菱铁矿对油酸钠的吸附量高于−106+45 μm 粒级赤铁矿外，−106+18 μm 粒级菱铁矿对油酸钠的吸附量与−106+45 μm 粒级赤铁矿相差不大。结合表 2.8 说明各个粒级菱铁矿能够消耗大量捕收剂除了与不同粒级菱铁矿对油酸钠吸附量大小有关外，可能还与矿物溶解有关，矿物溶解将在下一节探讨。

表 2.9　矿物对油酸钠的吸附量

矿　物	粒级/μm	油酸钠吸附量/mg·g⁻¹
赤铁矿	−106+45	0.56
菱铁矿	−106+45	0.46
	−45+18	0.58
	−18	1.17

B　矿物溶解对赤铁矿浮选的影响

在水溶液中，矿物都有一定程度的溶解，矿物溶解度大小与其晶体结构有关。以离子键为主的矿物，如盐类矿物、大部分氧化矿及一些硅酸盐矿物，溶解度相对较大；以共价键为主的矿物，如硫化矿和部分氧化矿，溶解度相对较小。因此，矿物的溶解性能对矿物的浮选有明显的影响。胡岳华等人认为，矿物溶解对浮选过程的影响主要有三点：（1）矿物的溶解将会引起矿浆 pH 值的变化，并且会使得矿浆具有一定的 pH 值缓冲能力，有许多选厂在没有添加任何 pH 值调整剂时，其矿浆 pH 值呈弱酸性或弱碱性，正是矿物溶解的结果；（2）溶解离子对矿物的浮选具有活化作用，如硫化矿 Pb-Zn、Cu-Zn 分离过程中，溶解的 Pb^{2+}、Cu^{2+} 对闪锌矿的活化作用；（3）溶解离子对矿物捕收剂作用的影响，包括与捕收剂发生竞争吸附及与捕收剂发生沉淀反应。

由于菱铁矿属于碳酸盐类矿物，在水中的溶解度较大，以下考察了菱铁矿在水中的溶解组分以查明对赤铁矿浮选影响的因素。在 $FeCO_3-H_2O-CO_2(g)$ 体系中，根据菱铁矿的溶解反应平衡式，可绘出菱铁矿在水溶液中的溶解组分状态分布图，如图 2.48 所示。由图 2.48 可知，在碱性条件下，溶液中离子以 CO_3^{2-} 和 HCO_3^- 为主；在中性和酸性条件下，以 Fe^{2+} 和 $Fe(OH)^+$ 为主。

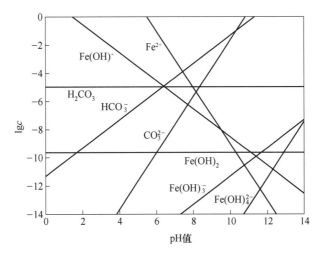

图 2.48 菱铁矿在水中的溶解组分对数图

由图 2.48 可知，在 pH 值为 9 左右时，菱铁矿溶解会产生 CO_3^{2-}、HCO_3^-、Fe^{2+}、$Fe(OH)^+$，Fe^{2+}、$Fe(OH)^+$ 的浓度较低，HCO_3^-、CO_3^{2-} 的浓度较高，因此添加一定量不同粒级菱铁矿会降低赤铁矿浮选回收率的原因除了与矿物对油酸钠吸附量的差异有关外，还与菱铁矿溶解的大量 HCO_3^-、CO_3^{2-} 与油酸根离子发生了竞争吸附有关。

2.3.1.3 白云石对赤铁矿浮选的影响

A 油酸钠用量对白云石-赤铁矿二元体系中赤铁矿浮选的影响

前述结果表明，当 pH 值为 9 左右，仅添加油酸钠浮选回收 $-106+45$ μm 粒级赤铁矿时，添加一定量不同粒级白云石均能够在一定程度上降低赤铁矿的浮选回收率。选取 $-106+45$ μm 粒级、$-45+18$ μm 粒级、-18 μm 粒级白云石添加量均为 10% 时，探讨了油酸钠用量对白云石-赤铁矿二元体系中赤铁矿浮选的影响，结果见表 2.10。由表 2.10 可知，当不同粒级白云石的添加量为 10% 时，增大油酸钠用量后，精矿赤铁矿回收率有所提高，但提高幅度不大。

表 2.10 油酸钠用量对二元体系中 $-106+45$ μm 粒级赤铁矿浮选的影响

矿　物	添加矿物			油酸钠用量 /mg·L^{-1}	赤铁矿回收率 /%
	名称	粒级/μm	含量/%		
$-106+45$ μm 粒级 赤铁矿+添加矿物 （pH 值为 9 左右）	不添加	—	—	120	93.05
	白云石	$-106+45$	10	120	10.10
				200	32.08
		$-45+18$	10	120	0.54
				200	2.55
				400	8.31

续表 2.10

矿　物	添加矿物			油酸钠用量	赤铁矿回收率
	名称	粒级/μm	含量/%	/mg·L^{-1}	/%
−106+45 μm 粒级 赤铁矿+添加矿物 （pH 值为 9 左右）	白云石	−18	10	120	35.46
				200	44.57
				400	15.88

　　取−106+45 μm 粒级赤铁矿、−106+45 μm 粒级白云石、−45+18 μm 粒级白云石、−18 μm 粒级白云石各 2.0 g，在 pH 值为 9 左右，加入油酸钠 120 mg/L 搅拌 5 min 后利用紫外分光光度计测试了矿物对油酸钠的吸附量，结果见表 2.11。由表 2.11 可知，在 pH 值为 9 左右时，−106+45 μm 粒级赤铁矿对油酸钠的吸附量为 0.56 mg/g，−106+45 μm 粒级、−45+18 μm 粒级、−18 μm 粒级白云石对油酸钠的吸附量分别为 0.37 mg/g、1.00 mg/g、1.86 mg/g。除了−106+45 μm 粒级白云石对油酸钠的吸附量低于−106+45 μm 粒级赤铁矿外，−45 μm 粒级白云石对油酸钠的吸附量均高于−106+45 μm 粒级赤铁矿。结合表 2.10 可知，尽管不同粒级白云石对油酸钠的吸附量与−106+45 μm 粒级赤铁矿不同，但增大油酸钠用量后赤铁矿浮选回收率提高幅度不大，因此可以推测白云石对赤铁矿浮选影响的主要原因并不仅仅是消耗油酸钠。由氯化钙对赤铁矿浮选的影响结果（见图 2.49）可知，Ca^{2+} 对赤铁矿有强烈的抑制作用，因此分析其原因可能是白云石溶解的 Ca^{2+} 对赤铁矿起到了一定的抑制作用，矿物的溶解将在下一节中详细探讨。

表 2.11　矿物对油酸钠的吸附量

矿　物	粒级/μm	油酸钠吸附量/mg·g^{-1}
赤铁矿	−106+45	0.56
白云石	−106+45	0.37
	−45+18	1.00
	−18	1.86

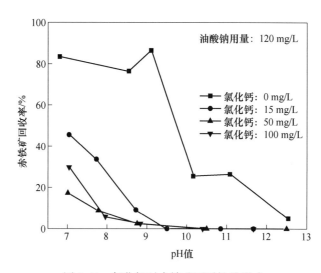

图 2.49　氯化钙对赤铁矿可浮性的影响

B　矿物溶解对赤铁矿浮选的影响

白云石也属于碳酸盐类矿物，在水中的溶解度较大，白云石含有 Ca^{2+}、Mg^{2+} 两种金属阳离子，在溶解过程中 Ca^{2+} 和 Mg^{2+} 溶解速度一致，几乎按 1∶1 比例溶出[3]。在 $MgCO_3$-$CaCO_3$-H_2O-CO_2（g）体系中，根据白云石的溶解反应平衡式[4]可绘出白云石在水溶液中的溶解组分状态分布图，如图 2.50 所示。由图 2.50 可知，在碱性条件下，溶液中离子以 HCO_3^- 和 CO_3^{2-} 为主；在中性和酸性条件下，以 Ca^{2+}、Mg^{2+} 金属阳离子及其羟基络合物为主。

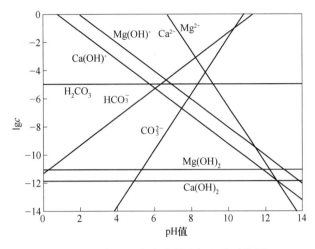

图 2.50　白云石在水中的溶解组分对数图

将 $-106+45$ μm 粒级、$-45+18$ μm 粒级、-18 μm 粒级白云石分别在自然 pH 值和 pH 值为 9 左右的条件下搅拌 8 min，并采用 ICP 测定溶液中 Ca^{2+}、Mg^{2+} 的浓度，结果见表 2.12。

表 2.12　不同粒级白云石在水中溶解的 Ca^{2+} 和 Mg^{2+} 浓度

矿浆环境	粒级/μm	pH 值	$c(Mg^{2+})$/mg·L^{-1}	$c(Ca^{2+})$/mg·L^{-1}
自然 pH 值	$-106+45$	7.54	1.31	6.10
	$-45+18$	8.18	2.22	6.96
	-18	8.86	3.49	11.62
弱碱性	$-106+45$	8.90	1.28	6.45
	$-45+18$	8.90	1.73	6.73
	-18	9.05	3.56	11.96

值得说明的是，白云石属于盐类矿物，其溶解会使溶液 pH 值上升或下降，由于饱和溶液的 pH 值具有一定大小，因此，盐类矿物的矿浆 pH 值一般维持在某一狭小范围，即盐类矿物矿浆的缓冲性质。在试验中，无论矿浆的初始 pH 值是多大，经过一定时间平衡后，盐类矿物矿浆的 pH 值最终会趋于某一狭小范围。在测定离子浓度时，为了同浮选试验一致，均记录搅拌 3 min 时的 pH 值作为矿浆 pH 值。由结果可知，在自然 pH 值环境下，不同粒级的白云石 pH 值趋于 7.5~9，随着白云石粒度的减小，自然 pH 值逐渐升高，

Ca^{2+}、Mg^{2+} 的浓度也逐渐升高；当 pH 值为 9 左右时，也出现同样的变化趋势，白云石粒度越细，溶解度越高，Ca^{2+}、Mg^{2+} 的浓度逐渐升高，且 $-18~\mu m$ 粒级白云石溶解的金属离子浓度相对更高。以上说明，白云石在水中能够溶解大量 Ca^{2+}、Mg^{2+}，粒度越细，白云石越易溶解。

为了说明白云石溶解的离子在赤铁矿表面产生了吸附，以 $-18~\mu m$ 粒级白云石溶解为例，取 $-106+45~\mu m$ 粒级赤铁矿 1.8 g 与 $-18~\mu m$ 粒级白云石 0.2 g 混合矿（白云石含量为 10%），在 pH 值为 9 左右，分别在添加 120 mg/L 油酸钠和不添加油酸钠的条件下搅拌 8 min 后，采用 ICP 测定了溶液中的金属离子浓度，结果见表 2.13。

表 2.13　加入赤铁矿前后 $-18~\mu m$ 粒级白云石溶液中离子浓度变化

矿　物	pH 值	油酸钠用量/mg·L^{-1}	$c(Mg^{2+})$/mg·L^{-1}	$c(Ca^{2+})$/mg·L^{-1}
$-18~\mu m$ 粒级白云石 0.2 g	8.88	0	3.42	9.56
$-18~\mu m$ 粒级白云石 0.2 g+	8.9	0	2.57	7.16
$-106+45~\mu m$ 粒级赤铁矿 1.8g	8.9	120	0.35	6.09

由表 2.13 中的结果可知，当仅添加 $-18~\mu m$ 粒级白云石时，在未添加油酸钠的情况下，溶液中的 Mg^{2+} 浓度为 3.42 mg/L，Ca^{2+} 浓度为 9.56 mg/L；当同时添加赤铁矿和白云石时，在未添加油酸钠的情况下，溶液中的 Mg^{2+} 浓度为 2.57 mg/L，Ca^{2+} 浓度为 7.16 mg/L；在添加 120 mg/L 油酸钠的情况下，溶液中的 Mg^{2+} 浓度为 0.35 mg/L，Ca^{2+} 浓度为 6.09 mg/L，Ca^{2+}、Mg^{2+} 浓度均有所降低，说明部分 Ca^{2+}、Mg^{2+} 在赤铁矿表面发生了吸附；还可知，与未添加油酸钠时的 Ca^{2+}、Mg^{2+} 浓度相比，添加 120 mg/L 油酸钠后，$-106+45~\mu m$ 粒级赤铁矿和 $-18~\mu m$ 粒级白云石的混合矿中的 Ca^{2+}、Mg^{2+} 有所降低，这表明 Ca^{2+}、Mg^{2+} 也会消耗部分油酸钠，导致吸附在赤铁矿表面的吸附量减少。

氯化钙对赤铁矿浮选的影响结果（见图 2.49）表明，Ca^{2+} 对赤铁矿具有较强的抑制作用，由表 2.13 结果表明，白云石溶解的 Ca^{2+}、Mg^{2+} 不但能消耗部分油酸钠，同时能够吸附在赤铁矿表面，因此可以认为白云石对赤铁矿浮选的影响的原因是白云石在弱碱性条件下，易溶解出大量的 Ca^{2+}、Mg^{2+}，一方面能够消耗部分油酸钠，另一方面能够吸附在赤铁矿表面。由于 Fe^{3+} 与油酸根离子形成的油酸盐的溶度积（$pL_s = 34.2$）远小于 Ca^{2+}、Mg^{2+} 与油酸根离子形成的油酸盐的溶度积（$pL_s = 15.4,~13.8$），因此油酸根离子与 Ca^{2+}、Mg^{2+} 的结合能力小于油酸根离子与 Fe^{3+} 的结合能力，从而对赤铁矿起一定的抑制作用。因此，在正浮选体系中，白云石可以作为浮选赤铁矿的矿物"抑制剂"。

为了进一步验证 Ca^{2+} 对赤铁矿的抑制机理，将氯化钙作用前后的赤铁矿进行了 XPS 分析，结果见表 2.14。由表 2.14 可知，氯化钙作用后的赤铁矿表面出现了 Ca 元素，赤铁矿表面 C、O、Fe 相对浓度稍有改变，氯化钙作用前后 C、O、Fe 的电子结合能变化分别为 0 eV、0.08 eV、0.18 eV，均小于仪器的误差值 0.3 eV，说明 Ca^{2+} 在赤铁矿表面发生了物理吸附，其形式可能是通过脱除水或氢键的方式吸附到赤铁矿表面。由于油酸根离子与 Ca^{2+} 的结合能力小于油酸根离子与 Fe^{3+} 的结合能力，从而对赤铁矿起抑制作用。

表 2.14　Ca²⁺作用前后赤铁矿表面 XPS 分析

矿　物	表面元素	电子结合能 E/eV	电子结合能变化 $\Delta E/\text{eV}$	元素相对浓度 $/\%$
	C 1s	284.60	—	35.01
Ca²⁺作用前的赤铁矿	O 1s	530.03	—	53.25
	Fe 2p	710.75	—	11.73
	C 1s	284.60	0	36.16
Ca²⁺作用后的赤铁矿	O 1s	530.11	0.08	52.19
	Fe 2p	710.93	0.18	11.16
	Ca 2p	347.07	—	0.49

　　为了验证 Ca^{2+} 对赤铁矿抑制作用的另一方面原因是消耗了部分油酸钠，固定 Ca^{2+} 用量为 15 mg/L，探讨了油酸钠用量对赤铁矿可浮性的影响，结果如图 2.51 所示。

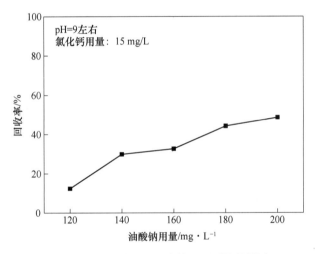

图 2.51　油酸钠用量对赤铁矿可浮性的影响

　　由图 2.51 中的结果可知，随着油酸钠用量的增加，赤铁矿回收率逐渐上升，这证实了上述原因的正确性。

2.3.2　不同粒级不同矿物对-106+45 μm 粒级石英浮选影响的机理

　　前述结果表明，在 pH 值为 11 左右，添加油酸钠、淀粉和氯化钙浮选-106+45 μm 粒级石英时，添加一定量菱铁矿、白云石或-18 μm 粒级磁铁矿能够在一定程度上降低石英的浮选回收率，其中菱铁矿影响最大，其次为白云石和-18 μm 粒级磁铁矿。以下从药剂种类和用量、矿物溶解、红外光谱分析、扫描电镜分析等方面研究不同矿物对石英浮选影响的原因。

2.3.2.1　菱铁矿对石英浮选的影响

A　油酸钠用量对石英-菱铁矿二元体系中石英浮选的影响

　　取-106+45 μm 粒级和-45+18 μm 粒级菱铁矿添加量分别为 10% 和 5% 时，在 pH 值为

11.4 左右，固定淀粉和氯化钙用量，考察了油酸钠用量对石英-菱铁矿二元体系中 −106+45 μm 粒级石英浮选的影响并测定了油酸钠吸附量，结果见表 2.15。由表 2.15 可知，当油酸钠用量从 160 mg/L 提高至 240 mg/L 时，石英回收率略有提高，但提高幅度很小，矿物对油酸钠的吸附量变化也较小，说明菱铁矿对石英浮选影响的主要原因与消耗油酸钠关系不大。

表 2.15　油酸钠用量对石英-菱铁矿二元体系中石英浮选的影响

矿　物	菱铁矿		淀粉和氯化钙 用量/mg·L⁻¹	油酸钠用量 /mg·L⁻¹	石英回收率 /%	油酸钠吸附量 /mg·g⁻¹
	粒级/μm	含量/%				
−106+45 μm 粒级 石英+不同粒级 菱铁矿 (pH 值为 11.4 左右)	−106+45	10	淀粉 60+氯化钙 100	160	3.35	0.26
			淀粉 60+氯化钙 100	200	3.89	0.26
			淀粉 60+氯化钙 100	240	5.63	0.30
	−45+18	5	淀粉 60+氯化钙 100	160	69.16	0.75
			淀粉 60+氯化钙 100	200	71.22	0.77
			淀粉 60+氯化钙 100	240	73.40	0.78

B　药剂种类对石英-菱铁矿二元体系中石英浮选的影响

选取 −106+45 μm 粒级菱铁矿添加量为 5%，在 pH 值为 11.4 左右，固定油酸钠用量为 160 mg/L、氯化钙用量为 100 mg/L，考察了淀粉对石英-菱铁矿混合矿浮选的影响，结果见表 2.16。由表 2.16 可知，当 −106+45 μm 粒级菱铁矿添加量为 5%，添加油酸钠、淀粉和氯化钙浮选回收 −106+45 μm 粒级石英时，石英的浮选回收率由 93.8% 降低至 62.2%；添加油酸钠和氯化钙浮选回收石英时，石英的浮选回收率上升至 88.32%。这说明，当添加药剂为油酸钠和氯化钙时，菱铁矿对石英的浮选影响不大；而当加入淀粉后，石英的浮选回收率大幅度降低，因此菱铁矿对石英浮选的影响主要是由淀粉引起。

表 2.16　药剂对石英-菱铁矿二元体系中石英浮选的影响

矿　物	菱铁矿 添加量/%	添加药剂 /mg·L⁻¹	精矿 SiO₂ 品位 /%	精矿 SiO₂ 回收率 /%
−106+45 μm 粒级石英+ −106+45 μm 粒级菱铁矿	0	油酸钠 160+氯化钙 100+淀粉 60	99.95	93.80
	5	油酸钠 160+氯化钙 100+淀粉 60	99.90	62.20
	5	油酸钠 160+氯化钙 100+淀粉 0	99.92	88.32

在 pH 值为 11.4 左右，考察了加入淀粉前后不同粒级菱铁矿与石英混合矿（石英 1.8 g+菱铁矿 0.2 g）及石英单矿物对油酸钠的吸附量，结果见表 2.17。由表 2.17 可知，对于不同粒级菱铁矿和石英混合矿溶液中，与仅添加油酸钠和氯化钙药剂相比，加入淀粉后，油酸钠的吸附量均降低。例如，当添加矿物为 −106+45 μm 粒级菱铁矿时，仅添加油酸钠和氯化钙的条件下，油酸钠吸附量为 1.63 mg/g，加入淀粉后，油酸钠吸附量降低至 0.26 mg/g，这说明加入淀粉后阻碍了活化后的石英对油酸钠的吸附，淀粉对活化后的石英起抑制作用。然而，当不添加菱铁矿时，加入淀粉后，油酸钠的吸附量变化较小，调整剂对氯化钙作用后石英浮选的影响结果（见图 2.52）也表明不添加菱铁矿时，淀粉对钙

离子活化后石英的浮选影响较小，这说明淀粉对钙离子活化后的石英起抑制作用与菱铁矿密切相关。只有当菱铁矿存在时，淀粉才会对钙离子活化后的石英产生强烈的抑制作用，因此菱铁矿对石英浮选的影响主要是由淀粉和菱铁矿矿物本身引起。

表 2.17 淀粉对石英和菱铁矿混合矿溶液中油酸钠吸附量的影响

矿 物	菱铁矿粒级/μm	添加药剂/$mg \cdot L^{-1}$	油酸钠吸附量/$mg \cdot g^{-1}$
−106+45 μm 粒级 石英 1.8 g+菱铁矿 0.2 g	−106+45	油酸钠 160 +氯化钙 100+淀粉 0	1.63
		油酸钠 160 +氯化钙 100+淀粉 60	0.26
	−45+18	油酸钠 160 +氯化钙 100+淀粉 0	1.19
		油酸钠 160 +氯化钙 100+淀粉 60	0.67
	−18	油酸钠 160 +氯化钙 100+淀粉 0	1.08
		油酸钠 160 +氯化钙 100+淀粉 60	0.90
−106+45 μm 粒级 石英 2.0 g	—	油酸钠 160 +氯化钙 100+淀粉 0	2.00
		油酸钠 160 +氯化钙 100+淀粉 60	1.89

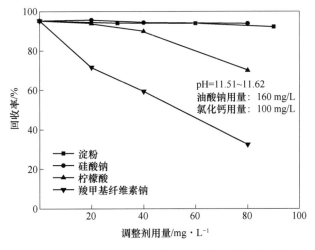

图 2.52 调整剂对氯化钙作用后石英可浮性的影响

C 菱铁矿溶解对石英浮选的影响

为了查明菱铁矿溶解对石英浮选的影响，在 pH 值为 11.2 左右，油酸钠 160 mg/L、淀粉 60 mg/L、氯化钙 100 mg/L，−106+45 μm 粒级菱铁矿添加量为 7.5% 的条件下，进行了直接浮选、与溶解液分离后浮选的对比试验。其中，"直接浮选"的方法为：将石英和菱铁矿混合调浆，调节 pH 值为 11.2 左右，再分别加入各种药剂进行浮选；"与溶解液分离后浮选"的方法为：先将菱铁矿在 pH 值为 11.2 左右的条件下，搅拌溶解 30 min，然后将溶解液与菱铁矿分离，并用去离子水清洗菱铁矿 3 次，然后将石英和菱铁矿混合调浆，调节 pH 值为 11.2 左右，再分别加入各种药剂进行浮选。菱铁矿溶解对石英浮选的影响结果见表 2.18。由表 2.18 可知，菱铁矿的溶解对石英的浮选产生了较大影响，将菱铁矿溶解液分离后浮选可以大幅度提高石英的浮选回收率，削弱菱铁矿对石英浮选的影响。

表 2.18　菱铁矿溶解对石英-菱铁矿二元体系中石英浮选的影响

矿　物	添加药剂/mg·L⁻¹	浮选方式	精矿石英回收率/%
−106+45 μm 粒级石英+ −106+45 μm 粒级菱铁矿 (7.5%)	油酸钠 160+ 淀粉 60+ 氯化钙 100	直接浮选	22.63
		与溶解液分离后浮选	77.37

　　菱铁矿在水中较易溶解，且随着 pH 值的升高，溶解度变大。在铁矿反浮选中，由于添加了活化石英的钙离子，也会促使菱铁矿溶解平衡向右移，促进菱铁矿的溶解。由菱铁矿的溶解组分对数图可知，在强碱性条件下，菱铁矿在水中的溶解组分中含有大量的 CO_3^{2-}。当浮选体系中含有大量 CO_3^{2-} 时，钙离子的组分变得复杂。根据碳酸钠体系中钙离子的反应平衡式[5-6]，计算可得 $CaCO_3(s)$ 生成的临界pH 值为 9.98。根据计算所得数据可画出碳酸钠体系中，当 Ca^{2+} 浓度为 $1.0×10^{-4}$ mol/L 时各组分浓度与 pH 值关系，如图 2.53 所示。

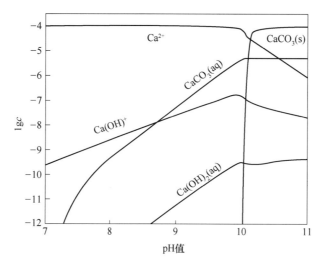

图 2.53　碳酸钠体系中平衡时 Ca^{2+} 的溶解组分对数图

　　由于 $K_{sp,Ca(OH)_2}>K_{sp,CaCO_3}$，故不会有 $Ca(OH)_2(s)$ 生成。由此可知，当 pH<9.98 时，Ca^{2+} 主要以 Ca^{2+} 形式存在；当 pH>9.98 后，Ca^{2+} 主要以 $CaCO_3(s)$ 沉淀的形式存在。由于在 pH 值为 11 左右时菱铁矿会溶解产生大量 CO_3^{2-}，因此，当添加 Ca^{2+} 活化石英时，Ca^{2+} 会在石英表面以碳酸钙的形式沉积，使石英表面呈碳酸钙的性质，即具有方解石的浮选特性。

　　D　碳酸钠和淀粉对石英浮选的影响

　　为了验证是否为菱铁矿溶解的 CO_3^{2-} 和淀粉对石英的浮选产生了影响，分别进行了碳酸钠用量和淀粉用量试验。当 pH 值为 11.3 左右，添加油酸钠 160 mg/L、氯化钙 100 mg/L 浮选回收石英时，在有无淀粉存在的条件下，分别探讨了碳酸钠用量对石英浮选的影响，结果如图 2.54 所示。可见，当无淀粉存在时，随着碳酸钠用量的增加，石英回收率变化幅度较小；而加入淀粉后，随着碳酸钠用量的增加，石英回收率呈现下降的趋势，说明在有淀粉存在的条件下，CO_3^{2-} 的加入确实对石英的浮选起到了一定的抑制作用。

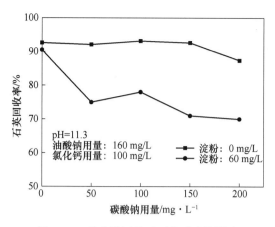

图 2.54 碳酸钠用量对石英浮选的影响

当 pH 值为 11.3 左右，添加油酸钠 160 mg/L、氯化钙 100 mg/L 浮选回收石英时，在有无 CO_3^{2-} 存在的条件下，分别探讨了淀粉用量对石英浮选的影响，结果如图 2.55 所示。由图 2.55 可知，当无 CO_3^{2-} 存在时，随着淀粉用量的增加，石英回收率变化幅度较小，略有降低；当加入 CO_3^{2-} 后，随着淀粉用量的增加，石英回收率逐渐降低。以上说明，当无 CO_3^{2-} 存在时，淀粉对石英抑制作用较弱，而当有 CO_3^{2-} 存在时，淀粉对石英的抑制作用加强。因此，可以认为菱铁矿对石英浮选产生的影响主要由淀粉和菱铁矿溶解的 CO_3^{2-} 共同引起，这是由于淀粉对被碳酸钙覆盖的石英产生了强烈的抑制作用。

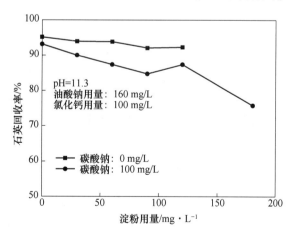

图 2.55 淀粉用量对石英浮选的影响

E 菱铁矿添加顺序对石英浮选的影响

选取 $-106+45$ μm 粒级菱铁矿添加量为 7.5% 时，探讨了菱铁矿添加顺序对石英浮选的影响，添加顺序分为先添加和后添加两种，"先添加" 表示菱铁矿在添加所有药剂之前与石英混合（见图 2.56（a）中的 a 处），其中 "后添加" 又分为加入 NaOH 后添加菱铁矿（见图 2.56（a）中的 b 处）、加入淀粉后添加菱铁矿（见图 2.56（a）中的 c 处）、加入氯化钙后添加菱铁矿（见图 2.56（a）中的 d 处）及加入油酸钠后添加菱铁矿（见图 2.56（a）中的 e 处），添加完菱铁矿后均搅拌 1 min，试验流程和结果如图 2.56 所示。

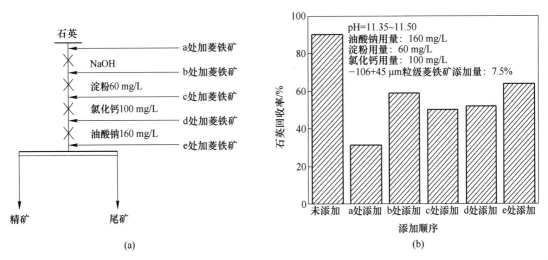

(a)　　　　　　　　　　　　　　　　(b)

图 2.56　菱铁矿添加顺序对石英浮选的影响

(a) 菱铁矿添加顺序浮选流程；(b) 菱铁矿添加顺序对石英回收率的影响

由图 2.56 中的结果可知，在 pH 值为 11.4 左右，油酸钠、淀粉和氯化钙共同存在的条件下浮选石英时，无论菱铁矿以何种顺序添加，均会降低石英的浮选回收率，且先添加菱铁矿对石英浮选的影响更为突出。这也可说明菱铁矿的溶解对石英浮选的影响，与加药后添加菱铁矿相比，加药前添加菱铁矿由于在浮选前能够溶解出更多的离子，从而对石英浮选的影响更强。

F　石英与药剂作用前后的红外光谱分析

由前述分析可知，淀粉和菱铁矿溶解的 CO_3^{2-} 对石英浮选的影响起着关键性作用。菱铁矿对石英浮选影响的原因推测是淀粉对被碳酸钙覆盖的石英产生了强烈的抑制作用。为了证实淀粉在碳酸钙表面发生了吸附，将氯化钙与碳酸钠反应沉淀的碳酸钙和淀粉作用后的碳酸钙分别进行了红外光谱分析，结果如图 2.57~图 2.59 所示。

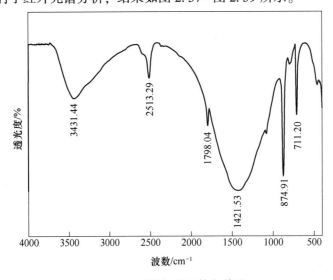

图 2.57　碳酸钙的红外光谱图

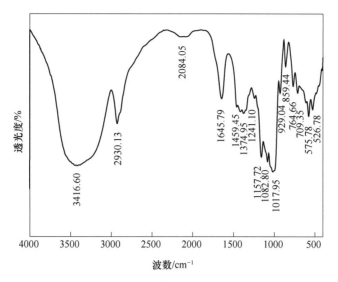

图 2.58　淀粉的红外光谱图

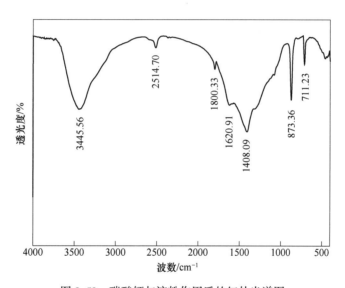

图 2.59　碳酸钙与淀粉作用后的红外光谱图

碳酸钙的特征峰出现在 1798.04 cm^{-1}、1421.53 cm^{-1}、874.91 cm^{-1}、711.20 cm^{-1} 处。1798.04 cm^{-1} 处为碳酸根离子的 C=O 振动吸收峰，1421.53 cm^{-1} 处有一强吸收峰，为 C—O 键的非对称伸缩振动吸收峰，874.91 cm^{-1} 和 711.20 cm^{-1} 处的吸收峰分别为碳酸根离子的面外弯曲振动吸收峰和面内弯曲振动吸收峰[7]，其他处的吸收峰均为水中羟基的吸收峰。

玉米淀粉主要的红外光谱带集中在 3500~2900 cm^{-1} 和 1700~650 cm^{-1} 两个波数范围内，其中 3416.60 cm^{-1}、2930.13 cm^{-1} 处的吸收峰分别为—OH 伸缩振动、—CH$_2$—伸缩振动吸收峰，1645.79 cm^{-1}、1459.45 cm^{-1}、1374.95 cm^{-1}、1157.72 cm^{-1}、1082.80 cm^{-1}、1017.95 cm^{-1} 处的吸收峰分别为 H—O—H 弯曲振动、—CH$_2$—弯曲振动、—CH—弯曲振动、C—O—C 伸缩振动、C—O—H 弯曲振动、C—C 耦合振动吸收峰，929.04 cm^{-1} 处吸收峰为含 α-1,4 键的骨架振动，859.44 cm^{-1} 处的吸收峰为 D-吡喃苷键特征吸收峰，764.66 cm^{-1} 处

的吸收峰为吡喃糖环呼吸振动吸收峰，709.35 cm^{-1} 处的吸收峰为环振动吸收峰[8-9]。

　　由图 2.59 可知，碳酸钙与淀粉作用后，碳酸钙在波数为 1620.91 cm^{-1} 处出现了新的特征吸收峰，碳酸钙表面的羟基伸缩振动峰和 C—O 键的非对称伸缩振动吸收峰分别从 3431.44 cm^{-1}、1421.53 cm^{-1} 处位移至 3445.56 cm^{-1}、1408.09 cm^{-1} 处，分别发生了 14.12 cm^{-1} 和 13.44 cm^{-1} 的位移，说明淀粉在碳酸钙表面确实发生了化学吸附，这与前述分析结果一致。方解石的化学成分为 $CaCO_3$，李晔等人[10]通过 XPS 和 AES 测定结果表明，糊精在方解石表面作用前后俄歇参数变化显著，变化了 0.80 eV，认为糊精与方解石表面发生了化学作用，从而对方解石有强烈的抑制作用。

　　为了再次证实淀粉通过沉淀在石英表面的碳酸钙与石英发生了吸附，在 pH 值为 11.2 左右，对石英与氯化钙和淀粉共同作用前后及与碳酸钠、氯化钙和淀粉共同作用前后的红外光谱进行了分析，结果如图 2.60~图 2.62 所示。

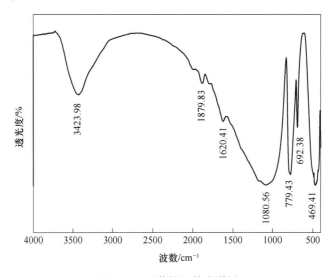

图 2.60　石英的红外光谱图

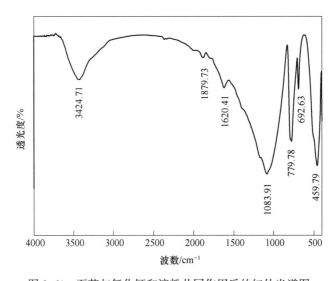

图 2.61　石英与氯化钙和淀粉共同作用后的红外光谱图

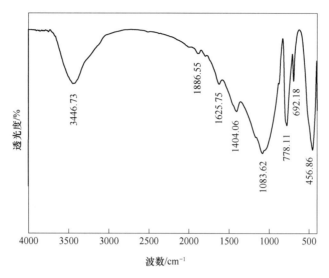

图 2.62 石英与碳酸钠、氯化钙和淀粉共同作用后的红外光谱图

石英的红外光谱图中 1080.56 cm^{-1} 处宽而强的吸收峰为 Si—O—Si 的非对称伸缩振动吸收峰，779.43 cm^{-1} 处的吸收峰为 Si—O 的对称伸缩振动吸收峰，该峰中等强度，为石英族矿物的特征吸收峰，469.41 cm^{-1} 处的吸收峰为 Si—O 的弯曲振动吸收峰[11]，3423.98 cm^{-1} 处的特征峰为石英所含水分的羟基吸收峰，1879.83 cm^{-1} 处和 1620.41 cm^{-1} 处的特征峰为大气吸收水分的羟基吸收峰。

由图 2.61 可知，石英与氯化钙和淀粉作用后，石英表面没有出现新的特征吸收峰，说明淀粉与石英表面吸附作用很弱。这可能是由于淀粉靠静电引力和氢键作用与 Ca(OH)$^+$ 发生吸附，石英表面部分亲水，但由于作用力不强，所以对石英的可浮性影响不大，这与淀粉对氯化钙作用后石英的抑制作用较弱的试验结果相符。

由图 2.62 可知，石英与碳酸钠、氯化钙和淀粉作用后，石英在波数为 1404.06 cm^{-1} 处出现了新的特征吸收峰，它对应于淀粉中—CH$_2$—弯曲振动吸收峰，与淀粉谱图中的峰位相比，发生了 55.39 cm^{-1} 的位移，结合碳酸钙与淀粉作用后的红外光谱图可知，1404.06 cm^{-1} 处的特征吸收峰为淀粉与碳酸钙发生化学吸附的结果；石英表面的羟基伸缩振动吸收峰也从 3423.98 cm^{-1} 处位移至 3446.73 cm^{-1}，发生了 22.75 cm^{-1} 的位移，这是淀粉中—OH 伸缩振动所致，说明淀粉在碳酸钠和氯化钙作用后的石英表面发生了化学吸附。

以上说明，当没有碳酸钠存在时，在氯化钙和淀粉的共同作用下，淀粉在石英表面的吸附作用较弱；当碳酸钠存在时，在碳酸钠、氯化钙和淀粉的共同作用下，淀粉通过沉淀在石英表面的碳酸钙发生了化学吸附；因此，在强碱性条件下菱铁矿对石英浮选有强烈的抑制作用的原因是菱铁矿溶解的碳酸根离子与氯化钙作用生成了碳酸钙沉积在石英表面，淀粉在石英表面发生化学吸附，从而增大了被活化的石英的亲水性起抑制作用，这与前述分析结果一致。

白云石和菱铁矿均属于碳酸盐矿物，因此，白云石对石英浮选影响的机理与菱铁矿相似，不同之处是在强碱性环境中添加 Ca^{2+} 的条件下，菱铁矿的溶解平衡向右移，有利于菱铁矿的溶解，而白云石的溶解平衡向左移，不利于白云石的溶解。因此，菱铁矿对石英浮选的影响更为显著。在此，不再探讨白云石对石英浮选影响的机理。

2.3.2.2 磁铁矿对石英浮选的影响

A 药剂用量对石英-磁铁矿二元体系中石英浮选的影响

前述结果表明，添加一定量-18 μm 粒级磁铁矿对-106+45 μm 粒级石英浮选有影响。在 pH 值为 11.4，取-18 μm 粒级磁铁矿添加量为 20% 时，考察了油酸钠和氯化钙用量对二元体系中-106+45 μm 粒级石英浮选的影响，结果见表 2.19。由表 2.19 可知，当添加矿物为-18 μm 粒级磁铁矿时，增大油酸钠或氯化钙用量后，石英回收率仍维持在 64% 左右，油酸钠和氯化钙用量对石英回收率影响不大，说明磁铁矿对石英浮选的影响与药剂消耗关系不大。

表 2.19 油酸钠用量和氯化钙用量对石英-磁铁矿二元体系中石英浮选的影响

矿 物	磁铁矿添加量 /%	淀粉用量 /mg · L^{-1}	氯化钙用量 /mg · L^{-1}	油酸钠用量 /mg · L^{-1}	石英回收率 /%
-106+45 μm 粒级石英+ -18 μm 粒级磁铁矿 (pH 值为 11.4 左右)	0	60	100	160	86.00
	20	60	100	160	64.78
		60	100	240	63.82
		60	200	240	65.40

B 浮选尾矿扫描电镜分析

为了进一步探究-18 μm 粒级磁铁矿对-106+45 μm 粒级石英浮选影响的原因，在 pH 值为 11.4，添加油酸钠 160 mg/L、淀粉 60 mg/L、氯化钙 100 mg/L 的条件下，将-106+45 μm 粒级石英与-18 μm 粒级磁铁矿混合后进行浮选试验，将浮选尾矿进行了扫描电镜分析，结果如图 2.63 所示。

图 2.63 -106+45 μm 粒级石英与-18 μm 粒级磁铁矿混合矿浮选尾矿扫描电镜照片

由图 2.63 中的可知，当添加-18 μm 粒级磁铁矿时，浮选尾矿中有大量-18 μm 粒级磁铁矿罩盖在石英粗颗粒表面，同时也有少量团聚存在。因此可以推测加入-18 μm 粒级磁铁矿能够降低泡沫产品中石英的浮选回收率，是由于-18 μm 微细粒级磁铁矿在石英粗颗粒表面发生了罩盖，一方面减少了 Ca^{2+} 和油酸钠在石英表面作用的活性位点，另一方面更重要的是由于石英表面部分被磁铁矿罩盖而部分地具有磁铁矿的性质，因此加入淀粉后被抑制进入槽内。由于微细粒级磁铁矿的罩盖，阻断了石英表面吸附药剂的作用位点，因此，单纯增大油酸钠或氯化钙用量并不能消除微细粒级磁铁矿对石英浮选产生的不利影响，这与药剂用量试验结果一致。

C　微细粒级磁铁矿对石英的活化作用

药剂用量和浮选尾矿扫描电镜分析表明，-18 μm 粒级磁铁矿在石英表面发生了罩盖。为了进一步验证这一现象，在 pH 值为 9 左右，油酸钠 160 mg/L，-18 μm 粒级磁铁矿的添加量为 20% 的条件下，探讨了-18 μm 粒级磁铁矿对-106+45 μm 粒级石英浮选的影响，结果见表 2.20。由表 2.20 可知，在 pH 值为 9 左右，添加油酸钠 160 mg/L 时，油酸钠对石英几乎没有捕收能力，石英基本不上浮，石英的浮选回收率仅为 2.5%；当加入 20% 的-18 μm 粒级磁铁矿后，浮选精矿石英的回收率达到了 19.80%。因此可以认为微细粒级磁铁矿确实罩盖在了石英表面，石英表面部分地具有磁铁矿的性质而被油酸钠捕收进入泡沫产品中。

表 2.20　油酸钠体系中-18 μm 粒级磁铁矿对石英浮选的影响

矿　物	磁铁矿添加量/%	油酸钠用量/mg·L^{-1}	石英回收率/%
-106+45 μm 粒级石英+ -18 μm 粒级磁铁矿 （pH 值为 9 左右）	0	160	2.50
	20	160	19.80

2.3.3　不同粒级赤铁矿对-18 μm 粒级菱铁矿浮选影响的机理

前述结果表明，在 pH 值为 9 左右，仅添加油酸钠浮选回收-18 μm 粒级菱铁矿时，添加不同粒级赤铁矿、褐铁矿、白云石和石英能够在一定程度上提高-18 μm 粒级菱铁矿的回收率。在油酸钠体系中，赤铁矿、菱铁矿、褐铁矿和白云石均疏水，而石英亲水。添加一定量石英能够略提高-18 μm 粒级菱铁矿浮选回收率的原因是石英本身不吸附油酸钠，从而间接增大了菱铁矿浮选时的油酸钠用量。对于赤铁矿、褐铁矿和白云石 3 种矿物，为了方便起见，在此仅探讨不同粒级赤铁矿对-18 μm 粒级菱铁矿浮选影响的机理，通过扩展 DLVO 理论讨论了油酸钠溶液中-18 μm 粒级菱铁矿与不同粒径赤铁矿颗粒之间的相互作用。

在油酸钠体系中，通过计算可得到在 pH 值为 9 时，油酸钠体系中-18 μm 粒级菱铁矿与不同粒径赤铁矿的 EDLVO 曲线，如图 2.64 所示。由图 2.64 可知，-18 μm 粒级菱铁矿与不同粒径赤铁矿之间总的 EDLVO 势能在跨越一个较弱的能垒后体现出较强吸引作用。因此，在油酸钠体系中，pH 值为 9 左右，在有一定机械能输入的条件下-18 μm 粒级菱铁矿可以向粗粒级赤铁矿黏附（表现为载体浮选），也可以与细粒级赤铁矿团聚（表现为絮凝浮选），从而增大了-18 μm 粒级菱铁矿的表观粒径，提高了细粒菱铁矿与气泡黏着的可能性，从而提高细粒级菱铁矿的浮选回收率。

为了验证部分细粒菱铁矿在赤铁矿表面发生了罩盖，在 pH 值为 9，油酸钠 400 mg/L 的条件下，将-18 μm 粒级菱铁矿与-106+45 μm 粒级赤铁矿混合矿（赤铁矿含量为 15%）进行浮选试验，将浮选精矿进行了扫描电镜分析和 EDS 能谱分析，结果如图 2.65 所示。

由图 2.65 可知，加入粗粒级赤铁矿后，确实有部分细粒级菱铁矿罩盖在了赤铁矿表面，添加油酸钠浮选回收细粒级菱铁矿时，赤铁矿起到载体作用。

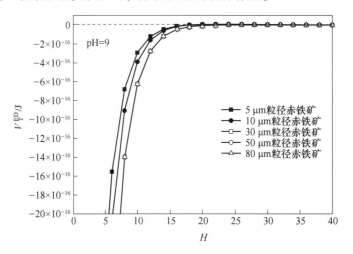

图 2.64　−18 μm 粒级菱铁矿与不同粒径赤铁矿的 EDLVO 曲线

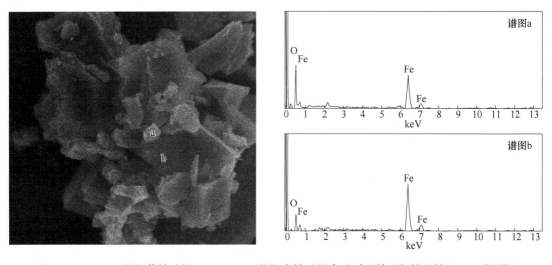

图 2.65　−18 μm 粒级菱铁矿与−106+45 μm 粒级赤铁矿混合矿浮选精矿扫描电镜和 EDS 能谱图

2.4　消除铁矿石体系中矿物浮选交互影响的方法

由不同粒级不同矿物对赤铁矿和石英混合矿浮选的影响结果可知，添加油酸钠 160 mg/L、淀粉 60 mg/L 和氯化钙 100 mg/L 反浮选回收赤铁矿时，不同含量不同粒级菱铁矿、磁铁矿、白云石对赤铁矿−石英人工混合矿中赤铁矿的反浮选有一定的影响。为了寻找能够削弱菱铁矿、磁铁矿、白云石对赤铁矿反浮选影响的方法，探讨了叶轮转速和调整剂硅酸钠、柠檬酸和羧甲基纤维素钠对三元体系中赤铁矿反浮选的影响。

2.4.1 叶轮转速对三元体系中赤铁矿反浮选的影响

浮选机内矿浆紊流强度由浮选机的叶轮转速确定，对矿粒的悬浮状态和充气量有很大影响，从而影响浮选指标[12-14]。当 pH 值为 11.4 左右，添加油酸钠 160 mg/L、淀粉 60 mg/L 和氯化钙 100 mg/L 反浮选回收赤铁矿时，探讨了叶轮转速对浮选的影响，结果见表 2.21。由表 2.21 可知，在一定叶轮转速范围内，随着叶轮转速的不断增大，精矿产率不断降低，精矿 Fe 回收率稍有降低，但精矿 Fe 品位不断提高；当叶轮转速由 1000 r/min 提高至 2000 r/min 时，添加矿物分别为 14.8% 的 −106+45 μm 粒级菱铁矿、22.2% 的 −18 μm 粒级磁铁矿、22.2% 的 −18 μm 粒级褐铁矿、22.2% 的 −18 μm 粒级白云石时，精矿 Fe 品位分别由 32.5% 提高至 36.94%，由 38.40% 提高至 45.65%，由 35.58% 提高至 54.41%，由 23.1% 提高至 37.02%。因此，在赤铁矿反浮选中，适当提高叶轮转速有利于提高精矿 Fe 品位。由于操作浮选机的叶轮转速最大仅能调至 2000 r/min，因此本书中未涉及过高的转速。

表 2.21 叶轮转速对三元体系中赤铁矿反浮选的影响

添加矿物	含量/%	叶轮转速/r·min⁻¹	精矿 Fe 品位/%	精矿 Fe 回收率/%
−106+45 μm 粒级菱铁矿	14.8	1000	32.5	99.90
		1500	34.83	99.94
		2000	36.94	99.89
−18 μm 粒级磁铁矿	22.2	1000	38.40	99.82
		1500	44.86	85.27
		2000	45.65	73.87
−18 μm 粒级褐铁矿	22.2	1000	35.58	99.86
		1500	50.98	96.22
		2000	54.51	94.58
−18 μm 粒级白云石	22.2	1000	23.1	99.64
		1500	33.26	98.27
		2000	37.02	98.08

对细粒级赤铁矿、菱铁矿、磁铁矿分别在转速为 1000 r/min、2000 r/min、3000 r/min、4000 r/min 的搅拌条件下进行了激光粒度测试，结果如图 2.66 所示。由图 2.66 可知，随着转速的不断增大，粒度分布曲线越靠左移，平均粒度减小，说明提高转速有利于矿浆中

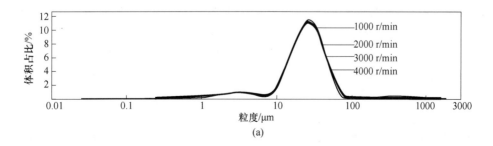

(a)

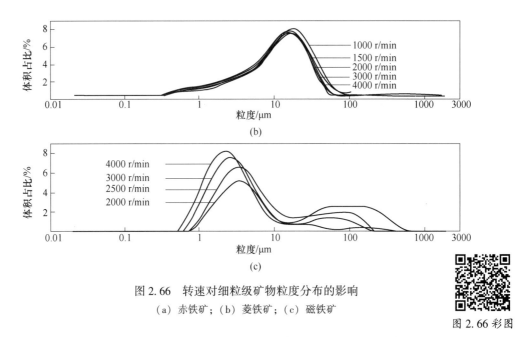

图 2.66　转速对细粒级矿物粒度分布的影响
(a) 赤铁矿；(b) 菱铁矿；(c) 磁铁矿

图 2.66 彩图

颗粒的分散；由于磁铁矿试验矿样本身比赤铁矿和菱铁矿细，说明提高转速对越细的矿样分散效果越明显；还可知，细粒级磁铁矿矿样的部分粒级分布在粗粒度范围内，说明部分细粒级磁铁矿容易团聚，提高转速能在一定程度上削弱此团聚现象。

2.4.2　调整剂对三元体系中赤铁矿反浮选的影响

在 pH 值为 11.5 左右，选取 −106+45 μm 粒级和 −18 μm 粒级菱铁矿、−18 μm 粒级磁铁矿、−18 μm 粒级白云石的添加量均为 11.1% 时，探讨了调整剂硅酸钠、柠檬酸和羧甲基纤维素钠对三元体系中赤铁矿反浮选的影响。

2.4.2.1　赤铁矿−石英−菱铁矿三元体系

调整剂对赤铁矿−石英−菱铁矿三元体系中赤铁矿反浮选的影响如图 2.67 所示。由该结果可知，在赤铁矿−石英−菱铁矿三元体系中，当 pH 值为 11.5 左右，添加油酸钠 160 mg/L、淀粉 60 mg/L 和氯化钙 100 mg/L 反浮选回收赤铁矿时，添加一定量硅酸钠或少量柠檬酸能够在一定程度上提高精矿 Fe 品位；当柠檬酸用量较大时，能够大幅度降低精矿 Fe 品位。由调整剂对氯化钙作用后石英浮选的影响结果（见图 2.52）可知，少量的柠檬酸对氯化钙作用后的石英浮选影响较小，当柠檬酸用量大于一定量后对氯化钙作用后的石英有一定的抑制作用。当添加矿物为 11.1% 的 −106+45 μm 粒级菱铁矿时，添加 40 mg/L 硅酸钠后，浮选精矿 Fe 品位由 48.98% 提高至 51.75%，添加 10 mg/L 柠檬酸后，浮选精矿 Fe 品位由 48.98% 提高至 51.24%；添加羧甲基纤维素钠能够大幅度降低精矿 Fe 品位，不利于赤铁矿反浮选，这是由于羧甲基纤维素钠对氯化钙活化后的石英有很强的抑制作用，这与前述结果一致。

2.4.2.2　赤铁矿−石英−磁铁矿三元体系

调整剂对赤铁矿−石英−磁铁矿三元体系中赤铁矿反浮选的影响如图 2.68 所示。由该结果可知，在赤铁矿−石英−磁铁矿三元体系中，当 pH 值为 11.5 左右，添加油酸钠

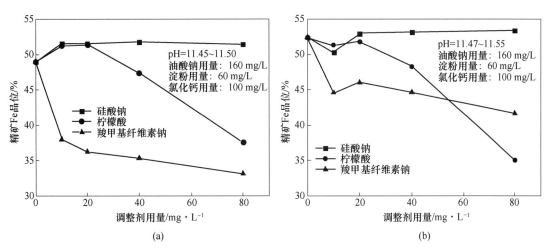

图 2.67 调整剂对赤铁矿-石英-菱铁矿三元体系中赤铁矿反浮选的影响
(a) 菱铁矿: -106+45 μm 粒级含量 11.1%; (b) 菱铁矿: -18 μm 粒级含量 11.1%

160 mg/L、淀粉 60 mg/L 和氯化钙 100 mg/L 反浮选回收赤铁矿时, 添加一定量硅酸钠或少量柠檬酸能够在一定程度上提高精矿 Fe 品位, 但当柠檬酸用量较大时, 精矿 Fe 品位大幅度降低; 当添加矿物为 11.1% 的 -18 μm 粒级磁铁矿时, 添加 40 mg/L 硅酸钠后, 精矿 Fe 品位由 52.70% 提高至 53.53%, 添加 10 mg/L 柠檬酸后, Fe 品位由 52.70% 提高至 55.94%; 添加羧甲基纤维素钠能够大幅度降低精矿 Fe 品位, 不利于赤铁矿的反浮选。

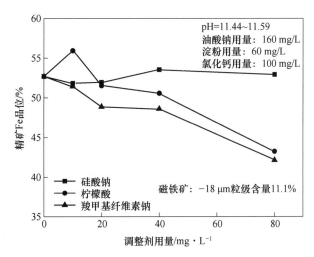

图 2.68 调整剂对赤铁矿-石英-磁铁矿三元体系中赤铁矿反浮选的影响

2.4.2.3 赤铁矿-石英-白云石三元体系

调整剂对赤铁矿-石英-白云石三元体系中赤铁矿反浮选的影响如图 2.69 所示。由该结果可知, 在赤铁矿-石英-白云石三元体系中, 当 pH 值为 11.5 左右, 添加油酸钠 160 mg/L、淀粉 60 mg/L 和氯化钙 100 mg/L 反浮选回收赤铁矿时, 添加一定量硅酸钠或少量柠檬酸能够在一定程度上提高精矿 Fe 品位, 但当柠檬酸用量较大时, 精矿 Fe 品位大幅度降低; 当添加 11.1% 的 -18 μm 粒级白云石时, 添加 80 mg/L 硅酸钠后, 精矿 Fe 品位由 49.55% 提高至 53.95%，添加 10 mg/L 柠檬酸后，精矿 Fe 品位由 49.55% 提高至 52.69%；而添加羧甲基纤维素钠能够大幅度降低精矿 Fe 品位，不利于赤铁矿的反浮选。

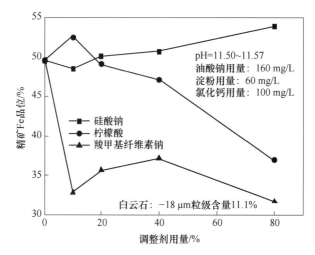

图 2.69　调整剂对赤铁矿-石英-白云石三元体系中赤铁矿反浮选的影响

总的来说，在 pH 值为 11.5 左右，添加油酸钠、淀粉和氯化钙反浮选回收赤铁矿时，添加一定量硅酸钠或少量柠檬酸能够在一定程度上提高精矿 Fe 品位，改善浮选指标。

2.4.3　柠檬酸对矿物交互影响的调控机制

前述结果表明，添加一定量的硅酸钠或少量柠檬酸能够在一定程度上削弱添加矿物对石英浮选的影响。有关资料显示，硅酸钠对矿物的作用机理已有大量的相关研究，因此以下从沉降试验、药剂的溶液化学、矿物的表面电性、红外光谱分析、X 光电子能谱分析等方面仅对柠檬酸的作用机理进行了探讨。

2.4.3.1　柠檬酸对矿物的分散作用

柠檬酸为无色半透明晶体或白色颗粒，可以与酸、碱、甘油等反应生成多种产物。由于柠檬酸是三羧酸，亲水性很好，能够改变矿粒表面电性，因此它可作分散剂。柠檬酸中含有大量羧基，与氧化铁表面有很好的亲和性，可以吸附在颗粒表面，防止颗粒团聚[18]。采用沉降法考察了柠檬酸对赤铁矿-石英-菱铁矿、赤铁矿-石英-磁铁矿、赤铁矿-石英-白云石混合矿的分散作用，结果如图 2.70 所示。由图 2.70 可知，随着柠檬酸用量的增加，混合矿的沉降率逐渐降低，柠檬酸用量为 100 mg/L 时沉降速度明显变慢，说明柠檬酸对混合矿具有良好的分散作用。

2.4.3.2　柠檬酸的溶液化学

柠檬酸（$C_6H_8O_7$，简写为 H_3L）的化学名称为 2-羟基-丙 1,2,3 三酸，结构式为：

$$CH_2\text{-}COOH$$
$$HO\text{—}C\text{—}COOH$$
$$CH_2\text{-}OOH$$

根据柠檬酸在溶液中存在的化学平衡[15]，可以绘出柠檬酸溶液的组分与 pH 值的关系

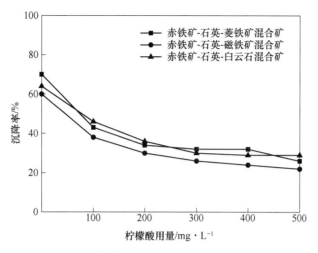

图 2.70　柠檬酸对人工混合矿沉降率的影响

图，如图 2.71 所示。当柠檬酸初始浓度为 1.04×10^{-4} mol/L（20 mg/L）时，柠檬酸溶液中各组分的浓度对数图 lg$c$-pH 值图，如图 2.72 所示。由图 2.72 可见，当 pH<3.1 时，H_3L 是优势组分，当 3.1≤pH<4.9 时，H_2L^- 占优势；当 4.9≤pH<6.4 时，HL^{2-} 占优势；当 pH≥6.4 时，L^{3-} 占优势。

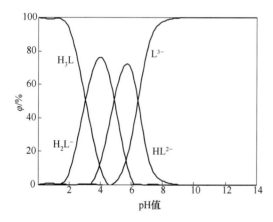

图 2.71　柠檬酸在水中各组分与 pH 值的关系

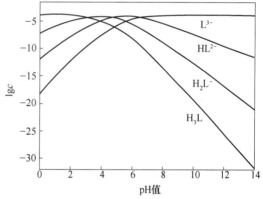

图 2.72　柠檬酸各组分的浓度对数图
（$c_T = 1.04 \times 10^{-4}$ mol/L）

2.4.3.3　柠檬酸对矿物表面电性的影响

分别在去离子水中、柠檬酸 20 mg/L 的条件下，测试了赤铁矿、菱铁矿、石英在不同 pH 值条件下矿物的表面动电位，其结果如图 2.73~图 2.75 所示。由此可知，添加一定量柠檬酸能够在较宽的 pH 值范围内大幅度降低赤铁矿、菱铁矿和石英的表面动电位。结合柠檬酸溶液的组分与 pH 值关系图可知，在酸性、中性和碱性条件下，柠檬酸含有大量 H_2L^-、HL^{2-}、L^{3-}，这些带负电荷的离子吸附在矿物表面，从而大大降低了矿物表面电位，增强了矿物表面水化层的强度和亲水性，增强了颗粒间的静电排斥力。

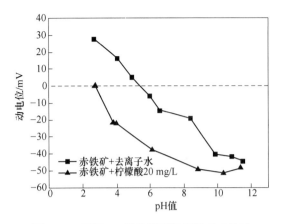

图 2.73　不同 pH 值条件下柠檬酸对赤铁矿
　　　　　表面动电位的影响

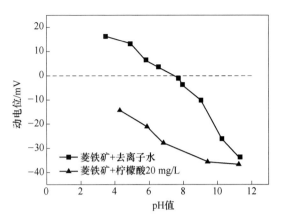

图 2.74　不同 pH 值条件下柠檬酸对菱铁矿
　　　　　表面动电位的影响

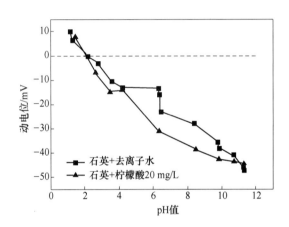

图 2.75　不同 pH 值条件下柠檬酸对石英表面动电位的影响

2.4.3.4　矿物与柠檬酸作用前后的红外光谱分析

通过对矿物与柠檬酸作用前后的红外光谱测试，分析了 pH 值为 11.3 左右时，柠檬酸在矿物表面的作用机理。

A　赤铁矿与柠檬酸作用前后的红外光谱分析

赤铁矿与柠檬酸作用前后的红外光谱如图 2.76 所示。由该结果可知，赤铁矿的红外光谱中 463.90 cm^{-1} 为 Fe—O 的弯曲振动吸收峰，546.40 cm^{-1} 为赤铁矿 Fe—O 的伸缩振动吸收峰，1112.92 cm^{-1} 为赤铁矿 Fe—O 的弯曲振动吸收峰[16,11]。赤铁矿 3450.12 cm^{-1} 处的吸收峰来源于水分子中的羟基[17]，说明样品中含有少许水分。

赤铁矿与柠檬酸作用后，赤铁矿表面在 2927.56 cm^{-1}、2854.27 cm^{-1}、1636.94 cm^{-1}、1399.78 cm^{-1} 处出现了新的吸收峰，2927.56 cm^{-1}、2854.27 cm^{-1} 处的吸收峰均为柠檬酸分子中—CH_2—对称伸缩振动吸收峰。资料显示[17-18]，当羧酸转化成羧酸盐后，由于离子化产生的 COO^- 基团具有多电子 π 键体系，C＝O 键和 C—O 键之间可能发生共振，因此—COOH 的特征谱带消失[19]，而在 1680～1510 cm^{-1} 和 1480～1350 cm^{-1} 范围出现对应于

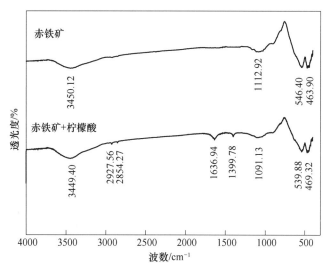

图 2.76 赤铁矿与柠檬酸作用前后的红外光谱图

COO⁻基的非对称与对称伸缩振动[20]，因此 1636.94 cm⁻¹、1399.78 cm⁻¹处的吸收峰为柠檬酸分子中 COO⁻基的非对称伸缩振动峰和对称伸缩振动峰；2927.56 cm⁻¹处的吸收峰变强，说明柠檬酸分子中的羟基吸收峰与赤铁矿中所含水分子的羟基吸收峰出现了明显的叠加；还可以看出，赤铁矿表面 546.40 cm⁻¹、1112.92 cm⁻¹处的吸收峰分别移至 539.88 cm⁻¹、1091.13 cm⁻¹处。这可能是由于赤铁矿表面的水合羟基与柠檬酸分子中的羟基之间发生了氢键作用，形成氢键之后，基团的键力常数变小，有氢键的基团伸缩振动频率减少[21-22]。以上说明柠檬酸在赤铁矿表面发生了吸附。

B 菱铁矿与柠檬酸作用前后的红外光谱分析

菱铁矿与柠檬酸作用前后的红外光谱如图 2.77 所示。由该结果可知，菱铁矿的红外波谱特征与晶体结构关系十分密切，碳酸根中 C—O 共价键连接成稳固的基团，CO_3^{2-} 彼此由 Fe^{2+} 以离子键连接。因此，菱铁矿的红外光谱由 CO_3^{2-} 振动模式及晶格振动模式构成，CO_3^{2-} 的内振动模式决定了其红外光谱的基本轮廓[11,22]。菱铁矿的特征吸收峰在 1400 cm⁻¹ 波数左右。谱图中 736.82 cm⁻¹、865.29 cm⁻¹处的吸收峰为碳酸根的面内弯曲振动吸收峰和面外弯曲振动吸收峰，1415.72 cm⁻¹处的吸收峰为碳酸根的非对称伸缩振动吸收峰，该峰带宽，峰最强，是碳酸盐矿物的特征吸收峰[11]。菱铁矿 3426.42 cm⁻¹、2502.46 cm⁻¹、1810.98 cm⁻¹处的吸收峰为水中羟基的吸收峰。

菱铁矿与柠檬酸作用后，菱铁矿在 2927.39 cm⁻¹、2854.95 cm⁻¹处出现了新的吸收峰，它们均为柠檬酸分子中—CH₂—对称伸缩振动峰，1413.21 cm⁻¹处的吸收峰与不添加柠檬酸的菱铁矿 1415.72 cm⁻¹处的吸收峰相比，峰变强，峰形变尖，这是由于柠檬酸分子中 COO⁻基的对称伸缩振动峰与菱铁矿 1415.72 cm⁻¹处的碳酸根的非对称伸缩振动吸收峰叠加而形成。3446.58 cm⁻¹处的吸收峰与不添加柠檬酸的菱铁矿的峰相比，不但强度增强，而且发生了 20.16 cm⁻¹位移，这是柠檬酸分子中的羟基与菱铁矿中所含水分子的羟基吸收峰叠加的缘故；同时可以看出，菱铁矿的吸收峰均向低波数发生位移，736.82 cm⁻¹、865.29 cm⁻¹、1415.72 cm⁻¹峰位分别移至 736.68 cm⁻¹、865.01 cm⁻¹、1413.21 cm⁻¹处，

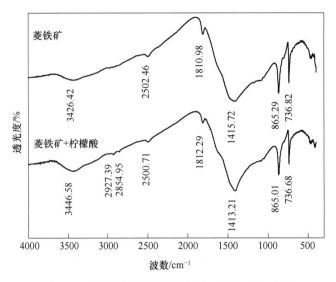

图 2.77　菱铁矿与柠檬酸作用前后的红外光谱图

这可能是由于菱铁矿表面的水合羟基与柠檬酸分子中的羟基之间发生了氢键作用。以上说明柠檬酸在菱铁矿表面发生了吸附。

　　C　磁铁矿与柠檬酸作用前后的红外光谱分析

　　磁铁矿与柠檬酸作用前后的红外光谱如图 2.78 所示。由该结果可知，磁铁矿的吸收峰较少，583.87 cm^{-1} 为 Fe—O 的对称振动吸收峰。磁铁矿与柠檬酸作用后，磁铁矿表面在 3441.15 cm^{-1}、2924.92 cm^{-1}、2854.89 cm^{-1}、1636.52 cm^{-1}、1399.71 cm^{-1}、1060.73 cm^{-1} 处出现了新的吸收峰，3441.15 cm^{-1} 为水分子中羟基振动吸收峰和柠檬酸分子中羟基的伸缩振动吸收峰，2924.92 cm^{-1} 和 2854.89 cm^{-1} 为柠檬酸分子中—CH$_2$—的对称振动吸收峰，1636.52 cm^{-1} 和 1399.71 cm^{-1} 为柠檬酸分子中 COO$^-$ 基的非对称振动吸收峰和对称伸缩振动吸收峰。以上说明柠檬酸在磁铁矿表面发生了吸附。

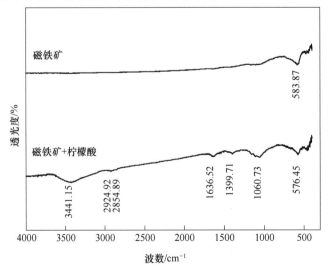

图 2.78　磁铁矿与柠檬酸作用前后的红外光谱图

D 石英与柠檬酸作用前后的红外光谱分析

石英与柠檬酸作用前后的红外光谱如图 2.79 所示。由该结果可知，石英与柠檬酸作用后，表面没有新的吸收峰出现，而 472.19 cm^{-1}、694.08 cm^{-1}、777.70 cm^{-1}、1078.23 cm^{-1}、1176.47 cm^{-1} 处 的 吸 收 峰 分 别 移 至 465.42 cm^{-1}、693.85 cm^{-1}、777.73 cm^{-1}、1083.33 cm^{-1}、1163.80 cm^{-1} 处，这可能是由于石英表面的水合羟基与柠檬酸分子中的羟基之间发生了氢键作用。氢键作用是物理吸附的一种，具有可逆性，由于与药剂作用后的样品在制备过程中进行了洗涤，可将吸附于矿物表面的药剂洗脱而无法测出。羟基振动吸收峰从 3419.57 cm^{-1} 处偏移至 3438.26 cm^{-1} 处，这可能是由柠檬酸中羟基振动引起。以上说明柠檬酸在石英表面吸附强度较弱。

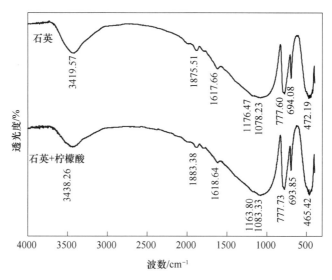

图 2.79 石英与柠檬酸作用前后的红外光谱图

2.4.3.5 矿物与柠檬酸作用前后的 XPS 分析

光电子能谱（XPS）分析可以对原子轨道电子的结合能作精确的测定，也可以测定这种结合能在不同化学环境中的位移。通过光电子能谱中元素的结合能，可进一步了解柠檬酸与矿物作用前后元素的化学环境变化，了解柠檬酸在矿物表面上的吸附情况。

表 2.22 为 pH 值 11 左右时不同矿物与 20 mg/L 柠檬酸作用前后的矿物表面 XPS 分析结果。由表 2.22 可知，与柠檬酸作用前相比，柠檬酸作用后的赤铁矿、菱铁矿、磁铁矿、白云石和石英表面元素相对浓度均发生了改变，呈现 C 元素相对浓度升高，其他元素相对浓度降低的规律，C 元素相对浓度提高表明柠檬酸在矿物表面发生了吸附，而其他元素相对浓度降低表明矿物表面被柠檬酸覆盖；柠檬酸作用前后 5 种矿物表面元素电子结合能的变化均小于仪器的误差值 0.3 eV，说明柠檬酸作用前后矿物表面的化学环境基本相同，柠檬酸在赤铁矿、菱铁矿、磁铁矿、白云石和石英表面并未发生化学吸附，而是发生了物理吸附。由于在 pH 值为 11 左右时，5 种矿物表面均具有高负电性，因此与柠檬酸之间不存在静电吸附。在碱性环境中，柠檬酸分子中的羟基可以与发生水化作用矿物表面的氧形成氢键，结合红外光谱分析可知，柠檬酸与矿物之间主要靠氢键键合作用吸附在矿物表面。

表 2.22　柠檬酸作用前后矿物表面 XPS 分析

矿　物	表面元素	电子结合能 E/eV	电子结合能变化 $\Delta E/eV$	元素相对浓度 /%
赤铁矿	C 1s	284.60	—	35.01
	O 1s	530.03	—	53.25
	Fe 2p	710.75	—	11.73
柠檬酸作用后的赤铁矿	C 1s	284.60	0	44.73
	O 1s	530.02	-0.01	46.25
	Fe 2p	710.61	-0.14	9.02
菱铁矿	C 1s	284.60	—	39.06
	O 1s	530.84	—	49.06
	Fe 2p	711.09	—	11.88
柠檬酸作用后的菱铁矿	C 1s	284.60	0	54.42
	O 1s	530.77	-0.07	38.26
	Fe 2p	710.81	-0.28	7.32
磁铁矿	C 1s	284.60	—	44.07
	O 1s	530.55	—	45.48
	Fe 2p	710.84	—	10.45
柠檬酸作用后的磁铁矿	C 1s	284.60	0	46.29
	O 1s	530.28	-0.27	45.35
	Fe 2p	710.67	-0.17	8.36
白云石	C 1s	284.60	—	50.77
	O 1s	531.41	—	41.7
	Mg 1s	1305.15	—	2.75
	Ca 2s	438.62	—	4.79
柠檬酸作用后的白云石	C 1s	284.60	0	50.74
	O 1s	531.29	-0.12	41.89
	Mg 1s	1305.05	-0.10	2.24
	Ca 2s	438.50	-0.12	5.13
石英	C 1s	284.60	—	43.32
	O 1s	531.97	—	36.58
	Si 2p	102.96	—	20.10
柠檬酸作用后的石英	C 1s	284.60	0	73.79
	O 1s	531.86	-0.11	21.81
	Si 2p	102.89	-0.07	4.40

2.4.3.6　柠檬酸对钙离子作用后石英浮选的抑制机理

前述结果表明，添加少量柠檬酸有利于削弱矿物对石英浮选的影响，但当柠檬酸用量较大时会恶化浮选指标。调整剂对氯化钙作用后石英浮选的影响结果（见图2.52）也表明，添加少量柠檬酸对氯化钙活化后的石英浮选影响较小，但当柠檬酸用量较大时，会对氯化钙活化后的石英产生强烈的抑制作用。因此，以下探讨柠檬酸对氯化钙作用后石英的抑制机理。

A 钙离子对石英的活化机理

表2.23为pH值为11左右时钙离子作用前后石英对油酸钠的吸附量结果。由表2.23可知，加入100 mg/L氯化钙后油酸钠在石英表面的吸附量由0 mg/g升高至2.0 mg/g，说明Ca^{2+}在石英表面发生了吸附，增加了石英表面的正电点，有利于油酸钠在石英表面的吸附，从而活化石英的浮选。这与前述试验结果一致。

表2.23 Ca^{2+}作用前后石英对油酸钠的吸附量

矿物	油酸钠用量/mg·L^{-1}	氯化钙用量/mg·L^{-1}	油酸钠吸附量/mg·g^{-1}
石英	160	0	0
	160	100	2.0

结合Ca^{2+}的浓度对数图（见图2.80）和试验结果（见图2.81）可以认为，$Ca(OH)^+$的生成对石英的浮选起了重要作用，其活化机理主要是钙离子羟基络合物与石英表面裸露的羟基化的硅原子通过氢键［见式（2.1）］或脱除水的方式键合［见式（2.2）］，使金属阳离子吸附于矿物表面上[23]。

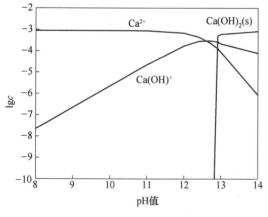

图2.80 Ca^{2+}（9×10^{-4} mol/L）的浓度对数图

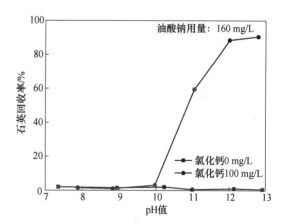

图2.81 氯化钙对石英可浮性的影响

$$\text{（2.1）}$$

$$\longrightarrow \quad \begin{array}{c} -O \quad OCa^+ \\ Si \\ -O \quad OCa^+ \end{array} \quad + 2H_2O \xrightarrow{2HR} \quad \begin{array}{c} -O \quad OCaR \\ Si \\ -O \quad OCaR \end{array} \tag{2.2}$$

式中，HR 为捕收剂。

B　柠檬酸对氯化钙作用后石英的抑制机理

表 2.24 为 pH 值 11 左右时氯化钙作用前后石英表面的 X 光电子能谱分析。由表 2.24 可知，氯化钙作用后的石英表面出现了 Ca2p 元素，其相对浓度为 0.91%，说明 Ca^{2+} 在石英表面发生了吸附，这与上节分析结果一致。当添加 100 mg/L 柠檬酸作用后，石英表面 Ca2p 元素相对浓度降低，表明柠檬酸溶解了石英表面吸附的 Ca^{2+}，减少了石英表面油酸钠吸附的活性位点，从而抑制石英的浮选。

表 2.24　柠檬酸和 Ca^{2+} 作用前后石英表面 XPS 分析

样 品 名 称	表面元素	元素相对浓度/%
石英	C 1s	43.32
	O 1s	36.58
	Si 2p	20.10
	Ca 2p	0
石英+100 mg/L 氯化钙	C 1s	42.26
	O 1s	38.38
	Si 2p	18.15
	Ca 2p	0.91
石英+100 mg/L 氯化钙+100 mg/L 柠檬酸	C 1s	38.98
	O 1s	40.04
	Si 2p	20.94
	Ca 2p	0.04

由上述可知，添加少量柠檬酸能够在一定程度上削弱矿物对石英浮选的影响，一是因为柠檬酸具有分散作用，它能够以氢键键合的方式吸附在矿物表面，增强了矿物亲水性和水化排斥作用能，并大大降低矿物表面电位，增强了颗粒间的静电排斥力，可以减少细粒级矿物在石英表面的黏附罩盖；二是因为柠檬酸能够降低矿浆中 OH^- 的浓度，且能够消耗部分碳酸根离子，从而削弱了菱铁矿对石英浮选的影响。值得说明的是，柠檬酸用量较大时，对氯化钙活化后的石英具有强烈的抑制作用，其原因是柠檬酸能够溶解石英表面吸附的 Ca^{2+}，恶化浮选效果。因此，需要严格控制柠檬酸的用量。

参 考 文 献

[1] 孙炳泉. 近年我国复杂难选铁矿石选矿技术进展 [J]. 金属矿山，2006 (3)：11-13.
[2] 维艾拉 A M，等. 胺的种类、pH 和矿粒粒度对石英浮选的影响 [J]. 国外金属矿选矿，2007 (12)：31-34.
[3] 袁世泉，张洪恩. 菱镁矿、白云石表面电性研究 [J]. 矿冶工程，1990，10 (4)：20-22.

[4] 冯寅. 磷灰石与白云石正浮选分离研究 [D]. 长沙：中南大学, 2011.

[5] 杨少燕. 菱锌矿浮选的理论与工艺研究 [D]. 长沙：中南大学, 2010.

[6] 汤佩徽. 磷灰石和硅质脉石浮选分离的研究 [D]. 长沙：中南大学, 2011.

[7] 赵丽娜, 赵旭, 任素霞. 碳酸钙的原位合成及表面改性 [J]. 物理化学学报, 2009, 5 (1): 47-52.

[8] 魏强. 二维相关红外光谱在淀粉分析中的应用 [D]. 广州：华南理工大学, 2010.

[9] ABDEL-AAL S E, GAD Y H, DESSOUKI A M. Use of rice straw and radiation-modified maize starch/acrylonitrile in the treatment of wastewater [J]. Journal of Hazardous Materials, 2006, 129 (1): 204-215.

[10] 李晔, 刘奇, 许时. 淀粉类多糖在方解石和萤石表面吸附特性及作用机理 [J]. 有色金属, 1996, 48 (1): 26-30.

[11] 闻辂, 梁婉雪, 章正刚. 矿物红外光谱学 [M]. 长沙：中南工业大学出版社, 1970.

[12] 胡为柏. 浮选 [M]. 北京：冶金工业出版社, 1989.

[13] 王燕玲, 杨润金, 王怀法. 不同粒度煤泥浮选特性的试验研究 [J]. 选煤技术, 2007 (5): 1-5.

[14] BOGDANOV O S, EMELYANOV M F, MAXIMOV I I, et al. Influence of some factors on fine particle flotation [J]. Fine Particle Processing, 1980 (1): 706-719.

[15] 胡岳华, 孙伟, 蒋玉仁, 等. 柠檬酸在白钨矿萤石浮选分离中的抑制作用及机理研究 [J]. 国外金属矿选矿, 1998 (5): 27-29.

[16] 马松勃. 淀粉抑制剂在铁矿浮选中的作用研究 [D]. 沈阳：东北大学, 2006.

[17] 卢涌泉, 邓振华. 实用红外光谱解析 [M]. 北京：电子工业出版社, 1985.

[18] 李剑虹, 张兴, 常宏涛, 等. 红外光谱法探究柠檬酸在轻稀土氯化物溶液中的存在形式 [J]. 江西师范法学学报 (自然科学版), 2010, 34 (1): 78-80.

[19] NAKANISHI K, SOLOMON P H. Infrared absorption spectroscopy [M]. 2nd edition. San Francisco: Holden-DayINC, 1997.

[20] KALIVA M, GABRIEL C, RAPTOPOULOU C, et al. pH-specific synthesis, isolation, spectroscopic and structural characterization of a new dimeric assembly of dinuclear vanadium (V) -citrate-peroxo species from aqueous solutions [J]. Inorganica Chimica Acta, 2008 (9/10): 361.

[21] 谢晶曦. 红外光谱在有机化学和药物化学中的应用 [M]. 北京：科学出版社, 2001.

[22] 刘旭. 微细粒白钨矿浮选行为研究 [D]. 长沙：中南大学, 2010.

[23] 孙传尧, 印万忠. 硅酸盐浮选原理 [M]. 北京：科学出版社, 2001.

3 钛铁矿浮选的交互影响

全球钛资源分布广泛,有 30 多个国家拥有钛资源。全球有工业价值的钛资源主要有钛铁矿、锐钛矿、板钛矿、钙钛矿和金红石等,大量开采开发利用的主要是钛铁矿和金红石。钛铁矿通过重选法一般只能回收粒度在 0.038 mm 以上粒级的物料,而小于 0.038 mm 的细泥物料则分选效果比较差。目前,细粒钛铁矿回收最有效的方法为浮选分离技术。

钛铁矿经常与石英和钛辉石等矿物共生,且在选别过程中存在交互影响,因此给钛铁矿的分选带来了困难。本章主要针对低品位钛铁矿中矿物的浮选交互影响进行研究,为低品位钛铁矿的高效回收提供依据。

3.1 不同含量石英与钛铁矿浮选的交互影响

3.1.1 不添加调整剂时不同含量石英对钛铁矿浮选的影响

在油酸钠体系下,不添加调整剂时石英对钛铁矿浮选回收率的影响如图 3.1 所示。试验条件为:矿样总质量 2 g,pH 值在 9 左右,油酸钠用量为 140 mg/L。

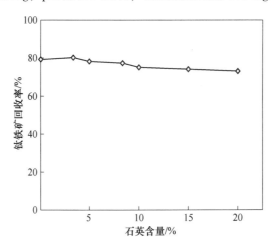

图 3.1 不添加调整剂时石英含量对钛铁矿回收率的影响

由图 3.1 中的结果可知,在不添加调整剂的情况下,当石英含量(质量分数,后同)超过 10% 以后,会使钛铁矿的回收率降到 80% 以下,之后随着石英含量的升高,钛铁矿的回收率变化不大。

3.1.2 添加水玻璃时不同含量石英对钛铁矿浮选的影响

在油酸钠体系下,水玻璃作为调整剂时石英添加量对钛铁矿浮选回收率的影响如

图 3.2 所示。试验条件为：矿样总质量 2 g，油酸钠用量 140 mg/L，水玻璃 80 mg/L，pH 值在 9 左右。

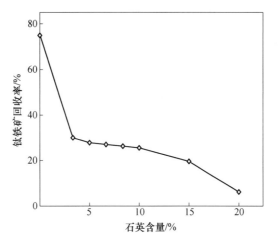

图 3.2 添加水玻璃时石英含量对钛铁矿回收率的影响

由图 3.2 中的结果可知，在有水玻璃的条件下，添加石英大大降低了钛铁矿的回收率。当石英含量在 2%~15% 之间时，钛铁矿的回收率变化不大，当石英含量大于 15% 时，钛铁矿回收率继续下降。这主要是由于石英在钛铁矿表面发生罩盖后，促进了水玻璃的吸附，从而对钛铁矿产生了较大的抑制作用。

3.1.3 添加硝酸铅和水玻璃时不同含量石英对钛铁矿浮选的影响

在油酸钠体系下，硝酸铅和水玻璃作为调整剂时石英含量对钛铁矿浮选回收率的影响如图 3.3 所示。试验条件为：矿样总质量 2 g，油酸钠用量 140 mg/L，水玻璃用量 140 mg/L，硝酸铅 80 mg/L，pH 值在 9 左右。

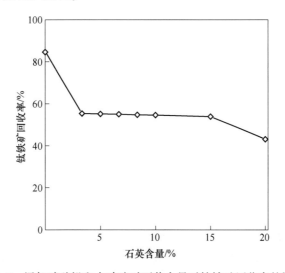

图 3.3 添加硝酸铅和水玻璃时石英含量对钛铁矿回收率的影响

由图 3.3 中的结果可知，在油酸钠体系下，添加水玻璃和硝酸铅时，添加石英会使钛铁矿的回收率下降，当石英含量在 2%～15% 时，钛铁矿的回收率基本不变，当石英含量大于 15% 时，钛铁矿回收率又下降。

对比图 3.2，与只使用水玻璃相比，在硝酸铅作用下，石英对钛铁矿的抑制作用明显减弱，表明硝酸铅减弱了水玻璃对表面吸附有石英的钛铁矿的抑制作用。

3.2   不同含量钛辉石与钛铁矿浮选的交互影响

3.2.1   不添加调整剂时不同含量钛辉石对钛铁矿浮选的影响

在油酸钠体系下，不添加调整剂时钛辉石对钛铁矿浮选回收率的影响如图 3.4 所示。试验条件为：矿样总质量 2 g，pH 值在 9 左右，油酸钠用量为 140 mg/L。

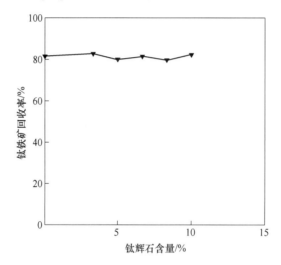

图 3.4   不加调整剂时钛辉石含量对钛铁矿回收率的影响

由图 3.4 中的结果可知，在不添加调整剂的情况下，钛辉石对钛铁矿的回收率影响不大。

3.2.2   添加水玻璃时不同含量钛辉石对钛铁矿浮选的影响

在油酸钠体系下，水玻璃作为调整剂时钛辉石含量对钛铁矿浮选回收率的影响如图 3.5 所示。试验条件为：矿样总质量 2 g，油酸钠用量 100 mg/L，水玻璃用量 140 mg/L，pH 值在 8 左右。

由图 3.5 中的结果可知，在有水玻璃的条件下，添加钛辉石大大降低了钛铁矿的回收率，特别是当钛辉石含量为 6% 时，钛铁矿回收率降到 10%，随后再增大其含量对钛铁矿的回收率影响基本不变。

上述结果表明，由于钛辉石在钛铁矿表面的吸附罩盖，水玻璃对吸附有钛辉石的钛铁矿产生了较强的抑制作用。

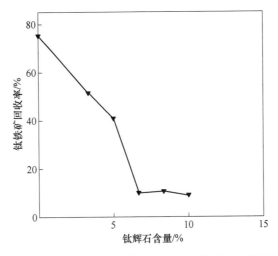

图 3.5 添加水玻璃时钛辉石含量对钛铁矿回收率影响

3.2.3 添加硝酸铅和水玻璃时不同含量钛辉石对钛铁矿浮选的影响

在油酸钠体系下，硝酸铅和水玻璃作为调整剂钛辉石含量对钛铁矿浮选回收率的影响如图 3.6 所示。试验条件为：矿样总质量 2 g，油酸钠用量 140 mg/L，水玻璃用量 140 mg/L，硝酸铅用量 100 mg/L，pH 值在 9 左右。

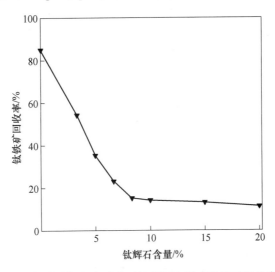

图 3.6 添加硝酸铅和水玻璃时钛辉石含量对钛铁矿回收率影响

由图 3.6 中的结果可知，在油酸钠体系下，添加水玻璃和硝酸铅后，添加钛辉石会使钛铁矿的回收率大大下降。当钛辉石含量大于 6% 时，钛铁矿回收率下降至 13% 左右，随后再增大其含量对钛铁矿的回收率影响基本不变。

对比图 3.5，与只使用水玻璃相比，在硝酸铅作用下，钛辉石对钛铁矿的抑制作用稍有减弱，表明硝酸铅没有明显影响水玻璃对表面吸附有钛辉石的钛铁矿的抑制作用。

3.3　不同粒级钛铁矿与石英浮选的交互影响

在研究不同粒级钛铁矿与石英浮选交互影响时，将钛铁矿和石英分别分成 3 个粒级：-104+63 μm、-63+45 μm、-45 μm。试验时各粒级矿物 2 g，25 mL 去离子水，油酸钠用量为 100 mg/L，石英添加量为 20%。所得结果用柱状图表示，图中 A、B、C 分别代表 -104+63 μm、-63+45 μm、-45 μm 3 个粒级，每组条柱用两个大写英文字母表示粒级与粒级的组合，其中第一个字母表示钛铁矿的粒级，第二个字母表示石英的粒级。例如，AA 代表单独的 -104+63 μm 粒级钛铁矿、单独的 -104+63 μm 粒级石英分别浮选的结果，A+A 代表 -104+63 μm 粒级的钛铁矿与 -104+63 μm 粒级的石英混合浮选的结果。

3.3.1　不添加调整剂时不同粒级钛铁矿与石英浮选的交互影响

在油酸钠体系下，不添加调整剂时不同粒级钛铁矿与石英浮选的交互影响如图 3.7 所示。试验条件为：油酸钠用量 140 mg/L，矿浆 pH 值在 9 左右。

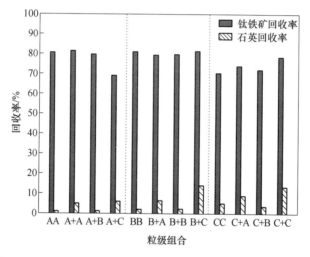

图 3.7　不添加调整剂时不同粒级钛铁矿与石英浮选的交互影响

由图 3.7 中的结果可知，油酸钠浮选体系中不添加调整剂时 -104+63 μm 和 -63+45 μm 粒级钛铁矿的浮选回收率较高，-45 μm 粒级钛铁矿的浮选回收率稍低，而石英在 3 个粒度级别的回收率均极低。不同粒级石英对不同粒级钛铁矿浮选回收率的总体影响较小，但细粒级（-45 μm）石英对粗粒级（-104+63 μm）钛铁矿浮选回收率有一定影响，使钛铁矿回收率由 81% 下降到了 69%；细粒级（-45 μm）石英对细粒级（-45 μm）钛铁矿的浮选有一定的活化作用，即钛铁矿浮选回收率由 70% 提高到 80%。

3.3.2　添加水玻璃时不同粒级钛铁矿与石英浮选的交互影响

在油酸钠体系下，水玻璃作调整剂时不同粒级钛铁矿与石英浮选的交互影响如图 3.8 所示。试验条件为：油酸钠用量 140 mg/L，水玻璃用量 140 mg/L，矿浆 pH 值在 8 左右。

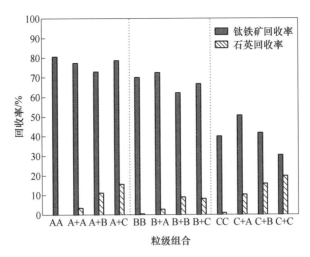

图 3.8　添加水玻璃时不同粒级钛铁矿与石英浮选的交互影响

由图 3.8 中的结果可知，3 个粒级的石英对各粒级的钛铁矿回收率都有一定的影响，其中对细粒级钛铁矿浮选的影响相对较大，特别是细粒级（-45 μm）石英对细粒级（-45 μm）钛铁矿的浮选有一定的抑制作用。值得注意的是，不同粒度级别的石英在与不同粒级钛铁矿交互后，在钛铁矿精矿中的夹杂量增加，且石英的粒级越细，夹杂量越多，特别在细粒级（-45 μm）钛铁矿中的夹杂特别明显，细粒级（-45 μm）石英在细粒级（-45 μm）钛铁矿中的回收率由 1% 上升到了 22% 左右。由此可知，在油酸钠体系下，水玻璃为调整剂正浮选钛铁矿脱硅时，石英的回收率会受钛铁矿的影响而提高，从而降低钛铁矿精矿的品位。

对比图 3.7，与不加调整剂相比，在水玻璃作用下石英在钛铁矿表面的交互抑制了钛铁矿的浮选，且钛铁矿和石英的粒度越细，石英对钛铁矿浮选的影响越大。上述结果表明，由于石英在钛铁矿表面的交互，水玻璃更易在吸附有石英的钛铁矿表面发生作用而抑制钛铁矿的浮选。

3.3.3　添加硝酸铅和水玻璃时不同粒级钛铁矿与石英浮选的交互影响

油酸钠体系中，硝酸铅和水玻璃作调整剂时不同粒级钛铁矿与石英浮选的交互影响如图 3.9 所示。试验条件为：油酸钠用量 140 mg/L，水玻璃用量 140 mg/L，硝酸铅用量 80 mg/L，矿浆 pH 值在 8 左右。

由图 3.9 中的结果可知，在硝酸铅和水玻璃的共同作用下粗中粒级的石英降低了粗粒级（-104+63 μm）钛铁矿的浮选，而细粒级（-45 μm）石英促进了粗粒级（-104+63 μm）钛铁矿的浮选。各个粒级的石英都促进了中粒级（-63+45 μm）粒级和细粒级（-45 μm）钛铁矿的浮选，中粒级（-63+45 μm）石英对中细粒级钛铁矿浮选的促进作用明显。另外，细粒级石英与细粒级钛铁矿发生交互作用时，石英在钛铁矿精矿的夹杂量提高。

上述结果表明，硝酸铅可以明显地消除由于石英在中细粒级钛铁矿表面交互而产生的水玻璃对钛铁矿的抑制作用，恢复甚至活化钛铁矿的浮选。

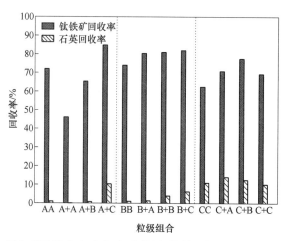

图 3.9　添加硝酸铅和水玻璃时不同粒级钛铁矿与石英浮选的交互影响

3.4　不同粒级钛铁矿与钛辉石浮选的交互影响

在研究不同粒级钛铁矿与钛辉石浮选交互影响时，将钛铁矿和钛辉石分别分成 3 个粒级：$-104+63$ μm、$-63+45$ μm、-45 μm。试验时各粒级矿物 2 g，25 mL 去离子水，油酸钠用量为 100 mg/L，石英添加量为 20%。所得结果用柱状图表示，图中 A、B、C 分别代表 $-104+63$ μm、$-63+45$ μm、-45 μm 三个粒级，每组条柱用两个大写英文字母表示粒级与粒级的组合，其中第一个字母表示钛铁矿的粒级，第二个字母表示钛辉石的粒级。例如，AA 代表单独的 $-104+63$ μm 粒级钛铁矿、单独的 $-104+63$ μm 粒级钛辉石分别浮选的结果，A+A 代表 $-104+63$ μm 粒级的钛铁矿与 $-104+63$ μm 粒级的钛辉石混合浮选的结果。

3.4.1　不添加调整剂时不同粒级钛铁矿与钛辉石浮选的交互影响

在油酸钠体系下，不添加调整剂时不同粒级钛铁矿与钛辉石浮选的交互影响如图 3.10 所示。试验条件为：油酸钠用量 140 mg/L，矿浆 pH 值在 7.5 左右。

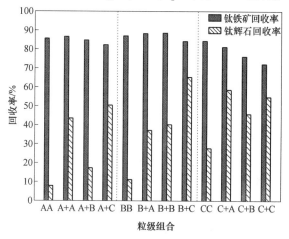

图 3.10　不添加调整剂时不同粒级钛铁矿与钛辉石浮选的交互影响

由图 3.10 中的结果可知，各粒级钛辉石对不同粒级钛铁矿浮选回收率的总体影响不大，只有细粒级（-45 μm）钛辉石对细粒级（-45 μm）钛铁矿的浮选具有一定的抑制作用。另外，钛辉石在钛铁矿精矿中的夹杂量由于发生交互作用而增加，并且钛辉石和钛铁矿的粒度越细，夹杂就越明显，进一步说明钛辉石与钛铁矿是较易发生交互作用的。

3.4.2 添加水玻璃时不同粒级钛铁矿与钛辉石浮选的交互影响

在油酸钠体系中，水玻璃作调整剂时不同粒级钛铁矿与钛辉石浮选的交互影响如图3.11 所示。试验条件为：油酸钠用量 140 mg/L，水玻璃用量 140 mg/L，矿浆 pH 值在 7.5左右。

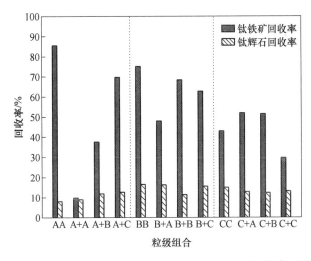

图 3.11　添加水玻璃时不同粒级钛铁矿与钛辉石浮选的交互影响

由图 3.11 中的结果可知，水玻璃为调整剂时，3 个粒级钛辉石对不同粒级钛铁矿的浮选均有较大的影响，尤其是粗粒级（-104+63 μm）钛辉石对粗粒级（-104+63 μm）钛铁矿浮选的影响最大，表明这两种矿物在粗粒级条件下就能发生较强的交互作用，从而使水玻璃对吸附有钛辉石的钛铁矿产生了强烈的抑制作用。另外，粗粒级（-104+63 μm）钛辉石对中粒级（-63+45 μm）钛铁矿浮选的影响也较大，细粒级（-45 μm）钛辉石对细粒级（-45 μm）钛铁矿也有一定的影响。

与图 3.10 相比，水玻璃作用下钛辉石在钛铁矿精矿中夹杂量大大减少，这说明水玻璃在一定程度上还可以解吸已经黏附在钛铁矿表面的钛辉石。

上述结果表明，钛辉石与钛铁矿的交互作用比较明显，不同粒度级别的两种矿物均会发生较强的交互作用。由于水玻璃易与钛辉石发生相互作用，水玻璃能较强地抑制吸附有钛辉石的钛铁矿，从而使钛铁矿的浮选回收率大大降低。

3.4.3 添加硝酸铅和水玻璃时不同粒级钛铁矿与钛辉石浮选的交互影响

在油酸钠体系中，硝酸铅和水玻璃作调整剂时不同粒级钛铁矿与钛辉石浮选的交互影响如图 3.12 所示。试验条件为：油酸钠用量 140 mg/L，水玻璃用量 140 mg/L，硝酸铅用量 80 mg/L，矿浆 pH 值在 7.5 左右。

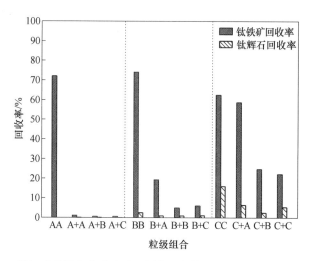

图 3.12　添加硝酸铅和水玻璃时不同粒级钛铁矿与钛辉石浮选的交互影响

由图 3.12 中的结果可知，在硝酸铅和水玻璃的共同作用下，3 个粒级的钛辉石对不同粒级钛铁矿均有强烈的抑制作用，特别是对粗中粒级钛铁矿的抑制作用最为明显，几乎完全抑制了粗粒级（-104+63 μm）钛铁矿的浮选。不同粒级钛辉石对细粒级钛铁矿的抑制作用相对较弱，且钛辉石的粒度越细，抑制作用越强。

与图 3.11 对比，硝酸铅作用下强化了水玻璃对表面吸附有钛辉石的钛铁矿的抑制作用。这可能是由于钛辉石在钛铁矿表面的吸附作用较强，没有给铅离子提供足够的吸附位置，且由于铅离子与捕收剂阴离子的相互作用生成沉淀，从而消耗了大量捕收剂，在综合作用下硝酸铅不但没有活化钛铁矿，反而与水玻璃对吸附有钛辉石的钛铁矿产生了强烈的协同抑制作用。

3.5　钛铁矿的自载体浮选及其机理

3.5.1　自载体浮选定义

微细粒钛铁矿具有质量小、比表面积大、比表面能高等特点。微细粒矿物有很高的药剂吸附能力，吸附选择性差，矿粒间容易互凝而形成非选择性团聚，微细矿粒与气泡间的碰撞概率和黏附效率变低，气泡运载矿粒量减少，同时也会产生气泡的"装甲"现象。这些原因严重影响微细颗粒的浮选，使浮选过程中浮选速度慢，选择性能差，回收率低。

载体浮选又称为背负浮选，利用团聚原理使微细矿粒与较粗的矿粒表面黏附和罩盖，通过粗粒矿物为载体与气泡附着一起浮选。载体浮选又分为异类载体浮选和同类（自）载体浮选。异类载体浮选是指加入的粗粒载体矿物与欲分选的细粒矿物完全是两种不同类型的矿物，而同类载体浮选是指加入的粗粒载体矿物与欲分选的细粒矿物完全是同类型的矿物，如果加入的粗粒载体矿物与细粒是同一种矿物，就称之为自载体浮选。

自载体浮选与常规载体浮选工艺相比，它不需要进行载体与被载带矿物的分离。同时，经过药剂处理过的粗矿粒（一般为浮选粗精矿）使自身载带的药剂得到更好的分散和被吸收，从而降低总的药剂用量，节约生产成本。自载体浮选工艺是由我国学者胡为柏于20世纪60年代创立的载体浮选新工艺，可有效提高低品位细粒复合矿石的分选效率。自载体浮选工艺因增加经捕收剂作用的自载体颗粒能与超细颗粒碰撞和黏附作用，从而改善浮选效果。

3.5.2　钛铁矿自载体浮选的研究现状

针对微细粒钛铁矿的自载体浮选，朱俊士[1]对微细粒级钛铁矿进行了自载体浮选研究，以攀枝花细泥为研究对象，苯乙烯膦酸为捕收剂，在一粗二精二扫的开路流程对比下，发现自载体浮选效果优于常规浮选，其钛精矿中 TiO_2 品位为36.51%、TiO_2 回收率为78.17%，品位和回收率都比常规浮选高。Hongjun Dong 等人[2]研究了微细粒钛铁矿的自载体浮选，浮选采用高速搅拌，一是提高矿粒的动能，二是增大矿浆的紊流程度。用−80+40 μm 钛铁矿作载体处理 20 μm 难浮粒级，用苯乙烯膦酸作捕收剂时，开路流程结果表明，自载体浮选的回收率比常规浮选高 26.84%，精矿品位高 2.11%。用扩展 DLVO 理论分析了自载体浮选的机理，认为微细粒矿物粒度越细，越容易在载体上附着；自载体浮选的选择性取决于捕收剂吸附的选择性。钛铁矿/斜长石人工混合矿，经自载体浮选工艺一次选别，可获得 TiO_2 47.17%的钛精矿，钛铁矿回收率为93.04%。但该工艺要求高强度的调浆、严格的载体粒度范围和较高载体比例，实施起来有一定困难。还有研究者采用自载体浮选技术对攀枝花−19 μm 粒级钛铁矿进行了探索性研究，试验结果表明，将比例小于40%的−19 μm 强磁精矿搭配进粗粒强磁选机精矿中混合浮选能得到精矿品位47%以上、作业回收率为61%的较好浮选指标。

朱阳戈等人[3]对−20 μm 微细粒钛铁矿的自载体浮选进行了研究。在 pH 值为 4.5~5.0、−74+38 μm 粗粒级钛铁矿作为载体时进行了微细粒钛铁矿自载体浮选试验。钛铁矿载体比例对载体和细粒可浮性的影响如图 3.13 所示，图中曲线 1 为载体浮选总回收率与载体比例的关系，将曲线 1 中各点所得精矿中载体与细粒分离，分别计算载体与细粒矿物单独的回收率，结果为图中的曲线 2 和 3。由此可见，钛铁矿自载体浮选效果受载体比例影响显著，

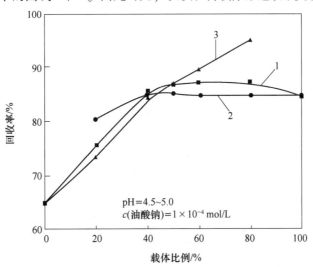

图 3.13　钛铁矿载体比例载体和细粒钛铁矿浮选的影响

1——20 μm，−74+38 μm；2——74+38 μm；3—0~20 μm

载体的可浮性在比例小于50%时受到细粒的影响较大，较-74+38 μm粒级单独浮选回收率有一定下降；当载体比例达到50%后，随载体比例的增大，-20 μm钛铁矿回收率明显升高，同时载体矿物一直保持与其单独浮选相近的较好可浮性。因此，通过控制载体比例可以实现在不影响载体自身可浮性的前提下，利用自载体作用优化细粒矿物的浮选。

图3.14中的曲线1和曲线2分别为-20 μm粒级钛铁矿单独浮选和加入质量含量50%的-74+38 μm粒级钛铁矿作为载体进行自载体浮选的回收率与油酸钠用量的关系。对比两条曲线可知，同等药剂用量条件下，载体浮选可以取得更好的浮选效果，并且在药剂用量较低时这种趋势更加明显。

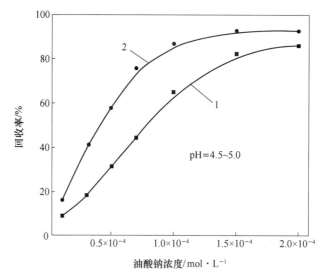

图3.14　加入载体前后油酸钠用量对细粒级钛铁矿可浮性的影响
1—无载体浮选；2—载体浮选

以50%的载体比例进行不同粒级矿物作为载体的浮选试验结果如图3.15所示。

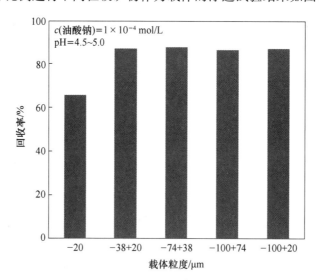

图3.15　载体含量50%时载体粒度对-20 μm钛铁矿载体浮选的影响

由图 3.15 中的结果可知，-38+20 μm、-74+38 μm 和-100+74 μm 3 个粒级矿物作为载体浮选-20 μm 粒级钛铁矿均收到了良好的效果，将 3 种粗粒级矿物以质量比 1∶1∶1 的比例混合后形成-100 μm 宽粒级钛铁矿试样作为载体进行浮选，浮选效果未受影响。可见，以油酸钠为捕收剂进行微细粒钛铁矿的自载体浮选时，选别效果对载体粒度并不敏感，较宽粒级粗粒矿物可不经分级直接作为载体进行微细粒钛铁矿的自载体浮选。

控制载体比例在 50% 以上，宽粒级粗粒矿物可以直接作为载体进行微细粒钛铁矿自载体浮选，进行了实际矿石浮选试验。为达到对比效果，细粒矿物单独浮选和载体浮选均采用相同的试验流程和药剂条件，如图 3.16 所示。

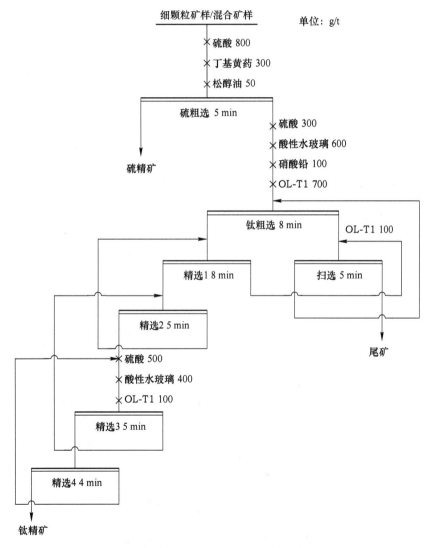

图 3.16　钛铁矿实际矿石的浮选试验工艺流程图

试验时，OL-T1 为自行研制的以脂肪酸类捕收剂为主的新型钛铁矿捕收剂。细粒矿物单独浮选采用-20 μm 粒级含量为 61.22% 的细粒样品，载体浮选采用的矿石为加入粗粒样品的混合样品，-20 μm 粒级含量降低到 37.80%。试验结果见表 3.1。

表 3.1　钛铁矿实际矿石浮选试验结果（硫精矿计入尾矿）

浮选方法	产品	产率/%	TiO$_2$ 品位/%	TiO$_2$ 回收率/%	−20 μm 细粒级钛铁矿回收率/%
单独浮选	精矿	20.15	47.80	55.71	52.56
	尾矿	79.85	9.59	44.29	47.44
	原矿	100	17.29	100	100
自载体浮选	精矿	29.34	47.93	75.57	61.96
	尾矿	70.66	6.44	24.43	38.04
	原矿	100	18.61	100	100

由表 3.1 的试验结果可知，在精矿 TiO$_2$ 品位 47.80%以上的前提下，细粒钛铁矿单独浮选和载体浮选 TiO$_2$ 回收率分别为 55.71%和 75.57%，回收率提高约 20 个百分点。对精矿进行粒度分析可知，−20 μm 粒级钛铁矿回收率由 52.56%提高到 61.96%，提高了 9.4个百分点。可见在钛铁矿的浮选中自载体作用显著，一定量粗粒载体的加入有利于−20 μm微细粒级钛铁矿的回收，该工艺对载体粒度和调浆条件等外部条件均无苛刻要求，易于实现工业应用。

3.5.3　钛铁矿自载体浮选的机理

粗粒钛铁矿载体与细粒钛铁矿发生吸附后，钛铁矿整体的粒度会发生变化。例如，−20 μm 与−74+38 μm 粒级钛铁矿按质量比 1∶1 混合调浆后的矿浆粒度分析曲线如图 3.17所示。

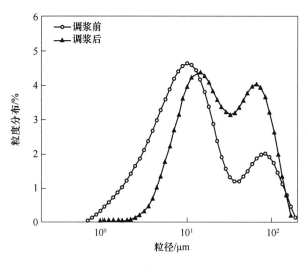

图 3.17　调浆前后钛铁矿的粒度分布曲线

由图 3.17 中的结果可知，调浆前后粒度分布曲线均有前后两个峰，分别代表细粒和载体。对比两条曲线发现，两个峰的位置和强弱均发生明显变化，细粒矿物的峰右移、强度减弱，而粗粒矿物的峰则明显增强。由此可见，粗细粒混合调浆后，由于粗粒矿物的载体、中介和助凝作用，细粒矿物在粗粒载体上发生黏附，矿粒表观粒度增加，细粒级含量降低，特别是微细的−5 μm 粒级含量明显减少，优化了浮选环境，有利于获得更好的浮选效果。

利用扩展的 DLVO 理论计算得到细粒钛铁矿与粗粒钛铁矿相互作用的势能曲线如图 3.18 所示。

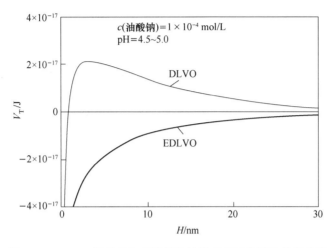

图 3.18　−5 μm 钛铁矿与粗粒载体钛铁矿相互作用的势能曲线

由图 3.18 中的结果可知，若不考虑疏水作用力，则细粒矿物与载体间的相互作用存在较高能垒，细粒矿物难以黏附在载体表面；加入油酸钠后，细粒矿物与载体矿物表面疏水，疏水作用力的产生使二者之间由排斥力转变为吸引力，粗细矿粒间易于黏附。由此可见，疏水作用力是该体系中细粒钛铁矿向载体黏附的前提，在钛铁矿自载体浮选中起到至关重要的作用。

3.5.4　钛铁矿自载体浮选的应用实践

攀枝花选钛厂在 2003 年进行了细粒钛铁矿的浮选回收研究，尝试采用选择性疏水聚团浮选技术和粗粒载体浮选技术，通过控制分散，减少脉石细泥与细粒级钛铁矿之间的凝聚作用。在此基础上，一方面采用选择性疏水聚团浮选技术使微细粒级钛铁矿相互作用形成疏水性聚团；另一方面添加粗粒级钛铁矿，利用粗颗粒载体效应进一步提高微细粒级钛铁矿的浮选效果。通过采用选择性疏水聚团浮选技术和粗粒载体浮选技术，使生产时的浮选作业回收率提高到 79%，精矿 TiO_2 含量为 47.94%，其中−19 μm 粒级浮选作业回收率为 62.38%。与−19 μm 粒级钛铁矿单级浮选相比，回收率提高了 9.82%，说明粗颗粒的存在有利于−19 μm 粒级钛铁矿的回收。

参 考 文 献

[1] 朱俊士. 钒钛磁铁矿选矿及综合利用 [J]. 金属矿山，2000（1）：1-5.

[2] DONG H J, CHEN J, CHEN Z X. Autogenous carrier flotation of ilmenite [J]. Journal of Central South Institute of Mining and Metallurgy, 1992, 23（4）：393-400.

[3] 朱阳戈，张国范，冯其明. 微细粒钛铁矿的自载体浮选 [J]. 中国有色金属学报，2009（3）：554-560.

4 菱镁矿浮选的交互影响

镁是地球上储量最丰富的轻金属元素之一，其被广泛应用于航天、汽车、建筑、食品、医药、耐火材料等行业，是一种重要的有色金属[1-3]。我国是世界上镁矿资源最丰富的国家，其中菱镁矿储量居世界首位[4]。近年来，随着菱镁矿资源的不断开发利用，我国优质资源开发殆尽，并且在开发利用过程中，受矿石开采能力、生产能力和技术应用水平的限制，使得大量低品级镁资源被堆弃，从而造成镁这种不可再生资源的极大浪费[5]。

在低品级菱镁矿石中，主要的伴生矿物有白云石、蛇纹石、滑石和石英等[6]，这些伴生矿物大部分也是含镁矿物，其结构与性质均与菱镁矿类似，在选别过程中交互影响严重，这给有用镁矿物的分选带来了困难[7-8]。因此，研究含镁矿物浮选过程中各种矿物之间的交互影响对于解决这些问题具有重要意义。

本章选取了菱镁矿、白云石、蛇纹石、滑石和石英5种矿物作为研究对象，对不同含量和不同粒级矿物之间的浮选交互影响进行了试验研究和理论分析，利用动电位测量、接触角测量、扫描电镜检测等研究方法，并结合溶液化学计算和EDLVO理论计算对矿物之间交互影响的机理进行了探讨。

4.1 不同含量伴生矿物与菱镁矿浮选的交互影响

为了考察伴生矿物白云石、蛇纹石、滑石、石英与菱镁矿浮选的交互影响，在油酸钠体系和十二胺体系下分别进行了伴生矿物含量对菱镁矿浮选的影响。

4.1.1 油酸钠体系下含镁矿物和石英与菱镁矿浮选的交互影响

4.1.1.1 无调整剂时含镁矿物和石英与菱镁矿浮选的交互影响

在油酸钠体系下，考察了白云石、蛇纹石、滑石和石英对菱镁矿浮选回收率的影响，如图4.1所示。试验条件为：矿样总质量3 g，pH值在9左右，添加白云石时油酸钠用量为80 mg/L，添加蛇纹石、滑石和石英时油酸钠用量为160 mg/L。

如图4.1所示，在不添加调整剂的情况下，添加蛇纹石和滑石对菱镁矿的回收率影响不大；当白云石的含量（质量分数，后同）超过8%时，会使菱镁矿的回收率下降到90%以下，但随着白云石含量的继续增加，菱镁矿回收率变化不大。当石英的含量超过10%以后，会使菱镁矿的回收率降到90%以下，之后随着石英含量的升高，菱镁矿的回收率变化不大。

4.1.1.2 添加六偏磷酸钠时含镁矿物和石英与菱镁矿浮选的交互影响

在油酸钠体系下，六偏磷酸钠作为调整剂的条件下，考察了白云石、蛇纹石、滑石和石英对菱镁矿浮选回收率的影响，如图4.2所示。试验条件为：矿样总质量3 g，六偏磷酸钠用量40 mg/L，pH值在11左右，添加白云石时油酸钠用量为80 mg/L，添加蛇纹石、滑石和石英时油酸钠用量为160 mg/L。

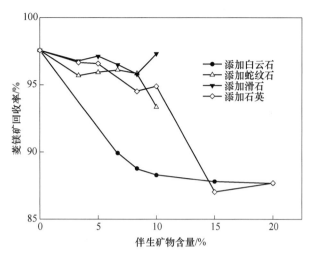

图 4.1 无调整剂时伴生矿物含量对菱镁矿回收率的影响

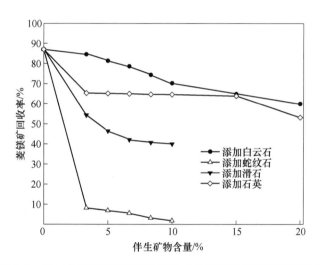

图 4.2 添加六偏磷酸钠时伴生矿物含量对菱镁矿回收率的影响

图 4.2 中，在油酸钠体系下，六偏磷酸钠为调整剂时，伴生矿物的添加都会使菱镁矿的回收率下降，4 种伴生矿物对菱镁矿的抑制作用由强到弱依次为：蛇纹石>滑石>石英>白云石。菱镁矿回收率随着白云石含量的增加而下降；蛇纹石的添加大大抑制了菱镁矿，使菱镁矿的回收率迅速下降到 10% 以下；随着滑石的添加，菱镁矿的回收率下降，当滑石的含量大于 6% 时，菱镁矿回收率基本不变；石英的添加使菱镁矿回收率下降，当石英含量在 2%~15% 时，菱镁矿的回收率基本不变，当石英含量大于 15% 时，菱镁矿回收率又下降。这与六偏磷酸钠对单种伴生矿物的抑制作用强弱有一定相关性，六偏磷酸钠的抑制作用可以通过伴生矿物转嫁到菱镁矿上。

4.1.1.3 添加水玻璃时含镁矿物和石英与菱镁矿浮选的交互影响

在油酸钠体系下，添加水玻璃作为调整剂，进行伴生矿物的含量试验。试验条件为：矿样总质量 3 g，油酸钠用量 160 mg/L，水玻璃用量 80 mg/L，pH 值在 11 左右。图 4.3 为白云石、蛇纹石、滑石和石英含量对菱镁矿浮选回收率的影响。

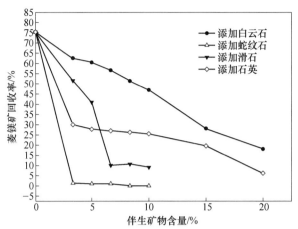

图 4.3　添加水玻璃时伴生矿物含量对菱镁矿回收率的影响

由图 4.3 可得，伴生矿物的添加降低了菱镁矿的回收率。随着白云石含量的增大，菱镁矿回收率下降；蛇纹石的添加大大抑制了菱镁矿的浮选；滑石的添加也在很大程度上降低了菱镁矿的回收率，当滑石含量为 6% 时，菱镁矿回收率降到 10%，随着滑石含量的增大，菱镁矿的回收率基本不变；石英的添加降低了菱镁矿回收率，当石英含量在 2% ~ 15% 时，菱镁矿的回收率变化不大，当石英的含量大于 15% 时，菱镁矿回收率继续下降。

由油酸钠体系下伴生矿物对菱镁矿浮选回收率影响结果可以得出：在不添加调整剂的情况下，伴生矿物对菱镁矿的回收率影响不大，当添加六偏磷酸钠和水玻璃作为调整剂时，伴生矿物的添加都使菱镁矿的回收率大幅下降。由此可以得出结论，当菱镁矿中只含有少量白云石时，可以通过油酸钠正浮选回收菱镁矿；当菱镁矿中含有蛇纹石、滑石和石英，并且含量比较大时，通过油酸钠配合单一的六偏磷酸钠或水玻璃的正浮选体系不能有效地回收菱镁矿。因此，先脱除硅酸盐矿物再通过油酸钠捕收剂提镁是合理的工艺流程。

4.1.2　十二胺体系下含镁矿物和石英与菱镁矿浮选的交互影响

为了考察在十二胺体系下伴生矿物含量对菱镁矿可浮性的影响，进行了伴生矿物含量试验。试验条件为：矿样总质量 3 g，十二胺用量 160 mg/L，自然 pH 值，不添加调整剂。图 4.4 为白云石、蛇纹石、滑石和石英的含量对菱镁矿浮选回收率的影响。

由图 4.4 可得，白云石的添加在一定程度上活化了菱镁矿，使菱镁矿的回收率升高；蛇纹石的添加抑制了菱镁矿，使菱镁矿的回收率降低到零；滑石的添加使菱镁矿回收率略有上升，当滑石含量大于 8% 时，菱镁矿回收率降低；石英的添加对菱镁矿也略有活化作用。

由十二胺体系中伴生矿物含量对菱镁矿回收率影响结果可以得出，当菱镁矿中不含白云石，并且脉石矿物在十二胺体系中的可浮性较好时，可以通过十二胺反浮选除去脉石矿物。但是，当白云石含量较高时，会降低精矿的回收率。

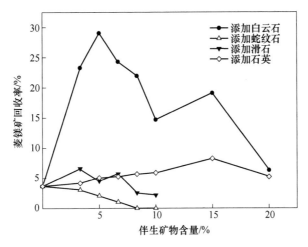

图 4.4 无调整剂时伴生矿物含量对菱镁矿回收率的影响

4.2 不同含量伴生矿物对菱镁矿与石英混合矿浮选的影响

为了考察伴生矿物白云石、蛇纹石、滑石对菱镁矿与石英混合矿浮选的影响，在油酸钠体系和十二胺体系下分别进行了伴生矿物添加量的试验。试验条件同样由单种矿物浮选时的分选条件选取，各种伴生矿物的添加量根据实际矿石中的含量选取。

4.2.1 油酸钠体系下伴生矿物对菱镁矿和石英混合矿浮选的影响

4.2.1.1 不添加调整剂时伴生矿物对菱镁矿和石英混合矿浮选的影响

在油酸钠体系下，进行了白云石、蛇纹石、滑石含量对菱镁矿与石英混合矿的浮选影响试验，如图 4.5~图 4.7 所示。试验条件为：2.7 g 菱镁矿与 0.3 g 石英混合，添加其他矿物，油酸钠用量 160 mg/L，矿浆自然 pH 值在 8.5 左右。

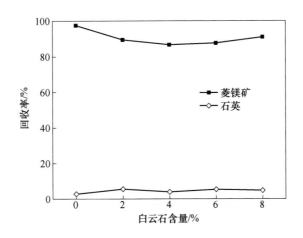

图 4.5 无调整剂时白云石含量对菱镁矿与石英混合矿浮选回收率的影响

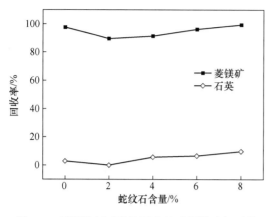

图 4.6　无调整剂时蛇纹石含量对菱镁矿与石英
　　　　混合矿浮选回收率的影响

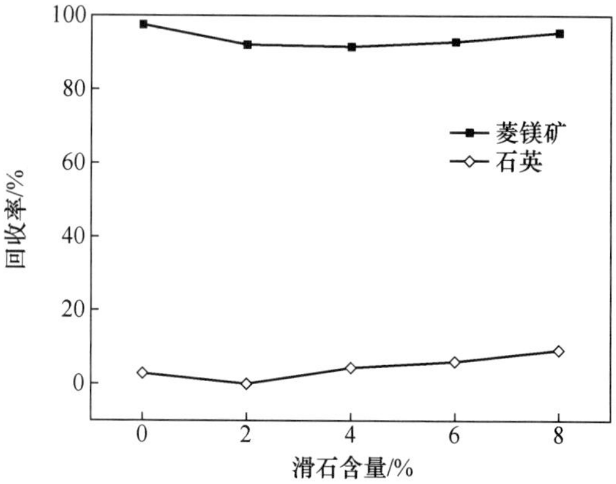

图 4.7　无调整剂时滑石含量对菱镁矿与石英
　　　　混合矿浮选回收率的影响

　　由图 4.5 中的结果可知,在菱镁矿与石英混合矿中,白云石的添加使菱镁矿的回收率先下降后上升。由此可以得出,白云石含量在 0~6% 的范围内对菱镁矿有一定程度的抑制作用,抑制作用不明显;当白云石的含量大于 6% 时,对菱镁矿的抑制作用开始减弱。

　　由图 4.6 中的结果可知,蛇纹石的含量较少时较大地降低了菱镁矿的回收率,随着蛇纹石含量的增加,菱镁矿的回收率又逐渐恢复。

　　图 4.7 中,少量滑石的添加会降低菱镁矿的回收率,但是随着滑石含量的增加,菱镁矿的回收率又上升到原来的水平。因此,少量的滑石对混合矿中的菱镁矿有一定程度的抑制作用,但当滑石的含量大于 6% 时抑制作用消失。

4.2.1.2　添加六偏磷酸钠时伴生矿物对菱镁矿和石英混合矿浮选的影响

　　在油酸钠体系下,六偏磷酸钠作为调整剂,进行了白云石、蛇纹石、滑石含量对菱镁矿与石英混合矿的浮选影响试验,如图 4.8~图 4.10 所示。试验条件为:菱镁矿 2.7 g 与石英 0.3 g 混合,添加其他矿物,油酸钠用量 160 mg/L,六偏磷酸钠用量 20 mg/L,矿浆自然 pH 值为 11 左右。

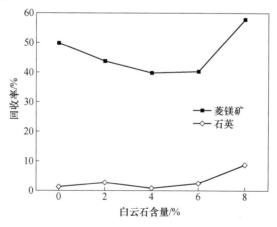

图 4.8　添加六偏磷酸钠时白云石含量对菱镁矿与石英混合矿浮选回收率的影响

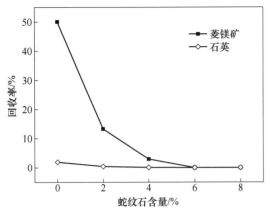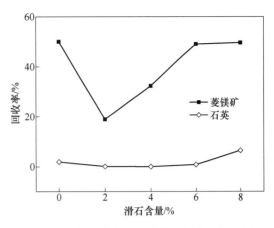

图 4.9 添加六偏磷酸钠时蛇纹石含量对菱镁矿与石英混合矿浮选回收率的影响

图 4.10 添加六偏磷酸钠时滑石含量对菱镁矿与石英混合矿浮选回收率的影响

由图 4.8 可知，在菱镁矿与石英混合矿中，白云石的添加使菱镁矿的回收率先下降后上升。由此可以得出，白云石含量在 0~6% 的范围内对菱镁矿有一定程度的抑制作用，抑制作用不明显；当白云石的含量大于 6% 时对菱镁矿和石英都有活化作用。

图 4.9 中的结果表明，蛇纹石的添加强烈抑制了菱镁矿，少量蛇纹石就能使菱镁矿的回收率急剧下降。

图 4.10 中的结果表明，滑石的添加会降低菱镁矿的回收率，但是随着滑石含量的增加，菱镁矿的回收率会上升到原来的水平；滑石的添加对石英也是先降低其回收率，后使其回收率升高。因此，少量的滑石对混合矿中的菱镁矿和石英都有一定程度的抑制作用，但当滑石的含量大于 6% 时，抑制作用消失。

4.2.1.3　添加水玻璃时伴生矿物对菱镁矿和石英混合矿浮选的影响

在油酸钠体系中，水玻璃作为调整剂的条件下，考察了白云石、蛇纹石、滑石含量对菱镁矿和石英混合矿浮选回收率的影响。浮选条件：菱镁矿 2.7 g 与石英 0.27 g 混合，添加其他矿物，油酸钠用量 160 mg/L，水玻璃用量 80 mg/L，矿浆自然 pH 值在 11 左右。图 4.11~图 4.13 为 3 种矿物含量对菱镁矿与石英混合矿浮选回收率影响的结果。

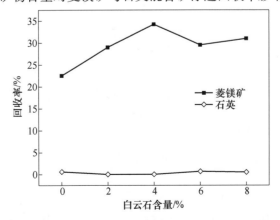

图 4.11　添加水玻璃时白云石含量对菱镁矿与石英混合矿浮选回收率的影响

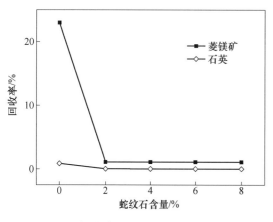

图 4.12　添加水玻璃时蛇纹石含量对菱镁矿与
石英混合矿浮选回收率的影响

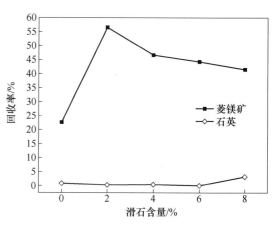

图 4.13　添加水玻璃时滑石含量对菱镁矿与
石英混合矿浮选回收率的影响

由图 4.11 可得，白云石的添加对菱镁矿稍有活化作用，但是作用不明显；对石英的抑制作用不明显。当白云石含量大于 6% 时，白云石的添加对菱镁矿影响基本消失。

由图 4.12 可得，添加蛇纹石对菱镁矿和石英的浮选都有强烈的抑制作用，使菱镁矿和石英的回收率降到零，并且随着蛇纹石含量的增大，菱镁矿和石英的回收率也没有回升。

由图 4.13 可知，滑石的添加使菱镁矿的回收率提高，但随着滑石含量的增大，菱镁矿的回收率略有下降；滑石的添加抑制了石英，当滑石含量大于 6% 时，抑制作用消失。

由油酸钠体系中伴生矿物含量对菱镁矿与石英混合矿浮选回收率的影响结果可以得出，当菱镁矿中含有石英和其他脉石矿物时，单一的油酸钠正浮选配合水玻璃不能有效分离菱镁矿与脉石矿物，需要更有效的抑制剂或联合其他分选方法。滑石硬度小，在磨矿过程中容易泥化，若想消除滑石对菱镁矿浮选体系的影响，可以考虑在进入浮选流程前进行脱泥处理。

4.2.2　十二胺体系下伴生矿物对菱镁矿和石英混合矿浮选的影响

在十二胺体系下，考察了白云石、蛇纹石、滑石含量对菱镁矿和石英混合矿浮选回收率的影响。试验条件为：菱镁矿 2.7 g 与石英 0.27 g 混合，添加其他矿物，十二胺用量为 160 mg/L，自然 pH 值，结果如图 4.14~图 4.16 所示。

如图 4.14 所示，白云石的添加使菱镁矿的回收率略有下降，随着白云石含量的增加，菱镁矿的回收率略有回升。

如图 4.15 所示，蛇纹石的添加使菱镁矿的回收率略有下降，当蛇纹石的含量大于 6% 时，菱镁矿的回收率有所提升；蛇纹石的添加活化了石英，使石英的回收率上升，随着蛇纹石含量的增加，石英的回收率先下降再上升。

如图 4.16 所示，滑石的添加使菱镁矿的回收率升高了 10%，当滑石含量大于 2% 以后，菱镁矿回收率变化不大。

由十二胺体系中，伴生矿物含量对菱镁矿与石英混合矿回收率影响结果可以得出，当菱镁矿脉石矿物中含有石英和白云石、蛇纹石时，可以通过十二胺反浮选有效地脱除石英与白云石；当菱镁矿脉石矿物中含有石英和滑石时，可以先进行脱泥处理消除滑石的影响，或者针对滑石添加有效的分散剂。

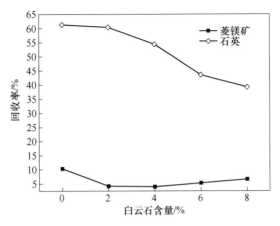

图 4.14　白云石含量对菱镁矿与石英混合矿浮选回收率的影响

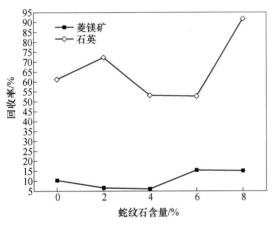

图 4.15　蛇纹石含量对菱镁矿与石英混合矿
浮选回收率的影响

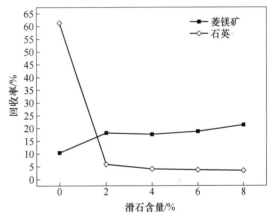

图 4.16　滑石含量对菱镁矿与石英混合矿
浮选回收率的影响

4.3　不同粒级伴生矿物与不同粒级菱镁矿浮选的交互影响

为了考察不同粒级白云石、蛇纹石、滑石对不同粒级菱镁矿浮选的影响，在油酸钠体系和十二胺体系下分别进行了不同粒级混合矿浮选的试验。

4.3.1　油酸钠体系下伴生矿物与菱镁矿浮选的交互影响

4.3.1.1　不添加调整剂时伴生矿物与菱镁矿浮选的交互影响

在油酸钠体系下，考察了各个粒级的伴生矿物对各粒级菱镁矿浮选回收率的影响，结果如图 4.17~图 4.20 所示。本章各图中 A、B、C 分别代表−100+67 μm、−67+45 μm、−45 μm 3 个粒级，试验条件为：油酸钠用量 160 mg/L，矿浆自然 pH 值在 8.5 左右。

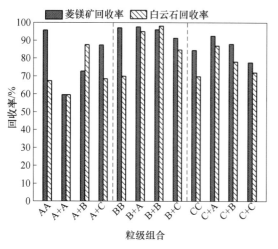

图4.17　无调整剂时菱镁矿与白云石不同粒级
混合矿浮选结果

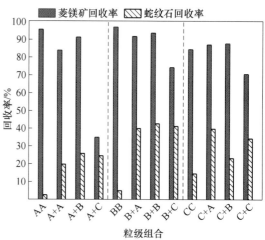

图4.18　无调整剂时菱镁矿与蛇纹石不同粒级
混合矿浮选结果

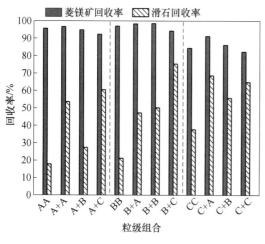

图4.19　无调整剂时菱镁矿与滑石不同粒级
混合矿浮选结果

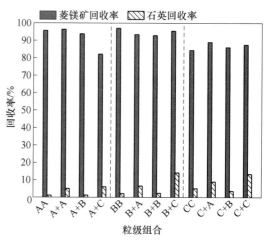

图4.20　无调整剂时菱镁矿与石英不同粒级
混合矿浮选结果

由图4.17中结果可知，不同粒级的菱镁矿在相同条件下回收率也有差别，$-67+45\ \mu m$粒级的菱镁矿回收率较高，$-45\ \mu m$粒级的菱镁矿回收率最低。3个粒级的白云石都使$-100+67\ \mu m$粒级菱镁矿回收率有所降低，其中$-100+67\ \mu m$粒级的白云石使菱镁矿的回收率降低最大，由95%降低到了60%，$-45\ \mu m$粒级的白云石使菱镁矿的回收率降低最少，而$-67+45\ \mu m$粒级的白云石在使$-100+67\ \mu m$粒级的菱镁矿回收率降低的同时，白云石自身的回收率由70%提高到了88%左右。3个粒级的白云石使$-67+45\ \mu m$粒级菱镁矿的回收率略有降低，其中$-45\ \mu m$粒级的白云石最多（使菱镁矿的回收率降低了5%左右），而各粒级白云石自身回收率都上升了15%以上。3个粒级的白云石对$-45\ \mu m$粒级菱镁矿影响中，$-100+67\ \mu m$和$-67+45\ \mu m$粒级的白云石使菱镁矿的回收率有所提高，$-45\ \mu m$的白云石使菱镁矿的回收率略有降低，而3个粒级白云石自身的回收率都有所提高，其中$-100+67\ \mu m$粒级的白云石回收率提升最明显，提高了约20%。由上述结果可得，白云石的添加使$-100+67\ \mu m$和$-67+45\ \mu m$粒级的菱镁矿回收率略有降低，使$-45\ \mu m$粒级的菱镁矿回收率略有提高。

由图 4.18 可得，−45 μm 粒级的蛇纹石使−100+67 μm 粒级的菱镁矿回收率降低最大，由 96%降低到了 35%；而−45 μm 粒级的菱镁矿使−100+67 μm 粒级的蛇纹石回收率提高最大，由 2%提高到了 40%。

由图 4.19 可知，各粒级滑石对菱镁矿的回收率影响不大，而−45 μm 粒级的菱镁矿使−100+67 μm 粒级的滑石回收率提高最大，由 18%提高到了 70%。

由图 4.20 可得，各粒级石英对菱镁矿的回收率影响不明显，其中−45 μm 粒级的石英使−100+67 μm 的菱镁矿回收率降低最多，由 96%下降到了 82%。

4.3.1.2 添加六偏磷酸钠时伴生矿物与菱镁矿浮选的交互影响

在油酸钠体系中，六偏磷酸钠作为调整剂的条件下，考察了各个粒级的伴生矿物对各粒级菱镁矿浮选回收率的影响，结果如图 4.21~图 4.24 所示。试验条件为：油酸钠用量 160 mg/L，六偏磷酸钠用量 40 mg/L，pH 值为 11 左右。

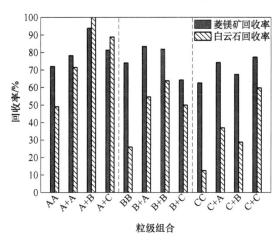

图 4.21 添加六偏磷酸钠时菱镁矿与白云石不同粒级混合矿浮选结果

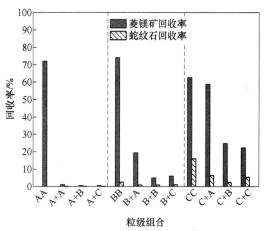

图 4.22 添加六偏磷酸钠时菱镁矿与蛇纹石不同粒级混合矿浮选结果

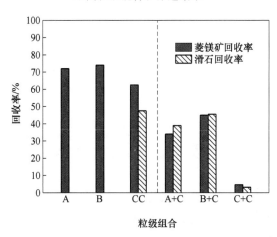

图 4.23 添加六偏磷酸钠时菱镁矿与滑石不同粒级混合矿浮选结果

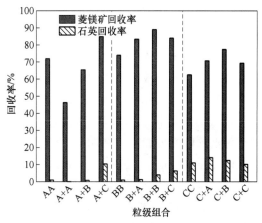

图 4.24 添加六偏磷酸钠时菱镁矿与石英不同粒级混合矿浮选结果

　　图 4.21 为油酸钠体系下，六偏磷酸钠为调整剂的条件下，各粒级白云石对不同粒级菱镁矿产生的影响。不同粒级的菱镁矿在相同条件下回收率有差别，−67+45 μm 粒级的菱镁矿回收率较高，−45 μm 粒级的菱镁矿回收率最低。白云石的加入使各粒级菱镁矿的回收率都有提高。3 个粒级的白云石都能使−100+67 μm 粒级菱镁矿回收率升高，其中−67+45 μm 粒级的白云石对−100+67 μm 粒级菱镁矿的回收率提高最多，上升了 21.78%。3 个粒级的白云石对−67+45 μm 粒级菱镁矿影响中，−45 μm 粒级的白云石对菱镁矿的浮选起到抑制作用，使菱镁矿回收率降低，其他两个粒级的白云石对此粒级菱镁矿的浮选起到活化作用。3 个粒级的白云石对−45 μm 粒级菱镁矿回收率影响中，3 个粒级的白云石都使这个粒级菱镁矿的回收率有所提高。由上述结果可知，在油酸钠正浮选体系下六偏磷酸钠为调整剂时，添加白云石使菱镁矿的回收率上升较大，使不添加六偏磷酸钠时白云石对菱镁矿的抑制作用基本消失了。

　　由图 4.22 可得，蛇纹石的添加对菱镁矿有强烈的抑制作用。其中，所有粒级的蛇纹石对−100+67 μm 粒级菱镁矿的抑制作用都很强，使菱镁矿的回收率由 72% 降低到了 0，而随着菱镁矿粒级的降低，蛇纹石的抑制作用减弱，−100+67 μm 粒级的蛇纹石对−45 μm 粒级菱镁矿的抑制作用最弱，几乎没有抑制作用。由上述结果可知，当用油酸钠作为捕收剂、六偏磷酸钠作为抑制剂正浮选菱镁矿时，蛇纹石的存在会大大降低粗粒级菱镁矿的浮选回收率。

　　由图 4.23 可得，在油酸钠体系中，六偏磷酸钠作为调整剂的条件下，−45 μm 粒级的滑石对各个粒级菱镁矿都有抑制作用，对−45 μm 粒级菱镁矿抑制作用最强，对−67+45 μm 粒级菱镁矿的抑制作用最弱。

　　由图 4.24 中的结果可知，−45 μm 粒级的石英使−100+67 μm 粒级的菱镁矿回收率提高了，其他两个粒级的石英使−100+67 μm 粒级的菱镁矿回收率降低。各个粒级的石英都使−67+45 μm 粒级菱镁矿的回收率提高，−67+45 μm 粒级石英使这个粒级菱镁矿回收率提高最多，由 75% 上升到了 90%。各个粒级的石英都使−45 μm 粒级菱镁矿回收率提高了，−67+45 μm 粒级石英的作用最强。由图 4.24 中的结果还可以看出，−45 μm 粒级菱镁矿使各粒级石英的回收率提高最明显，对−100+67 μm 粒级石英的回收率提高最多，由 1% 提高到了 15%。

　　因此，在采用油酸钠为捕收剂、六偏磷酸钠为调整剂正浮选菱镁矿时，细粒级菱镁矿的存在提高了粗粒级石英的回收率，降低了精矿的品位。

4.3.1.3　添加水玻璃时伴生矿物与菱镁矿浮选的交互影响

　　油酸钠体系中，水玻璃作为调整剂的条件下，考察了各个粒级的伴生矿物对各粒级菱镁矿浮选回收率的影响，如图 4.25 ~ 图 4.28 所示。试验条件为：油酸钠用量 160 mg/L，水玻璃用量 80 mg/L，pH 值为 11 左右。

　　由图 4.25 中的结果可知，−45 μm 粒级的白云石使各个粒级菱镁矿的回收率下降都最大，其中使−67+45 μm 粒级的菱镁矿回收率下降最多，由 85% 下降到了 33%，而−100+67 μm 粒级白云石使−45 μm 粒级菱镁矿的回收率略有提高。

　　由图 4.26 中的结果可知，所有粒级蛇纹石的添加都使菱镁矿的回收率降低，其中−100+67 μm 粒级的蛇纹石使−100+67 μm 粒级的菱镁矿回收率降低最多，菱镁矿的回收

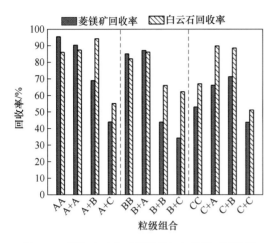

图 4.25 添加水玻璃时菱镁矿与白云石不同粒级
混合矿浮选结果

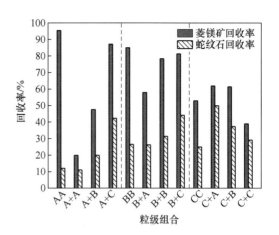

图 4.26 添加水玻璃时菱镁矿与蛇纹石不同粒级
混合矿浮选结果

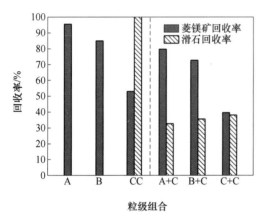

图 4.27 添加水玻璃时菱镁矿与滑石不同粒级
混合矿浮选结果

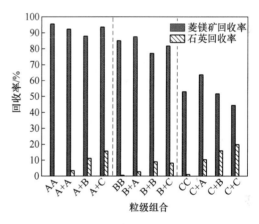

图 4.28 添加水玻璃时菱镁矿与石英不同粒级
混合矿浮选结果

率由 95%下降到了 20%左右。对于−100+67 μm 和−67+45 μm 粒级的菱镁矿，随着添加蛇纹石的粒级变小，菱镁矿的回收率逐渐回升；对于−45 μm 粒级的菱镁矿，随着添加蛇纹石粒级的变小，菱镁矿的回收率下降。由此发现，在油酸钠体系下水玻璃作为调整剂的条件下，粗粒蛇纹石对粗粒菱镁矿、细粒蛇纹石对细粒菱镁矿的抑制作用较强。

由图 4.27 中的结果可知，−45 μm 粒级滑石使 3 个粒级菱镁矿的回收率都有所降低，而且滑石自身的回收率也有大幅降低，由 100%下降到了 35%左右。

由图 4.28 中的结果可知，3 个粒级的石英对各粒级的菱镁矿回收率影响不大。而各粒级石英自身的回收率都有所提高，其中−45 μm 粒级的菱镁矿使−45 μm 粒级的石英回收率上升最多，由 1%上升到了 22%左右。

由此可知，在油酸钠体系下，水玻璃为调整剂正浮选菱镁矿脱硅时，石英的回收率会受菱镁矿的影响而提高，从而降低菱镁矿精矿的品位。

4.3.2　十二胺体系下伴生矿物与菱镁矿浮选的交互影响

在十二胺体系下考察了不同粒级的伴生矿物对不同粒级菱镁矿浮选回收率的影响，如图 4.29~图 4.32 所示。试验条件：十二胺用量 160 mg/L，自然 pH 值。

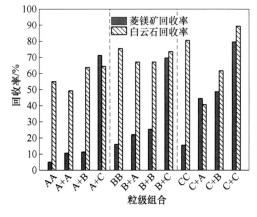

图 4.29　菱镁矿与白云石不同粒级混合矿浮选结果

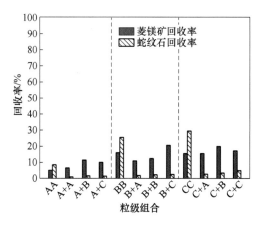
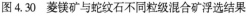

图 4.30　菱镁矿与蛇纹石不同粒级混合矿浮选结果

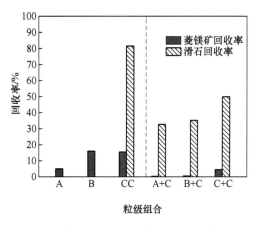

图 4.31　菱镁矿与滑石不同粒级混合矿浮选结果

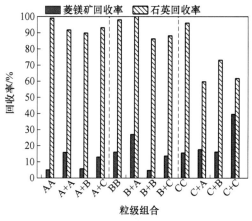

图 4.32　菱镁矿与石英不同粒级混合矿浮选结果

由图 4.29 中的结果可知，3 个粒级的白云石使 3 个粒级菱镁矿的回收率都提高了。其中，−45 μm 粒级的白云石使 3 个粒级的菱镁矿回收率提高量都特别大，使−100+67 μm 粒级的菱镁矿回收率由 5% 提高到了 75%，使−67+45 μm 粒级的菱镁矿回收率由 16% 提高到了70%，使−45 μm 粒级的菱镁矿回收率由 15% 提高到了 78% 左右。由此可见，在十二胺体系下反浮选菱镁矿时，可浮性较好的白云石的存在会使菱镁矿随尾矿流失，大大降低菱镁矿的回收率。

由图 4.30 中的结果可知，各个粒级菱镁矿的浮选回收率变化不大，但各个粒级蛇纹石的回收率都降低了。

由图 4.31 可知，−45 μm 粒级滑石的添加使 3 个粒级菱镁矿的浮选回收率都降低，而且滑石自身的回收率也降低了。

由图 4.32 可知，3 个粒级的石英使−100+67 μm 粒级菱镁矿的回收率都上升；另外，−100+67 μm 粒级的石英使−67+45 μm 粒级的菱镁矿回收率上升，−67+45 μm 和−45 μm粒级的石英使−67+45 μm 粒级的菱镁矿回收率有所下降；3 个粒级的石英使−45 μm 粒级的菱镁矿回收率都上升。其中，回收率上升最多的是-45 μm 粒级的菱镁矿与-45 μm 粒级的石英混合时，菱镁矿的回收率由 16% 上升到了 40%。同时，石英的回收率下降最多的是-45 μm 粒级的菱镁矿与-100+67 μm 粒级的石英混合时，石英的回收率由 99% 下降到了 62%。

由以上结果可知，在用十二胺反浮选菱镁矿脱硅的过程中，细粒菱镁矿能降低粗粒石英的可浮性，而细粒石英能够提高细粒菱镁矿可浮性，因此造成二者可浮性差异缩小，给浮选分离带来困难。

4.4 菱镁矿浮选交互影响的机理分析

矿物之间交互影响的原因错综复杂，本节从药剂消耗、吸附罩盖和矿物溶解等可能造成影响的原因出发，通过对矿物溶解、表面电位、表面润湿性和颗粒间作用能的研究，对矿物间交互影响的机理进行探讨。

4.4.1 菱镁矿在溶液中的溶解组分

菱镁矿饱和溶液中溶解组分的浓度对数图，如图 4.33 所示。

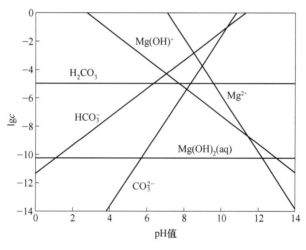

图 4.33 菱镁矿在水中的溶解组分对数图

由图 4.33 可知，菱镁矿在水中溶解产生 Mg^{2+}、$Mg(OH)^+$、CO_3^{2-}、HCO_3^- 等离子及 $Mg(OH)_2(aq)$、H_2CO_3。随溶液 pH 值的升高，溶液中 $Mg(OH)^+$、Mg^{2+} 浓度逐渐降低，HCO_3^- 浓度增加。当溶液 pH 值为 7 时，$c(HCO_3^-) = c[Mg(OH)^+]$，此时为菱镁矿的零电点。当 pH<7 时，菱镁矿表面带正电；当 pH>7 时，菱镁矿表面带负电。

4.4.2 伴生矿物与菱镁矿表面 ζ 电位研究

矿物的表面动电位（ζ 电位），是当矿物-溶液两相在外力（电场力、机械力或重力）作用下发生相对运动时，滑移面与溶液间产生的电位差。ζ 电位等于零时，电解质浓度的负对数值为"等电点"，用符号 IEP 表示。当固体表面电位为零时，溶液中定位离子浓度的负对数为"零电点"，常用 PZC 来表示。

6 种矿物表面动电位与 pH 值的关系如图 4.34 所示，菱镁矿的等电点在 pH 值为 5.5 左右，在溶液的 pH 值大于 5.5 时，菱镁矿表面带负电，pH 值越高，ζ 电位负电性越强。水镁石的等电点在 pH 值为 9.9 左右。从白云石动电位 ζ 与 pH 值的关系曲线可以看出，白云石的等电点在 pH 值为 4.9 左右。白云石动电位 ζ 随着 pH 值的升高负电性逐渐增强，在高 pH 值时，负电性较强。试验所用蛇纹石的等电点在 pH 值为 8.9 左右，当溶液 pH 值大于 8.9 后，蛇纹石表面带负电。滑石的等电点在 pH 值为 2.3 左右，随着溶液 pH 值的增大，滑石负电性增强。石英的等电点在 pH 值为 2 左右，随着溶液 pH 值的增大，石英负电性增强。

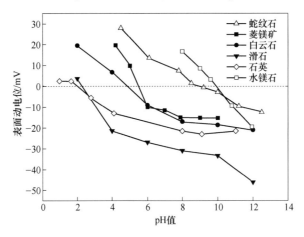

图 4.34 6 种矿物表面 ζ 电位与 pH 值的关系

4.4.3 伴生矿物与菱镁矿浮选交互影响的机理

在油酸钠和十二胺浮选体系中，研究了主要伴生矿物白云石、滑石、蛇纹石、石英与菱镁矿浮选交互影响的机理。

4.4.3.1 白云石与菱镁矿浮选交互影响的机理

A 油酸钠体系

不同粒径菱镁矿与不同粒径白云石颗粒在油酸钠体系下的相互作用能 V_T^{ED} 如图 4.35~图 4.38 所示。

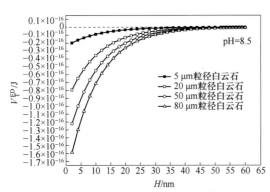

图 4.35 油酸钠体系下 80 μm 粒径菱镁矿与各粒径白云石作用的 EDLVO 势能曲线

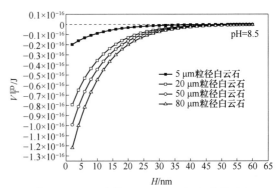

图 4.36 油酸钠体系下 40 μm 粒径菱镁矿与各粒径白云石作用的 EDLVO 势能曲线

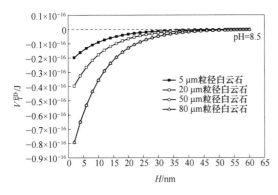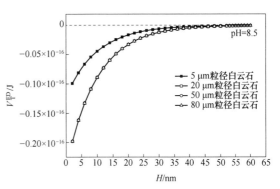

图 4.37　油酸钠体系下 20 μm 粒径菱镁矿与
各粒径白云石作用的 EDLVO 势能曲线

图 4.38　油酸钠体系下 5 μm 粒径菱镁矿与
各粒径白云石作用的 EDLVO 势能曲线

由以上结果可知，粗粒菱镁矿与白云石之间更容易发生吸附，从而使菱镁矿与白云石的浮选回收率受到影响，菱镁矿的回收率降低，白云石的回收率上升，这与图 4.17 中不同粒级菱镁矿与白云石的浮选试验结果相吻合。

菱镁矿与白云石在油酸钠体系下的浮选尾矿在扫描电镜下的观察结果如图 4.39 所示，可以发现，菱镁矿与白云石之间确实发生了吸附现象。因此，颗粒之间的吸附是菱镁矿与白云石浮选过程中交互影响的原因之一。由 4.3 节的研究结果发现，六偏磷酸钠这种常用的分散剂对削弱白云石对菱镁矿的不利影响方面有很好的效果，正是由于其分散作用，减轻了白云石与菱镁矿之间的吸附罩盖作用，降低了白云石对菱镁矿的抑制作用，因此可以利用六偏磷酸钠作为菱镁矿实际矿石浮选分离的分散剂。

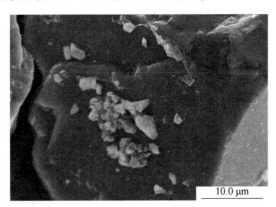

图 4.39　油酸钠体系下 -67+45 μm 菱镁矿与 -45 μm 白云石的浮选产品 SEM 图

B　十二胺体系

不同粒径菱镁矿与不同粒径白云石颗粒在十二胺体系下的相互作用能 V_T^{ED} 如图 4.40~图 4.43 所示。

由计算结果可以看出，菱镁矿与白云石之间的总 EDLVO 势能为正，颗粒之间的作用为斥力，80 μm 粒径的菱镁矿与 80 μm 粒径的白云石之间的作用能最大，随着粒径变小颗粒之间的相互作用能变小。因此，在十二胺体系下粗粒菱镁矿与粗粒白云石之间不容易发生吸附，吸附罩盖不是十二胺体系下菱镁矿与白云石之间交互影响的原因。

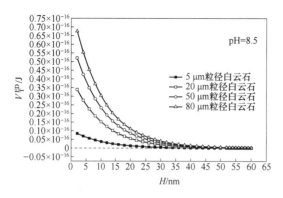

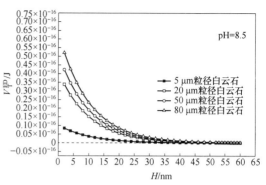

图 4.40　十二胺体系下 80 μm 粒径菱镁矿与
各粒径白云石作用的 EDLVO 势能曲线

图 4.41　十二胺体系下 50 μm 粒径菱镁矿与
各粒径白云石作用的 EDLVO 势能曲线

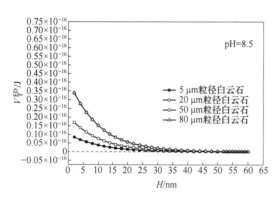

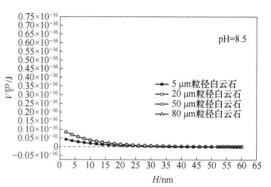

图 4.42　十二胺体系下 20 μm 粒径菱镁矿与
各粒径白云石作用的 EDLVO 势能曲线

图 4.43　十二胺体系下 5 μm 粒径菱镁矿与
各粒径白云石作用的 EDLVO 势能曲线

4.4.3.2　滑石与菱镁矿浮选交互影响的机理

A　油酸钠体系

不同粒径菱镁矿与不同粒径滑石颗粒在油酸钠体系下的相互作用能 V_T^{ED} 如图 4.44~图 4.47 所示。

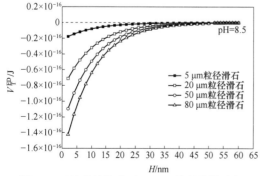

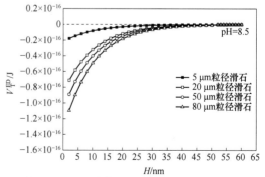

图 4.44　油酸钠体系下 80 μm 粒径菱镁矿与
各粒径滑石作用的 EDLVO 势能曲线

图 4.45　油酸钠体系下 50 μm 粒径菱镁矿与
各粒径滑石作用的 EDLVO 势能曲线

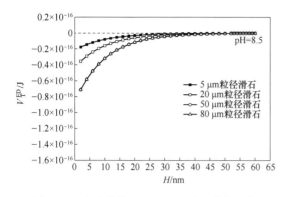

图 4.46 油酸钠体系下 20 μm 粒径菱镁矿与
各粒径滑石作用的 EDLVO 势能曲线

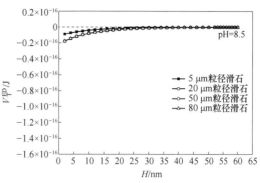

图 4.47 油酸钠体系下 5 μm 粒径菱镁矿与
各粒径滑石作用的 EDLVO 势能曲线

由计算结果可以看出，菱镁矿与滑石之间的总 EDLVO 势能为负，颗粒之间的作用为吸引力，80 μm 粒径的菱镁矿与 80 μm 粒径的滑石之间的作用能最大，随着粒径变小颗粒之间的相互作用能变小。

因此，粗粒菱镁矿与滑石之间更容易发生吸附，从而使菱镁矿与滑石的浮选回收率受到影响，滑石的回收率上升。这与图 4.19 中不同粒级菱镁矿与滑石的浮选试验结果相吻合。

菱镁矿与滑石在油酸钠体系下的浮选尾矿在扫描电镜下的观察结果如图 4.48 所示，从而验证了菱镁矿与滑石之间确实发生了吸附。

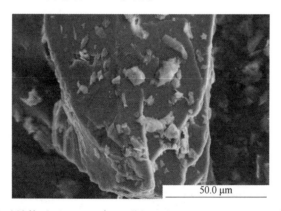

图 4.48 油酸钠体系下 –100+67 μm 菱镁矿与 –45 μm 滑石的浮选产品 SEM 图

B 十二胺体系

不同粒径菱镁矿与不同粒径滑石颗粒在十二胺体系下的相互作用能 V_T^{ED} 如图 4.49~图 4.52 所示。

由计算结果可以看出，菱镁矿与滑石之间的总 EDLVO 势能为正，颗粒之间的作用为斥力，随着粒径变小颗粒之间的相互作用能变小。因此，根据 EDLVO 理论在十二胺体系下菱镁矿与滑石之间不容易发生吸附，吸附罩盖不是交互影响的原因。

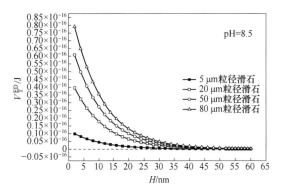

图 4.49　十二胺体系下 80 μm 粒径菱镁矿与
各粒径滑石作用的 EDLVO 势能曲线

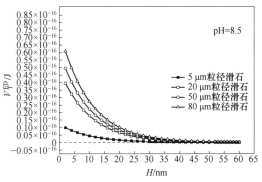

图 4.50　十二胺体系下 50 μm 粒径菱镁矿与
各粒径滑石作用的 EDLVO 势能曲线

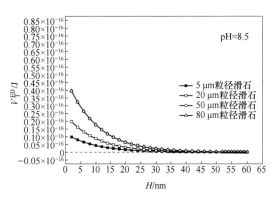

图 4.51　十二胺体系下 20 μm 粒径菱镁矿与
各粒径滑石作用的 EDLVO 势能曲线

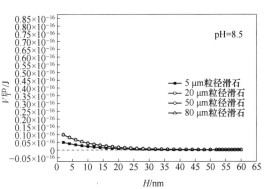

图 4.52　十二胺体系下 5 μm 粒径菱镁矿与
各粒径滑石作用的 EDLVO 势能曲线

4.4.3.3　蛇纹石对菱镁矿浮选影响的机理

A　油酸钠体系

不同粒径菱镁矿与不同粒径蛇纹石颗粒在油酸钠体系下的相互作用能 V_T^{ED} 如图 4.53～图 4.56 所示。

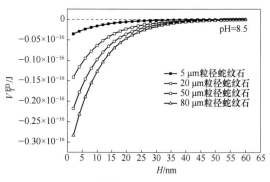

图 4.53　油酸钠体系下 80 μm 粒径菱镁矿与
各粒径蛇纹石作用的 EDLVO 势能曲线

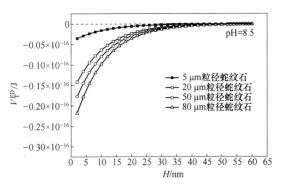

图 4.54　油酸钠体系下 50 μm 粒径菱镁矿与
各粒径蛇纹石作用的 EDLVO 势能曲线

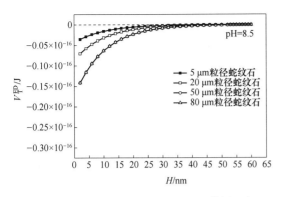
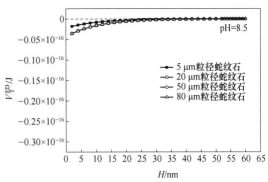

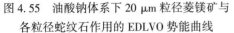

图 4.55　油酸钠体系下 20 μm 粒径菱镁矿与　　图 4.56　油酸钠体系下 5 μm 粒径菱镁矿与
各粒径蛇纹石作用的 EDLVO 势能曲线　　　各粒径蛇纹石作用的 EDLVO 势能曲线

由计算结果可以看出，菱镁矿与蛇纹石之间的总 EDLVO 势能为负，颗粒之间的作用为吸引力，80 μm 粒径的菱镁矿与 80 μm 粒径的蛇纹石之间的作用能最大，随着粒径变小颗粒之间的相互作用能变小。

因此，粗粒菱镁矿与粗粒蛇纹石之间更容易发生吸附，从而使菱镁矿与蛇纹石的浮选回收率受到影响，菱镁矿的浮选回收率下降，蛇纹石的浮选回收率上升。同时，由于细粒与粗粒接触碰撞的概率高，细粒在粗粒表面的吸附空间大，因而细粒级的蛇纹石对粗粒级菱镁矿的浮选回收率影响最大，图 4.18 中不同粒级菱镁矿与蛇纹石的浮选试验结果与这一分析相符。

菱镁矿与蛇纹石在油酸钠体系下的浮选尾矿在扫描电镜下的观察结果如图 4.57 所示，验证了菱镁矿与蛇纹石之间发生了吸附。因此，吸附罩盖是油酸钠体系下蛇纹石与菱镁矿交互影响的原因之一。

图 4.57　油酸钠体系下 -45 μm 菱镁矿与 -45 μm 蛇纹石的浮选产品 SEM 图

B　十二胺体系

不同粒径菱镁矿与不同粒径蛇纹石颗粒在十二胺体系下的相互作用能 V_T^{ED} 如图 4.58~图 4.61 所示。

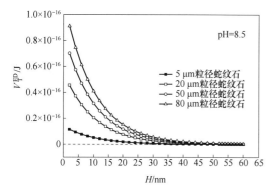

图 4.58　十二胺体系下 80 μm 粒径菱镁矿与
各粒径蛇纹石作用的 EDLVO 势能曲线

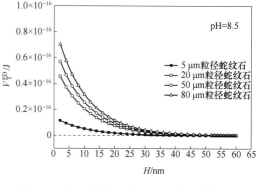

图 4.59　十二胺体系下 50 μm 粒径菱镁矿与
各粒径蛇纹石作用的 EDLVO 势能曲线

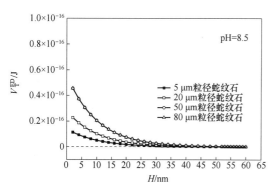

图 4.60　十二胺体系下 20 μm 粒径菱镁矿与
各粒径蛇纹石作用的 EDLVO 势能曲线

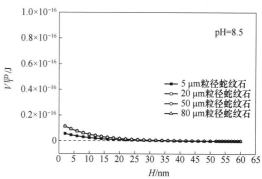

图 4.61　十二胺体系下 5 μm 粒径菱镁矿与
各粒径蛇纹石作用的 EDLVO 势能曲线

由计算结果可以看出，菱镁矿与蛇纹石之间的总 EDLVO 势能为正，颗粒之间的作用为斥力，随着粒径变小颗粒之间的相互作用能变小。因此，根据 EDLVO 理论在十二胺体系下菱镁矿与蛇纹石之间不发生吸附，吸附罩盖不是十二胺体系下蛇纹石与菱镁矿交互影响的原因。

4.4.3.4　石英与菱镁矿浮选交互影响的机理

A　油酸钠体系

不同粒径菱镁矿与不同粒径石英颗粒在油酸钠体系下的相互作用能 V_T^{ED} 如图 4.62~图 4.65 所示。

由计算结果可以看出，菱镁矿与石英之间的总 EDLVO 势能为负，颗粒之间的作用为吸引力，80 μm 粒径的菱镁矿与 80 μm 粒径的石英之间的作用能最大，随着粒径变小颗粒之间的相互作用能变小。

因此，菱镁矿与石英之间容易发生吸附，从而使菱镁矿与石英的浮选回收率受到影响，菱镁矿的浮选回收率下降，石英的浮选回收率上升。菱镁矿与石英在油酸钠体系下的浮选尾矿在扫描电镜下的观察结果如图 4.66 所示，从而验证了菱镁矿与石英之间确实发生了吸附。因此，吸附罩盖是油酸钠体系下菱镁矿与石英之间交互影响的原因之一。

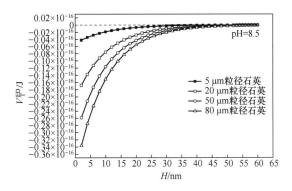

图 4.62　油酸钠体系下 80 μm 粒径菱镁矿与
各粒径石英作用的 EDLVO 势能曲线

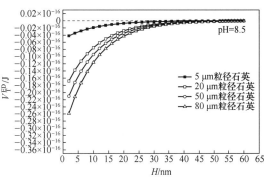

图 4.63　油酸钠体系下 50 μm 粒径菱镁矿与
各粒径石英作用的 EDLVO 势能曲线

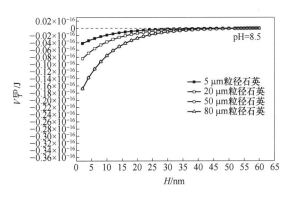

图 4.64　油酸钠体系下 20 μm 粒径菱镁矿与
各粒径石英作用的 EDLVO 势能曲线

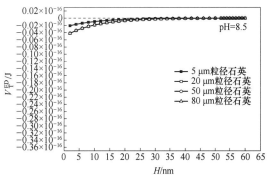

图 4.65　油酸钠体系下 5 μm 粒径菱镁矿与
各粒径石英作用的 EDLVO 势能曲线

图 4.66　油酸钠体系下 -45 μm 菱镁矿与 -100+67 μm 石英的浮选产品 SEM 图

B　十二胺体系

不同粒径菱镁矿与不同粒径石英颗粒在十二胺体系下的相互作用能 V_T^{ED} 如图 4.67~
图 4.70 所示。

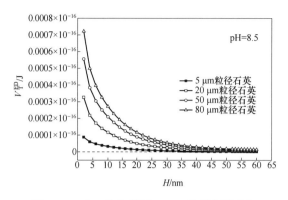

图 4.67　十二胺体系下 80 μm 粒径菱镁矿与
各粒径石英作用的 EDLVO 势能曲线

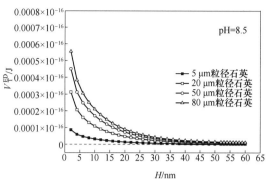

图 4.68　十二胺体系下 50 μm 粒径菱镁矿与
各粒径石英作用的 EDLVO 势能曲线

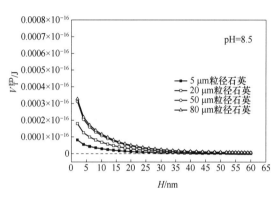

图 4.69　十二胺体系下 20 μm 粒径菱镁矿与
各粒径石英作用的 EDLVO 势能曲线

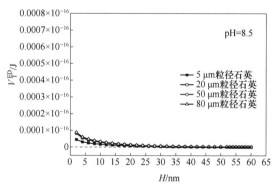

图 4.70　十二胺体系下 5 μm 粒径菱镁矿与
各粒径石英作用的 EDLVO 势能曲线

由计算结果可以看出，菱镁矿与石英之间的总 EDLVO 势能为正，颗粒之间的作用为斥力，随着粒径变小颗粒之间的相互作用能变小。因此，吸附罩盖不是十二胺体系下菱镁矿与石英交互影响的原因。

参 考 文 献

[1] 姚金. 含镁矿物浮选体系中矿物的交互影响研究 [D]. 沈阳：东北大学, 2014.

[2] HUANG H, LI D, HOU L, et al. Advanced protective layer design on the surface of Mg-based metal and application in batteries: Challenges and progress [J]. Journal of Power Sources, 2022, 542: 231755.

[3] PRASAD S V S, PRASAD S B, VERMA K, et al. The role and significance of Magnesium in modern day research—A review [J]. Journal of Magnesium and alloys, 2022, 10 (1): 1-61.

[4] 周游. 菱镁矿脱钙浮选组合捕收剂研究 [D]. 沈阳：东北大学, 2019.

[5] YANG B, WANG D, CAO S, et al. Selective adsorption of a high-performance depressant onto dolomite causing effective flotation separation of magnesite from dolomite [J]. Journal of Colloid and Interface Science, 2020, 578: 290-303.

［6］ 姚金，印万忠，王余莲，等 . 油酸钠浮选体系中菱镁矿与白云石和石英的交互影响 ［J］. 东北大学学报（自然科学版），2013，34（9）：1330-1334.

［7］ YIN W，TANG Y. Interactive effect of minerals on complex ore flotation：A brief review ［J］. International Journal of Minerals，Metallurgy and Materials，2020，27（5）：571-583.

［8］ YAO J，XUE J，LI D，et al. Effects of fine-coarse particles interaction on flotation separation and interaction energy calculation ［J］. Particulate Science and Technology，2018，36（1）：11-19.

5 水镁石浮选的交互影响

水镁石矿床在世界范围内的分布不广，而且矿床规模一般较小，主要集中在俄罗斯、美国、加拿大、朝鲜、挪威等国。近年来，我国相继在陕西宁强、青海祁连山、四川石棉、吉林集安、河南西峡、辽宁凤城和宽甸等地发现并着手开发水镁石[1]。到目前为止，我国探明的水镁石资源总储量已超过 3000 万吨，主要分布在辽宁丹东的凤城和宽甸地区，纤维状水镁石则蕴藏于陕西、河南等省，矿石的质量、规模和开采条件也均以辽宁省的水镁石资源最好[2]。但是，随着高质量水镁石资源逐渐开发殆尽，低品级水镁石资源的利用逐渐引起了重视，而浮选是水镁石提纯的一种重要手段[3-4]。

蛇纹石与白云石是水镁石常见的伴生脉石矿物，在浮选过程中往往因为交互影响的存在而使水镁石的浮选分离变得尤为困难。为了减弱消除或利用这种不利影响，本章在油酸钠和十二胺两种浮选体系下对不同矿物、用量和粒级之间的交互影响规律分别进行了研究，并利用扩展 DLVO 理论对水镁石浮选交互影响机理进行了阐述。

5.1 不同含量伴生矿物与水镁石浮选的交互影响

5.1.1 油酸钠体系下不同含量伴生矿物与水镁石浮选的交互影响

5.1.1.1 不添加调整剂时伴生矿物与水镁石浮选的交互影响

在油酸钠体系下，考察了白云石、蛇纹石对水镁石浮选回收率的影响。试验条件为：矿样总质量 3 g，油酸钠用量为 160 mg/L，矿浆自然 pH 值在 10.5 左右。

蛇纹石含量（质量分数，后同）对水镁石回收率的影响如图 5.1 所示。由此结果可知，添加蛇纹石能够降低水镁石的回收率，当蛇纹石的含量为 5% 时，就能够很明显地降低水镁石的回收率，随着蛇纹石含量的升高，水镁石的回收率变化不大。

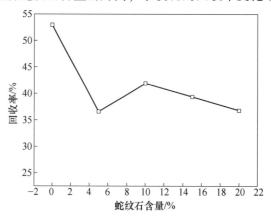

图 5.1 无调整剂时蛇纹石含量对水镁石回收率的影响

白云石含量对水镁石回收率的影响如图 5.2 所示。由此结果可知，添加白云石也能降低水镁石的回收率，当白云石的含量为 2.5% 时，水镁石的回收率下降了 10% 左右，之后随着白云石含量的增加水镁石的回收率变化不大。

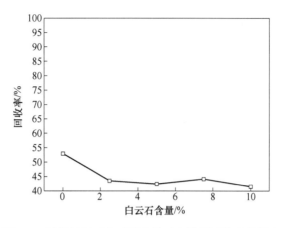

图 5.2 无调整剂时白云石含量对水镁石回收率的影响

5.1.1.2 添加水玻璃时伴生矿物与水镁石浮选的交互影响

在油酸钠体系下，水玻璃为调整剂时白云石、蛇纹石对水镁石浮选回收率的影响如图 5.3 所示。试验条件为：矿样总质量 3 g，矿浆自然 pH 值在 10.5 左右，油酸钠用量 160 mg/L，水玻璃用量 200 mg/L。

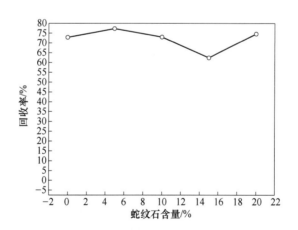

图 5.3 添加水玻璃时蛇纹石含量对水镁石回收率的影响

由图 5.3 中的结果可知，当蛇纹石的含量为 2% 时，水镁石的回收率略有升高，随着蛇纹石含量继续增加，水镁石的回收率逐渐下降；当蛇纹石的含量超过 15% 以后，水镁石的回收率开始上升。

在油酸钠体系下，水玻璃为调整剂时白云石含量对水镁石回收率的影响如图 5.4 所示。由此结果可知，当白云石的含量为 2.5% 时，水镁石的回收率下降了 5% 左右，随着白云石含量增加到 7.5% 以后，水镁石的回收率开始升高。

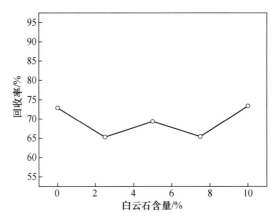

图5.4　添加水玻璃时白云石含量对水镁石回收率的影响

以上试验结果表明，当水镁石中含有白云石或蛇纹石时，水镁石的回收率会有所降低，当添加水玻璃作为调整剂时，水镁石的回收率变化不大，因此水玻璃能够降低蛇纹石和白云石对水镁石浮选的不利影响。

5.1.2　油酸钠体系下不同含量白云石对水镁石与蛇纹石混合矿浮选的影响

5.1.2.1　不添加调整剂时不同含量白云石对水镁石与蛇纹石混合矿浮选的影响

在油酸钠体系下，白云石含量对水镁石与蛇纹石混合矿浮选的影响如图5.5所示。试验条件为：水镁石2.7 g与蛇纹石0.3 g混合，添加白云石，油酸钠用量160 mg/L，矿浆自然pH值在10.5左右。

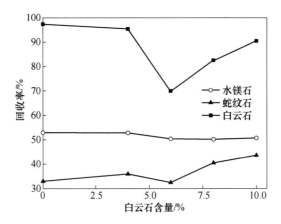

图5.5　无调整剂时白云石含量对水镁石和蛇纹石混合矿回收率的影响

由图5.5中的结果可知，添加白云石使水镁石的回收率略有下降，当白云石的含量为8.33%时，水镁石的回收率下降到了50%；白云石使蛇纹石的回收率有很大上升，当白云石的含量为8.33%时，蛇纹石的回收率上升到了40%以上，之后随着白云石含量的升高，蛇纹石的回收率又有所上升。

5.1.2.2　添加水玻璃时不同含量白云石对水镁石与蛇纹石混合矿浮选的影响

在油酸钠体系下，水玻璃为调整剂时白云石含量对水镁石与蛇纹石混合矿浮选的影响如图 5.6 所示。试验条件为：水镁石 2.7 g 与蛇纹石 0.3 g 混合，添加白云石，油酸钠用量 160 mg/L，水玻璃用量 200 mg/L，矿浆自然 pH 值在 10.5 左右。

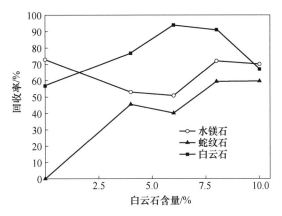

图 5.6 添加水玻璃时白云石含量对水镁石和蛇纹石混合矿回收率的影响

由图 5.6 中的结果可知，添加白云石使得水镁石的回收率先下降后回升，当白云石的含量为 6% 时，水镁石的回收率下降到了 50% 左右，之后随着白云石的含量上升到 8% 时，水镁石的回收率又回升到了 72% 左右；添加白云石使得蛇纹石的回收率有较大幅度上升，当白云石的含量为 4% 时，蛇纹石的回收率由 0 上升到了 43%，之后随着白云石含量的升高，蛇纹石的回收率略有下降之后又继续上升，当白云石的含量为 8% 时，蛇纹石的回收率上升到了 60% 左右。

由以上试验结果可知，少量白云石的存在就会降低水镁石的回收率，同时提高蛇纹石的回收率，从而降低水镁石和蛇纹石的可浮性差异。因此，当有白云石存在时，会给水镁石与蛇纹石的浮选分离带来困难。

5.1.3 油酸钠体系下不同含量蛇纹石对水镁石与白云石混合矿浮选的影响

5.1.3.1 不添加调整剂时不同含量蛇纹石对水镁石与白云石混合矿浮选的影响

在油酸钠体系下，蛇纹石含量对水镁石与白云石混合矿的可浮性影响如图 5.7 所示。试验条件为：水镁石 2.7 g 与白云石 0.3 g 混合，添加蛇纹石，油酸钠用量 160 mg/L，矿

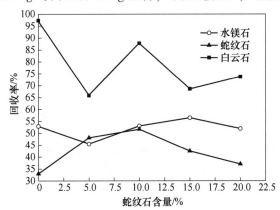

图 5.7 无调整剂时蛇纹石含量对水镁石和白云石混合矿回收率的影响

浆自然 pH 值在 10.5 左右。

由图 5.7 中的结果可知，添加蛇纹石能使水镁石和白云石的回收率都出现先下降后上升的现象，而蛇纹石的回收率却先上升后下降。当蛇纹石的含量为 5% 时，水镁石的回收率下降了约 8 个百分点，白云石的回收率下降了约 30 个百分点，而蛇纹石自身的回收率上升了约 15 个百分点。

5.1.3.2　添加水玻璃时不同含量蛇纹石对水镁石与白云石混合矿浮选的影响

在油酸钠体系下，添加水玻璃时蛇纹石含量对水镁石与白云石混合矿浮选的影响如图 5.8 所示。试验条件为：水镁石 2.7 g 与白云石 0.3 g 混合，添加蛇纹石，油酸钠用量 160 mg/L，水玻璃用量 200 mg/L，矿浆自然 pH 值在 10.5 左右。

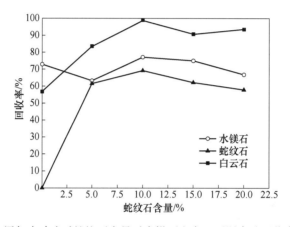

图 5.8　添加水玻璃时蛇纹石含量对水镁石和白云石混合矿回收率的影响

由图 5.8 中的结果可知，添加白云石对水镁石回收率有一定的影响，当混合矿中蛇纹石的含量为 5% 时，水镁石的回收率由 73% 下降到了 63%，之后随着蛇纹石含量的上升，水镁石的回收率先回升又下降；当蛇纹石的含量为 10% 时，白云石的回收率由 56% 上升到了接近 100%，之后随着蛇纹石含量的进一步提高，白云石的回收率又有所下降；当蛇纹石的含量为 5% 时，蛇纹石自身的回收率由 0 上升到了 60% 左右，之后随着蛇纹石含量的继续增加，蛇纹石的回收率又先略有上升后略有下降。

由此可见，在油酸钠体系下用水玻璃为调整剂时，在水镁石和白云石存在的情况下添加蛇纹石，会使蛇纹石的回收率大幅上升，同时降低了水镁石的回收率，使二者的回收率接近，从而给它们的分离带来困难；添加蛇纹石时，白云石的回收率也会大幅提升。

5.1.4　十二胺体系下不同含量伴生矿物与水镁石浮选的交互影响

为了考察在十二胺体系下伴生矿物含量对水镁石浮游性的影响，进行了蛇纹石和白云石含量试验。试验条件为：矿样总质量 3 g，十二胺用量 160 mg/L，矿浆自然 pH 值在 10.5 左右，不添加调整剂。

蛇纹石含量对水镁石浮选回收率的影响如图 5.9 所示。由此结果可知，随着蛇纹石含量的升高，水镁石的回收率略有降低，幅度不大；蛇纹石的回收率有所升高，逐渐接近水镁石的回收率。

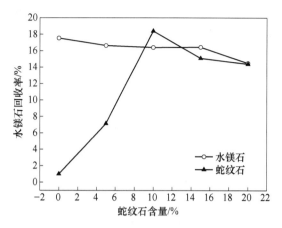

图 5.9　蛇纹石含量对水镁石回收率的影响

白云石含量对水镁石回收率的影响如图 5.10 所示。由此结果可知，添加白云石能使白云石和水镁石的回收率都有所下降。当白云石的含量为 2.5% 时，水镁石的回收率下降到了 10% 以下，而白云石的回收率下降到了 20% 左右；之后随着白云石含量的增加，水镁石回收率先上升后下降，总体变化幅度不大，而白云石的回收率先上升到接近其自身的回收率，然后又下降到接近 20%。

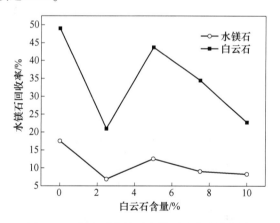

图 5.10　白云石含量对水镁石回收率的影响

由十二胺体系下蛇纹石和白云石含量对水镁石可浮性的影响试验结果可知，当水镁石中含有白云石或蛇纹石时，虽然它们的自然可浮性存在差异，但是它们之间的交互影响会降低该可浮性差异，使得它们在浮选体系中的可浮性趋于接近，不利于分选。

5.1.5　十二胺体系下不同含量白云石对水镁石与蛇纹石混合矿浮选的影响

十二胺体系下，白云石含量对水镁石和蛇纹石混合矿浮选的影响如图 5.11 所示。试验条件为：水镁石 2.7 g 与蛇纹石 0.3 g 混合，添加白云石，十二胺用量 160 mg/L，矿浆自然 pH 值为 10.5 左右。

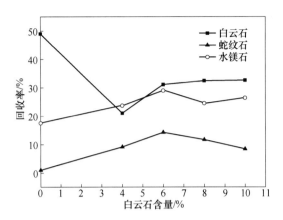

图 5.11　白云石含量对水镁石和蛇纹石混合矿回收率的影响

由图 5.11 中的结果可知，添加白云石能够提高水镁石和白云石的回收率，当白云石的含量达到 6% 时，水镁石的回收率由 18% 提高到了 30%，而蛇纹石的回收率由接近 0 提高到了 15% 左右；之后随着白云石含量的继续升高，水镁石和蛇纹石的回收率都有所降低；随着白云石含量的升高，白云石自身的回收率先下降后上升，当白云石含量为 4% 时，白云石的回收率下降到了接近 20%，之后随着白云石含量的升高，其回收率逐渐回升。

5.1.6　十二胺体系下不同含量蛇纹石对水镁石与蛇纹石混合矿浮选的影响

十二胺体系下，蛇纹石含量对水镁石和白云石混合矿浮选的影响如图 5.12 所示。试验条件为：水镁石 2.7 g 与白云石 0.3 g 混合，添加蛇纹石，十二胺用量 160 mg/L，矿浆自然 pH 值为 10.5 左右。

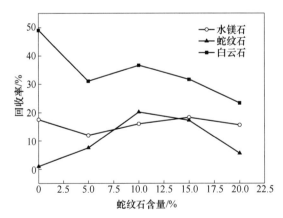

图 5.12　蛇纹石含量对水镁石和白云石混合矿回收率的影响

由图 5.12 中的结果可知，在十二胺体系下添加蛇纹石对水镁石的回收率影响不大，随着蛇纹石含量的上升，水镁石的回收率先略有下降，之后逐渐回升；白云石的回收率随着蛇纹石含量的上升而下降很大，当蛇纹石的含量为 5% 时，白云石的回收率由 50% 下降到了 30% 左右，之后当蛇纹石的含量增加到 20% 时，白云石的回收率下降到了 25% 左右。

由此可见，对于含有白云石和蛇纹石的水镁石，用十二胺反浮选脱除白云石的方法，会受蛇纹石的影响造成白云石和水镁石的可浮性差异缩小，导致二者分离困难。

5.2 不同粒级伴生矿物与水镁石浮选的交互影响

5.2.1 油酸钠体系下不同粒级伴生矿物与水镁石浮选的交互影响

5.2.1.1 不添加调整剂时不同粒级伴生矿物与水镁石浮选的交互影响

在油酸钠体系下，不同粒级伴生矿物蛇纹石和白云石对各粒级水镁石浮选回收率的影响如图 5.13 和图 5.14 所示。试验条件为：油酸钠用量 160 mg/L，矿浆自然 pH 值在 10.5 左右。本章图中 A、B、C 分别代表−100+67 μm、−67+45 μm、−45 μm 3 个粒级。

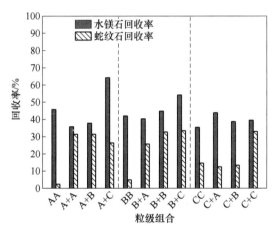

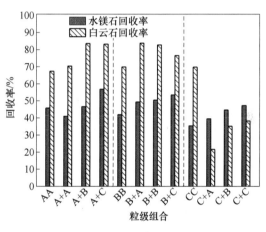

图 5.13　无调整剂时水镁石与蛇纹石不同粒级　　图 5.14　无调整剂时水镁石与白云石不同粒级
　　　　　混合矿浮选结果　　　　　　　　　　　　　　　　混合矿浮选结果

从图 5.13 中的结果可知，−45 μm 粒级的蛇纹石使水镁石的回收率上升最多，由 46% 上升到了 66%。蛇纹石的回收率也有大幅提高，−100+67 μm 粒级的水镁石使同粒级的蛇纹石回收率提高最多，由 2% 提升到了 32%。即在油酸钠体系下，蛇纹石和水镁石同时存在时，水镁石的回收率略有提升，而蛇纹石的回收率会大幅提升，因此水镁石和蛇纹石的可浮性差异会缩小，造成二者浮选分离困难。

从图 5.14 中的结果可知，在白云石的影响下，各粒级水镁石的回收率略有提高，其中−45 μm 粒级的白云石使−100+67 μm 粒级的水镁石回收率提高最多，由 46% 上升到了 58%。−100+45 μm 粒级的水镁石都能使白云石的回收率提高，−45 μm 粒级的水镁石使各粒级白云石的回收率都有所下降，其中−100+67 μm 粒级的白云石回收率下降最多，由 68% 下降到了 23%。

5.2.1.2 添加水玻璃时不同粒级伴生矿物与水镁石浮选的交互影响

油酸钠体系下，水玻璃为调整剂时不同粒级的伴生矿物蛇纹石和白云石对各粒级菱镁矿浮选回收率的影响如图 5.15 和图 5.16 所示。试验条件为：油酸钠用量 160 mg/L，水玻璃用量 200 mg/L，矿浆自然 pH 值为 11 左右。

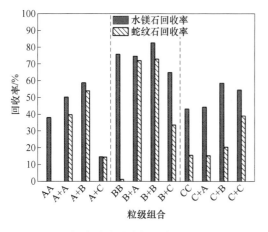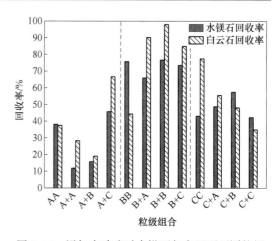

图 5.15 添加水玻璃时水镁石与蛇纹石不同粒级
　　　　混合矿浮选结果

图 5.16 添加水玻璃时水镁石与白云石不同粒级
　　　　混合矿浮选结果

从图 5.15 可知，添加水玻璃之后，−100+67 μm 粒级和−67+45 μm 粒级的蛇纹石使−100+67 μm 粒级的水镁石回收率由下降变为上升，−67+45 μm 粒级的蛇纹石使水镁石回收率上升最多，达到了 20.68%。这表明在油酸钠体系下，水玻璃为调整剂正浮选水镁石时，在水玻璃的作用下，蛇纹石对粗粒水镁石的抑制作用得到改善，−100+67 μm 粒级水镁石的回收率由下降变为上升。

从图 5.16 可知，−67+45 μm 粒级的水镁石比白云石回收率高，−45 μm 粒级的白云石比水镁石的回收率高；在−100+67 μm 粒级白云石的作用下，−100+67 μm 粒级的水镁石回收率下降最多，由 38% 下降到了 12%；在−67+45 μm 粒级水镁石的作用下，−67+45 μm 粒级白云石的回收率上升最多，由 45% 上升到了 98%。

5.2.2 十二胺体系下不同粒级伴生矿物与水镁石浮选的交互影响

在十二胺体系下不同粒级的伴生矿物蛇纹石和白云石对不同粒级水镁石浮选回收率的影响如图 5.17 和图 5.18 所示。试验条件为：十二胺用量 160 mg/L，自然 pH 值。

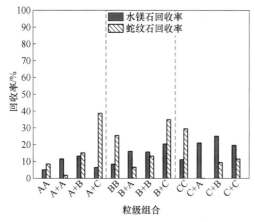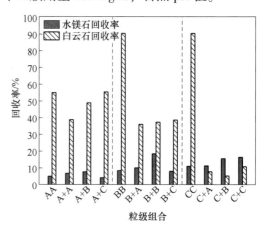

图 5.17 水镁石与蛇纹石不同粒级
　　　　混合矿浮选结果

图 5.18 水镁石与白云石不同粒级
　　　　混合矿浮选结果

从图 5.17 可知，水镁石和蛇纹石的回收率变化整体不大。其中，-45 μm 粒级的水镁石在添加-67+45 μm 粒级蛇纹石时，回收率上升最大，由 11% 上升到 26%。

从图 5.18 可知，添加白云石使水镁石的回收率变化不明显，但各粒级白云石的回收率却有大幅下降。其中，-67+45 μm 粒级的水镁石与同粒级白云石混合时，浮选回收率上升最多，由 8% 上升到了 20%；随着水镁石粒级的减小，与其混合的白云石的回收率也逐渐降低，-45 μm 粒级的水镁石使各粒级白云石的回收率下降最大，白云石的回收率都下降到了 20% 以下，-67+45 μm 粒级白云石的回收率由 90% 下降到了 6%。

由以上试验结果可知，在十二胺体系下，水镁石与白云石的自然可浮性存在很大差异，理论上可以用十二胺反浮选除去白云石。但在实际分选过程中，由于细粒级水镁石能够大大降低白云石的浮选回收率，从而给浮选分离带来困难。

5.3 水镁石浮选交互影响机理

5.3.1 水镁石浮选体系矿物溶解组分

5.3.1.1 水镁石的溶解组分

水镁石饱和溶液中溶解组分的浓度对数图，如图 5.19 所示。由图 5.19 可知，随溶液 pH 值的升高，$Mg(OH)^+$、Mg^{2+} 的浓度逐渐降低，OH^- 的浓度升高。在 pH 值为 9.8 时，$c[Mg(OH)^+]=c[OH^-]$；当 pH 值大于 9.8 时，矿物表面带负电；pH 值小于 9.8 时，矿物表面带正电。

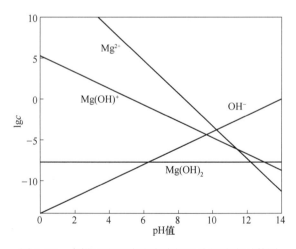

图 5.19 水镁石饱和溶液中溶解组分的浓度对数图

5.3.1.2 蛇纹石的溶解组分

蛇纹石饱和溶液中溶解组分的浓度对数图如图 5.20 所示。由图 5.20 可知，蛇纹石在矿浆中可产生 Mg^{2+}、$Mg(OH)^+$、$H_3SiO_3^-$、$H_2SiO_4^{2-}$、$H_6Si_2O_4^{2+}$ 多种离子及硅酸分子和 $Mg(OH)_2$ 沉淀，但随着矿浆 pH 值的变化其组分构成也不同。矿浆 pH 值为酸性时存在大量的 Mg^{2+}、$Mg(OH)^+$ 阳离子及一定的 $H_2SiO_4^{2-}$ 分子，随着矿浆 pH 值的升高，$Mg(OH)^+$、Mg^{2+} 的浓度逐渐降低，$H_3SiO_3^-$、$H_2SiO_4^{2-}$、$H_6Si_2O_4^{2+}$ 的浓度升高，但离子浓度较低。当溶液 pH 值为 8.7 时，$c(H_3SiO_3^-) = c[Mg(OH)^+]$，此时为蛇纹石的零电点；当 pH 值小于 8.7 时，蛇纹石表面带正电；当 pH 值大于 8.7 时，蛇纹石表面带负电。

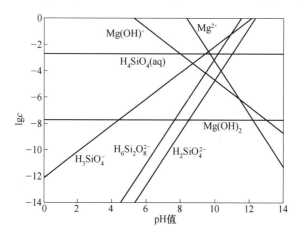

图 5.20　蛇纹石在饱和溶液中的溶解组分的浓度对数图

5.3.1.3　白云石的溶解组分

白云石饱和溶液中溶解组分的浓度对数图，如图 5.21 所示。由图 5.21 可知，白云石在水中的溶解产生 Mg^{2+}、$Mg(OH)^+$、CO_3^{2-}、HCO_3^-、Ca^{2+}、$Ca(OH)^+$ 等离子及 $Mg(OH)_2(aq)$、$Ca(OH)_2(aq)$、H_2CO_3。随溶液 pH 值的升高，溶液中 $Mg(OH)^+$、Mg^{2+}、Ca^{2+}、$Ca(OH)^+$ 浓度逐渐降低，HCO_3^- 浓度增加，溶液中 Mg^{2+}、Ca^{2+} 的浓度基本一致。当溶液 pH 值为 6.5 时，$c(HCO_3^-) = c[Mg(OH)^+] + c[Ca(OH)^+]$，此时为白云石的零电点；当 pH 值小于 6.5 时，白云石表面带正电；当 pH 值大于 6.5 时，白云石表面带负电。

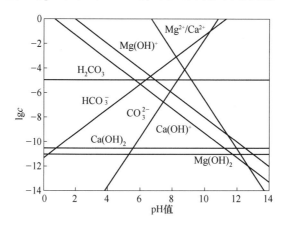

图 5.21　白云石在饱和溶液中的溶解组分的浓度对数图

5.3.2　水镁石浮选体系矿物表面动电位

水镁石、蛇纹石和白云石表面动电位与 pH 值的关系如图 5.22 所示。由该结果可知，水镁石的等电点在 pH 值为 9.9 左右，白云石的等电点在 pH 值为 4.9 左右。白云石动电位 ζ 随着 pH 值的升高负电性逐渐增强，在高 pH 值时负电性较强。试验所用蛇纹石的等电点在 pH 值为 8.9 左右，当溶液 pH 值大于 8.9 后，蛇纹石表面带负电。

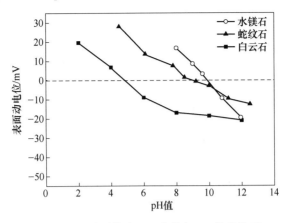

图 5.22　3 种矿物表面 ζ 电位与 pH 值的关系

为了考察药剂作用后矿物表面的动电位变化，以及根据 EDLVO 理论计算矿物颗粒间的静电作用能，对油酸钠（160 mg/L）和十二胺（160 mg/L）作用后矿物表面的动电位进行了测量，结果如图 5.23 和图 5.24 所示。

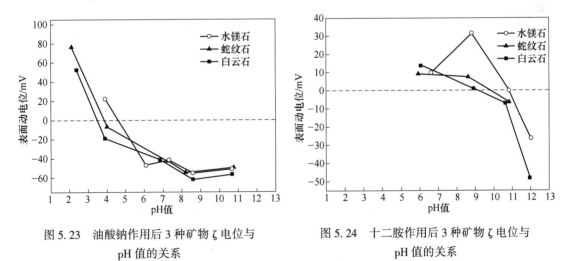

图 5.23　油酸钠作用后 3 种矿物 ζ 电位与　　　　图 5.24　十二胺作用后 3 种矿物 ζ 电位与
　　　　　pH 值的关系　　　　　　　　　　　　　　　　　pH 值的关系

由图 5.23 可知，在 160 mg/L 的油酸钠溶液中，水镁石的等电点在 pH 值为 4.6 左右，蛇纹石的等电点为 3.84 左右，白云石的等电点为 3.48 左右。

由图 5.24 可知，在 160 mg/L 的十二胺溶液中，水镁石的等电点在 pH 值为 10.82 左右，蛇纹石的等电点为 9.82 左右，白云石的等电点为 9.13 左右。

5.3.3　蛇纹石与水镁石浮选交互影响的机理

5.3.3.1　油酸钠体系下蛇纹石与水镁石浮选交互影响的机理

不同粒径蛇纹石与不同粒径水镁石在油酸钠体系下的相互作用能 V_T^{ED} 如图 5.25 ~ 图 5.28 所示。

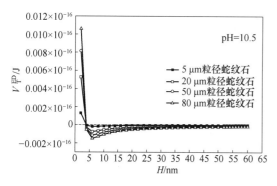

图 5.25　油酸钠体系下 80 μm 水镁石与各粒径
蛇纹石作用的 EDLVO 势能曲线

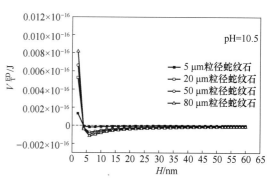

图 5.26　油酸钠体系下 50 μm 水镁石与各粒径
蛇纹石作用的 EDLVO 势能曲线

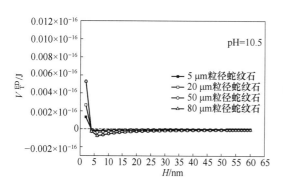

图 5.27　油酸钠体系下 20 μm 水镁石与各粒径
蛇纹石作用的 EDLVO 势能曲线

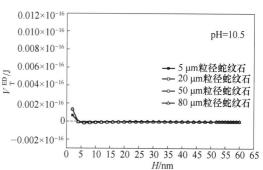

图 5.28　油酸钠体系下 5 μm 水镁石与各粒径
蛇纹石作用的 EDLVO 势能曲线

　　由以上试验结果可知，随着水镁石与蛇纹石颗粒之间距离变小 EDLVO 势能先是负值为吸引力并逐渐变大，在越过一个较小的势垒之后又转为正值即斥力并迅速变大，随着颗粒变小作用能也减弱。在各项作用能中，范德华作用能为负值，相互吸引；而静电作用能和水化排斥能为正值，相互排斥。由于颗粒之间平衡距离为 4 nm 左右，因此，在油酸钠体系下蛇纹石与水镁石颗粒之间保持一定距离时能够保持平衡吸附状态。

　　图 5.29 为水镁石和蛇纹石浮选产品的扫描电镜图，由图 5.29 可知，水镁石与蛇纹石之间确实发生了吸附。在油酸钠体系下水镁石与蛇纹石混合浮选时，粗粒级水镁石与粗粒级蛇纹石混合浮选时，水镁石的回收率下降，蛇纹石的回收率提高，这是由于发生了吸附罩盖；粗粒级的水镁石与细粒级蛇纹石混合浮选时，二者的回收率都有所提高，应该与细粒蛇纹石的溶解也有一定关系，细粒级矿物的溶解度大，溶解速率高。由图 5.20 可知，在 pH 值为 10.5 左右时蛇纹石的溶解组分中有大量的硅酸根离子，而由水玻璃对水镁石可浮性影响可知，少量的水玻璃能够提高水镁石的浮选回收率，因此水镁石的回收率有所提高。由图 5.15 中的试验结果可知，在添加少量水玻璃为调整剂时，粗粒和中间粒级蛇纹石对水镁石的抑制作用消失，这是由于水玻璃的分散效果，解除了粗颗粒间吸附罩盖的影

响。细粒级蛇纹石对粗粒水镁石的活化作用变为抑制作用，这是由于细粒级蛇纹石溶解出的硅酸根离子与水玻璃共同作用的叠加效果，水镁石被抑制。这与少量水玻璃活化水镁石，大量水玻璃抑制水镁石的结果相符。

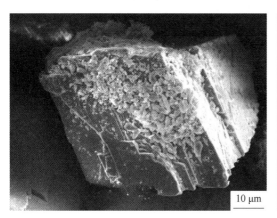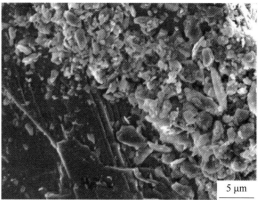

图 5.29　油酸钠体系下-100+67 μm 粒级水镁石和-45 μm 粒级蛇纹石的浮选产品 SEM 图

以上结果表明，吸附罩盖和溶解离子是水镁石和蛇纹石之间交互作用的两个原因。因此，在水镁石与蛇纹石的浮选分离过程中，严格控制水玻璃用量是实现浮选分离的重要因素。

5.3.3.2　十二胺体系下蛇纹石与水镁石浮选交互影响的机理

不同粒径蛇纹石与不同粒径水镁石颗粒在十二胺体系下的相互作用能 V_T^{ED} 如图 5.30~图 5.33 所示。由此结果可知，随着水镁石与蛇纹石颗粒之间距离变小 EDLVO 势能先是负值为吸引力并逐渐变大，在越过一个较小的势垒之后又转为正值即斥力并逐渐变大，随着颗粒变小作用能也减弱。在各项作用能中，范德华作用能为负值，作用力为相互吸引，而静电作用能和水化排斥能为正值，作用力为相互排斥。颗粒之间平衡距离为 4 nm 左右，与在油酸钠溶液中的情况相似。因此，在十二胺体系下蛇纹石与水镁石颗粒之间在一定距离时能够保持平衡吸附状态。

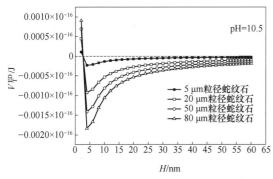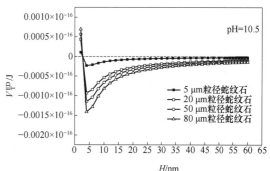

图 5.30　十二胺体系下 80 μm 水镁石与各粒径蛇纹石作用的 EDLVO 势能曲线　　图 5.31　十二胺体系下 50 μm 水镁石与各粒径蛇纹石作用的 EDLVO 势能曲线

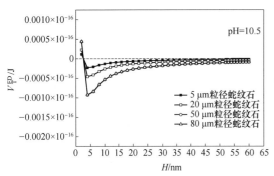

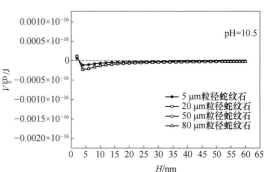

图 5.32　十二胺体系下 20 μm 水镁石与各粒径
蛇纹石作用的 EDLVO 势能曲线

图 5.33　十二胺体系下 5 μm 水镁石与各粒径
蛇纹石作用的 EDLVO 势能曲线

5.3.4　白云石与水镁石浮选交互影响的机理

5.3.4.1　油酸钠体系下白云石与水镁石浮选交互影响的机理

不同粒径白云石与不同粒径水镁石颗粒在油酸钠体系下的相互作用能 V_T^{ED} 如图 5.34~
图 5.37 所示。由此结果可知，水镁石与白云石之间的 EDLVO 总势能为负，相互作用力为

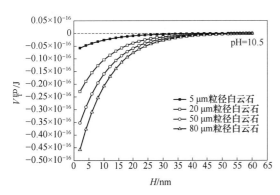

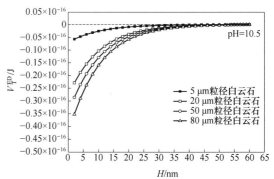

图 5.34　油酸钠体系下 80 μm 水镁石与各粒径
白云石作用的 EDLVO 势能曲线

图 5.35　油酸钠体系下 50 μm 水镁石与各粒径
白云石作用的 EDLVO 势能曲线

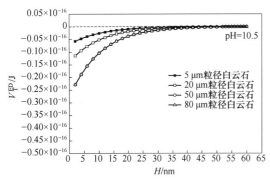

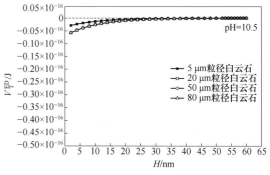

图 5.36　油酸钠体系下 20 μm 水镁石与各粒径
白云石作用的 EDLVO 势能曲线

图 5.37　油酸钠体系下 5 μm 水镁石与各粒径
白云石作用的 EDLVO 势能曲线

吸引力，随着水镁石与白云石颗粒之间距离变小 EDLVO 总势能逐渐变大，随着粒度变小势能也变小。因此，在油酸钠体系下水镁石与白云石之间容易发生吸附现象。油酸钠体系下白云石与水镁石混合矿浮选试验结果表明，由于细颗粒在粗颗粒表面有更大吸附空间并罩盖在粗颗粒表面，细粒白云石与粗粒水镁石混合时水镁石回收率提高，而细粒水镁石与粗粒白云石混合时白云石回收率下降，这与试验结果一致。

通过扫描电镜观察水镁石与白云石浮选产品如图 5.38 所示，可以看出水镁石与白云石之间确实发生了吸附。因此，吸附罩盖是水镁石与白云石交互作用的原因之一。

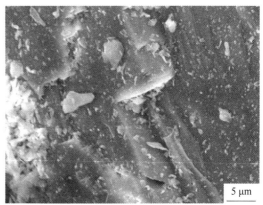

图 5.38 油酸钠体系下-45 μm 粒级水镁石和-100+67 μm 粒级白云石的浮选产品 SEM 图

5.3.4.2 十二胺体系下白云石与水镁石浮选交互影响的机理

不同粒径白云石与不同粒径水镁石颗粒在十二胺体系下的相互作用能 V_T^{ED} 如图 5.39~图 5.42 所示。由此结果可知，水镁石与白云石颗粒之间的 EDLVO 总势能为正值，颗粒之间是斥力，总势能随着颗粒粒径变大或颗粒距离变小而变大。因此，白云石与水镁石之间不容易发生吸附，吸附罩盖不是十二胺体系下水镁石与白云石交互影响的原因。

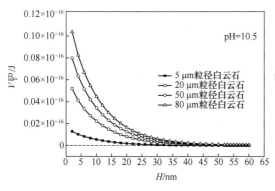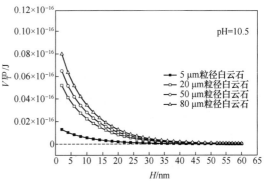

图 5.39 十二胺体系下 80 μm 水镁石与各粒径白云石作用的 EDLVO 势能曲线   图 5.40 十二胺体系下 50 μm 水镁石与各粒径白云石作用的 EDLVO 势能曲线

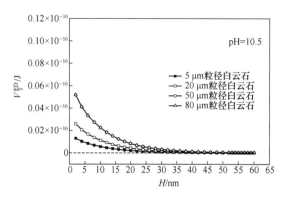

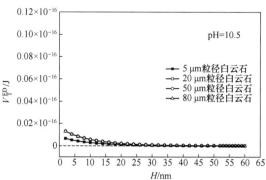

图 5.41　十二胺体系下 20 μm 水镁石与各粒径　　图 5.42　十二胺体系下 5 μm 水镁石与各粒径
　　　　　白云石作用的 EDLVO 势能曲线　　　　　　　　　　白云石作用的 EDLVO 势能曲线

5.3.5　白云石与蛇纹石浮选交互影响的机理

5.3.5.1　油酸钠体系下白云石与蛇纹石浮选交互影响的机理

不同粒径白云石与不同粒径蛇纹石颗粒在油酸钠体系下的相互作用能 V_T^{ED} 如图 5.43～图 5.46 所示。由此结果可知，蛇纹石与白云石之间的 EDLVO 总势能为正，相互作用力为

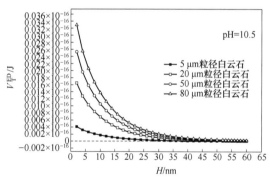

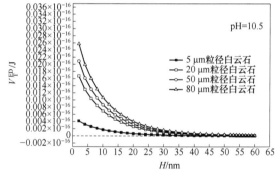

图 5.43　油酸钠体系下 80 μm 蛇纹石与各粒径　　图 5.44　油酸钠体系下 50 μm 蛇纹石与各粒径
　　　　　白云石作用的 EDLVO 势能曲线　　　　　　　　　　白云石作用的 EDLVO 势能曲线

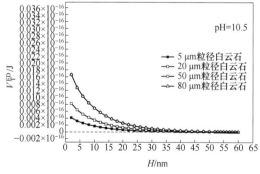

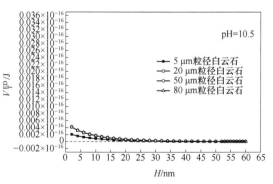

图 5.45　油酸钠体系下 20 μm 蛇纹石与各粒径　　图 5.46　油酸钠体系下 5 μm 蛇纹石与各粒径
　　　　　白云石作用的 EDLVO 势能曲线　　　　　　　　　　白云石作用的 EDLVO 势能曲线

斥力，随着蛇纹石与白云石颗粒之间距离变小 EDLVO 总势能逐渐变大，随着粒度变小势能也变小。因此，在油酸钠体系下蛇纹石与白云石之间不容易发生吸附现象。吸附罩盖不是油酸钠体系下白云石与蛇纹石交互影响的原因。

5.3.5.2 十二胺体系下白云石与蛇纹石浮选交互影响的机理

不同粒径白云石与不同粒径蛇纹石颗粒在十二胺体系下的相互作用能 V_T^{ED} 如图 5.47~图 5.50 所示。由此结果可知，蛇纹石与白云石颗粒之间的 EDLVO 总势能为正值，颗粒之间是斥力，总势能随着颗粒粒径变大或颗粒距离变小而变大。因此，白云石与蛇纹石之间不容易发生吸附，吸附罩盖不是十二胺体系下白云石与蛇纹石交互影响的原因。

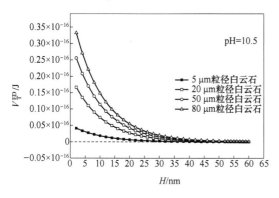

图 5.47　十二胺体系下 80 μm 蛇纹石与各粒径
白云石作用的 EDLVO 势能曲线

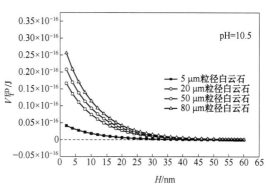

图 5.48　十二胺体系下 50 μm 蛇纹石与各粒径
白云石作用的 EDLVO 势能曲线

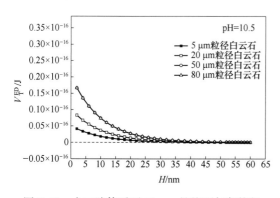

图 5.49　十二胺体系下 20 μm 蛇纹石与各粒径
白云石作用的 EDLVO 势能曲线

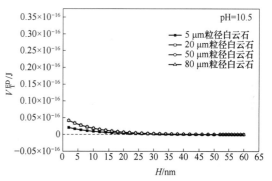

图 5.50　十二胺体系下 5 μm 蛇纹石与各粒径
白云石作用的 EDLVO 势能曲线

参 考 文 献

[1] 朱德山. 辽宁宽甸高硅水镁石矿浮选脱硅试验研究 [D]. 沈阳：东北大学，2011.

[2] 秦雅静，朱德山. 我国水镁石矿资源利用现状及展望 [J]. 中国非金属矿工业导刊，2014（6）：1-3.

[3] 付亚峰，杨晓峰，印万忠，等. 木质素磺酸钙对水镁石浮选中蛇纹石的抑制机理 [J]. 中南大学学报（自然科学版），2022，53（2）：371-378.

[4] 付亚峰，孙浩然，杨毅深，等. 蛇纹石的水溶特性对水镁石浮选的影响 [J]. 东北大学学报（自然科学版），2019，40（7）：1009-1013.

6 白钨矿浮选的交互影响

钨是一种重要的战略性稀有金属。纯钨为银白色，钨的熔点高达 3400 ℃，沸点为 5555 ℃，单晶钨的密度为 19.3 g/cm³。钨具有高硬度、高温强度和良好的导电、传热性能，钨及其合金是现代工业、国防及其高新技术领域中极为重要的功能材料，被广泛应用于军工、民用、工业等各个领域，素有"工业牙齿"之称，被列入国务院批复的 24 种战略性矿产目录。我国钨资源储量位居世界第一，占世界总储量的 60% 左右。2019 年世界钨产量 8.5 万吨，其中，中国钨产量 7 万吨，占比 82.35%，是世界最大的钨生产和消费国，在世界钨产业中具有举足轻重的地位。

自然界中，钨在成矿过程中多数形成氧化物（即钨酸盐），很少形成硫化物，没有自然钨。已发现的钨矿物与含钨矿物有 20 余种，但最有工业价值的主要为黑钨矿和白钨矿。表 6.1 为主要的钨矿物及其性质。

表 6.1　主要的钨矿物及其性质

矿物	钨锰矿	钨锰铁矿	钨铁矿	白钨矿
分子式	$MnWO_4$	$(Fe,Mn)WO_4$	$FeWO_4$	$CaWO_4$
WO_3 含量/%	76.5	76.6	76.3	80.6
晶系	单斜	单斜	单斜	正方
解理	沿斜轴面	沿斜轴面	沿斜轴面	平行锥面
莫氏硬度	5~5.5	5~5.5	4~4.5	4.5~5
密度/g·cm⁻³	7.2~7.5	7.1~7.5	6.8	5.9~6.2
磁性	弱磁性	弱磁性	弱磁性	非磁性

数据来源于《矿产资源综合利用手册》，科学出版社，2000。

矿床类型不同导致黑钨矿、白钨矿及其混合矿的选别技术有很大差异。一般而言，黑钨矿的矿石成分相对简单，选矿以重选为主，部分企业精选用干式强磁选；白钨矿的矿石中矿物组成复杂，有用矿物结晶粒度细，常呈浸染状嵌布于矿石中，多属难选矿石，大多采用浮选法分离富集。因此，黑白钨矿混合矿选矿技术涵盖了黑钨矿和白钨矿的综合选矿技术。

20 世纪 80 年代以前，我国钨资源开采主要以黑钨矿为主，黑白钨混合矿和白钨矿资源较少，这一阶段钨矿选矿技术的主要研究对象是黑钨矿。随着黑钨矿的不断开采，优质的黑钨资源逐渐枯竭，黑白钨混合矿和白钨矿逐步成为我国钨资源开发利用的主要对象。我国发现的大部分白钨矿床为矽卡岩型钨矿床，该类矿床的特点是：嵌布粒度细，呈细网脉状或浸染状构造；WO_3 品位偏低，且大多与方解石、萤石、石榴石等可浮性相似的含钙矿物紧密共生，以致钨矿物浮选分离变得十分困难。

白钨矿浮选一般分为硫化矿浮选、钨粗选和精选。硫化矿浮选的原则流程与普通硫化矿浮选类似。白钨矿粗选一般采用碳酸钠和水玻璃为调整剂，用脂肪酸类捕收剂，也有部分选厂用螯合捕收剂，粗选精矿的白钨矿精选工艺分为加温精选和常温精选。当白钨矿浮选精矿中含有多种含钙矿物（如方解石、萤石、石榴子石等）时，采用加温精选效果较好。白钨矿浮选一直是矿物加工领域研究的重点。整体来看，由于白钨矿硬度低、嵌布粒度细，以及白钨矿与共伴生含钙矿物表面性质相近，微细粒白钨矿及白钨矿与含钙脉石矿物浮选分离是白钨矿浮选研究的热点[1]。

　　表 6.2 中，虽然白钨矿和含钙脉石矿物表面均含 Ca 位点，表面位点活性、密度、表面电性、表面位点空间几何结构及阴离子基团类型仍存在明显差异，通过优化捕收剂结构、借助捕收剂协同效应及组装技术，理论上仍可有效提升白钨矿与含钙脉石矿物的分离效果。

表 6.2　3 种含钙矿物表面性质[2]

含钙矿物常见解理面	不饱和 Ca 位点密度/nm^{-2}	Ca 位点间距/nm	矿物等电点所对应 pH 值	阴离子基团
白钨矿（112）	3.97	0.387	1.5	WO_4^{2-}
萤石（111）	7.73	0.386	8.4~10.5	F^-
方解石（104）	4.95	0.405、0.499	8.2~10.8	CO_3^{2-}

　　表 6.3 为白钨矿常用捕收剂，其中，白钨矿浮选以脂肪酸类捕收剂为主，有研究表明，不同碳链结构的羧酸类捕收剂组合使用，螯合类（如苯甲羟肟酸）、非离子型表面活性剂（如 TX-100）或离子型表面活性剂（如十二烷基苯磺酸钠）与羧酸类捕收剂组合使用，具有更好效果。近些年有研究者研制了金属-有机配合物捕收剂，该类药剂官能团是金属离子，与传统的离子型捕收剂具有显著的差异。金属-有机配合物捕收剂捕收能力强、选择性较好，在实践中也得到了应用，成为未来钨矿浮选捕收剂重要的发展方向之一。

表 6.3　白钨矿常用捕收剂分类

捕收剂类型	代表性药剂	特　点
阴离子捕收剂	脂肪酸类：油酸、油酸钠、氧化石蜡皂、塔尔油及改性脂肪酸等	捕收性强、选择性差
	螯合类：羟肟酸类、CF 等	选择性强、捕收性差
	磺酸类：十二烷基苯磺酸钠、十二烷基磺酸钠、十二烷基硫酸钠等	捕收性强（十二烷基苯磺酸钠较弱）、起泡性较好
	膦酸类：苯乙烯膦酸等	选择性较强、捕收性一般
阳离子捕收剂	伯胺类：十二胺 季铵类：十二烷基三甲基氯化铵、双十烷基二甲基氯化铵等	捕收性强、选择性较强
两性捕收剂	氨基甲酸等	选择性强
配合物类捕收剂	铅-苯甲羟肟酸、铅-油酸钠等	选择性强、捕收性强

　　脂肪酸捕收剂体系中，水玻璃在常温条件下对含钙矿物的选择较差，近些年报道了较多新型抑制剂，可在常温下实现白钨矿与含钙矿物（特别是方解石浮选分离）。白钨矿浮选抑制剂可分为无机抑制剂和有机抑制剂，其中无机抑制剂包括水玻璃、改性水玻璃、磷

酸盐类等，有机抑制剂可分为小分子和大分子抑制剂两大类。其中，小分子抑制剂主要是没食子酸、乳酸、苹果酸、草酸、柠檬酸等，大分子抑制剂主要有多羧酸类、单宁类、纤维素类、聚糖类、淀粉类等。国外大量文献表明，已有多种药剂能够在常温下扩大白钨矿与含钙脉石矿物可浮性。

复杂矿石中矿物嵌布粒度细、共伴生矿物种类多，单体解离过程中产生粒度和组成各异的颗粒。这些矿物颗粒在浮选矿浆体系中会由于物理化学因素发生交互作用，影响浮选分离效率，是复杂矿石选别难度大的一个重要原因。矿物浮选的交互影响方式及其作用机制复杂，例如，粒度不同的矿物颗粒会通过诱导疏水性发生吸附罩盖，当粗/细粒矿物含量比值在合适的范围时可浮性好的粗粒矿物对细粒起载体-中介-助凝作用，有助于提高微细粒矿物浮选回收率；反之，粗/细粒度颗粒含量比例不合适时细粒矿物与粗粒矿物竞争吸附捕收剂，降低粗粒矿物回收率；表面电性相反的矿物（如蛇纹石和镍黄铁矿）会发生静电吸附罩盖，对浮选过程产生不利影响；具有一定溶解性的盐类矿物，矿物间会由于溶解组分吸附迁移、表面转化等产生交互影响；电化学性质不同的硫化矿物（如方铅矿-黄铁矿、黄铜矿-黄铁矿）存在电化学性质的相互作用，影响硫化矿溶解行为、表面性质和浮选行为；此外，矿物还可通过改变矿浆流变性质、气泡稳定性等方式影响共存矿物的浮选行为。整体来看，矿物交互作用既可促进矿物浮选也可恶化浮选过程，弄清矿物交互影响属性、作用机制及调控方法将会一定程度上提高复杂矿物浮选效率[3]。

白钨矿浮选体系中包括粒度大小、化学组成各不相同的固体颗粒，这些颗粒在浮选矿浆体系中会发生复杂的物理化学作用，进而影响浮选过程，这也是浮选药剂在单矿物体系与混合矿、实际矿石浮选体系性能差异的一个重要原因。下面从颗粒间相互作用及矿物溶解两方面分析白钨矿浮选体系的矿物交互影响。

6.1　白钨矿体系粗细粒矿物浮选交互影响及应用

浮选体系中同一矿物的浮选回收率和浮选速率有时并不相同，粒度是其中一个重要原因。如图6.1所示，白钨矿浮选回收率和浮选速率随粒度的降低而降低。然而，当粒度组

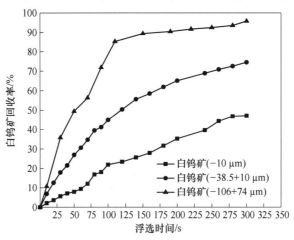

图 6.1　粒度对白钨矿回收率和浮选速率的影响（$c(\mathrm{NaOL})$ = 1.0×10^{-4} mol/L，pH=11.0）

成不同的矿物同时存在于浮选体系时，白钨矿浮选回收率会由于粗细粒矿物的交互作用而发生改变。

6.1.1 粒度组成对白钨矿浮选的影响

矿物质量和药剂用量相同时，颗粒平均粒度变小则总表面积会增大，颗粒表面单位面积的药剂吸附量少，进而诱导疏水性调控减弱；另外，细粒矿物动能小，与颗粒碰撞能力弱于粗粒矿物，这些原因导致微细粒白钨矿浮选回收率低于粗粒白钨矿，如图 6.2 所示。图 6.2 还表明，当 $-10\ \mu m$ 粒级白钨矿与 $+38.5\ \mu m$ 粒级白钨矿混合时，粗细粒白钨矿混合物的回收率与 $-10\ \mu m$ 白钨矿回收率相当。一方面是细粒白钨矿表面能高于粗粒，可浮性差的白钨矿与可浮性好的粗粒白钨矿竞争吸附捕收剂；另一方面是细粒白钨矿的混入增加了颗粒群的总表面积，导致单位面积上药剂吸附量减少，颗粒疏水性降低。因此，细粒白钨矿会降低粗粒白钨矿的浮选回收率。

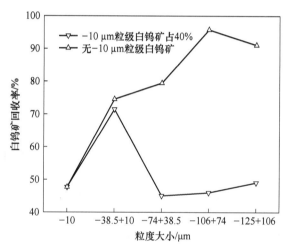

图 6.2 颗粒粒径对白钨矿回收率的影响

$(c(\mathrm{NaOL}) = 1.0 \times 10^{-4}\ \mathrm{mol/L},\ \mathrm{pH} = 11.0)$

pH 值为 11.0，油酸钠浓度为 $1.0 \times 10^{-4}\ \mathrm{mol/L}$ 时，$-10\ \mu m$ 白钨矿含量对白钨矿浮选回收率的影响如图 6.3 所示。由图 6.3 可知，$+38.5\ \mu m$ 粒级白钨矿的回收率在 75% 以上，$-10\ \mu m$ 粒级白钨矿的回收率仅为 47.1%。将 $-10\ \mu m$ 粒级白钨矿与 $-125+106\ \mu m$ 粒级白钨矿混合后进行浮选，当 $-10\ \mu m$ 粒级白钨矿所占比例大于 20% 时，白钨矿的回收率较低（仅 50% 左右）且基本保持不变，与 $-10\ \mu m$ 粒级白钨矿所占比例为 100% 时（即浮选入料全部为 $-10\ \mu m$ 粒级白钨矿）的浮选回收率相当。由此可见，$-10\ \mu m$ 粒级白钨矿不仅回收率低，而且还会影响粗粒白钨矿的浮选回收率，这说明粗细粒质量比例和粗粒的粒径范围明显影响白钨矿浮选回收率。

为进一步分析粒度组成对白钨矿浮选的影响，在此假设入选白钨矿矿样中 $+10\ \mu m$ 粒级所占比例为 x（以小数表示），$+10\ \mu m$ 粒级白钨矿颗粒（载体颗粒）单独存在时的浮选回收率为 ε_{10}，$-10\ \mu m$ 粒级细粒级白钨矿单独存在时（即浮选入料全部为 $-10\ \mu m$ 细粒级白钨矿）的回收率为 ε_{20}，那么，$+10\ \mu m$ 粒级白钨矿和 $-10\ \mu m$ 细粒级白钨矿回收率的加

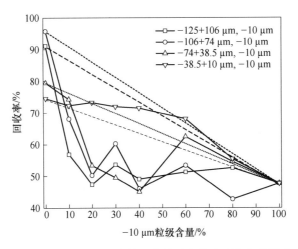

图 6.3　−10 μm 粒级白钨矿含量对白钨矿回收率的影响

权平均值为：

$$\varepsilon_{加权} = x\varepsilon_{10} + (1 - x)\varepsilon_{20} \tag{6.1}$$

假设矿物之间不存在相互影响，其理论回收率定义为加权平均值。若粗粒矿物与细粒矿物相互作用，且矿物之间的相互吸引力大于流体剪切力，那么回收率低的细粒矿物将黏附在回收率高的粗粒矿物表面，表现为粗粒浮选的特性。与之相反，如果回收率差的细粒与回收率高的粗粒矿物之间无黏附发生，那么细粒矿物将会分散于矿浆中。由于细粒矿物的表面积和表面能大，对药剂的吸附能力强，可浮性好的粗粒矿物竞争吸附所得的药剂量就会减少，这样可浮性好的粗粒矿物回收率就会由于细粒矿物消耗捕收剂而下降；另外，细粒矿物虽然吸附了大量捕收剂，但由于细粒矿物的动能小，难以与气泡发生有效碰撞而形成矿化气泡，浮选回收率仍然较低，这样便会导致白钨矿的总体回收率低于加权平均值。

基于上述分析，以图 6.3 虚线表示浮选回收率的加权平均值，当−10 μm 粒级矿物含量小于 60% 时，−10 μm 粒级与−38.5+10 μm 粒级的白钨矿混合矿回收率明显高于回收率的加权平均值，与−38.5+10 μm 粒级白钨矿浮选回收率基本持平；但−10 μm 粒级与+38.5 μm 粒级白钨矿混合矿的回收率明显低于回收率的加权平均值，说明−10 μm 粒级易于黏附在−38.5+10 μm 粒级白钨矿表面，而−10 μm 粒级与+38.5 μm 粒级白钨矿发生黏附的概率较小；对于后者，由于大量的−10 μm 粒级颗粒分散于矿浆中，消耗了大量捕收剂，从而降低了粗粒白钨矿的回收率。

6.1.2　白钨矿体系粗细粒矿物浮选交互影响的应用

6.1.2.1　微细粒白钨矿载体浮选及调控

分析粒度组成对白钨矿浮选的影响发现（见图 6.3），全粒级白钨矿中某个窄粒级粗粒白钨矿对−10 μm 粒级难浮白钨矿浮选起载体作用，一方面可提高白钨矿整体回收率，使全粒级的白钨矿回收率不会因为微细粒白钨矿的存在而总体回收率过低；另一方面可降低微细粒矿物含量，削弱微细粒白钨矿对易浮粗粒白钨矿浮选的影响。图 6.3 还说明，白钨矿自载体浮选应重视载体粒度及质量比，否则，微细粒反而会降低可浮性好的粗粒白钨矿载体回收率。

A 碳酸钠与白钨矿表面的化学反应及对白钨矿浮选的影响

碳酸钠是白钨矿浮选的一种重要调整剂，用于调节矿浆 pH 值和消除难免金属离子的影响。除此之外，根据热力学分析，碳酸钠与白钨矿还可发生如下化学反应：

$$CaWO_4(s) + Na_2CO_3(aq) = Na_2WO_4(aq) + CaCO_3(s) \qquad (6.2)$$

式（6.2）还是碳酸钠分解白钨矿提取钨酸钠的基本化学方程式，表明碳酸钠可置换白钨矿的钨酸根离子，使白钨矿表面生成碳酸钙组分。方解石溶液体系计算可分为封闭体系计算模型和开放体系计算模型，经研究发现以封闭体系计算模型得出的方解石溶解的钙离子浓度与实际更相符。在上述基础上，为研究碳酸钠对白钨矿浮选的影响进行了矿物与药剂作用的热力学计算，结果如图 6.4 所示。

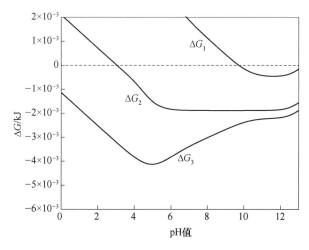

图 6.4 矿物与药剂作用的 ΔG 与 pH 值的关系

图 6.4 为白钨矿与 1.0×10^{-3} mol/L 碳酸钠反应的吉布斯自由能（ΔG_1）、白钨矿与 1.0×10^{-4} mol/L 油酸钠反应的吉布斯自由能（ΔG_2）及碳酸钙与 1.0×10^{-4} mol/L 油酸钠化学反应的吉布斯自由能（ΔG_3）与 pH 值的关系。由 ΔG_1 与 pH 值的关系可知，pH > 9.75 时碳酸钠可与白钨矿发生化学作用，碳酸钠作用后白钨矿表面生成碳酸钙，意味着碳酸钠作用前后油酸钠与白钨矿表面的作用强度随之发生了变化。由于 $\Delta G_3 < \Delta G_2$，即碳酸钠与白钨矿作用后油酸钠与矿物作用的 ΔG 变小，说明碳酸钠与白钨矿作用后有利于促进油酸钠吸附。

图 6.5 和图 6.6 为碳酸钠对 -106 μm 宽粒级白钨矿浮选的影响（注：本试验过程中在加入碳酸钠前后测定 pH 值变化，确保碳酸钠加入前后矿浆 pH 值不变，下同）。碳酸钠强化了油酸钠对白钨矿的捕收能力，与图 6.4 的热力学计算结果相符，证明碳酸钠可用于强化油酸钠对白钨矿的疏水性调控作用。

B 碳酸钠对白钨矿自载体浮选的调控作用

自载体浮选的理论前提是粗粒载体与细粒矿物发生疏水性诱导团聚，既然碳酸钠可强化油酸钠对白钨矿的疏水性调节作用，本书作者详细研究了碳酸钠对白钨矿自载体浮选的影响。

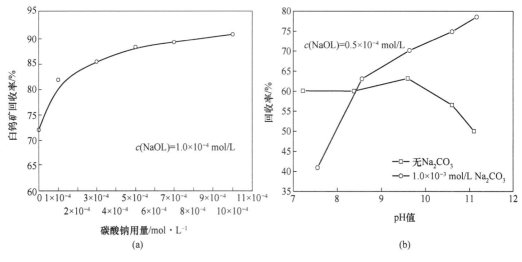

(a)

图 6.5　碳酸钠用量和矿浆 pH 值对白钨矿回收率的影响
(a) 碳酸钠用量；(b) 矿浆 pH 值

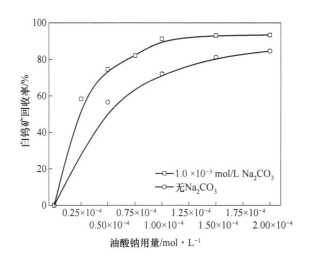

图 6.6　不同油酸钠用量下碳酸钠对白钨矿浮选的影响

根据图 6.7 的数据可得，碳酸钠能够提高各粒级白钨矿的回收率，但提升幅度相对较小，不如宽粒级白钨矿浮选效果明显。换言之，在图 6.7 的试验条件下，碳酸钠对窄粒级白钨矿浮选的活化作用基本可以忽略不计。进一步观察图 6.8 可以发现，当以 $-74+38.5\ \mu m$ 粒级白钨矿为载体时，碳酸钠能够提高白钨矿的回收率。当碳酸钠用量在 $5\times10^{-4}\sim7.5\times10^{-4}\ mol/L$ 范围内时，白钨矿的浮选回收率达到最高值，约为 84.99%，提升幅度达到 22.52 个百分点。由于碳酸钠并不能明显提高 $-74+38.5\ \mu m$ 粒级和 $-10\ \mu m$ 粒级白钨矿的回收率（见图 6.7），这表明碳酸钠的作用在于强化粗细粒白钨矿之间的相互作用，即载体浮选过程，从而提高了回收率。

由图 6.8 可得知，碳酸钠不存在时载体和细粒级白钨矿混合后的回收率为 62.47%，图 6.7 中载体和 $-10\ \mu m$ 细粒级白钨矿单独存在时的回收率分别为 79.46% 和 47.1%，按照

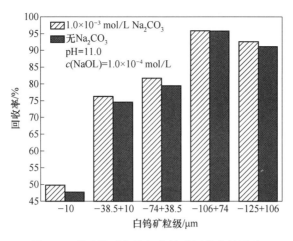

图 6.7 碳酸钠对各粒级白钨矿回收率的影响

图 6.8 的质量比可得载体与细粒级矿物回收率的加权平均值为：

$$79.46\% \times 0.4 + 47.1\% \times 0.6 = 60.04\% < 62.47\%$$

由此可见，载体矿物和细粒级矿物混合后的整体回收率大于加权值，但效果不明显。

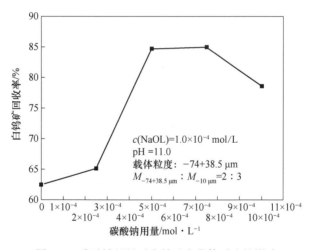

图 6.8 碳酸钠用量对白钨矿自载体浮选的影响

在添加了 7.5×10^{-4} mol/L 碳酸钠后，粗粒载体白钨矿与细粒级白钨矿混合后的整体回收率达到了 84.99%，而单独存在的载体和细粒级白钨矿的回收率分别为 82.61% 和 51.29%。根据图 6.8 的质量比计算出的回收率加权平均值为 63.82%，明显低于整体回收率（84.99%）。这表明：碳酸钠增强了细粒级与载体矿物之间的相互作用，从而提高了白钨矿的回收率。

为便于分析，本书提出"载体回收率极限法"讨论自载体浮选效果。假设载体回收率达到极限或最高回收率时，根据载体比例和整体回收率所求微细粒矿物回收率即为理论最低回收率。以图 6.8 为例，碳酸钠浓度为 7.5×10^{-4} mol/L 时，设载体矿物回收率达到极限值，即 100%，M 为浮选入料的质量，根据载体和细粒级白钨矿的质量比例（2∶3）及整体回收率（84.99%），可得-10 μm 粒级白钨矿最低回收率为：

$$(M \times 84.99\% - 0.4M \times 100\%)/(0.6M) = 74.98\%$$

据此可得，理论上-10 μm 粒级白钨矿的回收率至少可达到 74.98%；由于-10 μm 粒级白钨矿单独存在时的回收率仅为 47.1%（见图 6.6），进而证明碳酸钠促进了白钨矿的自载体浮选效果，提高了-10 μm 粒级白钨矿的回收率。

载体比例也是自载体浮选的重要影响因素。-74+38.5 μm 粒级白钨矿为载体时，载体比例对白钨矿回收率的影响如图 6.9 所示。由图 6.9 可知，在不同的载体比例下碳酸钠均提高了白钨矿回收率，且载体比例为 60% 时提升作用最明显；碳酸钠不存在时，仅载体比例为 40% 具有较高回收率，其余比例的总回收率较低，而在碳酸钠存在的条件下，载体比例为 40% ~ 80% 时均具有较高的回收率。

根据"载体回收率极限法"与图 6.9 中的载体比例，结合图 6.7 中粗粒载体和-10 μm 粒级白钨矿回收，当载体能够充分上浮时（即载体单独存在时的回收率）-10 μm 粒级白钨矿回收率计算结果见表 6.4。由表 6.4 可知，载体比例大于 40% 时碳酸钠对粗粒白钨矿对-10 μm 粒级白钨矿回收率的提升效果不明显，主要是降低了细粒白钨矿对粗粒白钨矿的影响，仅载体比例为 40% 时碳酸钠促进了粗粒白钨矿对细粒白钨矿载体浮选效果。换言之，碳酸钠并不能有效扩大白钨矿自载体浮选的粗粒载体质量占比范围。

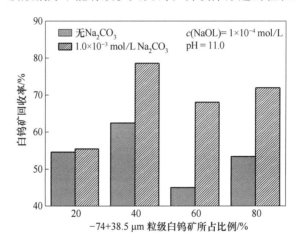

图 6.9　不同载体比例下碳酸钠对白钨矿回收率的影响

表 6.4　采用载体回收率极限法求得-10 μm 粒级白钨矿回收率

-74+38.5 μm 粒级质量占比/%	20	40	60	80
-10 μm 粒级白钨矿回收率（无碳酸钠）/%	49.6	54.4	0.835	-0.32
-10 μm 粒级白钨矿回收率（1×10^{-3} mol/L 碳酸钠）/%	49.0	76.8	48.3	34.9

注：碳酸钠浓度为 1×10^{-3} mol/L 时载体回收率取 81.25%，无碳酸钠时为 74.56%。

载体粒度对白钨矿回收率的影响如图 6.10 所示。由图 6.10 可知，载体比例为 40% 时，碳酸钠不存在时最佳的载体粒度为-38.5+10 μm，此时白钨矿的浮选回收率为 68.07%（回收率的加权平均值为 58.45%）；加入碳酸钠后最佳的载体粒度变为-74+38.5 μm，对应的白钨矿总回收率为 84.99%（回收率的加权平均值为 63.82%）。此外，载体粒级为 $-38.5+10\ \mu m$ 时白钨矿总回收率为 79.01%（回收率的加权平均值为 60.38%），且两种载体粒级下浮选回收率的差别不明显。表 6.5 为"载体回收率极限法"求得的 $-10\ \mu m$ 粒级白钨矿回收率，由表可知，无碳酸钠时 $-74+38.5\ \mu m$ 粒级白钨矿对 $-10\ \mu m$ 粒级白钨矿载体浮选效果不明显，碳酸钠加入后提高了 $-10\ \mu m$ 粒级白钨矿回收率，起到了载体浮选效果。由此可见，碳酸钠可扩大载体浮选最佳的载体粒度范围。

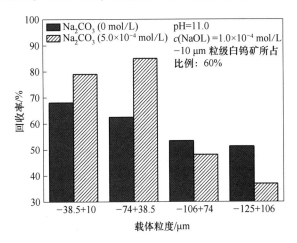

图 6.10　载体粒度对白钨矿回收率的影响

表 6.5　载体回收率极限法求得 $-10\ \mu m$ 粒级白钨矿回收率

载体粒度及其回收率/%	$-38.5+10\ \mu m$ 粒级		$-74+38.5\ \mu m$ 粒级		$-10\ \mu m$ 粒级白钨矿单独存在时回收率/%
	回收率取 100%	单独存在时回收率①	回收率取 100%	单独存在时回收率①	
$-10\ \mu m$ 粒级白钨矿回收率（无碳酸钠）/%	46.78	63.74	37.45	51.14	47.71
$-10\ \mu m$ 粒级白钨矿回收率（ 1×10^{-3} mol/L 碳酸钠）/%	65.02	80.82	74.98	86.48	49.77

①回收率取自图 6.7。

综上所述，粒度与质量占比合适的粗粒白钨矿对可浮性差的 $-10\ \mu m$ 粒级白钨矿浮选起到载体作用，碳酸钠可促进白钨矿自载体浮选回收率，扩大载体粒度范围，但不能有效改善载体质量占比范围。

　　C　粗细粒白钨矿交互影响作用及调控机制

　　在油酸钠溶液中白钨矿颗粒间的相互作用力主要包括静电力、范德华力和疏水作用力，对于半径分别为 R_1、R_2 的球形颗粒，有以下对应的相互作用能。

　　（1）静电作用能 V_E：

$$V_E = 4\pi\tau_a \frac{R_1 R_2}{R_1 + R_2}\psi_0^2 \ln[1 + \exp(-\kappa H)] \tag{6.3}$$

　　（2）范德华作用能 V_W：

$$V_W = -\frac{AR_1 R_2}{6(R_1 + R_2)} \tag{6.4}$$

式中，A 为 Hamaker 常数，且 $A = (\sqrt{A_{11}} - \sqrt{A_{22}})^2$，油酸钠溶液中的 Hamaker 常数取 $A_{22} = 4.7 \times 10^{-20}$ J，水溶液中白钨矿矿物的 Hamaker 常数取 $A_{11} = 10 \times 10^{-20}$ J；R_1、R_2 为不同球形粒子的半径。

（3）疏水作用能 V_{HA}，半径分别为 R_1、R_2 的不同球形粒子间的极性界面相互作用能表达式为：

$$V_{HA} = 2\pi \frac{R_1 R_2}{R_1 + R_2} h_0 V_H^0 \exp\left(\frac{H_0 - H}{h_0}\right) \tag{6.5}$$

其中，

$$V_H^0 = 2\left[\sqrt{\gamma_L^+}\left(2\sqrt{\gamma_S^-} - \sqrt{\gamma_L^-}\right) - \sqrt{\gamma_L^-}\sqrt{\gamma_L^+}\right] \tag{6.6}$$

$$(1 + \cos\theta)\gamma_L = 2\left(\sqrt{\gamma_S^d \gamma_L^d} + \sqrt{\gamma_S^+ \gamma_L^-} + \sqrt{\gamma_S^- \gamma_L^+}\right) \tag{6.7}$$

$$\gamma_S^d = A/(1.51 \times 10^{-21}) \tag{6.8}$$

根据 EDLVO 理论，白钨矿颗粒间作用能 V_T^D 的计算公式为：

$$V_T^D = V_W + V_E + V_{HA} \tag{6.9}$$

在 1.0×10^{-4} mol/L 油酸钠溶液中，τ_a 为分散介质绝对介电常数，取 6.95×10^{-10} C^2/(J·m)；ψ_0 为表面电位，以动电位代替，取 0.049 V；κ^{-1} 为 Debye 长度，κ 取 0.104 nm^{-1}；H 为颗粒间相互距离，nm；h_0 为衰减长度，取 3 nm；H_0 为颗粒间平衡接触距离，取 0.2 nm；γ_S^+、γ_L^+ 分别为白钨矿和介质 L 表面能的电子接受体分量；γ_S^-、γ_L^- 分别为白钨矿和介质 L 表面能的电子给予体分量；γ_S^d、γ_L^d 分别为固体颗粒和液体的表面能的色散分量。水作为介质的 γ_L、γ_L^d、γ_L^+、γ_L^- 分别为 72.8 mJ/m^2、21.8 mJ/m^2、25.5 mJ/m^2 和 25.5 mJ/m^2；θ 为白钨矿接触角，水溶液和 1.0×10^{-4} mol/L 油酸钠中白钨矿的接触角分别为 45° 和 80°。

假设两种不同球形颗粒的半径 R_1 为 5 μm，R_2 为 30 μm，将上述数据代入式（6.3）~式（6.9）可得白钨矿颗粒间相互作用的势能曲线，结果如图 6.11 所示。由图 6.11 可知，随着颗粒间距的减小，白钨矿颗粒间总的相互作用能在 $H < 20$ nm 时为负值，说明白钨矿颗粒间存在相互吸引力。仔细分析各相互作用能可知，白钨矿颗粒间的相互吸引主要是由疏水性作用引起的，随着 H 减小，矿物之间的静电斥力增加，但远小于疏水性作用力。

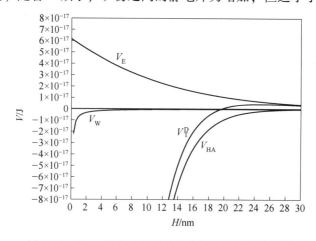

图 6.11　5 μm 粒级白钨矿与载体颗粒间的势能曲线

热力学计算表明，碳酸钠可促进油酸钠在白钨矿表面的吸附量，接触角测定进一步表明，碳酸钠作用后，白钨矿接触角由 80° 增加到 87°。由 EDLVO 理论计算得出，碳酸钠作用前后白钨矿颗粒间的相互作用能变化量与 H 的关系如图 6.12 所示。由图 6.12 可知，碳酸钠作用后白钨矿颗粒间的相互作用能降低，说明碳酸钠促进了白钨矿颗粒团聚，可强化白钨矿的载体浮选。

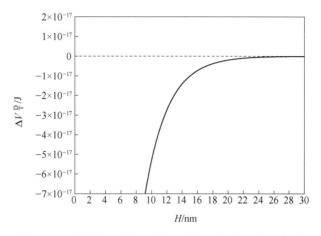

图 6.12 碳酸钠作用前后白钨矿颗粒间势能变化量曲线

为了验证白钨矿颗粒间的凝聚与分散行为，以及进一步验证疏水性作用对白钨矿颗粒间团聚的重要性及碳酸钠对白钨矿自载体浮选的作用，进行了沉降试验。根据已有研究，沉降试验结果可用上清液的浊度值衡量，浊度值越小，颗粒聚集性效果越好。图 6.13 展示了碳酸钠作用前后油酸钠对白钨矿浊度的影响。从图 6.13 中可以看出，随着油酸钠用量增加，浊度值逐渐降低，说明油酸钠促进了白钨矿颗粒间的凝聚，进一步证明了疏水性作用是使颗粒间发生凝聚的原因。此外，碳酸钠作用后浊度值降低，说明碳酸钠也促进了白钨矿颗粒间的凝聚，这与理论计算和浮选试验的结果相符。

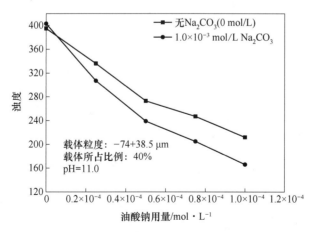

图 6.13 油酸钠用量对白钨矿浊度的影响

6.1.2.2 矿物可浮性差异的粒度因素分析

在油酸钠为捕收剂时，pH 值和捕收剂用量对回收率的影响如图 6.14 和图 6.15 所示。

由图 6.14 可知，油酸钠用量为 $1.5×10^{-4}$ mol/L 时，在碱性条件下方解石具有良好的可浮性，且 pH 值对回收率的影响较小，而白钨矿在中等碱性条件下可浮性最好。图 6.15 表明，白钨矿回收率随浮选时间增加而呈线性增加，而方解石回收率随浮选时间的增加先急剧增加，当达到最高值时，回收率随浮选时间的增加而趋于平衡。

白钨矿与方解石的分离问题一直被认为是一项具有挑战性的任务，主要是因为这两种矿物的表面性质相似，都是通过表面 Ca 位点与浮选药剂发生作用。图 6.14 和图 6.15 表明，方解石的浮选回收率和浮选速率都高于白钨矿。这意味着在白钨矿与方解石的分离过程中，需要对方解石的浮选速率和回收率进行抑制，同时也要确保白钨矿的浮选速率和回收率不会受到抑制，这是白钨矿和方解石浮选分离困难的另一个重要因素。

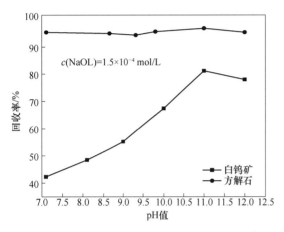

图 6.14　pH 值对 -106 μm 粒级白钨矿与方解石
回收率的影响

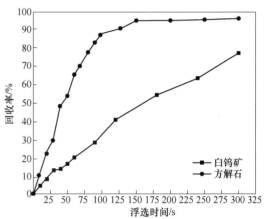

图 6.15　-106 μm 粒级白钨矿与方解石
浮选速率的对比

（c(NaOL) = $1.0×10^{-4}$ mol/L, pH = 11.0）

白钨矿与方解石都属于易碎的矿石，细粒矿物的浮选是白钨矿浮选常见问题。粒度及其组成对白钨矿与方解石回收率的影响如图 6.16 和图 6.17 所示。

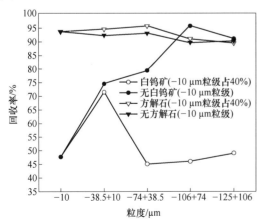

图 6.16　粒度及其粒度组成对白钨矿与方解石
回收率的影响

（c(NaOL) = $1.0×10^{-4}$ mol/L, pH = 11.0）

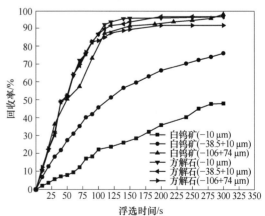

图 6.17　粒度对白钨矿与方解石浮选速率的影响

（c(NaOL) = $1.0×10^{-4}$ mol/L, pH = 11.0）

根据图6.16，可以看到在0~125 μm范围内，白钨矿的浮选回收率随着粒度的增加而有所提高。当+10 μm粒级的白钨矿与−10 μm粒级的细粒白钨矿混合时，−38.5+10 μm粒级的白钨矿回收率基本保持不变，然而，−10 μm粒级的细粒白钨矿的混入明显降低了+38.5 μm粒级白钨矿与−10 μm粒级白钨矿混合矿的回收率。另外，方解石的粒度及其组成对回收率的影响较小。由此可见，−10 μm粒级的矿物不利于提高白钨矿的浮选回收率，而对方解石的影响则相对较小。

进一步观察图6.17可以发现，粒度对方解石的浮选速率影响较小，而对白钨矿的浮选速率有明显的影响。随着粒度的降低，白钨矿的浮选速率明显降低。

根据图6.16和图6.17的综合分析发现，细粒白钨矿的回收率和浮选速率明显低于方解石，这无疑增加了方解石与白钨矿分离的难度。

白钨矿和方解石表面元素的相对含量见表6.6。从表6.6中数据可以看出，方解石表面钙的相对含量高于白钨矿，这说明方解石表面吸附油酸钠的活性质点数量多于白钨矿，因此方解石对油酸钠的吸附更有利。油酸钠（NaOL）与钨酸根离子、碳酸根离子主要通过离子键的形式与白钨矿和方解石表面的钙离子发生键合作用。矿物的溶度积越大，键合作用越强，对油酸钠的竞争吸附也就越强烈。根据表6.6中的数据，钨酸根离子比碳酸更易与钙离子发生键合作用，因此钨酸根离子对油酸钠的竞争吸附作用强于方解石。综上所述，油酸钠在方解石表面更容易吸附，这正是方解石可浮性优于白钨矿的一个重要原因。

表6.6 白钨矿和方解石表面元素的相对含量

元素及相对含量/%	C 1s	O 1s	Ca 2p$_{3/2}$	W 4f
白钨矿	38.25	30.22	22.16	9.37
方解石	26.68	44.74	28.58	—

方解石对油酸钠的吸附作用更强，油酸钠吸附后方解石的疏水性更强，同时，方解石颗粒之间的疏水作用能强于白钨矿，更有利于颗粒间的团聚。方解石的Hamaker常数为12.4×10^{-20} J，经测定，pH = 11.0时方解石在水溶液和油酸钠溶液中的动电位分别为−25.3 mV和−42.67 mV。根据式（6.3）~式（6.9）及表6.7中的数据得出方解石和白钨矿颗粒间相互作用能，如图6.18所示。由图6.18可知，与方解石相比，细粒白钨矿之间、细粒与粗粒白钨矿之间相互黏附较为困难。因此，细粒方解石浮选时更易于发生疏水性团聚，表现为粗粒矿物浮选的性质，而细粒白钨矿颗粒间的能垒较高而难以发生团聚，细粒矿物难以与气泡发生碰撞形成矿物气泡，导致浮选速率和回收率较低，故粒度对白钨矿回收率与浮选速率的影响程度大于方解石。

表6.7 白钨矿与方解石的溶度积和润湿性

矿物种类	接触角/(°)		K_{sp}
	加NaOL前	加NaOL后	
白钨矿	45	80	10$^{-9.30}$
方解石	50	88	10$^{-8.35}$

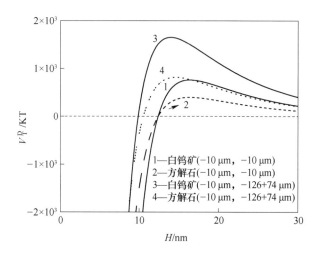

图 6.18　pH = 11.0 时矿物颗粒之间的相互作用与距离的关系

根据图 6.14~图 6.18 所示的结果，可以推断出方解石对油酸钠的吸附能力强且颗粒间易于产生疏水性团聚，因此表现出粗粒浮选特性，具有良好的浮选性能。与之相反，微细粒白钨矿回收率低，且白钨矿颗粒间存在较高的能垒而难以团聚，其结果是微细粒白钨矿会通过竞争吸附捕收剂而降低粗粒白钨矿的回收率。这些因素导致方解石的浮选速率和回收率高于白钨矿，粒度对方解石的影响较小而对白钨矿的影响较大，这是白钨矿与方解石难以进行浮选分离的另一种主要机制。

以上内容以白钨矿和方解石为例，探讨了不同粒度矿物之间的相互影响。综合上述研究可以得出如下结论：对于同种矿物而言，粗细粒矿物之间存在相互影响，且这种影响具有两面性。在适宜的粗粒质量比条件下，可浮性较好的粗粒矿物能够对可浮性较差的微细粒矿物起到载体作用，从而实现微细粒矿物的自载体浮选，对矿物浮选起到促进作用。然而，当质量比不合适或粗细粒颗粒尺寸不匹配时，微细粒矿物反而会通过竞争吸附捕收剂降低粗粒白钨矿的可浮性，对矿物浮选产生负面作用。另外，从粗细粒矿物相互影响的思路出发，还可以寻找导致矿物浮选分离困难的粒度因素，由此得出白钨矿与方解石颗粒间的相互作用差异引起的可浮性差异也是两种矿物难以分选的一个重要原因。总之，在矿物浮选过程中，需要考虑粗细粒矿物的相互作用及其影响因素，以便优化浮选效果。

6.2　无抑制剂时白钨矿体系矿物交互影响及调控和应用

6.2.1　含钙矿物混合矿的溶液化学计算

在溶液体系达到化学平衡时，组分的溶解平衡、电荷守恒和质子守恒是必然成立的，且三种守恒关系式线性无关。针对复杂浮选溶液体系，本节以白钨矿和方解石混合矿为例，应用溶解平衡、电荷守恒和质子守恒三个相平衡关系式求得各离子变量之间的关系，并根据方程组个数确定未知参数数目、根据解离平衡以未知参数表示各关系式中的离子浓度，以此得出关于未知参数的方程组。然后，根据边界条件，应用 Matlab 软件计算溶液中的离子浓度，并将试验结果与试验测定值进行对比，验证计算的合理性，最后根据计算结果讨论浮选机制。方解石和白钨矿混合矿溶液存在的化学反应及平衡常数见表 6.8，各离子间的数学关系式见表 6.9。

表 6.8 白钨矿和方解石溶液中的化学反应及平衡常数[4]

化 学 反 应	平 衡 常 数
$CaWO_4 \rightleftharpoons Ca^{2+} + WO_4^{2-}$	$K_{sp1} = 10^{-9.3}$
$H^+ + HWO_4^- \rightleftharpoons H_2WO_4$	$K_1 = 10^{3.5}$
$H^+ + WO_4^{2-} \rightleftharpoons HWO_4^-$	$K_2 = 10^{4.7}$
$CaCO_3 \rightleftharpoons Ca^{2+} + CO_3^{2-}$	$K_{sp2} = 10^{-8.35}$
$H^+ + HCO_3^- \rightleftharpoons H_2CO_3$	$K_3 = 10^{6.35}$
$H^+ + CO_3^{2-} \rightleftharpoons HCO_3^-$	$K_4 = 10^{10.33}$
$OH^- + Ca^{2+} \rightleftharpoons Ca(OH)^+$	$K_5 = 10^{1.4}$
$2OH^- + Ca^{2+} \rightleftharpoons Ca(OH)_2$	$K_6 = 10^{2.77}$
$H_2O \rightleftharpoons H^+ + OH^-$	$K_W = 10^{-14}$

表 6.9 白钨矿-方解石-水溶液中离子化学守恒式及其对应的数学关系式

化学守恒式	数学关系式
$c(Ca^{2+}) \cdot c(WO_4^{2-}) = K_{sp1}$	$xy - 10^{-9.3} = 0$
$c(Ca^{2+}) \cdot c(CO_3^{2-}) = K_{sp2}$	$xz - 10^{-8.35} = 0$
$c(H^+)+2c(Ca^{2+})+c(CaOH^+)+c(Na^+) = 2c(CO_3^{2-})+c(HCO_3^-)+2c(WO_4^{2-})+c(HWO_4^-)+c(OH^-)$	$t+10^{(-pH)}+2x+10^{(pH-12.6)}x+10^{-3}-2y-10^{(3.5-pH)}y - 2z-10^{(10.33-pH)}z-10^{(pH-14)} = 0$
$c(H^+)+c(HCO_3^-)+2c(H_2CO_3)+c(HWO_4^-)+2c(H_2WO_4) = c(OH^-)-c(Na^+)+c(CaOH^+)+2c(Ca(OH)_2)$	$10^{(-pH)}+10^{(3.5-pH)}y+2\times10^{(8.2-2pH)}y+10^{(10.33-pH)}z+2\times10^{(16.68-2pH)}z-10^{(pH-14)}+t-10^{(pH-12.6)}x-2\times10^{(2pH-25.23)}x = 0$

注：设 $c(Ca^{2+}) = x$，$c(WO_4^{2-}) = y$，$c(CO_3^{2-}) = z$，$c(Na^+)$ 或 $c(Cl^-) = t$。其中，氢氧化钠调节 pH 值时 $c(Na^+) = z$ 表示 NaOH 的加入量，$c(Cl^-) = z$ 表示盐酸调节 pH 值时的加入量。上述符号的单位均为 mol/L。NaOH 调节 pH 值，采用 HCl 调节 pH 值时表中 t 取相反数。

应用数学软件求解表 6.9 中的数学方程，求得不同 pH 值下白钨矿-方解石混合矿体系中钙离子浓度，结果如图 6.19 所示。图 6.19 表明理论计算结果和文献 [5] 的报道值一致，证明理论计算具备合理性。随着 pH 值升高，钙离子浓度先逐渐下降，然后趋于平缓，当 pH=11.0 时白钨矿-方解石混合矿体系中钙离子浓度大约为 1.0×10^{-4} mol/L，而单一的白钨矿体系中 pH=8~12 范围内白钨矿溶解的钙离子浓度为 $(1~2.0) \times10^{-5}$ mol/L。由此可见，方解石和白钨矿混合矿溶液中的钙离子浓度明显高于白钨矿溶液中的钙离子浓度，即方解石混入白钨矿浮选体系后增加了溶液中钙离子浓度。

同理，在 NaOH 或 HCl 调节矿浆 pH 值条件下，计算了碳酸钠对白钨矿+方解石混合矿溶解钙离子浓度的影响及碳酸钠浓度对矿浆 pH 值的影响（表 6.9 中的第一列、第三行中的钠离子浓度等于氢氧化钠与碳酸钠中钠离子浓度总和，第四行中的钠离子浓度取氢氧化

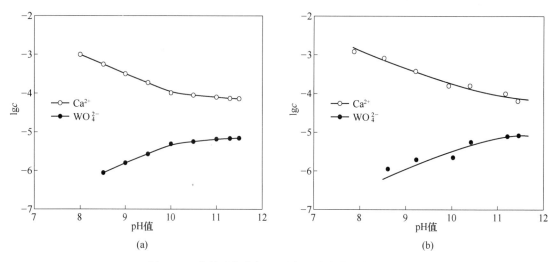

图 6.19　白钨矿与方解石混合矿溶液中的离子浓度
（a）理论计算值；（b）文献 ［5］ 报道值

钠浓度），计算结果如图 6.20 所示。从图 6.20 中可以明显看出，当碳酸钠用量由 0 mol/L 增加到 1.0×10^{-3} mol/L 时，钙离子浓度从 8×10^{-5} mol/L 显著降低至 0.5×10^{-5} mol/L。这意味着碳酸钠能够完全消除方解石对白钨矿浮选溶液中钙离子浓度的影响。在 pH = 11.0 的条件下，碳酸钠用量的变化基本不会改变矿浆的 pH 值。这与浮选试验的测试结果一致，同时也说明在较高的 pH 值条件下，碳酸钠对白钨矿浮选回收率的影响并非通过影响矿浆 pH 值来实现的。

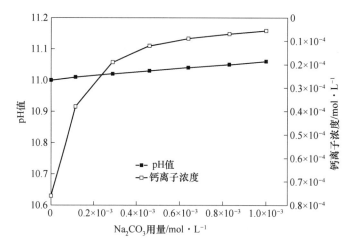

图 6.20　碳酸钠用量对白钨矿与方解石混合矿溶液中钙离子浓度的影响

依据表 6.9 计算结果，得出白钨矿及其与方解石混合矿溶液中钙离子浓度与 pH 值的关系（见图 6.21），加入碳酸钠后降低了溶液中的钙离子浓度，pH 值越高钙离子浓度降低越明显，且 pH >10.0 时方解石溶解的钙离子浓度小于白钨矿，因而可消除或削弱方解石对白钨矿浮选体系中钙离子浓度的影响。

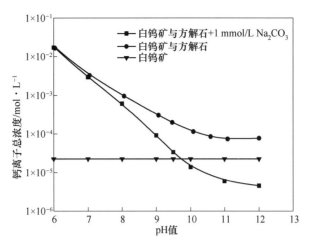

图 6.21 白钨矿及其与方解石混合矿溶液中钙离子浓度与 pH 值的关系

6.2.2 无抑制剂时白钨矿与含钙脉石矿物浮选的交互影响规律与调控

白钨矿与方解石、萤石、磷灰石等含钙矿物共伴生现象普遍，含钙矿物浮选分离困难，已成为矿物加工领域研究的热点。以含方解石的浮选体系为例，笔者通过检索"万方数据库"和"Web of Science"，分别以"方解石+浮选"和"Calcite+Flotation"为关键词，筛选出方解石与共伴生有用矿物浮选分离药剂、吸附机制和浮选工艺的研究进展（见图 6.22），发现 2011—2021 年这十年关于方解石浮选的研究基本保持增长的趋势，特别是 2019—2021 年这三年仅外文文献单年最高发表量达 60 篇以上，在一定程度上说明了含钙矿物浮选研究的重要性。然而，目前关于矿物交互影响机制的报道相对较少且较为分散。此外，由于浮选药剂种类、矿物基因特性和研究者侧重角度的不同，含钙浮选的交互影响机制及调控的认识还存在差异，因此，有必要对此进行系统的归纳总结。白钨矿与含钙矿物共伴生现象常见，溶液化学性质复杂，是制约白钨矿浮选分离的关键问题。因此，下面将着重讨论白钨矿与含钙矿物浮选的交互作用规律、机制及调控。对于白钨矿与其他矿物（如石英、硅酸盐矿物等）浮选分离的相关问题，由于其交互作用相对较为简单，不再进行详细讨论。

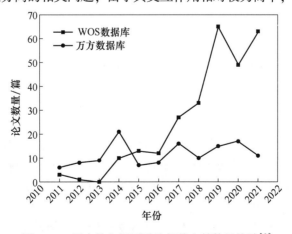

图 6.22 国内外方解石浮选相关文献数目统计[3]

　　白钨矿浮选体系中药剂吸附迁移规律复杂，为便于认识含钙矿物交互作用规律，本节选择简单的浮选药剂体系下白钨矿与方解石、萤石的交互影响。

6.2.2.1　白钨矿与共伴生含钙矿物交互影响及规律

　　白钨矿与方解石、萤石含量占比对浮选回收率的影响如图 6.23 和图 6.24 所示。试验过程中浮选入料总质量不变，以 1.5×10^{-4} mol/L 的油酸钠为捕收剂，pH 值固定为 11.0，药剂添加后通过酸碱调节 pH 值使其维持在固定值（涉及药剂添加、混合矿等均作如此处理，不再赘述）。

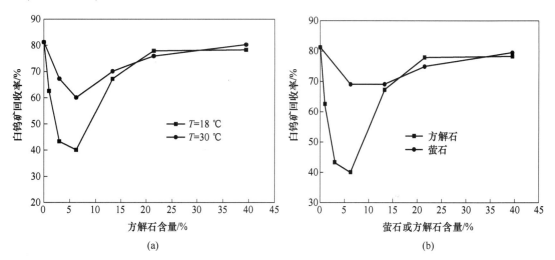

图 6.23　温度和含钙脉石矿物含量对白钨矿浮选回收率的影响

（a）温度；（b）含钙脉石矿物含量

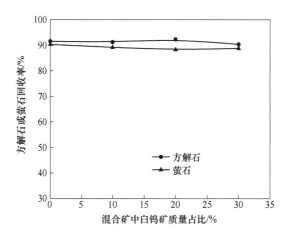

图 6.24　白钨矿含量对方解石和萤石回收率的影响

　　如图 6.23 所示，方解石和萤石对白钨矿浮选回收率的影响与矿物组分比例和温度有关。试验过程中发现，当温度升高时，方解石对白钨矿回收率的影响减弱甚至消失，可能与温度影响油酸钠捕收性能相关，因此，考察含钙脉石矿物浮选影响时需注意温度的影响。当脉石矿物含量由 0 增加到 40% 时，白钨矿浮选回收率先降低后增加，然后再趋于平稳，当达到 40% 时白钨矿回收率与不加含钙脉石矿物时回收率基本一致，说明少量的脉石矿物会降低白钨矿的回收率，而含钙脉石矿物超过 20% 时基本不抑制白钨矿浮选，可能与泡沫夹带作用相关。

图 6.24 表明，当脉石矿物增加到 70% 以上时（白钨矿含量小于 30% 时），方解石和萤石的回收率受白钨矿影响较小。

综合图 6.23 和图 6.24 可知，不添加抑制剂时，油酸钠捕收体系下含钙脉石矿物与白钨矿存在交互影响，这种相互作用可能在一定程度上影响白钨矿与脉石矿物的分离，且与矿浆温度、矿物含量占比等因素相关。

图 6.25 为水杨羟肟酸对白钨矿、磷灰石单矿物及其混合矿浮选回收率的影响，水杨羟肟酸对白钨矿的捕收能力强于磷灰石；然而，混合矿体系中水杨羟肟酸对白钨矿的捕收能力下降，失去了对白钨矿和磷灰石分选的选择性，说明矿物之间存在交互影响。

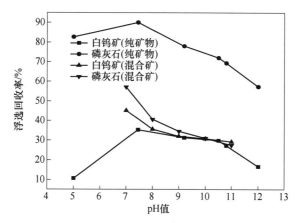

图 6.25 水杨羟肟酸对白钨矿和磷灰石单矿物及其混合矿浮选回收率的影响

(c(SHA) = 200 mg/L，混合矿体系 $m_{白钨矿} : m_{磷灰石} = 2 : 1$)

试验过程中浮选入料总质量不变，以 1.5×10^{-4} mol/L 油酸钠为捕收剂，pH 值固定为 11.0，以不同粒度范围的白钨矿和方解石为研究对象，考察了粒度及组成对白钨矿浮选回收率的影响，试验结果如图 6.26 所示。

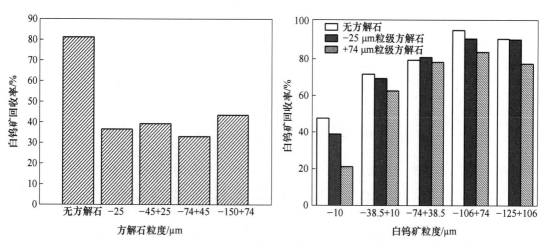

图 6.26 方解石对白钨矿浮选的影响与粒度的关系（方解石含量为 2.5 g/L）

图 6.26 中，细粒级方解石和粗粒级方解石对白钨矿都有明显的抑制作用，受方解石粒度的影响不大；-10 μm 粒级的白钨矿可浮性较差，并且受方解石的抑制最明显，随着粒度增加白钨矿可浮性有所升高，受方解石的抑制作用也不如-10 μm 粒级的白钨矿强烈。综合来看，白钨矿与方解石交互作用过程中，白钨矿粒度对交互作用的影响强于对方解石。

6.2.2.2 白钨矿与方解石浮选交互影响机制及调控

方解石可通过多种途径影响其他矿物的浮选行为，笔者[3]总结了方解石与共伴生氧化物矿物、含铈稀土矿物、含钙盐类矿物及碳酸盐矿物浮选过程中存在的交互作用，其作用机制大致分为两类：一类是矿物溶解组分释放至溶液中消耗捕收剂或影响浮选药剂在溶液中的存在形态、吸附迁移规律，恶化浮选药剂性能；另一类是矿物颗粒或溶解组分在矿物表面吸附、沉淀及发生化学反应（表面转化），进而遮蔽矿物表面位点、促活或抑制浮选药剂吸附或同化矿物表面性质，影响矿物表面性质的差异。另外，方解石还可能影响泡沫性质，或者通过泡沫夹带影响上浮矿物浮选行为。

图 6.27 为油酸钠用量对白钨矿浮选的影响。当方解石不存在时，油酸钠用量为 2×10^{-4} mol/L 时白钨矿回收率基本达到最高值，当加入少量方解石时，油酸钠用量在 $0 \sim 4 \times 10^{-4}$ mol/L 的范围内白钨矿浮选回收率呈递增趋势。油酸钠体系中方解石浮选回收率高于白钨矿，通过图 6.27 可初步判断方解石并非通过同化表面性质或吸附罩盖的方式影响白钨矿回收率。

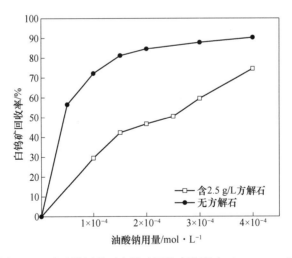

图 6.27 油酸钠用量对白钨矿回收率的影响（pH = 11.0）

图 6.28 和图 6.29 的浮选试验结果表明，油酸钠为捕收剂时碳酸根离子对白钨矿浮选有活化作用，钙离子对白钨矿有明显抑制作用而基本不影响方解石回收率。分析认为，其主要原因是油酸钠在矿物表面的吸附分为油酸根离子的化学吸附及油酸钙组分的物理吸附，油酸钙组分也可吸附在方解石表面起捕收作用[6]，相比而言难以在白钨矿表面吸附。

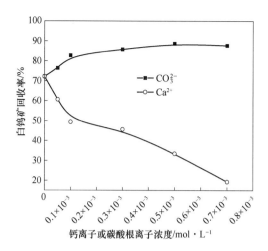

图 6.28 钙离子和碳酸根离子对白钨矿
浮选回收率的影响

（pH=11.0，$c(NaOL) = 1.0 \times 10^{-4}$ mol/L）

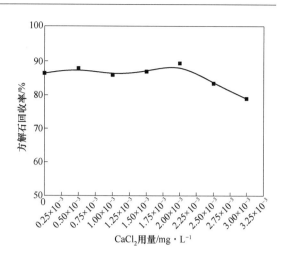

图 6.29 氯化钙用量对方解石
浮选回收率的影响

（pH=11.0，$c(NaOL) = 1.5 \times 10^{-4}$ mol/L）

综合图 6.28 和图 6.29 的试验结果可知，方解石对白钨矿浮选的影响包括两方面，一是方解石增加了溶液中钙离子浓度（见图 6.21），油酸钠加入后与钙离子生成油酸钙组分选择性吸附在方解石表面，减少了能够与白钨矿作用的油酸根离子浓度；另一方面是方解石表面钙离子位点密度大于白钨矿（见表 6.6），方解石加入后与白钨矿竞争吸附捕收剂。当方解石含量增加到一定程度后，由于方解石上浮不受白钨矿影响（见图 6.24），方解石上浮后白钨矿由于泡沫夹带作用而具有较高回收率。因此，方解石不可能通过溶解产生的碳酸根离子组分影响白钨矿的浮选效果，溶液中钙离子和方解石表面钙离子的特性在影响白钨矿浮选过程中起重要作用。

图 6.30 为碳酸钠对白钨矿和方解石混合矿体系中白钨矿浮选回收率的影响。方解石存在时，白钨矿在矿浆 pH=8.0~11.5 的范围内回收率都较低，浮选体系中加入 1.0×10^{-3} mol/L 碳酸钠后，在 pH=10.0~11.5 的范围内白钨矿回收率都得到明显提高。

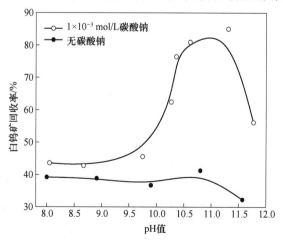

图 6.30 方解石（2.5 g/L）存在时碳酸钠对白钨矿浮选回收率的影响与 pH 值的关系

（$c(NaOL) = 1.5 \times 10^{-4}$ mol/L）

图 6.31 表明，碳酸钠用量在 $0 \sim 1.0 \times 10^{-3}$ mol/L 范围内，在不同方解石含量下，随着碳酸钠用量增加，方解石对白钨矿浮选的抑制作用逐渐减弱。

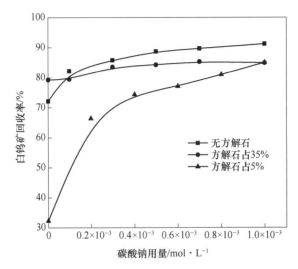

图 6.31　不同方解石含量条件下碳酸钠用量对白钨矿浮选回收率的影响
（$c(\mathrm{NaOL}) = 1.5 \times 10^{-4}$ mol/L，pH = 11.0）

图 6.30 和图 6.31 中碳酸钠消除方解石对白钨矿浮选的用量和 pH 值范围与混合矿溶液中钙离子浓度的计算一致（见图 6.20 和图 6.21），进一步证明方解石溶解产生的碳酸根离子组分不是影响白钨矿浮选的原因，通过增加碳酸根离子反而能够消除方解石对白钨矿浮选的抑制作用。

碳酸钠加入溶液后，溶液中碳酸根离子过剩，一方面在方解石和白钨矿表面吸附，活化白钨矿浮选，削弱了方解石与白钨矿对油酸钠的竞争吸附作用；另一方面，根据同离子效应，过量的碳酸根离子会降低溶液中钙离子的浓度，进而降低溶液中生成的油酸钙组分，增加了能够在矿物表面发生化学吸附的油酸根离子浓度。上述原因使得油酸钠在白钨矿表面吸附量增加，削弱了方解石对白钨矿浮选回收率的影响。

6.2.3　白钨矿与方解石交互作用对消除钙离子的影响

钙离子是白钨矿浮选体系最为常见的金属离子之一。钙离子来源主要有：（1）自生钙离子，白钨矿常与含钙脉石矿物共存，特别是含有石膏矿物时，会溶解产生大量钙离子，影响白钨矿浮选；（2）外加钙离子，例如，石灰作为浮选药剂的加入或浮选使用高硬度水等。

油酸钠用量为 1.0×10^{-4} mol/L，矿浆 pH = 11.0 时钙离子对白钨矿浮选回收率的影响如图 6.32 和图 6.33 所示。由图可知，碳酸钠和少量的钙离子对白钨矿有活化作用，使用碳酸钠或氢氧化钠调节 pH 值时，当钙离子浓度超过 1×10^{-4} mol/L 时，白钨矿回收率随着钙离子浓度的增加逐渐降低。固定钙离子浓度为 4×10^{-4} mol/L，矿浆 pH = 11.0 时碳酸钠用量对白钨矿回收率影响较小，由此可见，仅使用碳酸钠难以消除过量钙离子对白钨矿的抑制作用。

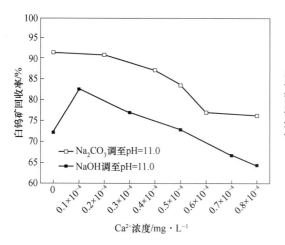

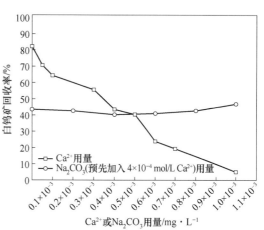

图 6.32 氢氧化钠和碳酸钠分别调节 pH 值时
钙离子对白钨矿浮选回收率的影响

图 6.33 pH = 11.0 时 Ca²⁺ 及 Ca²⁺ 与 Na₂CO₃
混合物对白钨矿浮选回收率的影响

当油酸钠用量为 1.5×10^{-4} mol/L，存在少量方解石（2.5 g/L）的条件下，矿浆 pH = 11.0 时，钙离子对白钨矿浮选回收率的影响如图 6.34 所示。由图 6.34 可知，钙离子对白钨矿具有抑制作用，但是当方解石存在时，碳酸钠可以消除钙离子对白钨矿的抑制作用。

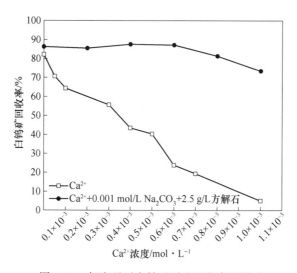

图 6.34 钙离子对白钨矿浮选回收率的影响

关于碳酸钠调节钙离子对白钨矿回收率的影响，方解石含量和矿浆 pH 值对白钨矿浮选回收率的影响如图 6.35 和图 6.36 所示。由图可知，方解石对白钨矿具有抑制作用，没有碳酸钠时，方解石难以消除钙离子对白钨矿浮选回收率的影响。然而，碳酸钠存在时，少量方解石即可消除钙离子对白钨矿回收率的抑制作用。因此，在以油酸钠作为捕收剂浮选白钨矿的过程中，方解石在碳酸钠消除钙离子影响方面起到重要作用。

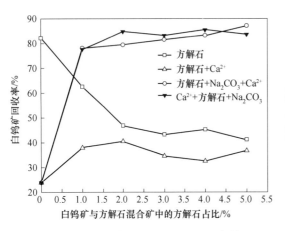

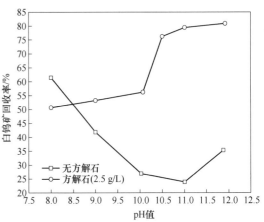

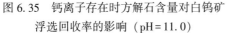

图 6.35　钙离子存在时方解石含量对白钨矿　　　图 6.36　方解石与 pH 值对白钨矿回收率的影响
　　　　　浮选回收率的影响（pH=11.0）

　　根据上述研究，可以初步推导出钙离子对白钨矿浮选的影响消除机制。在白钨矿体系中不存在方解石的情况下，碳酸钠能够与钙离子生成碳酸钙沉淀。然而，由于矿浆处于运动状态，这些沉淀会以分散的形式存在，仍然能够消耗捕收剂。然而，当方解石存在于白钨矿体系时，钙离子与碳酸钠生成的碳酸钙组分能够以方解石为晶种发生沉淀，从而减小游离的钙离子组分浓度，这样就能够更好地消除钙离子对白钨矿浮选的影响。

　　关于钙离子对白钨矿浮选影响的消除，王纪镇等人[7]提出了基于金属离子（Pb^{2+}）-捕收剂配位组装与 Ca^{2+} 竞争吸附调控等机制。图 6.33～图 6.36 是将矿物交互影响调控机制应用于消除钙离子影响，说明矿物交互影响为调节溶液中离子迁移规律提供了新思路。

　　矿物之间的浮选调控机制并不局限于两种矿物之间。有研究表明，萤石和方解石之间的表面转化优先于萤石和白钨矿（或磷灰石），因此对于白钨矿（或磷灰石）、方解石和萤石三者共存的浮选体系，萤石对白钨矿（或磷灰石）表面性质的影响较弱，而方解石表面可以转化为萤石表面性质。这样，萤石可以选择性地促使方解石表面性质发生变化，而白钨矿表面性质不发生变化。韩海生等人[8-9]研究得出，Pb-BHA 配合物以表面的非金属位点为吸附位点，对白钨矿和萤石有优良的选择性，但对白钨矿和方解石的分选效果较差，他们借助白钨矿（或磷灰石）、方解石和萤石之间的交互影响机制，促进了白钨矿和方解石的分离。

　　综上所述，在无抑制剂存在的体系中，白钨矿对含钙脉石矿物（如方解石、萤石和磷灰石）的浮选影响相对较弱。然而，少量的含钙脉石矿物对白钨矿具有一定的抑制作用，特别是当方解石和萤石等含钙脉石矿物含量较高时，由于泡沫夹杂的增多，白钨矿的回收率会提高。方解石和萤石的溶解度高于白钨矿，因此它们可以通过溶解产生大量的钙离子消耗捕收剂，从而降低白钨矿的浮选回收率。进一步的试验表明，仅添加碳酸钠难以消除过量钙离子对白钨矿浮选的影响。为了解决这一问题，借助白钨矿和方解石之间的交互影响调控机制，在碳酸钠与钙离子形成沉淀的条件下，向白钨矿浮选体系中引入方解石作为晶种吸附碳酸钙沉淀组分，从而有效消除了过量钙离子对白钨矿浮选的不利影响。由此可见，矿物交互作用具有两面性：一方面，它可能会恶化溶液环境或改变矿物表面性质；另一方面，矿物交互作用丰富了离子吸附迁移路径。因此，通过弄清楚矿物交互影响的作用机制，可以优化浮选溶液的化学环境，或者为矿物表面提供新的思路。

6.3　抑制剂存在时白钨矿体系矿物交互影响及溶液化学调控与应用

　　白钨矿与方解石、萤石等含钙矿物分离是白钨矿浮选研究的重点和难点。国内外学者研究发现，改性水玻璃、磷酸盐类等无机抑制剂，以及羧甲基纤维素、海藻酸钠、聚丙烯酸钠等有机抑制剂均可有效扩大白钨矿与含钙脉石矿物可浮性差异[3]。然而白钨矿与含钙脉石矿物溶解性较好，溶解组分吸附迁移导致矿物间发生交互作用，影响分选过程选择性。以图6.37为例，植酸钠（SP）、聚丙烯酸钠（PA-Na-2）、腐殖酸钠（SH）、海藻酸钠（NaAl）、氟硅酸钠（SFS）、羧甲基纤维素（CMC）、木质素磺酸钙（CLS）等7种药剂对白钨矿和方解石有选择性抑制作用，而混合矿体系中7种药剂的性能均有不同程度下降，证明混合矿体系中白钨矿与方解石发生了交互作用。

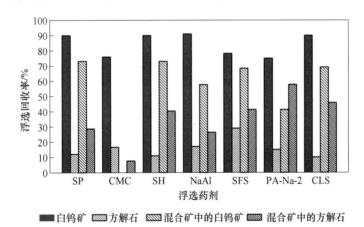

图6.37　高效浮选药剂对白钨矿与方解石单矿物及其混合矿的分选效果[3]

6.3.1　小分子有机抑制剂存在时白钨矿体系矿物的交互影响

　　油酸钠用量为 1.5×10^{-4} mol/L 与 pH=11.0 的条件下，小分子抑制剂（草酸、酒石酸、柠檬酸）对白钨矿、方解石、萤石及其混合矿物的分选效果如图6.38和图6.39所示。

　　图6.38表明，3种小分子有机抑制剂对白钨矿的抑制作用强于方解石，不适用于白钨矿与方解石分离。当白钨矿浮选体系中存在少量方解石时，草酸和柠檬酸在一定程度上降低了方解石对白钨矿浮选的不利影响。从另一个角度来看，在柠檬酸和草酸存在的体系中，当草酸用量大于300 mg/L 或大于100 mg/L 时方解石反而可提升白钨矿回收率，这可能与矿物表面转化相关（pH >8.8时白钨矿表面向方解石表面性质转化[10]）。

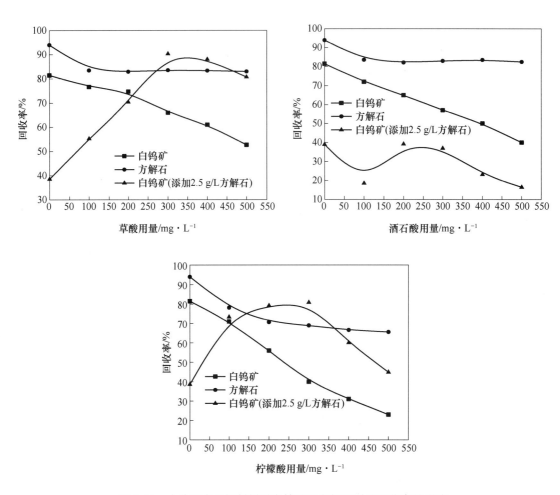

图 6.38　小分子有机抑制剂对白钨矿和方解石浮选回收率的影响

图 6.39 表明，草酸对白钨矿和萤石的抑制作用缺乏选择性，萤石可强化草酸对白钨矿的抑制作用。酒石酸和柠檬酸对萤石的抑制作用强于白钨矿，且萤石对柠檬酸和酒石酸抑制白钨矿效果的影响比较弱。

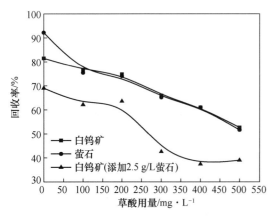

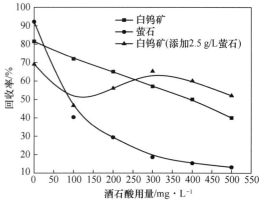

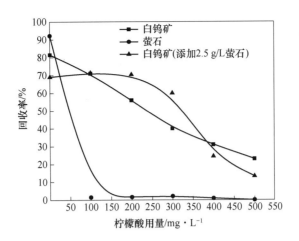

图 6.39 小分子有机抑制剂对白钨矿和萤石浮选回收率的影响

6.3.2 水玻璃为抑制剂时白钨矿与方解石浮选的交互影响

已有研究证明，白钨矿和方解石表面转化的临界 pH 值为 8.8，当高于临界 pH 值时白钨矿表面向方解石表面性质转化[10]。由于白钨矿和方解石分离多数在碱性条件下进行，且方解石的缓冲性质使矿浆难以调至酸性以下。因此，为简化研究，本节主要考察方解石对白钨矿浮选的影响。水玻璃用量对白钨矿浮选回收率的影响如图 6.40 所示。由图 6.40 可知，当不含方解石时，水玻璃对白钨矿的回收率影响较小，且碳酸钠提高了白钨矿的回收率。当不含碳酸钠时，方解石明显强化了水玻璃对白钨矿的抑制作用，然而，加入 1.0×10^{-3} mol/L 碳酸钠（为维持矿浆 pH 值不变，在加入碳酸钠后再加入适当 HCl，以确保矿浆 pH 值维持不变）后，水玻璃对白钨矿的抑制作用消失。

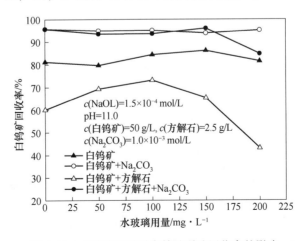

图 6.40 水玻璃用量对白钨矿浮选回收率的影响

图 6.41 为矿浆中方解石含量对白钨矿回收率的影响。由图 6.41 可知，无碳酸钠加入时，随着方解石含量的增加，白钨矿回收率先是快速下降，当降到最低值后随方解石的含

量增加又有所增加，但白钨矿回收率始终低于方解石含量为零时的回收率，说明方解石可强化水玻璃对白钨矿的抑制作用。当溶液中加入碳酸钠后，白钨矿回收率不受方解石含量的影响，消除了方解石对白钨矿回收率的影响。

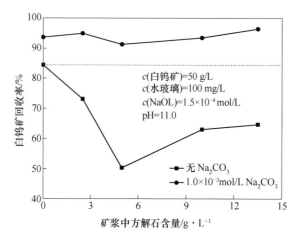

图 6.41　方解石含量对白钨矿浮选回收率的影响

6.3.3　六偏磷酸钠为抑制剂时白钨矿与方解石浮选的交互影响

六偏磷酸钠（SH）是方解石的有效抑制剂，同时对白钨矿的抑制作用较弱，如图6.42 所示。

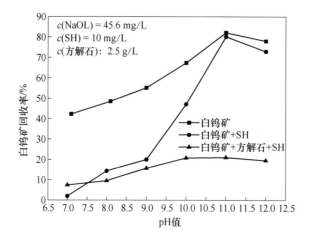

图 6.42　六偏磷酸钠与矿浆 pH 值对白钨矿回收率的影响

从图 6.43 可知，方解石强化了 SH 对白钨矿的抑制作用，导致 SH 的选择性降低。此外，碳酸钠对 SH 抑制白钨矿的效果影响较小，但它能够削弱方解石对 SH 抑制白钨矿效果的强化作用。

由图 6.44 可知，钙离子可强化 SH 抑制对白钨矿的抑制效果，而碳酸钠对 SH 抑制白钨矿的效果影响较小，并不会恶化白钨矿的浮选效果。

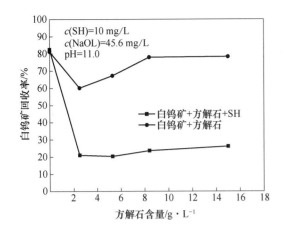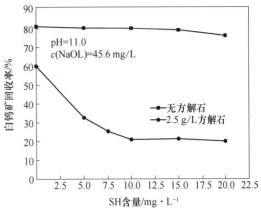

图 6.43 方解石和六偏磷酸钠含量对白钨矿回收率的影响

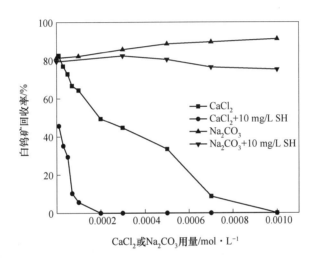

图 6.44 SH 存在时碳酸钠和氯化钙对白钨矿浮选回收率的影响

（pH=11.0，$c(NaOL)=1.5\times10^{-4}$ mol/L，$c(SH)=10$ mg/L）

表 6.10 中，六偏磷酸钠的基团电负性介于碳酸根离子和钨酸根离子之间。基团电负性越大的离子越容易与钙离子形成离子键，作用能力也就越强。由此可得出，六偏磷酸钠与钙离子的作用介于碳酸根离子和钨酸根离子之间。此外，白钨矿表面的钨酸根离子中的氧更靠近表面，对六偏磷酸钠的排斥力强，且白钨矿表面钙位点密度小，因此难以与六偏磷酸钠相互作用。而方解石表面的钙离子含量大于白钨矿，且六偏磷酸钠与方解石间的静电斥力小于白钨矿，因此六偏磷酸钠更易与方解石相互作用。

表 6.10 离子基团电负性计算值[11]

离子种类	碳酸根离子	磷酸根离子	钨酸根离子
χ_g	4.53	4.95	5.24

已有研究表明,六偏磷酸钠与方解石作用后所产生的化合物并不停留于方解石表面,而是会解吸至溶液中[12],增加溶液中的钙离子浓度。由于钙离子浓度增加会强化六偏磷酸钠对白钨矿的抑制作用,因此方解石强化六偏磷酸钠对白钨矿抑制作用的原因可能是方解石表面的钙离子在六偏磷酸的作用下能够解吸至溶液中,六偏磷酸钠在钙离子的作用下强化了对白钨矿的抑制作用。碳酸根离子与钙离子的作用弱于六偏磷酸钠,难以消除方解石与六偏磷酸钠的相互作用,因而难以消除方解石与六偏磷酸钠对白钨矿的协同抑制作用。

6.3.4　羧甲基纤维素为抑制剂时白钨矿与方解石浮选的交互影响

CMC 对白钨矿的抑制效果的影响如图 6.45~图 6.49 所示。

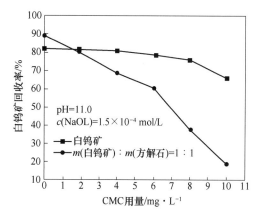

图 6.45　CMC 用量对白钨矿回收率的影响

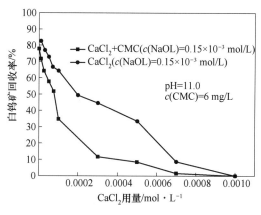

图 6.46　CMC 为抑制剂时氯化钙用量对白钨矿
回收率的影响

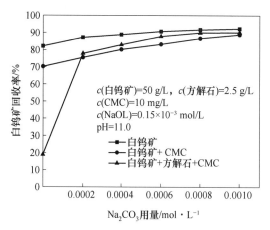

图 6.47　CMC 为抑制剂时碳酸钠用量对白钨矿
回收率的影响

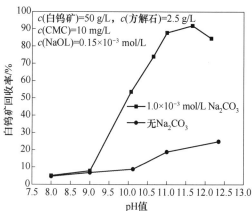

图 6.48　CMC 为抑制剂时碳酸钠对白钨矿
回收率的影响与 pH 值的关系

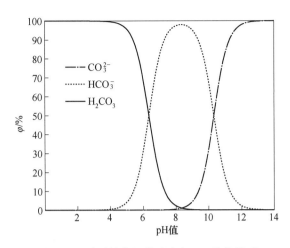

图 6.49　碳酸钠各组分浓度与 pH 值的关系

图 6.45 表明方解石强化了 CMC 对白钨矿抑制作用，图 6.46 表明过量氯化钙降低了白钨矿的回收率。当钙离子浓度小于 $1.0×10^{-5}$ mol/L 时，氯化钙对白钨矿回收率影响较小，但可强化 CMC 对白钨矿的抑制作用。

同离子效应表明，加入碳酸根离子浓度能降低钙离子浓度，由图 6.47 和图 6.48 可知，碳酸钠对 CMC 抑制白钨矿效果的影响较小。方解石和 CMC 存在时白钨矿回收率随碳酸钠浓度的增加先快速增加，然后趋于平缓。当 pH >10.0 时，$1×10^{-3}$ mol/L 碳酸钠基本消除了方解石与 CMC 对白钨矿的协同抑制作用。

由图 6.49 可知，pH<6.4 时碳酸钠主要以 H_2CO_3 分子形式存在；6.4<pH<10.3 时碳酸钠主要以 HCO_3^- 形式存在；pH>10.3 时碳酸钠主要以 CO_3^{2-} 的形式存在。对比图 6.48 可知，碳酸钠消除方解石对白钨矿浮选影响对应的 pH 值区域与 CO_3^{2-} 组分开始逐渐占优势的 pH 值区域一致，同时也与图 6.21 中白钨矿与方解石混合矿体系中钙离子浓度显著降低的 pH 值区域一致，这主要是因为碳酸钠组分中 CO_3^{2-} 与钙离子作用最强，因而对方解石溶解影响最明显。

在白钨矿的浮选过程中，方解石和钙离子能够增强羧甲基纤维素（CMC）对白钨矿的抑制作用。这主要是由于方解石溶解后产生的是钙离子，而非碳酸根离子，在强化 CMC 对白钨矿抑制作用中发挥了关键作用。通过加入碳酸根离子可以降低方解石的溶解度，从而消除了 CMC 体系中方解石对白钨矿浮选的影响。

综上所述，当使用水玻璃、六偏磷酸钠、羧甲基纤维素作为抑制剂时，白钨矿与含钙脉石矿物之间的交互影响降低了抑制剂的选择性。方解石溶解产生的钙离子会增强抑制剂对白钨矿的抑制作用，然而，增加碳酸根离子浓度不仅不会强化抑制剂对白钨矿的抑制作用，反而可以消除方解石和抑制剂对白钨矿浮选的协同抑制作用。

6.3.5　矿物交互影响调控在白钨矿浮选药剂筛选研究中的应用

本书作者根据矿物浮选试验和矿物交互影响思路，提出矿物浮选抑制剂至少满足两个条件：（1）抑制剂对分选的两种矿物具有选择性抑制作用（简称条件（1）），这主要由矿物表面性质与药剂结构的适配性差异决定，可通过单矿物浮选试验确定合适的抑制剂；

（2）抑制剂选择性受矿物交互作用的影响较小或矿物交互作用对抑制剂选择性的影响具有可调控性（简称条件（2））。基于上述原则，下面筛选白钨矿与含钙脉石矿物的高效抑制剂。

6.3.5.1 白钨矿与萤石浮选分离高效抑制剂

根据图6.39可得出草酸、酒石酸和柠檬酸抑制性逐渐增强，其中柠檬酸对萤石的抑制作用强于白钨矿，满足条件（1）。同时，图6.39还表明，柠檬酸对白钨矿的抑制作用与萤石的添加与否关系不大。白钨矿与萤石表面转化的临界pH值为4，pH>4时萤石表面形成钨酸钙组分[13]。pH=11.0时萤石组分对白钨矿表面性质的影响较小，能够解释图6.39的试验现象。关于白钨矿添加是否影响柠檬酸对萤石的抑制作用，多位研究者的研究结果得出结论[14-15]，不再赘述，如图6.50所示。此图证明了柠檬酸对萤石的抑制作用不受白钨矿添加的影响，可能是矿物表面转化不影响柠檬酸的抑制作用，或者柠檬酸具备消除了矿物表面转化的不利影响，满足条件（2）。综上所述可得出，柠檬酸有可能适用于白钨矿与萤石混合矿体系或实际矿石分选。

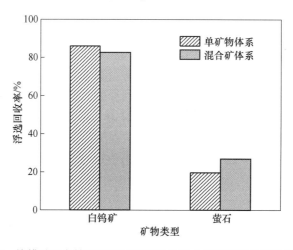

图6.50 柠檬酸对白钨矿和萤石单矿物及混合矿浮选回收率的影响[15]

6.3.5.2 白钨矿与方解石浮选分离高效抑制剂

白钨矿与方解石交互影响机制大致存在两种观点：表面转化、方解石溶解产生大量钙离子干扰捕收剂或抑制剂性能。关于后者，通过浮选试验和溶液化学分析得出，添加合适的碳酸钠可有效抑制方解石溶解，消除或削弱方解石对白钨矿浮选的影响。

本书作者前期通过试验得出，单宁酸和羧甲基纤维素（CMC）均对白钨矿抑制能力弱，同时对方解石有强烈的抑制作用，满足条件（1），理论上可用于白钨矿与方解石分选。两种抑制剂体系下白钨矿和方解石混合矿的浮选试验结果如图6.51和图6.52所示。

图6.51表明，单宁酸为抑制剂，碳酸钠不存在时（用量为0）混合矿体系中白钨矿和方解石回收率分别为50%和16%左右，说明单宁酸在混合矿体系中仍然具有良好的选择性。但白钨矿回收率低于单矿物体系，说明方解石在单宁酸的作用下对白钨矿产生了抑制作用。随着碳酸钠用量增加，方解石回收率呈增加趋势，而白钨矿回收率先降低后增加，对优化白钨矿和方解石分选效果不明显。

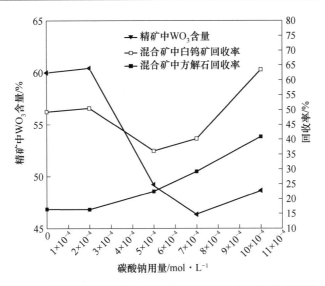

图 6.51　碳酸钠用量对单宁酸分选白钨矿和方解石回收率的影响

($m_{白钨矿}$：$m_{方解石}$ = 1：1，NaOL 用量 $1.0×10^{-4}$ mol/L，pH = 11.0，单宁酸用量 10 mg/L)

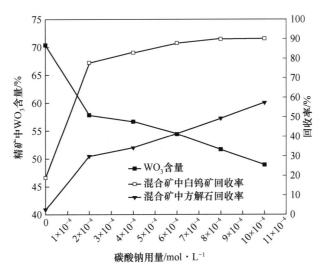

图 6.52　碳酸钠用量对 CMC 分选白钨矿和方解石回收率的影响

($m_{白钨矿}$：$m_{方解石}$ = 1：1，NaOL 用量 $1.0×10^{-4}$ mol/L，pH = 11.0，CMC 用量 10 mg/L)

　　图 6.52 表明，当碳酸钠用量为 0 时，白钨矿和方解石回收率分别为 19% 和 2.6% 左右，其主要原因是方解石干扰了 CMC 对白钨矿的抑制性能。当碳酸钠用量增加时白钨矿和方解石均呈递增趋势，且碳酸钠用量较低时白钨矿比方解石回收率增加更明显，优化了白钨矿和方解石分选效果。

　　根据上述分析，尽管单宁酸和 CMC 都对白钨矿和方解石有选择性抑制作用，但矿物间的交互作用会削弱抑制剂在混合矿体系中的性能。通过使用碳酸钠，可以在一定程度上调节白钨矿和方解石间的交互作用对 CMC 性能的不利影响，但对单宁酸的调节效果有限。因此，在利用碳酸钠调节白钨矿和方解石的交互影响时，CMC 比单宁酸更适合用于白钨矿和方解石的分选。为使单宁酸更适用于白钨矿和方解石混合矿的分选，还需要寻找其他调控矿物交互影响的方法。

　　基于上述研究可得出，在高效浮选药剂研究中，矿物交互作用及其调控方式与抑制剂的适配性可作为筛选抑制剂的一个原则。

　　本章主要针对二元矿物体系开展了白钨矿与共伴生含钙矿物的交互影响研究，初步探讨了矿物交互作用的机制及调控方式。然而，多元矿物体系的离子吸附迁移规律更为复杂，需要进一步深入研究。这一研究不仅有助于优化分选过程，还有助于寻找新的浮选调控机制。目前，原位分析手段在矿浆体系中离子吸附迁移路径方面仍然缺乏，同时矿物交互影响导致的矿物表面精细结构转变及溶液中药剂存在转变规律的分析方法也比较稀缺，需要开展相关方面的理论和仪器检测方面的研究，以进一步突破矿物交互影响研究的瓶颈。需要指出的是，除了本章所涉及的矿物溶解因素（如矿物溶解增加溶液中钙离子浓度、表面转化）外，矿浆流变学特性、泡沫性质等也是矿物交互影响的原因，也应引起足够的重视。

参 考 文 献

[1] 孙传尧. 选矿工程师手册 [M]. 北京：冶金工业出版社，2015.

[2] 孙伟，卫召，韩海生，等. 钨矿浮选化学及其实践 [J]. 金属矿山，2021 (1)：24-41.

[3] 王纪镇，刘睿华，荆茂晨，等. 方解石与共伴生矿物浮选交互影响研究进展 [J]. 有色金属工程，2023，13 (4)：78-87.

[4] 王淀佐，胡岳华. 浮选溶液化学 [M]. 长沙：湖南科学技术出版社，1988.

[5] ATADEMIR M R, KITCHENER J A, SHERGOLD H L. The surface chemistry and flotation of scheelite Ⅰ: Solubility and surface characteristics of precipitated calcium tungstate [J]. Journal of Colloid and Interface Science, 1979, 71 (3): 466-476.

[6] 白俊智，王纪镇，印万忠，等. 氯化钙和碳酸钠对方解石浮选的影响及其机理研究 [J]. 矿产综合利用，2021 (3)：64-70.

[7] WANG J Z, MAO Y, CHENG Y, et al. Effect of Pb(Ⅱ) on the flotation behavior of scheelite using sodium oleate as collector [J]. Minerals Engineering, 2019, 136: 161-167.

[8] WANG R L, WEI Z, HAN H S, et al. Fluorite particles as a novel calcite recovery depressant in scheelite flotation using Pb-BHA complexes as collectors [J]. Minerals Engineering, 2019, 132: 84-91.

[9] WANG R L, LU Q, SUN W, et al. Flotation separation of apatite from calcite based on the surface transformation by fluorite particles [J]. Minerals Engineering, 2022, 176: 107320.

[10] 胡岳华，王淀佐. 盐类矿物的溶解、表面性质变化与浮选分离控制设计 [J]. 中南矿冶学院学报，1992 (3)：273-279.

[11] 王纪镇，印万忠，孙忠梅. 方解石和六偏磷酸钠对白钨矿浮选的协同抑制作用及机理 [J]. 中国有色金属学报，2018，28 (8)：1645-1652.

[12] 冯其明，周清波，张国范，等. 六偏磷酸钠对方解石的抑制机理 [J]. 中国有色金属学报，2011，21 (2)：436-441.

[13] 胡岳华，邱冠周，徐竞，等. 白钨矿/萤石浮选行为的溶液化学研究 [J]. 矿冶，1996 (1)：28-33，84.

[14] 胡岳华，孙伟，蒋玉仁，等. 柠檬酸在白钨矿萤石浮选分离中的抑制作用及机理研究 [J]. 国外金属矿选矿，1998 (5)：27-29.

[15] DONG L, JIAO F, QIN W, et al. New insights into the depressive mechanism of citric acid in the selective flotation of scheelite from fluorite [J]. Minerals Engineering, 2021, 171: 107117.

7 铜矿石浮选的交互影响

铜是工业中最重要的金属之一，其熔沸点、导热性、导电性、耐腐蚀性等优良的特性被广泛应用于建筑业、电力行业、工业机械、交通运输等行业。我国是制造大国，也是世界铜消费中心，2020 年我国铜消费量约占全球铜总消费量的 50.4%，而我国铜资源储量占全球的 3.9%，静态开采年限仅为 15.4 年，因此我国铜矿资源紧缺已是现实问题。

铜属于亲硫元素族，所以铜矿物常以硫化矿出现，只在强氧化条件下形成氧化物，在还原条件下可形成自然铜，在地壳上已发现铜矿物和含铜矿物 250 多种，主要是含铜硫化物、含铜氧化物及自然铜矿物。虽然含铜矿物的种类较多，但适合选冶并可作为工业矿物原料的常见含铜矿物只有十几种，而我国铜矿多为综合性矿床，其类型为斑岩型、矽卡岩型、层状型、沉积型和铜镍硫化物型等，平均铜品位不到 0.8%，所伴生的脉石矿物随矿床类型而异，主要有石英、辉石、方解石、长石、白云石、绢云母、蛇纹石、滑石及绿泥石等[1-2]。在工业实践过程中不同类型铜矿的分选工艺及药剂制度有较大差别，所含铜矿物的种类及伴生脉石矿物决定了分选工艺制度及产品最终质量[3]。因此，研究各类型铜矿的浮选规律并找到降低及消除脉石矿物对铜矿物浮选的影响尤为重要。

本章研究了蛇纹石对黄铜矿浮选的影响，滑石对孔雀石硫化浮选的影响，以及黄铜矿、斑铜矿与孔雀石、蓝铜矿及赤铜矿之间的相互作用，探究了不同环境下铜矿的浮选规律，可为铜矿资源的回收提供理论基础。

7.1 蛇纹石对黄铜矿浮选的交互影响

蛇纹石是一种含水的富镁硅酸盐矿物的总称，分子式为 $Mg_6[Si_4O_{10}](OH)_8$，是铜镍、铜钼类型的铜矿中较常见的脉石矿物，在工业实践过程中黄铜精矿的镁含量高，主要是原矿中伴生蛇纹石，在浮选过程中蛇纹石易泥化，呈微细粒影响铜矿物的浮选，对铜精矿有重要的影响，因此，研究蛇纹石对黄铜矿浮选的交互影响具有重要的意义[4]。

7.1.1 不同粒级蛇纹石对黄铜矿浮选的交互影响

通过研究发现，不同粒级的蛇纹石（−74+37 μm、−37+18 μm、−18 μm）对黄铜矿浮选回收率的影响规律如图 7.1 所示，不同含量的各粒级蛇纹石对黄铜矿的浮选影响不同，当−18 μm 蛇纹石含量（质量分数，余同）为 10%，明显降低黄铜矿的回收率约 20 个百分点，同时随着蛇纹石含量增加，黄铜矿浮选回收率逐渐降低。而−37+18 μm 和−74+38 μm 粒级蛇纹石对黄铜矿的回收率也有一定影响，但不及细颗粒的影响大。蛇纹石粒度细，对于黄铜矿精矿 MgO 含量影响都非常大，随蛇纹石粒级变粗，对黄铜矿浮选的影响变小，但仍然会增加黄铜矿浮选精矿中的 MgO 含量。

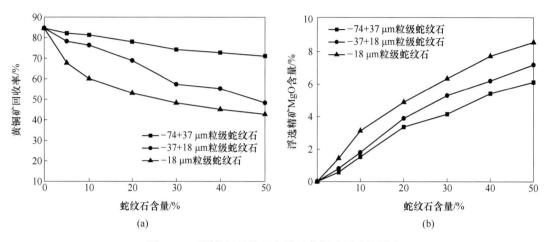

图 7.1　不同粒级蛇纹石含量对黄铜矿浮选的影响

（丁基黄药 20 mg/L，MIBC 10 mg/L）

（a）回收率；（b）精矿中 MgO 含量

7.1.2　调整剂消除蛇纹石对黄铜矿浮选的交互影响

为消除蛇纹石对黄铜矿浮选的影响，通过人工混合矿研究磷酸盐和硅酸盐类调整剂的作用效果。在磷酸盐的调整剂试验中（见图 7.2），发现 pH 值为 4~9 范围内，磷酸盐对黄铜矿的可浮性影响较小，同时能有效抑制蛇纹石的浮选，降低精矿中 MgO 的含量，在磷酸盐调整剂中六偏磷酸钠和三聚磷酸钠效果最明显，三偏磷酸钠次之，磷酸三钠效果最弱。在硅酸盐的调整剂试验中（见图 7.3），在 pH=6~9 范围内，水玻璃有利于黄铜矿和蛇纹石的浮选分离，即提高黄铜矿的浮选回收率，并降低浮选精矿中 MgO 含量，氟硅酸钠效果次之。

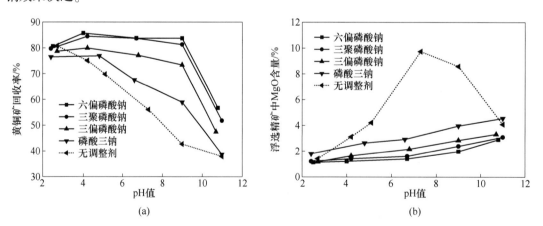

图 7.2　不同磷酸盐作用下 pH 值对黄铜矿与蛇纹石浮选分离的影响

（磷酸盐调整剂 100 mg/L，丁基黄药 20 mg/L，2 号油 10 mg/L）

（a）黄铜矿回收率；（b）精矿中 MgO 含量

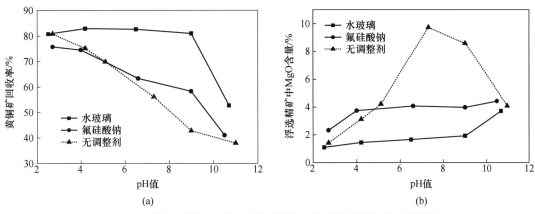

图 7.3 不同 pH 值下两种硅酸盐对黄铜矿与蛇纹石浮选分离的影响
（硅酸盐调整剂 100 mg/L，丁基黄药 20 mg/L，2 号油 10 mg/L）
（a）黄铜矿回收率；（b）精矿中 MgO 含量

7.1.3 蛇纹石对黄铜矿的相互作用能计算

以上研究发现，浮选过程中不同颗粒间的蛇纹石和黄铜矿存在交互作用并影响铜矿物的回收。通过扩展 DLVO 理论计算不同粒级蛇纹石对黄铜矿作用能的影响，在丁基钠黄药用量 20 mg/L 下，蛇纹石粒径取 60 μm、30 μm 和 10 μm，黄铜矿粒径取 74 μm、37 μm，即 10 μm 与 74 μm、10 μm 与 37 μm 采用球–板模型，60 μm 与 74 μm、60 μm 与 37 μm、30 μm 与 74 μm、30 μm 与 37 μm 粒径采用球–球模型，黄铜矿和蛇纹石的 Hamaker 常数 $A_黄 = 12 \times 10^{-20}$ J、$A_蛇 = 6.28 \times 10^{-20}$ J，在 pH 值为 9.0 时，黄铜矿和蛇纹石的动电位 $\zeta_铜 = -19.2$ mV、$\zeta_蛇 = 6.2$ mV，黄铜矿和蛇纹石的表面能的色散分量为 188.4 mJ/m^2 和 41.6 mJ/m^2，电子给予体分量为 56.2 mJ/m^2 和 62.1 mJ/m^2，计算结果如图 7.4 和图 7.5 所示。

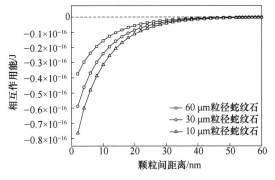

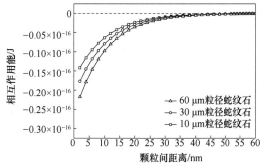

图 7.4 丁基钠黄药体系下 74 μm 粒径黄铜矿与　　图 7.5 丁基钠黄药体系下 37 μm 粒径黄铜矿与
各粒径蛇纹石作用的 EDLVO 势能曲线　　　　　各粒径蛇纹石作用的 EDLVO 势能曲线

由图 7.4 和图 7.5 中计算结果可以看出，黄铜矿与蛇纹石之间的总 EDLVO 势能为负，颗粒之间的作用为吸引力，74 μm 粒径的黄铜矿与 10 μm 粒径的蛇纹石之间的作用能最大，随着蛇纹石粒径变大颗粒之间的相互作用能变小。粒径为 37 μm 的黄铜矿与粒径为 60 μm 的蛇纹石之间的作用能最大，随蛇纹石粒径变小作用能逐渐减弱。因此，较粗粒黄铜矿与细粒蛇纹石之间更容易发生吸附，从而使黄铜矿与蛇纹石浮选回收率受到影响，黄铜矿的回收率降低，蛇纹石的回收率上升，这和不同粒级蛇纹石与黄铜矿的浮选试验结果相吻合。在丁基钠黄药浮选体系下，黄铜矿与蛇纹石的混合浮选精矿在扫描电镜下的观察结果如图 7.6 所示，可以发现黄铜矿表面上呈现微细粒颗粒，证明黄铜矿与蛇纹石之间确实发生了吸附现象。因此，颗粒之间的吸附是黄铜矿与蛇纹石浮选过程中交互影响的原因之一。

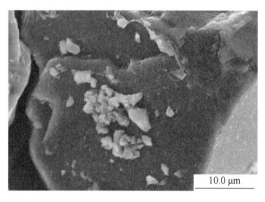

图 7.6　丁基钠黄药体系下−74+38 μm 黄铜矿与−18 μm 蛇纹石的浮选产品 SEM 图

7.1.4　调整剂下蛇纹石对黄铜矿的相互作用能计算

调整剂磷酸盐和硅酸盐可以改善蛇纹石和黄铜矿的交互作用，在丁基钠黄药用量 20 mg/L 下，添加 100 mg/L 六偏磷酸钠后，调节 pH 值为 9.0 时黄铜矿、蛇纹石的 Zeta 电位分别为 −41.2 mV 和 −37.5 mV；添加 100 mg/L 水玻璃后，调节 pH 值为 9.0 时黄铜矿、蛇纹石的 Zeta 电位分别为 −22.3 mV 和 −36.4 mV；黄铜矿颗粒半径 $R_1 = 30$ μm，蛇纹石颗粒半径 $R_2 = 10$ μm；黄铜矿的 Hamaker 常数为 12×10^{-20} J，水的 Hamaker 常数 $A_{33} = 3.7 \times 10^{-20}$ J，蛇纹石的 Hamaker 常数 $A_{22} = 6.28 \times 10^{-20}$ J，计算得到未经处理、水玻璃处理和六偏磷酸钠处理的黄铜矿与蛇纹石之间的相互作用能，并绘制出相互作用能与颗粒间距离的关系曲线，如图 7.7 所示。

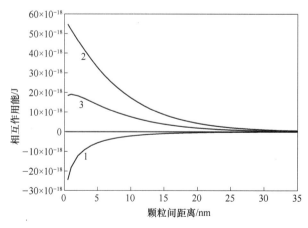

图 7.7　黄铜矿与蛇纹石之间相互作用能与颗粒间距的关系曲线（pH=9.0）
1—蛇纹石与黄铜矿；2—蛇纹石与黄铜矿（100 mg/L 六偏磷酸钠）；3—蛇纹石与黄铜矿（100 mg/L 水玻璃）

由图 7.7 可以看出，pH 值为 9.0 时黄铜矿与蛇纹石之间相互作用能随距离的减小相互作用能负值越大，相互作用吸引力越强；添加调整剂六偏磷酸钠和水玻璃都能改变矿物的表面电性，随矿物间距离减小，使黄铜矿与蛇纹石的相互作用能变为正值，矿物相互之间为排斥力，提高颗粒之间的分散性，消除颗粒之间的异相凝聚。同时相互作用能曲线表明，六磷酸钠对消除黄铜矿与蛇纹石的凝聚效果明显好于水玻璃。

7.2　滑石对孔雀石硫化浮选的交互影响

滑石是一种层状结构的硅酸盐矿物，作为脉石矿物常伴生于氧化铜矿中。由于滑石硬度低，在磨矿作业中，滑石极易泥化，从而产生大量微细粒矿泥，严重恶化浮选条件，消耗浮选药剂，影响浮选指标，造成精矿中 MgO 含量过高，影响精矿品位。研究滑石对氧化铜硫化浮选的影响，探明二者之间的交互影响对于铜矿资源的回收具有重要意义[5]。

7.2.1　滑石对孔雀石硫化浮选的影响

孔雀石和滑石纯矿物样品分别取自广东阳春和广西桂林，人工挑选纯度较高的矿块进行人工破碎、拣选，制备出 −106+45 μm 粒级的孔雀石和 −25 μm 粒级的滑石作为试验矿样，纯度分别为 97.36% 和 95.12%，孔雀石和滑石的单矿物浮选试验结果如图 7.8 所示。在 Na_2S 用量 300 mg/L、丁基黄药用量 100 mg/L、2 号油用量 75 mg/L 时，在宽泛的 pH 值下滑石的回收率较高可达 90% 以上，而孔雀石在强碱和弱酸环境下不利于浮选，仅在 pH 值为 10 时的回收率较高。

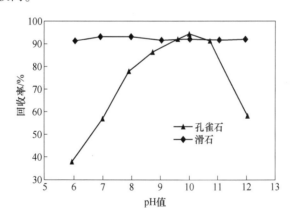

图 7.8　矿浆 pH 值对滑石及孔雀石浮选回收率的影响

通过人工混合矿浮选试验考察细粒滑石对孔雀石硫化浮选的影响，浮选药剂制度为 Na_2S 用量 300 mg/L，丁基黄药用量 100 mg/L，2 号油用量 75 mg/L，pH 值为 10.0 时，滑石添加量占混合矿总量的 10%、20%、30%、40% 和 50%，试验结果如图 7.9 所示。可以发现，在孔雀石单矿物保持较高回收率的试验条件下，随着滑石质量分数的增加，孔雀石的回收率逐渐降低；当细粒滑石质量分数达到 50% 时，孔雀石回收率由 94.63% 变为 78.5%，降低了约 16 个百分点，这就是铜精矿中 MgO 质量分数较高的原因，也增加了冶炼成本，降低了冶炼回收率。

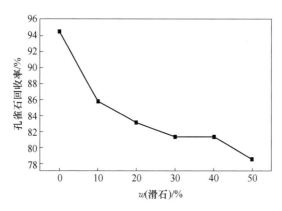

图 7.9　不同质量分数的细粒滑石对孔雀石浮选回收率的影响

7.2.2　滑石对孔雀石硫化浮选影响的作用机理

为探究在硫化浮选环境中滑石对孔雀石的影响，通过溶液化学可知，Na_2S 在水溶液中会发生水解，不同 pH 值下溶液中 Na_2S 的组分是不同的（见图 7.10）。当 7.0<pH<13.9 时，溶液中 HS^- 是优势组分，易作用在矿物表面，而 H_2S 和 S^{2-} 分别在 pH≤7.0 和 pH≥13.9 时为优势组分，在适宜孔雀石硫化浮选过程中，Na_2S 都以 HS^- 和 S^{2-} 的形式存在。

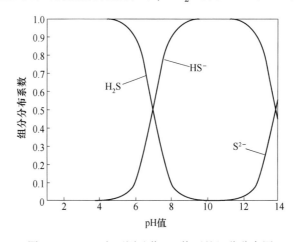

图 7.10　Na_2S 在不同矿浆 pH 值下的组分分布图

结合动电位测试研究 Na_2S 在滑石和孔雀石表面的吸附，根据图 7.11 可知，未添加 Na_2S 的滑石在较宽 pH 值范围内的电位都为负值，零电点 pH 值为 2.6；添加 Na_2S 的滑石的电位曲线几乎没有变化，说明 Na_2S 几乎不吸附于滑石表面。

根据图 7.12 看出，孔雀石的零电点 pH 值为 8.1，随 pH 值增大，孔雀石表面负电性增强，添加 Na_2S 后，孔雀石表面电位向负方向移动，推断 Na_2S 同孔雀石发生了强烈的吸附作用，结合 Na_2S 组分图 7.10 分析，认为孔雀石电位偏移主要源于 HS^- 吸附于孔雀石表面。

为判断孔雀石表面是否吸附了 Na_2S 及滑石是否会干扰 Na_2S 在孔雀石表面的作用，采

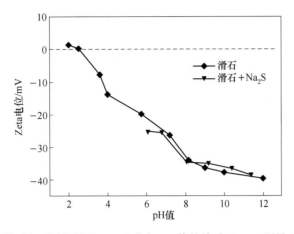

图 7.11 滑石在不同条件下 Zeta 电位与 pH 值的关系 (Na₂S 用量 300 mg/L)

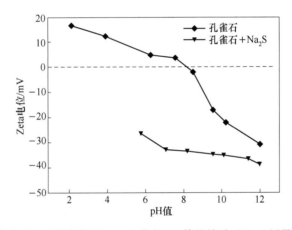

图 7.12 孔雀石在不同条件下 Zeta 电位与 pH 值的关系 (Na₂S 用量 300 mg/L)

用电感耦合等离子体发射光谱法测定滑石加入前后矿浆滤液中 S 元素的含量,用残余浓度法推算出吸附在孔雀石表面的 S 元素含量,结果如图 7.13 所示。在添加细粒滑石后,孔雀石表面 S 元素的吸附量明显降低,硫化时间为 5 min 时,滑石的加入使孔雀石表面 S 元素吸附量由 70.03 mg/L 降为 65.79 mg/L,这表明细粒滑石与孔雀石的凝聚阻碍了 S 元素的吸附,减弱了孔雀石矿物表面的硫化效果,使其可浮性降低,与浮选试验结果一致。

为了证明孔雀石表面的硫化效果减弱是细粒滑石在孔雀石表面的吸附罩盖引起的,试验采用扫描电子显微镜对孔雀石单矿物和孔雀石-滑石混合矿的硫化浮选精矿产品分别进行表观形貌采集和能谱分析,如图 7.14 和图 7.15 所示,通过扫描电镜对比可以明显看出滑石在孔雀石表面发生了吸附罩盖,从能谱图可以看出相对于单矿物的浮选精矿产品,混合矿的浮选精矿产品中的 S 元素大幅度减少,而 Mg 和 Si 元素显著增加,这说明滑石在孔雀石表面的吸附罩盖阻碍了孔雀石表面的硫化,这与前面动电位测试和吸附量测试的结果一致。

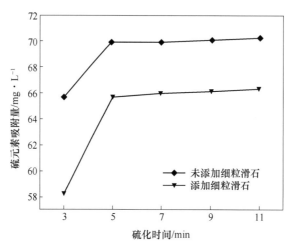

图 7.13   孔雀石在不同条件下对 S 元素的吸附情况

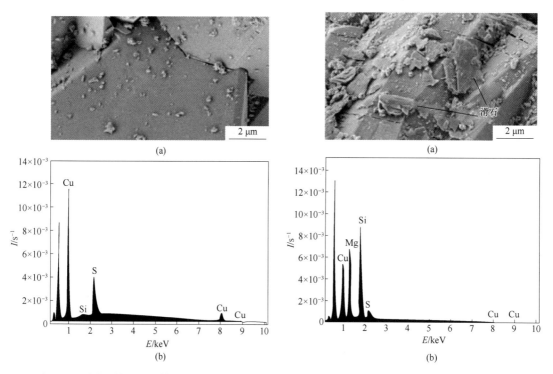

图 7.14   硫化-黄药浮选体系下孔雀石的
浮选精矿扫描电镜图和能谱图
（a）扫描电镜图；（b）能谱图

图 7.15   硫化-黄药浮选体系下孔雀石-滑石混
合矿的浮选精矿扫描电镜图和能谱图
（a）扫描电镜图；（b）能谱图

7.2.3   滑石对孔雀石的相互作用能计算

通过扩展 DLVO 理论（EDLVO 理论）计算孔雀石与细粒滑石间的相互作用能，取孔雀石和滑石的粒级分别为 106 μm 和 25 μm 计算得到粒子间的范德华力；取孔雀石、滑石、水的 Hamaker 常数分别为 $21.2×10^{-20}$ J、$4.52×10^{-20}$ J、$3.7×10^{-20}$ J，分散介质绝对常数值为 $6.95×10^{-10}$ C^2/(J·m)，Debye 长度为 0.104 nm^{-1}，用动电位代替表面电位，孔雀石和滑石分别为 4.6 mV 和 −23 mV，计算异类矿粒间的静电相互作用能；取衰减长度为 1 nm，界面作用常数为 −14.72 mJ/m^2，计算相互疏水力作用能。将上述三种作用能加和得到细粒滑石和孔雀石相互能的计算结果如图 7.16 所示。

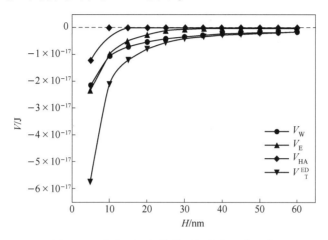

图 7.16　孔雀石和细粒滑石间的相互作用能

从图 7.16 中可见，孔雀石与滑石之间的总相互作用能为负值，两者间的范德华力、静电力、疏水力皆为吸引力，这表明质量较小的细粒滑石极容易在引力的作用下吸附在孔雀石表面，细粒滑石在硫化-黄药浮选过程中会吸附罩盖在孔雀石矿物表面，减弱孔雀石的硫化效果。因此，对于高滑石型氧化铜矿，消除矿泥罩盖是提高浮选指标的重要因素。另外，将矿浆充分分散、预先脱泥处理、选择性絮凝浮选等是解决矿泥罩盖问题的主要手段。

7.3　含铜矿物之间浮选的交互影响

我国铜矿资源分布广泛，大多数铜矿床中的铜矿物不止一种，尤其是硫化铜与氧化铜的可浮性差异很大，即使都是硫化铜物（黄铜矿和斑铜矿）或氧化铜物（孔雀石、蓝铜矿和赤铜矿），在相同药剂制度下的可浮性也是有差异的。对于铜矿物中含多种铜矿物如硫化铜和氧化铜的浮选，就是最大限度回收各种铜矿物，在针对浮选硫化铜矿的工艺制度上，如果有氧化铜矿物，也希望氧化铜矿能尽可能富集在硫化铜精矿中一并回收，或者针对氧化铜的浮选工艺流程中，硫化铜矿的浮选回收尽量不受工艺影响并抑制，因此对不同类型的多种铜矿的富集选别中，铜矿浮选工艺流程中的硫化铜和氧化铜间的相互影响是值得研究的[6]。

7.3.1　含铜矿物的可浮性试验

选取代表性含铜矿物黄铜矿、斑铜矿、孔雀石、蓝铜矿和赤铜矿为研究对象，每次试验添加 5 g 纯矿物和 50 mL 去离子水，在 XFGC-Ⅱ挂槽浮选机的主轴转速为 1600 r/min 时进行试验，起泡剂 MIBC 用量 5 mg/L，异戊基黄药（NaIAX）用量 20 mg/L，在不同 pH 值条件下对 5 种铜矿物浮选的影响如图 7.17 所示。

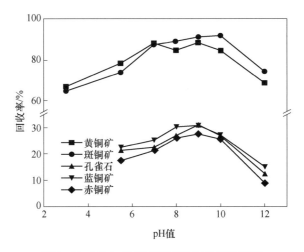

图 7.17　不同 pH 值对铜矿物回收率的影响

可以发现随着 pH 值的升高，铜矿物的回收率呈先升高后降低的趋势，在弱碱条件下，即 pH 值为 8~10 时，黄铜矿、斑铜矿、孔雀石、蓝铜矿和赤铜矿的回收率都达到最高，分别为 88.5%、91.9%、31.05%、30.94% 和 27.62%；在强碱条件下，即 pH 值为 12 时，回收率大幅下降。根据各铜矿物在不同 pH 值下的最大回收率，在 NaIAX 体系下，铜矿物的可浮性大小依次为：斑铜矿＞黄铜矿＞孔雀石≈蓝铜矿＞赤铜矿。

7.3.2　人工混合铜矿的可浮性试验

在前一节的浮选试验条件下，按不同比例配制混合铜矿物中的黄铜矿、斑铜矿、孔雀石、蓝铜矿和赤铜矿；根据单一铜矿物的回收率、各铜矿物的理论品位、矿物纯度及比例得到理论回收率和品位，探究在浮选过程中多种铜矿物之间的相互影响，试验结果见表 7.1。

表 7.1　不同比例铜矿物回收率和品位的理论值和试验值

m(黄铜矿)：m(斑铜矿)：m(孔雀石)：m(蓝铜矿)：m(赤铜矿)	pH 值	理论回收率/%	理论品位/%	实际回收率/%	实际品位/%
3：3：1：1：1	9.4	64.50	51.35	70.12	54.32
3：3：2：2：2	9.2	58.42	52.64	56.81	53.21
1：1：2：2：2	9.0	41.50	58.06	32.89	59.87

根据表 7.1 可知，不同比例下黄铜矿、斑铜矿、孔雀石、蓝铜矿和赤铜矿的理论回收率与实际值百分点相差范围为 -5.62~8.61，理论品位与实际值的百分点相差范围为 -2.97~-0.57。当铜矿物质量之比为 3：3：1：1：1 时，即硫化铜比例远高于氧化铜时，预测的回收率和品位远低于实际值；而当铜矿物质量之比为 1：1：2：2：2 时，即硫化铜比例远

低于氧化铜时，预测的回收率和品位高于实际值，说明硫化铜对氧化铜的比例差距大时存在交互影响现象。

7.3.3 硫化铜矿物与氧化铜矿物间的相互作用力

7.3.3.1 黄铜矿与氧化铜矿物的相互作用力

在 pH 值为 9 时，黄铜矿、孔雀石、蓝铜矿和赤铜矿的 Zeta 电位分别为 -34.2 mV、-1.3 mV、0.9 mV 和 2.1 mV。根据矿物的 d_{50} 粒径分布，黄铜矿 R_1 取 23.4 μm；孔雀石、蓝铜矿和赤铜矿的粒度 R_2 分别取 10.5 μm、12.2 μm 和 9.7 μm；黄铜矿的 Hamaker 常数 A_{11} 取 12×10^{-20} J，孔雀石、蓝铜矿和赤铜矿的 Hamaker 常数 A_{22} 分别取 21.2×10^{-20} J、25×10^{-20} J 和 18.5×10^{-20} J，水的 Hamaker 常数 A_{33} 取 3.7×10^{-20} J，计算得到黄铜矿与孔雀石、蓝铜矿和赤铜矿之间的相互作用能，相互作用能与颗粒间距离的关系曲线如图 7.18 所示。

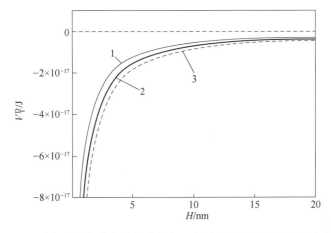

图 7.18　黄铜矿与氧化铜矿物之间相互作用能与颗粒间距的关系曲线
1—赤铜矿；2—孔雀石；3—蓝铜矿

由图 7.18 可以看出，pH 值为 9 时，黄铜矿分别与孔雀石、蓝铜矿和赤铜矿之间的相互作用能为负值，表现出相互吸引作用力，颗粒间距越小，矿物间的吸引作用力越强，颗粒之间容易发生异相凝聚。通过对比发现，在相同距离下，黄铜矿与氧化铜相互之间的吸引力强弱分别为蓝铜矿、孔雀石和赤铜矿。

7.3.3.2 斑铜矿与氧化铜矿物的相互作用力

在 pH 值为 9 时，斑铜矿、孔雀石、蓝铜矿和赤铜矿的 Zeta 电位分别为 -25.8 mV、-1.3 mV、0.9 mV 和 2.1 mV。根据矿物的 d_{50} 粒径分布，斑铜矿 R_1 取 30.3 μm；孔雀石、蓝铜矿和赤铜矿的粒度 R_2 分别取 10.5 μm、12.2 μm 和 9.7 μm；斑铜矿的 Hamaker 常数取 A_{11} 取 13.5×10^{-20} J，孔雀石、蓝铜矿和赤铜矿的 Hamaker 常数 A_{22} 分别取 21.2×10^{-20} J、25×10^{-20} J 和 18.5×10^{-20} J，水的 Hamaker 常数 A_{33} 取 3.7×10^{-20} J，计算得到斑铜矿与孔雀石、蓝铜矿和赤铜矿的相互作用能，相互作用能与颗粒间距离的关系曲线如图 7.19 所示。

由图 7.19 可以看出，pH 值为 9 时斑铜矿与孔雀石、蓝铜矿和赤铜矿之间的相互作用能为负值，表现出相互吸引作用力，颗粒间距越小，矿物间的吸引作用力越强，颗粒之间容易发生异相凝聚。通过对比发现，在相同距离下，斑铜矿与氧化铜矿物相互之间的吸引力强弱分别为蓝铜矿、孔雀石和赤铜矿。

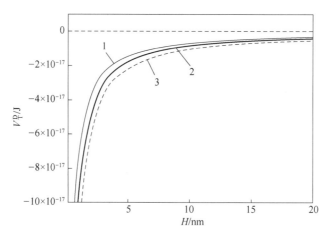

图 7.19 斑铜矿与氧化铜矿物之间相互作用能与颗粒间距的关系曲线
1—赤铜矿；2—孔雀石；3—蓝铜矿

7.3.4 硫化铜与氧化铜交互现象与机理分析

通过光学显微镜观察硫化铜与氧化铜在矿浆中的相互作用，调节矿浆 pH 值为 9，混合添加不同比例的硫化铜和氧化铜，在浮选机转速为 1600 r/min 下，搅拌 5 min 后，提取矿浆液滴在光学显微镜下观察。

图 7.20 为黄铜矿与孔雀石按 5 : 1（质量比）混合后的光学显微镜照片，可以看到大的矿粒表面有很多微细的小矿粒附着，而矿浆中基本没有微细粒的分布。图 7.21 为斑铜矿与赤铜矿按 4 : 1（质量比）混合后的光学显微镜照片，也可以发现较大的矿粒上吸附着较多的微细矿粒，同时矿浆中有较少的微细粒的分布。所以当硫化铜与氧化铜高比例混

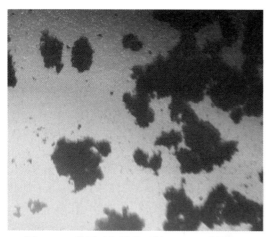

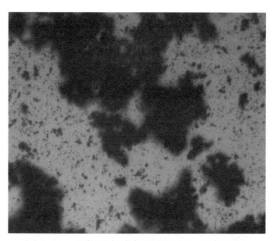

图 7.20 黄铜矿与孔雀石按 5 : 1（质量比） 　　图 7.21 斑铜矿与赤铜矿按 4 : 1（质量比）
　　　　混合后的光学显微镜照片 　　　　　　　　　混合后的光学显微镜照片

图 7.20 彩图 　　　　　　　　　　　　　　　　图 7.21 彩图

合时，硫化铜可以吸引微细粒的氧化铜，从而减少矿浆中微细粒的氧化铜，促进矿物回收率的提高。图 7.22 为黄铜矿与蓝铜矿按 1∶6（质量比）混合后的光学显微镜照片，可以看到虽然矿物表面吸附了大量的微细粒，但矿浆中仍弥散大量的微细粒矿。图 7.23 为斑铜矿与孔雀石按 1∶5（质量比）的比例混合后的光学显微镜照片，也可以发现矿浆中弥散大量的微细粒矿。这说明当硫化铜与氧化铜低比例混合时，虽然硫化铜可以吸引微细粒的氧化铜，但氧化铜微细粒的比例高导致大量的微细粒弥散在矿浆中，从而影响氧化铜的浮选回收。

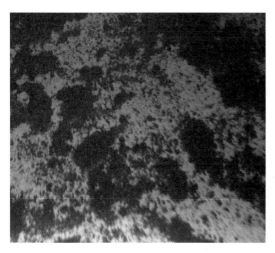 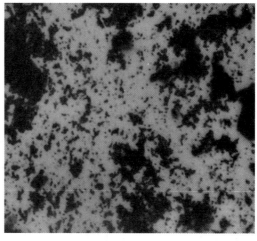

图 7.22 黄铜矿与蓝铜矿按 1∶6（质量比）混合后的光学显微镜照片

图 7.22 彩图

图 7.23 斑铜矿与孔雀石按 1∶5（质量比）混合后的光学显微镜照片

图 7.23 彩图

　　硫化铜与氧化铜混合矿在矿浆中相互影响的作用机理如图 7.24 所示。当混合矿中硫化铜占比较大时，硫化铜可以促进氧化铜的回收，这可能是氧化铜具有自身断裂的性质，

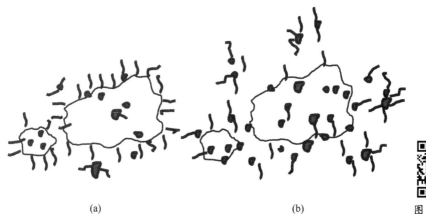

(a)　　　　　　　　　　(b)

图 7.24 彩图

图 7.24 硫化铜与氧化铜混合矿在矿浆中相互影响的作用机理

（a）硫化铜比例高；（b）氧化铜比例高

在经过破碎磨矿和矿浆搅拌过程中会形成非常多的微细粒矿物；同时，硫化铜与氧化铜表面的电位差较大，当硫化铜与氧化铜在矿浆混合搅拌后会发生矿物间静电的吸附，硫化铜表面附着一些氧化铜，而硫化铜在捕收剂作用下，可浮性较好，硫化铜的易浮促进了氧化铜的回收。当混合矿中氧化铜占比较大时，由于氧化铜自身易碎性，在制备和矿浆搅拌的过程中会产生大量的微细粒氧化铜在矿浆中弥散，虽然微细粒氧化铜由于电位差异会被硫化铜吸附，但氧化铜的含量高，硫化铜会被大量的氧化铜覆盖，影响硫化铜与捕收剂的吸附；另外，矿浆中大量未被硫化铜吸引的氧化铜微细粒会在矿浆中弥散分布，可以溶出大量 Cu^{2+} 消耗矿浆中的捕收剂，从而影响硫化铜矿的浮选。

参 考 文 献

[1] 李赋屏，周永生，黄斌，等．铜论 [M]．北京：科学出版社，2011．

[2] 孙传尧．选矿工程师手册 [M]．北京：冶金工业出版社，2015．

[3] 王毓华，邓海波．铜矿选矿技术 [M]．长沙：中南大学出版社，2012．

[4] 刘豹．基于矿物晶体与表面化学的铜镍硫化矿浮选基础研究 [D]．沈阳：东北大学，2016．

[5] 刘宇彤，印万忠，盛秋月，等．细粒滑石对孔雀石硫化浮选的影响 [J]．东北大学学报（自然科学版），2022，43（5）：710-717．

[6] 孙乾予．铜矿物的晶体化学基因特征及浮选机理研究 [D]．沈阳：东北大学，2019．

8 蓝晶石族矿物浮选的交互影响

蓝晶石、红柱石、硅线石属于化学成分相同、晶体结构不同的同质异相蓝晶石族矿物，化学成分均为 Al_2SiO_5，理论含量（质量分数，余同）为 Al_2O_3 62.92%、SiO_2 37.08%[1]。石英是蓝晶石族矿物的主要伴生矿物，伴生量一般在 35% ~ 50%，是影响细粒蓝晶石族矿物浮选产品质量的主要因素[2]。

为了研究蓝晶石族矿物与石英之间浮选的交互影响，将蓝晶石、红柱石、硅线石和石英分别分成 3 个粒级：−106+45 μm、−45+18 μm、−18 μm。在油酸钠体系中，分析不同粒级、不同用量的石英分别对各个粒级蓝晶石、红柱石、硅线石浮选行为的影响，然后进行柠檬酸对矿物浮选交互作用的影响研究。

8.1 油酸钠体系中蓝晶石族矿物与石英浮选的交互影响

8.1.1 不同粒级石英对−106+45 μm 粒级蓝晶石族矿物浮选的影响

8.1.1.1 不同粒级石英对−106+45 μm 粒级蓝晶石浮选的影响

研究了−106+45 μm、−45+18 μm、−18 μm 粒级石英对−106+45 μm 粒级蓝晶石浮选的影响，结果如图 8.1 所示。由此结果可知，在 pH 值为 8、$FeCl_3 \cdot 6H_2O$ 用量为 20 mg/L、油酸钠用量为 150 mg/L 时，随着各粒级石英含量的增加，−106+45 μm 粒级蓝晶石的浮选回收率整体变化趋势不大，而−106+45 μm 粒级蓝晶石精矿品位均呈不断降低的趋势，并且随着石英颗粒越来越细，−106+45 μm 粒级蓝晶石的精矿品位降低的幅度越来越大，说明石英粒度越细越容易进入浮选精矿中。

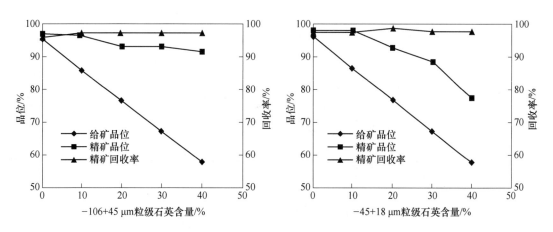

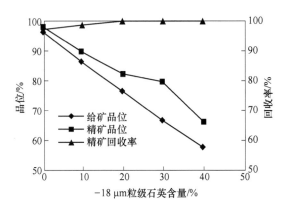

图 8.1　不同粒级石英对-106+45 μm 粒级蓝晶石浮选的影响

8.1.1.2　不同粒级石英对-106+45 μm 粒级红柱石浮选的影响

研究了-106+45 μm、-45+18 μm、-18 μm 粒级石英对-106+45 μm 粒级红柱石浮选的影响，结果如图 8.2 所示。由此结果可知，在 pH 值为 8、FeCl₃·6H₂O 用量为 20 mg/L、油酸钠用量为 150 mg/L 时，随着 -106+45 μm 和 -45+18 μm 粒级石英含量的增加，

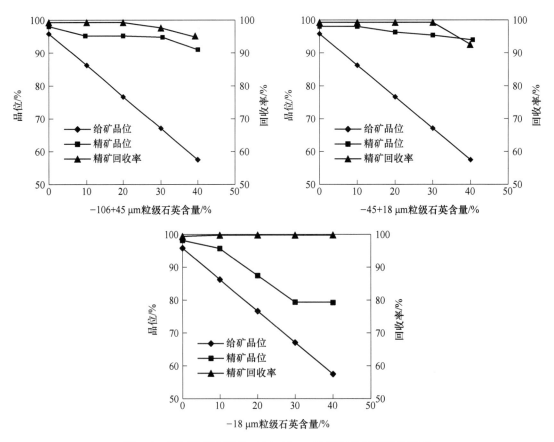

图 8.2　不同粒级石英对-106+45 μm 粒级红柱石浮选的影响

−106+45 μm 粒级红柱石的精矿品位缓慢降低，红柱石精矿回收率在石英含量不高时变化趋势不大，当石英含量大于 30% 时呈现下降趋势；随着−18 μm 粒级石英含量的增加，−106+45 μm 粒级红柱石的精矿品位呈现明显降低趋势，精矿回收率变化不大。

8.1.1.3 不同粒级石英对−106+45 μm 粒级硅线石浮选的影响

研究了−106+45 μm、−45+18 μm、−18 μm 粒级石英对−106+45 μm 粒级硅线石浮选的影响，结果如图 8.3 所示。

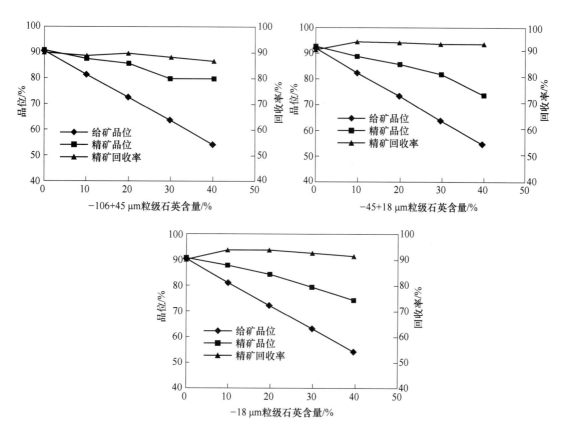

图 8.3 不同粒级石英对−106+45 μm 粒级硅线石浮选的影响

由图 8.3 可知，在 pH 值为 8、$FeCl_3 \cdot 6H_2O$ 用量为 20 mg/L、油酸钠用量为 150 mg/L 时，随着各粒级石英含量的增加，−106+45 μm 粒级硅线石精矿回收率整体变化趋势不大，−106+45 μm 粒级硅线石的精矿品位不断降低，说明精矿中的石英含量在不断增加，各粒级石英含量越高与−106+45 μm 粒级硅线石的分离越困难。

8.1.1.4 石英对−106+45 μm 粒级蓝晶石族矿物浮选影响的对比

A −106+45 μm 粒级石英对−106+45 μm 粒级蓝晶石族矿物浮选的影响

研究了−106+45 μm 粒级石英分别对−106+45 μm 粒级蓝晶石、红柱石、硅线石浮选的影响，结果如图 8.4 所示。

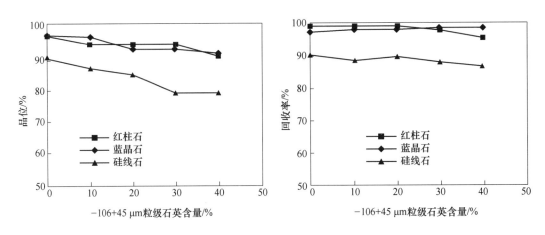

图 8.4　-106+45 μm 粒级石英对-106+45 μm 蓝晶石、红柱石、硅线石浮选的影响

由图 8.4 可知，在 pH 值为 8、FeCl$_3$·6H$_2$O 用量为 20 mg/L、油酸钠用量为 150 mg/L 时，随着-106+45 μm 粒级石英含量的增加，-106+45 μm 粒级蓝晶石族矿物的精矿品位均呈缓慢降低的趋势，-106+45 μm 粒级蓝晶石族矿物的精矿回收率整体变化不大。

B　-45+18 μm 粒级石英对-106+45 μm 粒级蓝晶石族矿物浮选的影响

研究了-45+18 μm 粒级石英对-106+45 μm 粒级蓝晶石、红柱石、硅线石浮选的影响，结果如图 8.5 所示。

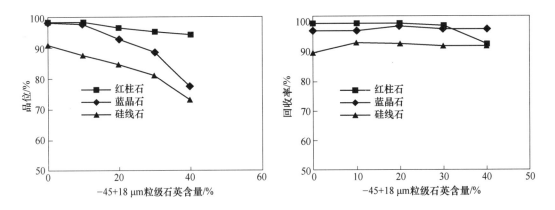

图 8.5　-45+18 μm 粒级石英对-106+45 μm 粒级蓝晶石、红柱石、硅线石浮选的影响

由图 8.5 可知，在 pH 值为 8、FeCl$_3$·6H$_2$O 用量为 20 mg/L、油酸钠用量为 150 mg/L 时，随着-45+18 μm 粒级石英含量的增加，-106+45 μm 粒级蓝晶石族矿物的精矿品位均不断降低；-106+45 μm 粒级蓝晶石、硅线石的回收率整体变化不大，-106+45 μm 粒级红柱石的精矿回收率在石英含量大于 30% 时出现降低趋势。

C　–18 μm 粒级石英对–106+45 μm 粒级蓝晶石族矿物浮选的影响

研究了–18 μm 粒级石英对–106+45 μm 粒级蓝晶石、红柱石、硅线石浮选的影响，结果如图 8.6 所示。

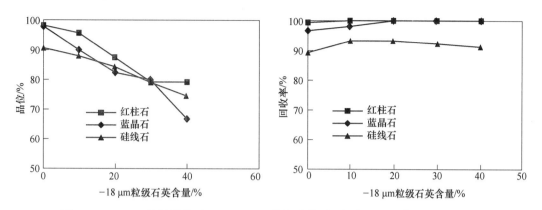

图 8.6　–18 μm 粒级石英对–106+45 μm 粒级蓝晶石、红柱石、硅线石浮选的影响

由图 8.6 可知，在 pH 值为 8、$FeCl_3 \cdot 6H_2O$ 用量为 20 mg/L、油酸钠用量为 150 mg/L 时，随着–18 μm 粒级石英含量的增加，–106+45 μm 粒级蓝晶石、红柱石、硅线石的精矿品位均大幅降低，精矿回收率整体上变化幅度不大。

由以上分析可见，添加各粒级石英对–106+45 μm 粒级蓝晶石族矿物的回收率整体影响不大；添加细粒级石英比添加粗粒级石英对–106+45 μm 粒级蓝晶石族矿物精矿品位的降低幅度要大，说明添加的石英颗粒越细，石英进入–106+45 μm 粒级蓝晶石族矿物精矿中的含量越多。

8.1.2　不同粒级石英对–45+18 μm 粒级蓝晶石族矿物浮选的影响

8.1.2.1　不同粒级石英对–45+18 μm 粒级蓝晶石浮选的影响

研究了–106+45 μm、–45+18 μm、–18 μm 粒级石英对–45+18 μm 粒级蓝晶石浮选的影响，结果如图 8.7 所示。

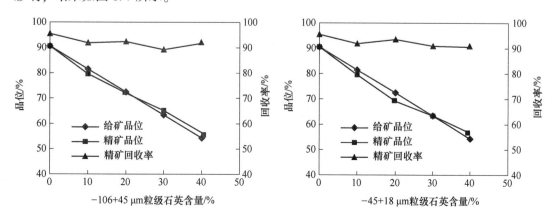

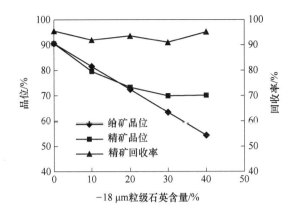

图 8.7 不同粒级石英对 -45+18 μm 粒级蓝晶石浮选的影响

由图 8.7 可知，在 pH 值为 8、$FeCl_3 \cdot 6H_2O$ 用量为 20 mg/L、油酸钠用量为 150 mg/L 时，随着不同粒级石英含量的增加，-45+18 μm 粒级蓝晶石的精矿品位呈大幅度降低趋势，精矿回收率有小幅波动，整体变化趋势不大。

8.1.2.2 不同粒级石英对 -45+18 μm 粒级红柱石浮选的影响

研究了不同粒级石英对 -45+18 μm 粒级红柱石浮选的影响，结果如图 8.8 所示。

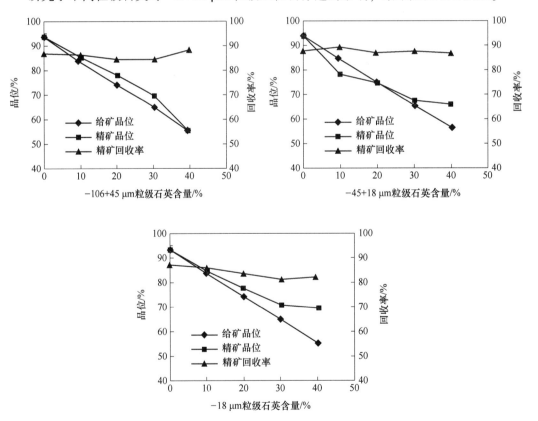

图 8.8 不同粒级石英对 -45+18 μm 粒级红柱石浮选的影响

由图 8.8 可知，在 pH 值为 8、$FeCl_3 \cdot 6H_2O$ 用量为 20 mg/L、油酸钠用量为 150 mg/L 时，随着不同粒级石英含量的增加，$-45+18$ μm 粒级红柱石的精矿品位呈大幅降低趋势；随着$-106+45$ μm、$-45+18$ μm 粒级石英含量的增加，$-45+18$ μm 粒级红柱石的回收率整体变化不大，随着-18 μm 粒级石英含量的增加，$-45+18$ μm 粒级红柱石的精矿回收率有小幅降低趋势。

8.1.2.3 不同粒级石英对$-45+18$ μm 粒级硅线石浮选的影响

研究了$-106+45$ μm、$-45+18$ μm、-18 μm 粒级石英对$-45+18$ μm 粒级硅线石浮选的影响，结果如图 8.9 所示。

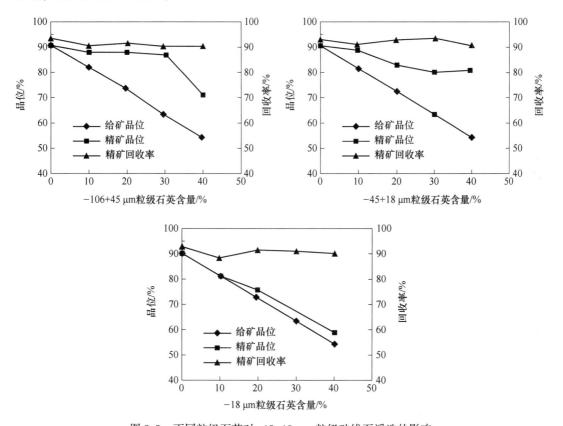

图 8.9 不同粒级石英对$-45+18$ μm 粒级硅线石浮选的影响

由图 8.9 可知，在 pH 值为 8、$FeCl_3 \cdot 6H_2O$ 用量为 20 mg/L、油酸钠用量为 150 mg/L 时，随着各粒级石英含量的增加，$-45+18$ μm 粒级硅线石的精矿品位不断降低，且石英粒度越细，硅线石品位降低幅度越大；$-45+18$ μm 粒级硅线石精矿回收率整体上变化不大。

8.1.2.4 石英对$-45+18$ μm 粒级蓝晶石族矿物浮选影响的对比

A $-106+45$ μm 粒级石英对$-45+18$ μm 粒级蓝晶石族矿物浮选的影响

研究了$-106+45$ μm 粒级石英对$-45+18$ μm 粒级蓝晶石、红柱石、硅线石浮选影响的对比，试验结果如图 8.10 所示。

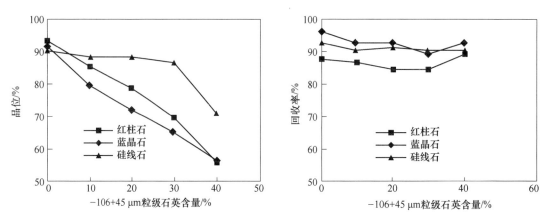

图 8.10　−106+45 μm 粒级石英对−45+18 μm 粒级蓝晶石、红柱石、硅线石浮选的影响

由图 8.10 可知，在 pH 值为 8、FeCl$_3$·6H$_2$O 用量为 20 mg/L、油酸钠用量为 150 mg/L 时，随着−106+45 μm 粒级石英含量的增加，−45+18 μm 粒级蓝晶石、红柱石、硅线石的精矿品位不断降低，−45+18 μm 粒级蓝晶石、红柱石、硅线石的精矿回收率整体变化不大。

B　−45+18 μm 粒级石英对−45+18 μm 粒级蓝晶石族矿物浮选的影响

研究了−45+18 μm 粒级石英对−45+18 μm 粒级蓝晶石、红柱石、硅线石浮选的影响，结果如图 8.11 所示。

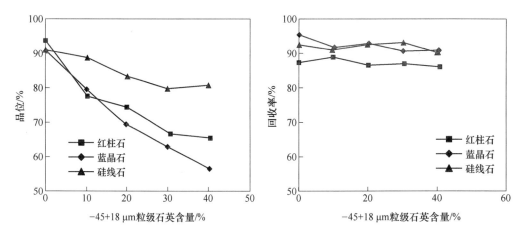

图 8.11　−45+18 μm 粒级石英对−45+18 μm 粒级蓝晶石、红柱石、硅线石浮选的影响

由图 8.11 可知，在 pH 值为 8、FeCl$_3$·6H$_2$O 用量为 20 mg/L、油酸钠用量为 150 mg/L 时，随着−45+18 μm 粒级石英含量的增加，−45+18 μm 粒级蓝晶石、红柱石、硅线石的精矿品位不断降低，精矿回收率呈小幅波动，整体变化不大。

C　−18 μm 粒级石英对−45+18 μm 粒级蓝晶石族矿物浮选的影响

研究了−18 μm 粒级石英对−45+18 μm 粒级蓝晶石、红柱石、硅线石浮选的影响，结果如图 8.12 所示。

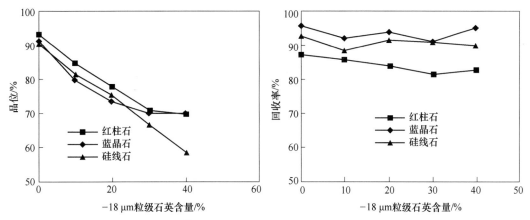

图 8.12 −18 μm 粒级石英对−45+18 μm 粒级蓝晶石、红柱石、硅线石浮选的影响

由图 8.12 可知，在 pH 值为 8、$FeCl_3 \cdot 6H_2O$ 用量为 20 mg/L、油酸钠用量为 150 mg/L 时，随着−18 μm 粒级石英含量的增加，−45+18 μm 粒级蓝晶石、红柱石、硅线石的精矿品位急剧降低；−45+18 μm 粒级蓝晶石、硅线石精矿回收率整体变化不大，−45+18 μm 粒级红柱石精矿回收率有小幅降低趋势。

由以上分析可见，随着各粒级石英含量的增加，−45+18 μm 粒级蓝晶石族矿物的精矿品位呈明显降低趋势，说明各粒级石英添加量越高与−45+18 μm 粒级蓝晶石族矿物的分离越困难；添加各粒级石英对蓝晶石族矿物的回收率整体上影响不大。

8.1.3 不同粒级石英对−18 μm 粒级蓝晶石族矿物浮选的影响

8.1.3.1 不同粒级石英对−18 μm 粒级蓝晶石浮选的影响

研究了−106+45 μm、−45+18 μm、−18 μm 粒级石英对−18 μm 粒级蓝晶石浮选的影响，结果如图 8.13 所示。由此结果可知，在 pH 值为 8、$FeCl_3 \cdot 6H_2O$ 用量为 20 mg/L、油酸钠用量为 150 mg/L 时，随着不同粒级石英含量的增加，−18 μm 粒级蓝晶石的精矿品位呈现不断降低趋势。随着−106+45 μm 和−45+18 μm 石英含量的增加，−18 μm 粒级蓝晶石精矿回收率先是变化不大，当石英含量达到 30% 以后出现增加趋势；随着−18 μm 粒级石英含量的增加，−18 μm 粒级蓝晶石精矿回收率先是小幅降低后趋于稳定。

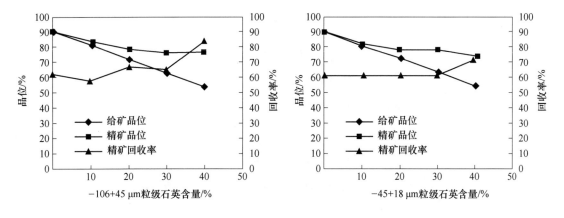

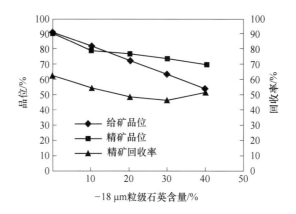

图 8.13 不同粒级石英对-18 μm 粒级蓝晶石浮选的影响

8.1.3.2 不同粒级石英对-18 μm 粒级红柱石浮选的影响

研究了-106+45 μm、-45+18 μm、-18 μm 粒级石英对-18 μm 粒级红柱石浮选的影响，结果如图 8.14 所示。由此结果可知，在 pH 值为 8、FeCl$_3$ · 6H$_2$O 用量为 20 mg/L、油酸钠用量为 150 mg/L 时，随着不同粒级石英含量的增加，-18 μm 粒级红柱石的精矿品

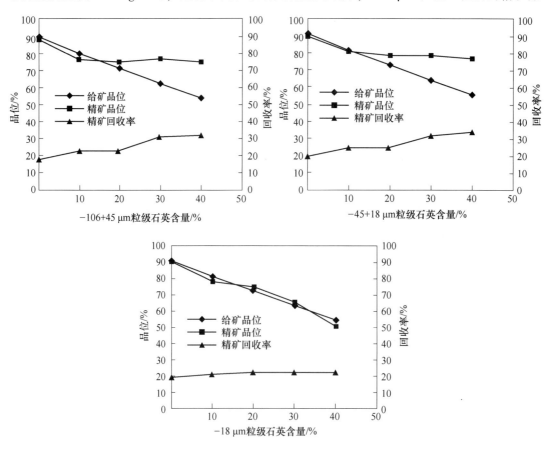

图 8.14 不同粒级石英对-18 μm 粒级红柱石浮选的影响

位呈现降低趋势；随着-106+45 μm 和-45+18 μm 粒级石英含量的增加，-18 μm 粒级红柱石精矿回收率呈现不断增加的趋势；随着-18 μm 粒级石英含量的增加，-18 μm 粒级红柱石精矿回收率变化不大。

8.1.3.3 不同粒级石英对-18 μm 粒级硅线石浮选的影响

研究了-106+45 μm、-45+18 μm、-18 μm 粒级石英对-18 μm 粒级硅线石浮选的影响，结果如图 8.15 所示。由此结果可知，在 pH 值为 8、$FeCl_3 \cdot 6H_2O$ 用量为 20 mg/L、油酸钠用量为 150 mg/L 时，随着不同粒级石英含量的增加，-18 μm 粒级硅线石的精矿品位呈现不断降低的趋势；随着-106+45 μm 和-45+18 μm 粒级石英含量的增加，-18 μm 粒级硅线石的精矿回收率整体上呈现小幅增加趋势；随着-18 μm 粒级石英含量的增加，-18 μm 粒级硅线石的精矿回收率变化不大。

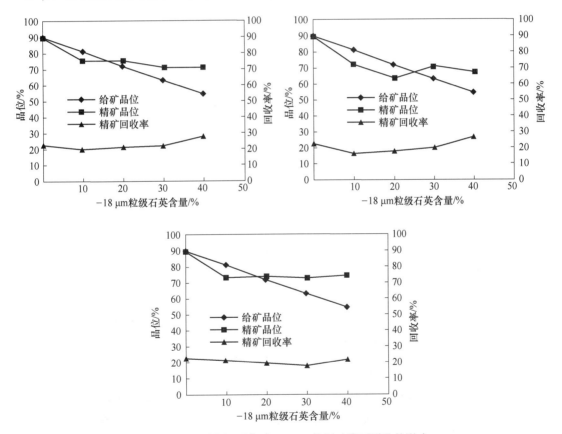

图 8.15 不同粒级石英对-18 μm 粒级硅线石浮选的影响

8.1.3.4 石英对-18 μm 粒级蓝晶石族矿物浮选影响的对比试验

A -106+45 μm 粒级石英对-18 μm 粒级蓝晶石族矿物浮选的影响

研究了-106+45 μm 粒级石英对-18 μm 粒级蓝晶石、红柱石、硅线石浮选的影响，结果如图 8.16 所示。

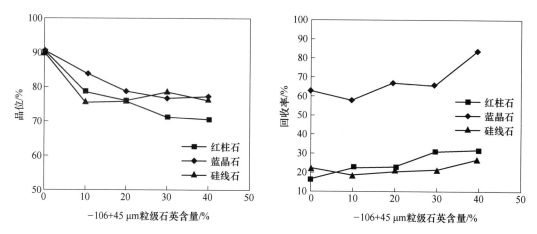

图 8.16 −106+45 μm 粒级石英对−18 μm 粒级蓝晶石、红柱石、硅线石浮选的影响

由图 8.16 可知，在 pH 值为 8、$FeCl_3 \cdot 6H_2O$ 用量为 20 mg/L、油酸钠用量为 150 mg/L 时，随着−106+45 μm 粒级石英含量的增加，−18 μm 粒级蓝晶石、红柱石、硅线石的精矿品位不断降低，−18 μm 粒级蓝晶石、红柱石、硅线石的精矿回收率整体上呈现增加趋势，其中红柱石、硅线石的精矿回收率低于 30%，蓝晶石的精矿回收率从 62% 增加至 83%。

B −45+18 μm 粒级石英对−18 μm 粒级蓝晶石族矿物浮选的影响

研究了−45+18 μm 粒级石英对−18 μm 粒级蓝晶石、红柱石、硅线石浮选的影响，结果如图 8.17 所示。

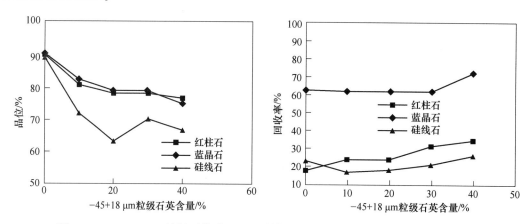

图 8.17 −45+18 μm 粒级石英对−18 μm 粒级蓝晶石、红柱石、硅线石浮选的影响

由图 8.17 可知，在 pH 值为 8、$FeCl_3 \cdot 6H_2O$ 用量为 20 mg/L、油酸钠用量为 150 mg/L 时，随着−45+18 μm 粒级石英含量的增加，−18 μm 粒级蓝晶石、红柱石、硅线石的精矿品位不断降低；−18 μm 粒级蓝晶石精矿的回收率先趋于稳定，在−45+18 μm 粒级石英含量大于 30% 以后呈现增加趋势，−18 μm 粒级红柱石、硅线石的精矿回收率呈现缓慢小幅增加趋势。其中，蓝晶石精矿回收率在 60%~70%，红柱石、硅线石精矿回收率总体上低于 30%。

C −18 μm 粒级石英对−18 μm 粒级蓝晶石族矿物浮选的影响

研究了−18 μm 粒级石英对−18 μm 粒级蓝晶石、红柱石、硅线石浮选的影响，结果如图 8.18 所示。

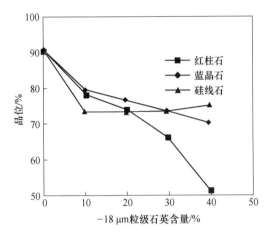 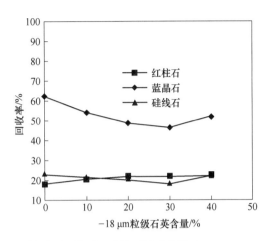

图 8.18 −18 μm 粒级石英对−18 μm 粒级蓝晶石、红柱石、硅线石浮选的影响

由图 8.18 可知，在 pH 值为 8、$FeCl_3 \cdot 6H_2O$ 用量为 20 mg/L、油酸钠用量为 150 mg/L 时，随着−18 μm 粒级石英含量的增加，−18 μm 粒级蓝晶石、红柱石、硅线石的精矿品位不断降低；−18 μm 粒级硅线石、红柱石精矿的回收率变化不大，−18 μm 粒级蓝晶石精矿的回收率从 60% 左右降至 50% 左右。

8.1.4 柠檬酸对蓝晶石族矿物与石英交互作用的影响

研究了柠檬酸对蓝晶石族矿物与石英浮选交互作用的影响，其中石英添加量为 30%。当 pH 值为 8、$FeCl_3 \cdot 6H_2O$ 用量为 20 mg/L、油酸钠用量为 150 mg/L、柠檬酸用量为 5 mg/L 或 0 mg/L 时，进行了对比试验，所得结果用柱状图表示。柱状图中 A、B、C 分别代表−106+45 μm、−45+18 μm、−18 μm 3 个粒级，用大写英文字母表示粒级及粒级的组合，首个大写字母代表一种蓝晶石族矿物的粒级，第二个大写字母表示石英的粒级。例如，在考察石英对蓝晶石的浮选影响时，A+B 代表−106+45 μm 粒级蓝晶石与−45+18 μm 粒级石英混合浮选的结果。

8.1.4.1 柠檬酸对蓝晶石与石英交互作用的影响

柠檬酸添加前后蓝晶石和石英混合矿浮选分离结果如图 8.19 所示。

由图 8.19 可知，当 pH 值为 8、$FeCl_3 \cdot 6H_2O$ 用量为 20 mg/L、油酸钠用量为 150 mg/L 时，添加柠檬酸 5 mg/L 后与未添加相比，精矿蓝晶石的品位明显增加，二者分离比较好的级别在蓝晶石为−106+45 μm 和−45+18 μm 的粗粒级。其中，柠檬酸对添加细粒级石英混合矿物的精矿品位提高的幅度相对大一些。因此，柠檬酸对添加细粒级石英混合矿物的分离作用也相对较好，此外，柠檬酸对−18 μm 蓝晶石与不同粒级石英混合矿的精矿品位也具有提高作用。

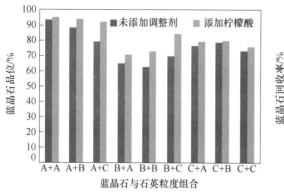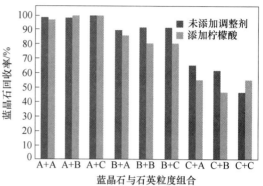

图 8.19　柠檬酸添加前后蓝晶石和石英混合矿浮选分离结果

8.1.4.2　柠檬酸对红柱石与石英交互作用的影响

柠檬酸添加前后红柱石和石英混合矿浮选分离结果如图 8.20 所示。

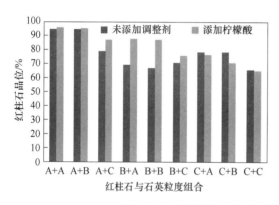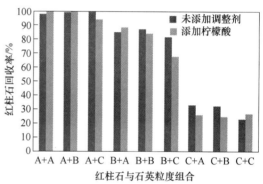

图 8.20　柠檬酸添加前后红柱石与石英混合矿浮选分离结果

由图 8.20 可知，当 pH 值为 8、$FeCl_3 \cdot 6H_2O$ 用量为 20 mg/L、油酸钠用量为 150 mg/L 时，添加柠檬酸 5 mg/L 后与未添加相比，对 $-106+45$ μm、$45+18$ μm 粒级红柱石与不同粒级石英混合矿物的品位普遍具有提高作用，对回收率降低幅度不大；对 -18 μm 粒级红柱石与不同粒级石英混合矿物的品位和回收率普遍呈现降低趋势。由此可见，柠檬酸对红柱石较好的分离作用集中在 $-106+45$ μm 和 $-45+18$ μm 粒级。

8.1.4.3　柠檬酸对硅线石与石英交互作用的影响

柠檬酸添加前后硅线石和石英混合矿浮选分离结果如图 8.21 所示。

由图 8.21 可知，当 pH 值为 8、$FeCl_3 \cdot 6H_2O$ 用量为 20 mg/L、油酸钠用量为 150 mg/L 时，添加柠檬酸 5 mg/L 后与未添加相比，大部分各粒级石英与各粒级硅线石混合矿的浮选精矿品位都呈增加状态，对 $-106+45$ μm 粒级硅线石的回收率呈增加趋势，$-45+18$ μm 和 -18 μm 粒级硅线石回收率有小幅降低趋势。因此，柠檬酸较好的分离作用集中在硅线石的 $-106+45$ μm 和 $-45+18$ μm 粒级。

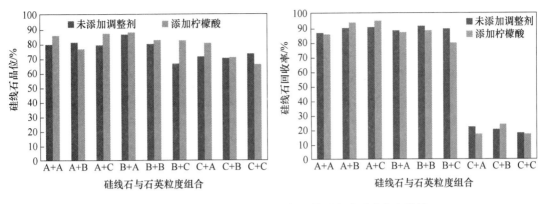

图 8.21 柠檬酸添加前后硅线石与石英混合矿浮选分离结果

可见，柠檬酸对蓝晶石族矿物与石英的分离效果比较好的作用集中在 $-106+45$ μm 和 $-45+18$ μm 粒级，分离效果依次为：红柱石与石英 $\approx$ 蓝晶石与石英>硅线石与石英。

综上所述，在 pH 值为 8、$FeCl_3 \cdot 6H_2O$ 用量为 20 mg/L、油酸钠用量为 150 mg/L 时，随着各粒级石英添加量的增加，不同粒级蓝晶石族矿物的精矿品位均呈现不断降低的趋势，其中 -18 μm 粒级石英比粗粒级石英使粗粒级（$-106+45$ μm）蓝晶石族矿物精矿品位的降低幅度要大；随着各粒级石英添加量的增加，粗粒级（$-106+45$ μm、$-45+18$ μm）蓝晶石族矿物的精矿回收率变化趋势不大，而细粒级（-18 μm）蓝晶石族矿物的精矿回收率随粗粒级（$-106+45$ μm、$-45+18$ μm）石英含量的增加整体上呈现增加趋势；柠檬酸对粗粒级蓝晶石族矿物与石英混合矿浮选有较好的分离效果且顺序为：红柱石与石英 $\approx$ 蓝晶石与石英>硅线石与石英，说明硅线石与石英混合矿的浮选分离相对困难。

8.2 蓝晶石族矿物与石英浮选交互影响的作用机理

8.2.1 蓝晶石与石英之间浮选交互作用机理

根据 EDLVO 理论[3-6]，计算 $FeCl_3 \cdot 6H_2O$ 作用后不同粒级蓝晶石与石英颗粒在油酸钠体系下的相互作用能 V_T^{ED}，考虑范德华力 V_W、静电力 V_E、水化斥力 V_{HR} 和疏水引力 V_{HA}。取 10 μm、50 μm 粒径的蓝晶石和 10 μm、20 μm、50 μm、80 μm 粒径的石英进行计算，10 μm 粒径的蓝晶石与 50 μm、80 μm 粒径的石英作用时和 50 μm 粒径的蓝晶石与 20 μm 粒径的石英作用时采用球-板模型，其余采用球-球模型，蓝晶石和石英的 Hamaker 常数 $A_蓝 = 5.99 \times 10^{-20}$ J，$A_石 = 7.57 \times 10^{-20}$ J；在 pH = 8.0 时，蓝晶石和石英的动电位 $\zeta_蓝 = -19.0$ mV、$\zeta_石 = -3.6$ mV，在油酸钠溶液中蓝晶石的表面能色散分量与给予体分量分别为 2.60 mJ/m^2、19.82 mJ/m^2，石英的表面能色散分量与给予体分量分别为 20.36 mJ/m^2、27.71 mJ/m^2，计算结果如图 8.22 和图 8.23 所示。

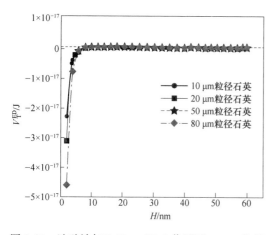 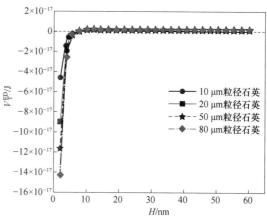

图 8.22　油酸钠与 $FeCl_3 \cdot 6H_2O$ 作用下 10 μm 粒径　　图 8.23　油酸钠与 $FeCl_3 \cdot 6H_2O$ 作用下 50 μm 粒径
　　　　蓝晶石与各粒径石英作用的 EDLVO 势能曲线　　　　　　蓝晶石与各粒径石英作用的 EDLVO 势能曲线

　　由图 8.22 和图 8.23 计算结果可以看出，在 pH 值为 8、$FeCl_3 \cdot 6H_2O$ 用量为 20 mg/L、油酸钠用量为 150 mg/L 时，随着蓝晶石与石英颗粒间界面力相互作用距离变小，总 EDLVO 势能向负值方向增加，此时作用力为吸引力。

　　由此可见，一方面，细粒级石英可以向粗粒级蓝晶石黏附，例如 8.1.1 节中，-18 μm 粒级石英使 $-106+45$ μm 粒级蓝晶石精矿品位呈大幅降低趋势，表现为矿泥的黏附罩盖；另一方面，细粒级蓝晶石可以向粗粒级石英黏附，由 8.1.3 节的试验结果结合表 8.1 中的药剂吸附量结果分析，-18 μm 粒级的蓝晶石黏附在可浮性比它好的 $-106+45$ μm 和 $-45+18$ μm 粗粒级石英表面，使蓝晶石的回收率增加，从而带动了 -18 μm 粒级蓝晶石的可浮性。此外，细粒级蓝晶石还可以与细粒级石英黏附聚集，例如 8.1.3 节中，随着 -18 μm 粒级石英含量的增加，-18 μm 粒级蓝晶石精矿品位大幅降低，回收率从 60% 左右降至 50% 左右。

表 8.1　蓝晶石和石英在铁离子作用下对油酸钠的吸附量及浮选回收率

矿物	粒级/μm	药剂吸附量/mg·g^{-1}	单矿物浮选回收率/%
蓝晶石	$-106+45$	1.90	97.29
	$-45+18$	2.27	95.60
	-18	2.48	62.30
石英	$-106+45$	1.00	78.00
	$-45+18$	1.25	75.61
	-18	1.47	13.08

　　为了验证蓝晶石与石英之间发生了黏附现象，对浮选产品进行显微镜观察，如图 8.24 所示。可以发现，蓝晶石与石英之间确实发生了黏附现象。因此，颗粒之间的黏附是蓝晶石与石英浮选过程中交互影响的原因之一。由 8.1.4 节的研究结果发现，柠檬酸可以有效地削弱石英对蓝晶石浮选的不利影响，减轻了石英与蓝晶石之间的黏附罩盖作用，因此，可以利用柠檬酸作为蓝晶石与石英浮选分离的调整剂。

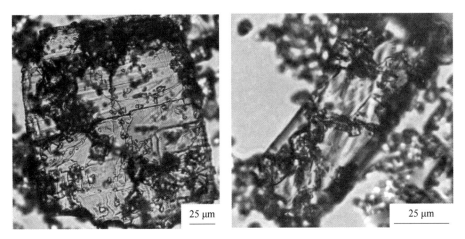

图 8.24 油酸钠体系下-106+45 μm 粒级蓝晶石与-18 μm 粒级石英浮选产品显微镜照片

8.2.2 红柱石与石英之间浮选交互作用机理

红柱石和石英的 Hamaker 常数 $A_{红}=7.25×10^{-20}$ J、$A_{石}=7.57×10^{-20}$ J，在 pH = 8.0 时，红柱石和石英的动电位 $\zeta_{红}=-2.8$ mV、$\zeta_{石}=-3.6$ mV，在油酸钠溶液中红柱石的表面能色散分量与给予体分量分别为 10.59 mJ/m²、13.21 mJ/m²，石英的表面能色散分量与给予体分量分别为 20.36 mJ/m²、27.71 mJ/m²，根据扩展 DLVO 理论计算 V_{T}^{ED} 结果如图 8.25 和图 8.26 所示。

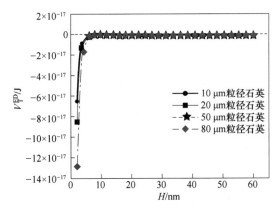
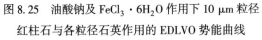
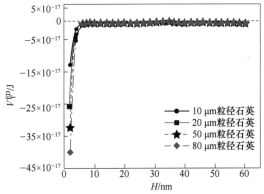

图 8.25 油酸钠及 $FeCl_3 \cdot 6H_2O$ 作用下 10 μm 粒径红柱石与各粒径石英作用的 EDLVO 势能曲线

图 8.26 油酸钠及 $FeCl_3 \cdot 6H_2O$ 作用下 50 μm 粒径红柱石与各粒径石英作用的 EDLVO 势能曲线

由图 8.25 和图 8.26 计算结果可以看出，在 pH 值为 8、$FeCl_3 \cdot 6H_2O$ 用量为 20 mg/L、油酸钠用量为 150 mg/L 时，随着红柱石与石英颗粒间界面力相互作用距离变小，总 EDLVO 势能向负值方向增加，此时作用力为吸引力。

由此可见，一方面，细粒级石英可以向粗粒级红柱石黏附，例如 8.1.1 节中，-18 μm 粒级石英使-106+45 μm 粒级红柱石精矿品位呈大幅降低趋势，表现为矿泥罩盖；另一方面，细粒级红柱石可以向粗粒级石英黏附，由 8.1.3 节的试验结果结合表 8.2 中的药剂吸附量结果分析，$-18~\mu m$ 粒级的红柱石黏附在可浮性比它好的 $-106+45~\mu m$ 和 $-45+18~\mu m$ 粗粒级石英表面，使红柱石的回收率增加，从而带动了 $-18~\mu m$ 粒级红柱石的可浮性。此外，细粒级红柱石还可以与细粒级石英黏附聚集，例如 8.1.3 节中，随着 $-18~\mu m$ 粒级石英含量的增加，$-18~\mu m$ 粒级红柱石精矿品位大幅降低。

表 8.2   红柱石和石英在铁离子作用下对油酸钠的吸附量及浮选回收率

项目	粒级/μm	药剂吸附量/$mg \cdot g^{-1}$	单矿物浮选回收率/%
红柱石	$-106+45$	1.90	99.40
	$-45+18$	2.24	87.30
	-18	2.28	18.20
石英	$-106+45$	1.00	78.00
	$-45+18$	1.25	75.61
	-18	1.47	13.08

浮选产品在显微镜下的观察结果如图 8.27 所示，可以发现，红柱石与石英之间确实发生了黏附现象。因此，颗粒之间的黏附是红柱石与石英浮选过程中交互影响的原因之一。由 8.1.4 节的研究结果发现，柠檬酸可以有效地削弱石英对红柱石浮选的不利影响，减轻了石英与红柱石之间的黏附罩盖作用，因此，可以利用柠檬酸作为红柱石与石英浮选分离的调整剂。

(a)   (b)

图 8.27   油酸钠体系下红柱石与石英浮选产品显微镜照片

（a）$-106+45~\mu m$ 红柱石与 $-18~\mu m$ 石英；（b）$-18~\mu m$ 红柱石与 $-106+45~\mu m$ 石英

图 8.27 彩图

8.2.3   硅线石与石英之间浮选交互作用机理

硅线石和石英的 Hamaker 常数 $A_{硅} = 6.79 \times 10^{-20}$ J、$A_{石} = 7.57 \times 10^{-20}$ J，在 pH = 8.0 时，

硅线石和石英的动电位 $\zeta_{硅}=-48.5\ \text{mV}$、$\zeta_{石}=-3.6\ \text{mV}$，在油酸钠溶液中硅线石的表面能色散分量与给予体分量分别为 $12.30\ \text{mJ/m}^2$、$14.94\ \text{mJ/m}^2$，石英的表面能色散分量与给予体分量分别为 $20.36\ \text{mJ/m}^2$、$27.71\ \text{mJ/m}^2$，根据扩展 DLVO 理论计算 V_T^{ED} 结果如图 8.28 和图 8.29 所示。

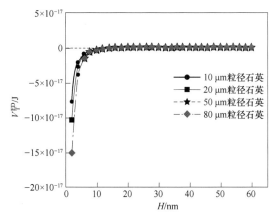

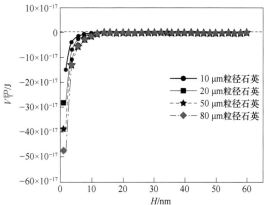

图 8.28　油酸钠及 $FeCl_3 \cdot 6H_2O$ 作用下 $10\ \mu m$ 粒径硅线石与各粒径石英作用的 EDLVO 势能曲线　　图 8.29　油酸钠及 $FeCl_3 \cdot 6H_2O$ 作用下 $50\ \mu m$ 粒径硅线石与各粒径石英作用的 EDLVO 势能曲线

由图 8.28 和图 8.29 计算结果可以看出，在 pH 值为 8、$FeCl_3 \cdot 6H_2O$ 用量为 20 mg/L、油酸钠用量为 150 mg/L 时，随着硅线石与石英颗粒间界面力相互作用距离变小，总 EDLVO 势能向负值方向增加，此时作用力为吸引力。

由此可见，一方面，细粒级石英可以向粗粒级硅线石黏附，例如 8.1.1 节中，$-18\ \mu m$ 粒级石英使 $-106+45\ \mu m$ 粒级硅线石精矿品位呈大幅降低趋势，表现为矿泥罩盖；另一方面，细粒级硅线石可以向粗粒级石英黏附，由 8.1.3 节的试验结果结合表 8.3 中的药剂吸附量结果分析，$-18\ \mu m$ 粒级的硅线石黏附在可浮性比它好的 $-106+45\ \mu m$ 和 $-45+18\ \mu m$ 粗粒级石英表面，使硅线石的回收率增加，从而带动了 $-18\ \mu m$ 粒级硅线石的可浮性。此外，细粒级硅线石还可以与细粒级石英黏附聚集，例如 8.1.3 节中，随着 $-18\ \mu m$ 粒级石英含量的增加，$-18\ \mu m$ 粒级硅线石精矿品位大幅降低。

表 8.3　硅线石和石英在铁离子作用下对油酸钠的吸附量及浮选回收率

项目	粒级/μm	药剂吸附量/mg·g^{-1}	单矿物浮选回收率/%
	$-106+45$	1.71	90.33
硅线石	$-45+18$	2.01	92.80
	-18	2.24	22.80
	$-106+45$	1.00	78.00
石英	$-45+18$	1.25	75.61
	-18	1.47	13.08

浮选产品在显微镜下的观察结果如图 8.30 所示，可以发现，硅线石与石英之间确实发生了黏附现象。因此，颗粒之间的黏附是硅线石与石英浮选过程中交互影响的原因之

一。由 8.1.4 节的研究结果发现，柠檬酸可以有效地削弱石英对硅线石浮选的不利影响，减轻了石英与硅线石之间的黏附罩盖作用，因此，可以利用柠檬酸作为红柱石与石英浮选分离的调整剂。

(a)　　　　　　　　　　　　　　　　(b)

图 8.30　油酸钠体系下硅线石与石英浮选产品显微镜照片

（a）−106+45 μm 硅线石与−18 μm 石英；（b）−18 μm 硅线石与−106+45 μm 石英

图 8.30 彩图

8.2.4　蓝晶石族矿物与石英之间作用能及交互作用形式

以 50 μm 粒径的蓝晶石族矿物与 80 μm 粒径的石英之间的作用能为例，当颗粒间界面力相互作用距离为 2 nm 时，在 $FeCl_3 \cdot 6H_2O$ 作用后的油酸钠体系下，矿物 EDLVO 作用能从大到小的顺序依次为：硅线石与石英>红柱石与石英>蓝晶石与石英。作用能见表 8.4。

表 8.4　蓝晶石族矿物与石英之间的 EDLVO 作用能　　　　　　　　　（J）

浮选体系	蓝晶石	红柱石	硅线石
油酸钠	-14.27×10^{-17}	-39.94×10^{-17}	-48.18×10^{-17}

由此发现，蓝晶石族矿物与石英浮选交互影响的主要作用形式为矿物间的相互黏附罩盖，归纳总结有以下几种：

（1）细粒级石英可以向粗粒级蓝晶石族矿物黏附。在 8.1.1 节的油酸钠体系中，添加−18 μm 细粒级石英使−106+45 μm 粒级蓝晶石族矿物精矿品位大幅降低，表现为矿泥罩盖。

（2）细粒级蓝晶石族矿物可以向粗粒级石英黏附。在 8.1.3 节的油酸钠体系中，由于−18 μm 粒级蓝晶石族矿物黏附在可浮性相对较好的−106+45 μm 和−45+18 μm 粗粒级石英表面，蓝晶石族矿物的精矿回收率增加。

（3）细粒级蓝晶石族矿物还可以与细粒级石英黏附聚集。在 8.1.3 节的油酸钠体系，随着−18 μm 粒级石英含量的增加，−18 μm 粒级蓝晶石族矿物的精矿品位不断降低。

此外，矿物对药剂的消耗程度对矿物间浮选交互作用产生影响。例如，在 $FeCl_3 \cdot 6H_2O$ 存在的油酸钠体系中，−18 μm 粒级蓝晶石族矿物由于粒度细、比表面积大，对药剂的吸附消耗量大，出现 150 mg/L 油酸钠用量不足而引起浮选回收率起点（62.3%）偏低，随着 $-106+45~\mu m$ 和 $-45+18~\mu m$ 相对粗粒级石英添加量的增加，由于添加石英对油酸钠的吸附量远小于 $-18~\mu m$ 粒级蓝晶石族矿物，增加了油酸钠在蓝晶石族矿物表面的吸附，从而产生蓝晶石族矿物回收率增加的现象，而添加 $-18~\mu m$ 粒级石英对 $-18~\mu m$ 粒级蓝晶石族矿物的回收率没有明显增加现象。此种作用形式可通过调整药剂用量来削弱不利影响。

参 考 文 献

［1］ Bradt R. The Sillimanite Minerals：Andalusite，Kyanite，and Sillimanite ［J］. Ceramic and Glass Materials，2008，（3）：41-48.

［2］ 牛艳萍，李亚，王英凯，等. 油酸钠浮选体系中蓝晶石族矿物与石英的交互影响［J］. 有色金属工程，2022，12（10）：86-94.

［3］ 胡岳华，邱冠周，王淀佐. 细粒浮选体系中扩展的 DLVO 理论及应用［J］. 中南矿冶学院学报，1994，25（3）：310-314.

［4］ 邱冠周，胡岳华，王淀佐. 颗粒间相互作用与细粒浮选［M］. 长沙：中南工业大学出版社，1993，（6）：26-72.

［5］ ZHANG M Q，LIU Q，LIU J T. Extended DLVO theory applied to coal slime-water suspensions ［J］. J. Cent. South Univ. 2012，（19）：3558-3563.

［6］ 胡岳华，邱冠周，王淀佐. 细粒浮选体系中界面极性相互作用理论及应用［J］. 中南矿冶学院学报，1993，24（6）：749-754.

9 石英和长石浮选的交互影响

石英的提纯是一项重要的浮选理论与实践课题。石英常与硅酸盐矿物伴生，主要为长石类矿物。由于石英与长石同属于架状硅酸盐矿物，其解离后的表面特性也很相似，因此长石和石英之间的浮选分离技术难度较大[1-3]。目前，对这一体系的浮选主要侧重于阴阳离子混合捕收剂在酸性条件下对长石的捕收作用研究，以及混合酸对石英矿的浸出研究[4]。

石英与长石分离时，最有效的方法是浮选法，包括有氟浮选法和无氟浮选法[5]。有氟浮选法是应用比较早、技术比较成熟、分选效果比较好的一种方法，这一方法被广泛地应用于长石的深加工领域，可以有效地降低长石精矿中石英的含量，其高效性已经被业内广泛认同和大规模推广。有氟浮选法是以 HF 作调整剂、在 pH 值为 2~3 的强酸性条件下，用长链脂肪胺类捕收剂从石英中优先浮选长石。但是，由于 HF 有剧毒，对环境有很大的污染及对设备腐蚀也相当严重，现已不使用或被禁止使用。无氟浮选法主要分为酸性浮选长石法、中性浮选长石法和碱性浮选石英法，其中以酸性浮选长石法最为成熟，目前已实现了工业生产[5-7]。

石英和长石的嵌布粒度、解离后的表面性质、磨细难易程度等的不同导致它们在不同粒级分布率的差异，从而使长石与石英存在交互影响作用，这种交互影响作用对石英与长石的分离会造成较大影响[5]。

基于此，本章着重探讨了在十二胺体系下不同调整剂对细粒级长石可浮性的影响，细粒级长石与粗粒级长石、粗粒级石英的交互影响作用，并通过优化试验条件找到减轻这种交互作用所带来的不利影响，指导实际矿石的浮选提纯。其中，细粒级为粒度 $-5~\mu m$ 的纯矿物，粗粒级为 $-0.1+0.037~mm$ 的纯矿物。

9.1 十二胺体系下细粒级长石的可浮性

当 pH 值为 2.0 和 2.5 时，十二胺用量对细粒级长石可浮性的影响如图 9.1 所示。不同 pH 值条件下粗粒级长石和石英可浮性的差异如图 9.2 所示。试验条件为：每次浮选矿样总重为 2 g。

由图 9.1 对比图 9.2 可以看出，细粒级长石的可浮性在相同的条件下，比粗粒级长石的可浮性差，比粗粒级石英的可浮性好。在浮选过程中发现，细粒级长石形成了稳定的泡沫层，不断产生大量泡沫，出现了冒槽的现象，这体现了十二胺捕收剂对于细粒级矿石较为敏感的特性；但细粒级长石的回收率并不高，说明十二胺体系中细粒级长石的可浮性明显下降，即使增加捕收剂的用量，也不能将细粒级长石的回收率提高至同等条件下粗粒级长石回收率的同等水平。这一现象表明：细粒级长石会增加药剂的消耗量，并对十二胺捕收剂产生破坏作用。

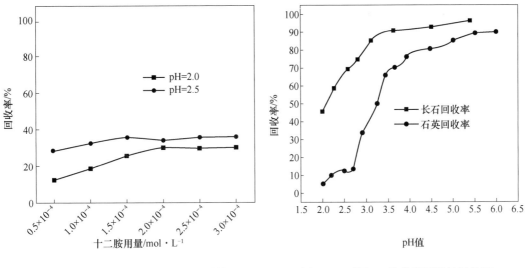

图 9.1 十二胺用量对细粒级长石浮性
回收率的影响

图 9.2 不同 pH 值条件下粗粒级长石
和石英的浮性回收率
（DDA 用量 $2×10^{-4}$ mol/L）

9.2 细粒级长石对粗粒级长石的可浮性影响

当十二胺用量 $2×10^{-4}$ mol/L、pH 值为 2.0 和 2.5 时，细粒级长石对粗粒级长石可浮性的影响如图 9.3 所示。试验条件为：每次浮选矿样总重为 2 g，改变细粒级长石和粗粒级长石的配比。

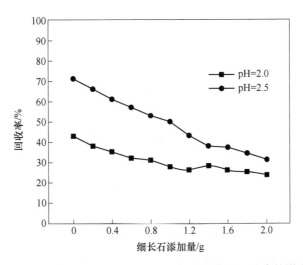

图 9.3 细粒级长石的添加量对粗粒级长石浮选回收率的影响

由图 9.3 可以看出，随着细粒级长石添加量的逐渐增加，在十二胺用量 $2×10^{-4}$ mol/L 的条件下，pH 值为 2.0 和 2.5 时，长石的上浮量均有所下降。在细粒级长石质量从 0 g 增加到 2 g 过程中, pH 值为 2.0 时, 长石的回收率由 42% 降低到 24.5%; pH 值为 2.5 时, 长石的回收率由 69% 降低到 36.2%。由此看出, 细粒级长石对粗粒级长石在相同药剂制度下有微弱的抑制作用。

当十二胺用量 2×10^{-4} mol/L, pH 值为 2.5 时, 不同油酸钠用量对粗细粒级长石混合矿浮选回收率的影响, 如图 9.4 所示。试验条件为: 每次浮选矿样总重为 2 g, 改变细粒级长石和粗粒级长石的配比。

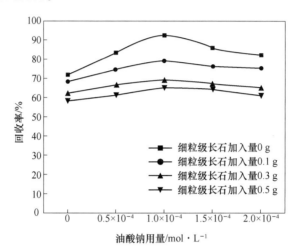

图 9.4　油酸钠用量对粗细粒级长石混合矿浮选回收率的影响

由图 9.4 可以看出, 当细粒级长石加入量为 0.1 g、0.3 g 和 0.5 g 时, 长石的回收率整体有一定程度的下降。在不加细粒级长石时, 随着油酸钠用量的增加长石的可浮性提高; 加入细粒级长石后, 随着油酸钠用量的增加长石的可浮性也随之提高。当加入细粒级长石后, 当油酸钠用量超过 1.0×10^{-4} mol/L 后, 长石仍保持了较高的回收率。这说明在油酸钠的作用下, 细粒级长石和粗粒级长石可以发生相互作用, 粗粒级长石可以成为载体与细粒级长石一起上浮。

9.3　细粒级长石对石英浮选的影响规律

pH 值为 2.5 时, 细粒级长石的添加量及加入油酸钠和草酸时细粒级长石对粗粒级石英矿物浮选回收率的影响如图 9.5 所示。试验条件为: 每次浮选矿样总重为 2 g, 改变细粒级长石和粗粒级石英的配比。

由图 9.5 中的结果可知, 单独使用十二胺, 用量 2×10^{-4} mol/L 时, 粗粒级石英的回收率随着细粒级长石添加量的增加而提高; 当细粒级长石添加量达到 0.4 g 时, 回收率达到 37.4% 左右, 说明细粒级长石对粗粒级石英产生了活化作用。使用十二胺和油酸钠混合捕收剂时, 粗粒级石英的回收率曲线整体上移, 说明油酸钠的加入, 使得添加了细粒级长石的粗粒级石英可浮性更好。当十二胺用量为 2×10^{-4} mol/L、草酸用量为 1×10^{-4} mol/L 时, 对细粒级长石活化了的粗粒级石英有很强的抑制作用, 因此草酸有可能成为减轻或消除细粒级长石对长石、石英浮选不利影响的有效调整剂。

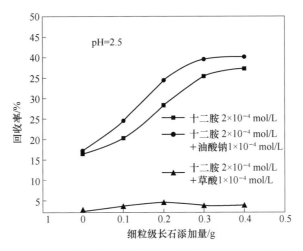

图 9.5　细粒级长石对粗粒级石英浮选回收率的影响

9.4　长石和石英人工混合矿的浮选分离

在对单矿物可浮性及其影响因素进行充分的研究之后，进行了人工混合矿的分离浮选试验。针对粗粒级样品，按照长石、石英 1:4 配成 1 号人工混合矿样进行浮选分离试验，此人工混合矿中原矿 SiO_2 品位 90.62%，Al_2O_3 品位 5.87%，每次浮选矿样总重为 2 g。

当 pH 值为 2.5、十二胺用量 $2×10^{-4}$ mol/L 时，油酸钠用量对 1 号人工混合矿浮选分离的影响如图 9.6 所示。

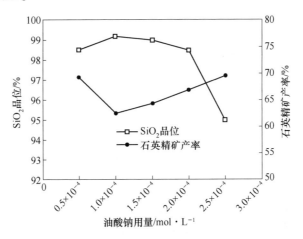

图 9.6　油酸钠用量对 1 号人工混合矿浮选分离的影响

由图 9.6 中的结果可知，在 pH 值为 2.5 时，油酸钠用量对 1 号人工混合矿中石英精矿的 SiO_2 品位先增加后降低，最大值出现在 $1.0×10^{-4}$ mol/L 处，而精矿的产率则先降低后增加，产率最低处也在 $1.0×10^{-4}$ mol/L 处。由于长石、石英分选的目的是得到尽量高品位的石英，因此油酸钠用量在 $1.0×10^{-4}$ mol/L 较为合适。当油酸钠用量超过此值时，石英精矿品位降低，产率提高，说明上浮量减少，即当油酸钠用量超过此值时，对长石的捕收能力降低，因此在操作时需要严格控制油酸钠用量。此外，在油酸钠用量 1.0×10^{-4} mol/L 时，石英精矿的产率在 62.4%，比最初配比的 80% 低 17.6%，说明有部分石英上浮至尾矿中。

当 pH 值为 2.5、草酸用量 2×10^{-4} mol/L 时，十二胺用量对 1 号人工混合矿浮选分离的影响如图 9.7 所示。

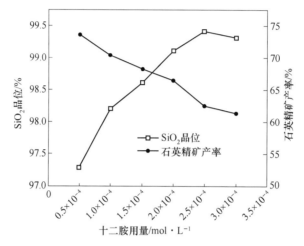

图 9.7　十二胺用量对 1 号人工混合矿浮选分离的影响

由图 9.7 中的结果可知，十二胺用量的增加提高了石英精矿 SiO_2 的品位，石英精矿的产率不断降低。由纯矿物试验可以得知，草酸对石英的上浮有较强的抑制作用，对长石的抑制作用明显小于石英。当十二胺用量较低时，有部分长石没有上浮，影响了石英精矿品位，产率也不高；当十二胺用量不断增加时，产率不断降低，精矿品位大幅提高，说明在以草酸作调整剂时，增加捕收剂十二胺用量可提高分选指标。

当 pH 值为 2.5、十二胺用量为 3×10^{-4} mol/L 时，草酸用量对 1 号人工混合矿浮选分离的影响如图 9.8 所示。

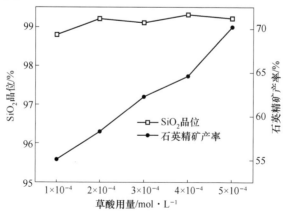

图 9.8　草酸用量对 1 号人工混合矿浮选分离的影响

由图 9.8 中的结果可知，草酸用量对长石和石英浮选分离的影响较为显著。当十二胺用量 3×10^{-4} mol/L，草酸用量由 1×10^{-4} mol/L 提高至 5×10^{-4} mol/L 时，石英精矿的产率由 55.2% 提高至 70.3%，而品位保持在 99% 左右，变化幅度不大。这说明草酸作为抑制剂提高其用量，可以有效地提高分选指标，加大草酸用量增强了抑制效果，而对长石上浮量的影响不大。

通过以上两组试验可以表明，加大抑制剂的用量（"强压"）的同时提高捕收剂的用量（"强拉"）可以实现长石和石英的高效分离。这说明此粒度范围的人工混合矿中，长石对石英在浮选过程中也存在着交互作用影响，草酸用量较少时，有部分石英在长石的活化作用下，上浮到精矿中，虽然对精矿的品位影响不大，但严重降低了精矿的产率。

9.5　细粒级长石对人工混合矿浮选分离的影响及消除

将细粒级长石、粗粒级长石、粗粒级石英按照 x：1：4 配成 2 号人工混合矿样进行选别，考察细粒级长石对粗粒级长石和粗粒级石英的浮选分离的影响，以及找到减轻或消除这种影响的方法。

当十二胺用量为 2.0×10^{-4} mol/L、油酸钠用量为 1.0×10^{-4} mol/L、pH 值为 2.5 时，细粒级长石添加量对 2 号人工混合矿样浮选分离的影响如图 9.9 所示。

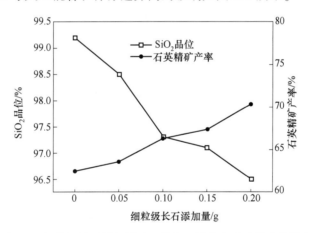

图 9.9　细粒级长石添加量对 2 号人工混合矿浮选分离的影响

由图 9.9 中的结果所知，当细粒级长石从 0.05 g 提高到 0.2 g 时，石英精矿的产率不断提高，而精矿品位却不断下降，说明细粒级长石破坏了原有的分选指标，分选结果恶化的主要原因是细粒级长石吸附在部分长石和石英表面，不仅抑制了长石的上浮，而且活化了石英。因此，需要寻找合适的药剂制度和工艺减轻或消除细粒级长石对粗粒级的长石和石英浮选分离的影响。

当十二胺用量为 3×10^{-4} mol/L、pH 值为 2.5 时，草酸用量对 2 号人工混合矿样浮选分离的影响如图 9.10 所示。此时，2 号人工混合矿中细粒级长石添加量为 0.2 g。

由图 9.10 中的结果可知，随着草酸用量从 5×10^{-4} mol/L 提高至 1.1×10^{-3} mol/L，石英精矿的产率不断从 62.4% 提高至 68.5%，低于不添加细粒级长石时的浮选指标；同时，

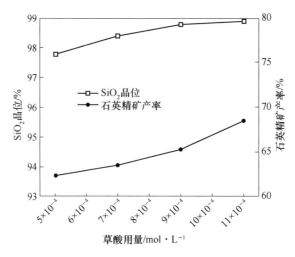

图 9.10 草酸用量对 2 号人工混合矿浮选分离的影响

SiO_2 品位也有增高的趋势，从 97.8% 提高至 98.7%。这说明草酸能在细粒级长石存在的条件下，减轻细粒级长石对粗粒级的长石和石英浮选的破坏性作用，有效提高了选矿指标。但是，最终精矿品位低于不添加细粒级长石时的指标，对精矿进行沉降观察，发现有一部分细粒级长石颗粒存在。可以判断，一部分细粒级长石因为可浮性差没有上浮，而大部分细粒级长石随着粗粒级长石一起上浮，有一部分粗粒级石英仍因为细粒级长石的活化进入了尾矿。

当十二胺用量为 3×10^{-4} mol/L、pH 值为 2.5 时，油酸钠用量对 2 号人工混合矿样浮选分离的影响如图 9.11 所示。此时，2 号人工混合矿中细粒级长石添加量也为 0.2 g。

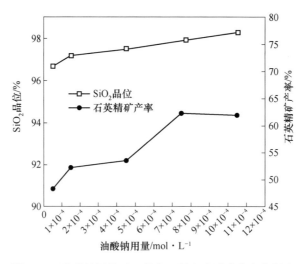

图 9.11 油酸钠用量对 2 号人工混合矿浮选分离的影响

由图 9.11 中的结果可知，随着油酸钠用量从 0.5×10^{-4} mol/L 提高至 1.05×10^{-3} mol/L，石英精矿的产率不断从 48.3% 提高至 60% 左右，均低于不添加细粒级长石时的浮选指标；同时，SiO_2 品位也有增高的趋势，从 96.7% 提高至 98.3%。这说明油酸钠在细粒级长石存在的条件下，也能减轻细粒级长石对粗粒级的长石和石英浮选的破坏性作用，提高了选矿指标。但是，最终精矿品位仍低于不添加细粒级长石时的指标，对精矿进行沉降观察，也有一部分细粒级颗粒存在。同样可以判断，在此种药剂制度下，一部分细粒级长石因为可浮性差没有上浮，而大部分细粒级长石随着粗粒级长石一起上浮，而有一部分粗粒级石英仍因为细粒级长石的活化进入了尾矿，导致选矿指标低于不添加细粒级长石的情况。

二步捕收法分离长石和石英，即在 pH 值 5.0 为左右时，第一步用油酸钠作调整剂，此时由于油酸钠对长石的吸附存在较强的化学吸附，对石英的吸附只是物理吸附，而用六偏磷酸钠作抑制剂时，六偏磷酸钠可以全部解吸石英表面的油酸钠，只能部分解吸长石表面的油酸钠；第二步用十二胺作捕收剂时，十二胺可以吸附到长石表面的油酸钠上，从而使得长石上浮。

当 pH 值为 5.0、十二胺用量为 2×10^{-4} mol/L、六偏磷酸钠用量为 1.5×10^{-3} mol/L 时，不同油酸钠用量对 2 号人工混合矿浮选分离的影响如图 9.12 所示。此时，细粒级长石添加量为 0.2 g。

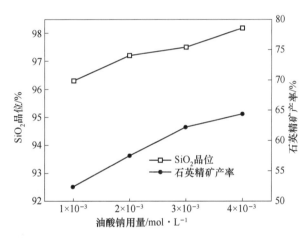

图 9.12 油酸钠用量对 2 号人工混合矿浮选的影响

由图 9.12 中的结果可知，随着油酸钠用量的增加，选矿指标得到了大幅改善，对浮选分离起到了积极作用。随着油酸钠用量的提高，精矿品位从 96.3% 提高至 98.2%，精矿产率也从 52.4% 提高至 64.4%。这说明在二步捕收法分离加入细粒级长石的人工混合矿样时，过量的油酸钠可以减轻细粒级长石对浮选的影响。

9.6 石英和长石交互影响的机理

石英和长石交互影响研究表明：十二胺捕收剂对细粒级长石比较敏感，与十二胺对矿泥敏感的特性一致。细粒级长石的可浮性在相同的条件下，比粗粒级长石的可浮性差，比粗粒级石英的可浮性好；粗粒级长石对细粒级长石有一定的载体作用，细粒级长石可以吸附在粗粒级长石表面，一起上浮；细粒级长石对石英有明显的活化作用。油酸钠使得添加了细粒长石的石英可浮性更好。草酸对细粒级长石活化了的石英有很强的抑制作用；pH

值为 2.5 时，十二胺与油酸钠作混合捕收剂，可以实现粗粒级的长石与石英的有效分离。细粒级长石的加入使得粗粒级的长石与石英的浮选指标恶化，过量地加入草酸或油酸钠可以减轻细粒级长石对粗粒级的长石与石英浮选分离的不利影响，得到相对较好的指标；pH 值为 5.0 时，用二步捕收法浮选分离粗粒级的长石和石英时，过多的油酸钠用量也可以减轻细粒级长石对粗粒级的长石和石英浮选分离的不利影响，得到较好的指标。以下对长石晶面间的相互作用及长石与石英的相互作用进行分析，探讨石英与长石交互影响的机理。

长石的晶胞参数为 $a_0 = 0.860$ nm，$b_0 = 1.303$ nm，$c_0 = 0.718$，$\gamma = 116°$。长石的晶体结构如图 9.13 所示。

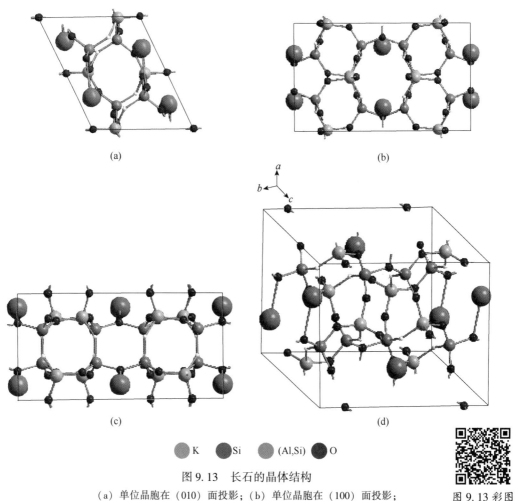

图 9.13　长石的晶体结构

（a）单位晶胞在（010）面投影；（b）单位晶胞在（100）面投影；
（c）单位晶胞在（001）面投影；（d）单位晶胞的立体图

图 9.13 彩图

由图 9.13 可见，在（010）面上，当矿物破碎时，K—O 键会断裂，此面上没有 Al—O 和 Si—O 键。因此，单位晶胞内（010）面上的 K—O 键数为 2，则在透长石（010）面的单位面积上的断裂键数：$N_{(010)} = N_{\text{K—O}}$，$N_{\text{K—O}} = 2/S_{(010)} = 2/(a_0 \times c_0 \sin116°) = 2/(0.860 \times 0.718 \times 0.8988) = 3.604$ nm^{-2}，由于 K—O 键的相对键合强度为 0.02~0.03，因此，单位

晶胞内，此面的相对键合强度 $\sigma_{(010)}$ 为 0.07208~0.10812 nm^{-2}，此面为完全解离面。解离后，表面 K^+ 溶解进入溶液，只剩下 SiO·残键。

在（001）面上，当矿物破碎时，K—O、Al—O 和 Si—O 键会断裂。单位晶胞内（001）面上的 K—O 键数为 1、Al—O 键数为 1、Si—O 键数为 1，则在透长石（001）面的单位面积上的断裂键数：$N_{(001)} = N_{K—O} + N_{Al—O} + N_{Si—O}$，$N_{K—O} = 1/(a_0 \times b_0) = 1/(0.860 \times 1.303) = 0.892$ nm^{-2}。$N_{Al—O} = 1/(a_0 \times b_0) = 1/(0.860 \times 1.303) = 0.892$ nm^{-2}，$N_{Si—O} = 1/(a_0 \times b_0) = 1/(0.860 \times 1.303) = 0.892$ nm^{-2}，所以 $N_{(001)} = 0.892 + 0.892 + 0.892 = 2.676$ nm^{-2}。由于钾长石晶体结构中 Al—O 的相对键合强度为 2.05，因此 Si—O 的相对键合强度为 3.20。单位晶胞内，此面的相对键合强度 $\sigma_{(001)}$ 体现为最强的 Si—O，即 2.8544 nm^{-2}。

在（100）面上，当矿物强行破碎时，Si—O 键会断裂。单位晶胞内（100）面上的 Si—O 键为 2、Al—O 键为 2，则在透长石（100）面的单位面积上的断裂键数为 $N_{(100)} = N_{Si—O} + N_{Al—O} = 4/(1.303 \times 0.718) = 4.276$ nm^{-2}。因此，单位晶胞内，此面的相对键合强度 $\sigma_{(100)}$ 为 6.8416 nm^{-2}。

由上述分析可知，$N_{(010)} < N_{(001)} < N_{(100)}$，由于断裂位置和方向的不同，3 个解离方向的性质也有较大的差异。对于 K—O、Al—O 和 Si—O 来说，K—O 键的离子半径最长，键能最低，最容易破裂；而 Al—O 键的离子半径比 Si—O 略长，键能也略低。因此，长石中连接晶胞的（010）面最脆弱，最易断裂，表面裸露出 K^+，连接晶胞的（001）面次之，断裂时，表面裸露出 K^+、Si^{4+}、Al^{3+}，而连接晶胞的（100）面 Al—O 和 Si—O 含量较多，连接力较强，强行破碎后，裸露出大量的 Al^{3+} 和 Si^{4+}。

在水溶液中，当长石破碎后，（010）面 K^+ 溶解进入水中，留下电子空穴，溶液中的 H^+ 与 O^{2-} 结合，生成 OH^- 并且形成较强的负电区。而（001）面 Si^{4+}、Al^{3+} 各占 1/3，剩下 1/3 是 K^+，Al^{3+} 裸露后，在不同 pH 值下会有不同的产物，中性和碱性条件下 Al^{3+} 对 OH^- 有较强的键合能力会形成络合物，（001）面也因此带较强的负电性；在强酸性条件下，表面的羟基逐渐被 H^+ 中和，（001）面才会带正电。（100）面 Si—O 键占 1/2，Al—O 键占 1/2，破碎后，Al^{3+}、Si^{4+} 裸露，也会与 OH^- 结合。

利用 Yoon-Salman-Donnay 方程（YSD）可以在理论上计算出长石 3 个不同晶面的零电点。对于硅酸盐矿物，YSD 方程为：

$$PZC = \frac{\sigma_i}{H} + 18.34 - 43.65 \sum_1^n f_i \left(\frac{v}{L}\right)_{eff}^i - \frac{1}{2} \sum_1^n f_i \lg\left(\frac{L-v}{v}\right) \quad (9.1)$$

式中，v 为与氧离子化合的键价；$L = \overline{L} + r$，$\overline{L}$ 为晶格内部 M—O 键的平均键长，r 取 0.101 nm；f_i 为表面原子百分数；σ_i 为结构特征电荷。

因此可以计算得出，长石（010）面的零电点 pH 值为 1.2，（001）面的零电点 pH 值为 5.6，（100）面的零电点 pH 值为 5.3。

由于 3 个面零电点的差异，在溶液不同的 pH 值范围内 3 个面所带荷电不同。当溶液 pH 值小于 1.2 时，（010）面、（001）面和（100）面均带正电。当 pH 值大于 1.2 并且小于 5.2 时，（010）面带负电，（001）面和（100）面带正电；当 pH 值大于 5.3 并且小于 5.6 时，（010）面和（100）面带负电，（001）面带正电；当 pH 值大于 5.6 时，3 个面均带负电。从理论上分析存在以下几种可能：当溶液 pH 值小于 1.2 时，长石不会发生以静电力为主导的自凝聚现象；当溶液 pH 值大于 1.2 并且小于 5.3 时，带负电 (010) 面就会与带正电的 (001) 和 (100) 面发生以静电力为主的自凝聚现象；当溶液 pH 值大于 5.3 并且小于 5.6 时，就会发生带负电的 (010) 面和 (100) 面与带正电的 (001) 面发生自凝聚现象；当溶液 pH 值大于 5.6 时，长石不会发生以静电力为主导的自凝聚现象。因此，可以得到长石各晶面及颗粒间的相互作用模型，如图 9.14 所示。

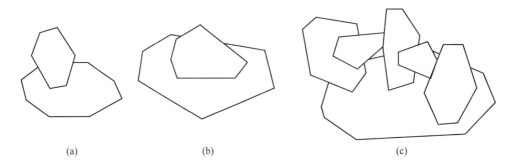

図 9.14　长石各晶面的相互作用示意图

（a）(100) 面与 (010) 面；（b）(001) 面与 (010) 面；（c）长石的自凝聚模型

长石各晶面与石英表面的特性见表 9.1。

表 9.1　长石各晶面与石英表面的特性

矿物	解离特性	表面键合强度	表面残键	表面电负性	理论零电点 pH 值
石英	各向同性断裂面	++++	大量 SiO · Si ·	++++	2.2
长石	(010) 解离面	+	SiO ·	++++++	1.2
	(001) 解离面	++	Al · SiO ·	+++	5.6
	(100) 断裂面	+++	SiO · Al ·	++	5.3

由表 9.1 中的结果可知，石英破碎后表面只有 Si—O 残键，经过计算石英表面的零电点为 2.2，因此当 pH 值大于 1.2 并且小于 2.2 时，长石的 (010) 面带负电，而石英表面带正电，此时长石的 (010) 面会与石英发生以静电力主导的异凝聚作用。实测石英的零电点在 pH 值 2.8~3.0，长石的零电点在 pH 值 1.8~2.2，故在 pH 值在 2.2~2.8，长石与石英的交互作用是容易发生的。当 pH 值大于 3.0 后，长石与石英很难发生交互作用，可以通过沉降分级去除大部分细粒级的长石颗粒。

将细粒级长石与粗粒级石英按照质量比 1∶4 混合，用中性去离子水调制 0.1% 的料浆，在转速 1000 r/min 的条件下搅拌 5 min。之后，沉降 10 min，分级上层细粒级物料。经过 3 次洗涤、分级后，将最终产品烘干，做 XPS 光电子能谱分析。图 9.15 和表 9.2 为该样品 XPS 光电子能谱分析结果。

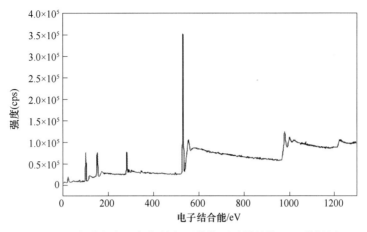

图 9.15 细粒级长石与粗粒级石英作用后样品的 XPS 分析图

表 9.2 细粒级长石与粗粒级石英作用后样品的表面元素分析

样　品	表面元素	电子结合能/eV	峰面积	相对浓度/%
细粒级长石与粗粒级 石英作用后的样品	Al 2p	72.9	3017.28	2.23
	Si 2p	101.36	56485.35	27.62
	K 2p	291.4	8342.58	0.87
	C 1s	283.19	47485.49	19.68
	O 1s	530.5	327944	49.6

　　由以上结果可知，经过数次洗涤、分级后，仍有部分 Al、K，说明即使在中性条件下，仍有部分细粒级长石能够吸附在石英表面，且石英表面黏附的长石颗粒很难通过常规方法脱出。因此可以推测，很可能是细粒级长石（010）面的 SiO·负电区吸附了水溶液中的 H^+，同时石英表面的 Si·正电区吸附了水中的 OH^-，H^+ 易与 Si—OH 发生氢键作用，形成图 9.16 的氢键吸附。此吸附要强于物理吸附，通过常规方法很难去除。

$$Si(Al)—O--H^+O—Si$$
$$|$$
$$H$$

图 9.16 细粒级长石与粗粒级石英的氢键作用

　　由 DLVO 理论，根据细粒级长石和粗粒级长石体系的总势能 V_T^D，可以计算在 pH 值为 1.5、2.5 和 7.0 时不同粒度的细粒级长石和粗粒级长石的团聚和分散。长石在真空中的 Hamaker 常数为 $8.6×10^{-20}$ J，在水中的 Hamaker 常数为 $0.87×10^{-20}$ J，图 9.17 为粒径 5 μm 的细粒级长石对粗粒级长石的范德华力作用势能曲线。可见，细粒级长石对粗粒级长石的范德华作用势能为负值，表现为它们之间的作用力为引力。

　　粒径 5 μm 的细粒级长石在 pH 值为 2.5 时对粗粒级长石的静电作用势能曲线如图 9.18 所示，此时长石的动电位为−30 mV。

　　在十二胺存在的体系中，十二胺对长石有捕收作用，属于诱导疏水体系，考虑疏水作用能，V_{HA}^0 取−2 mJ/m^2，h_0 取 10 nm，不完全疏水化系数 k 取 0.1，得到 pH 值为 2.5 时十二胺诱导的细粒级长石对粗粒级长石的疏水作用势能曲线，如图 9.19 所示。

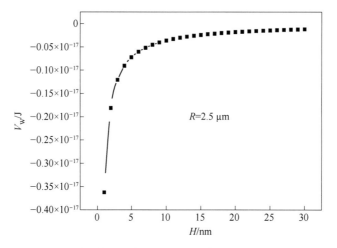

图 9.17　细粒级长石对粗粒级长石的范德华力作用势能曲线

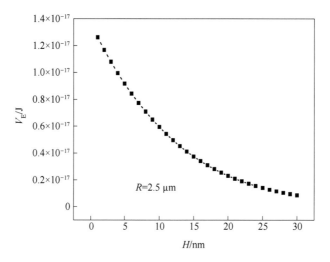

图 9.18　细粒级长石对粗粒级长石的静电作用势能曲线

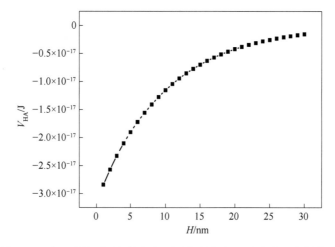

图 9.19　十二胺体系下细粒级长石对粗粒级长石疏水作用势能曲线

由以上数据得到细粒级长石与粗粒级长石的 DLVO 和 EDLVO 曲线，如图 9.20 所示。

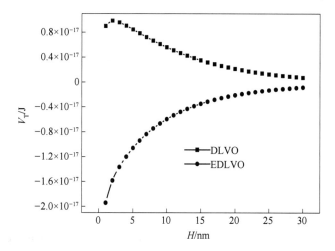

图 9.20　细粒级长石与粗粒级长石相互作用的 DLVO 和 EDLVO 曲线

由以上结果可知，在 pH 值为 2.5、十二胺用量为 1×10^{-4} mol/L 时，细粒级长石与粗粒级长石可以发生团聚作用，能起到载体浮选的效果。

在 pH 值为 2.5 时，长石的动电位为 -30 mV，而石英的动电位为 2 mV，细粒级长石与粗粒级石英在 pH 值为 2.5 时的静电势能作用曲线如图 9.21 所示。

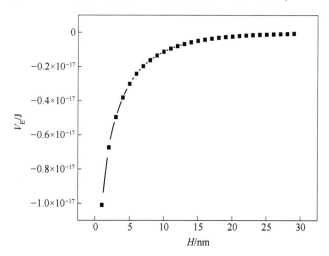

图 9.21　细粒级长石与粗粒级石英在 pH 值为 2.5 时的静电势能作用曲线

细粒级长石与粗粒级石英的范德华相互作用势能中 A_{132} 为石英与长石相互作用的 Hamaker 常数，经过计算得 0.419×10^{-20} J。则细粒级长石与粗粒级石英的范德华作用势能如图 9.22 所示，细粒级长石与粗粒级石英的 DLVO 作用势能如图 9.23 所示。

因此可以看出，细粒级长石与粗粒级石英在 pH 值为 2.5 时，静电力和范德华力的作用总势能为负，因此细粒级长石与粗粒级石英可以在 pH 值为 2.5 时发生异相凝聚作用。

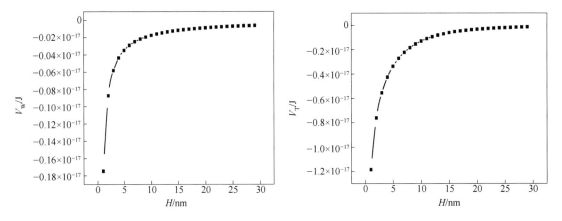

图 9.22 细粒级长石与粗粒级石英的范德华   图 9.23 细粒级长石与粗粒级石英的 DLVO
作用势能曲线   作用势能曲线

当 pH 值为 7.0 时，长石和石英的动电位分别是 -60 mV 和 -65 mV。细粒级长石与粗粒级石英的静电作用势能曲线如图 9.24 所示，细粒级长石与粗粒级石英作用势能为正值，相互之间的作用力为斥力。

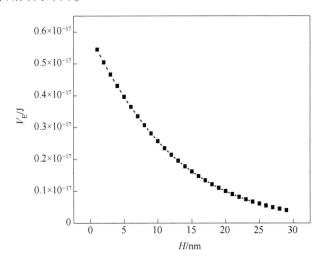

图 9.24   pH 值为 7.0 时细粒级长石与粗粒级石英的静电作用势能曲线

当 pH 值为 7.0 时，细粒级长石与粗粒级石英的 DLVO 作用势能曲线如图 9.25 所示。细粒级长石与粗粒级石英的相互作用势能为正，相互作用力为斥力，因此在 pH 值为 7.0 时，细粒级长石与粗粒级石英属于分散状态，可以通过分级进行分离。

以上研究表明，长石破碎后，溶液中的 3 个面在不同 pH 值下荷电情况不同，在 pH 值为 2.5 左右时会发生自凝聚现象；同时，此 pH 值下，长石与石英也会发生异相凝聚现象。通过 DLVO 理论和 EDLVO 理论可以得知，长石与石英在中性条件下由于静电斥力而易于分散，在酸性条件下易于发生以静电力为主导的团聚。

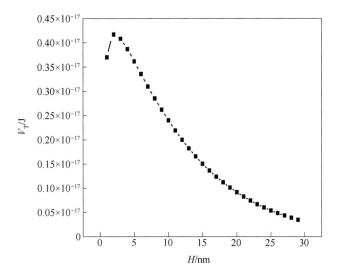

图 9.25　pH 值为 7.0 时细粒级长石与粗粒级石英的 DLVO 作用势能曲线

参 考 文 献

[1] 孙传尧，印万忠．硅酸盐矿物浮选原理［M］．北京：科学出版社，2001，145-147.

[2] 贾木欣，孙传尧．几种硅酸盐矿物零电点、可浮性及键价分析［J］．有色金属（选矿部分），2001（6）：1-9.

[3] 贾木欣，孙传尧．几种硅酸盐矿物晶体化学与浮选表面特性研究［J］．矿产保护与利用，2001（5）：25-29.

[4] 刘亚川．长石与石英浮选分离新技术及其机理研究［D］．沈阳：东北大学，1993.

[5] 丁亚卓．低品位石英矿提纯制备高纯度石英的研究［D］．沈阳：东北大学，2010.

[6] VIDYADHAR A, HANUMANTHA RAO K. Adsorption mechanism of mixed cationic/anionic collectors in feldspar-quartz flotation system［J］. Journal of Colloid and Interface Science, 2007, 306：195-204.

[7] 戴强，唐甲莹，程正柄．石英-长石浮选分离的进展［J］．非金属矿，1996（2）：16-21.

10　磷灰石浮选的交互影响

磷灰石化学组成为［Ca₅(PO₄)₃(F,Cl,OH)］，以磷酸钙为主要成分，主要用途是生产各种磷肥，还用于化工、轻工、国防等工业领域，少量用作生产饲料添加剂[1-4]。

按照磷矿的成因分类，可将其分为岩浆岩型、沉积型及变质型磷矿，其中沉积型磷矿（即胶磷矿）是我国磷矿资源的重要组成部分，约占全国总储量的85%，矿石主要特点为有害杂质含量较高、矿物嵌布粒度细、单体解离难度大，其脉石矿物主要是以白云石和方解石为代表的钙质脉石和以石英为代表的硅质脉石，难分选的主要原因是磷矿物和钙质类脉石两者矿物的表面性质极为相近，再加上矿物溶解组分高，溶解的晶格离子会使这两者的矿物表面极为相近，从而降低了浮选药剂的选择性，造成分选困难[5-10]。

为探究磷灰石浮选体系中不同矿物间的交互影响，在油酸钠浮选体系中，矿浆 pH 值为 10 的条件下，考察了不同粒级、不同含量的不同矿物对不同粒级磷灰石、白云石、方解石和石英浮选的交互影响，初步探讨了交互影响产生的原因，提出了通过药剂调控来促进或削弱矿物浮选交互影响的方法，可为磷灰石的浮选分离提供借鉴。

10.1　不同粒级不同矿物对−106+45 μm 粒级磷灰石浮选的交互影响

10.1.1　不同粒级白云石对−106+45 μm 粒级磷灰石浮选的交互影响

不同含量的−106+45 μm、−45+18 μm、−18 μm 粒级白云石分别对−106+45 μm 粒级磷灰石浮选的影响如图 10.1 所示。由此结果可知，随着各粒级白云石含量的增加，浮选精矿中磷灰石的回收率与 P₂O₅ 的品位基本不变；−18 μm 粒级的白云石与−106+45 μm 粒级磷灰石的混合矿的浮选精矿中，磷灰石的浮选回收率迅速升高而 P₂O₅ 品位逐渐下降；当−18 μm 粒级白云石的含量（质量分数，余同）超过15%时，磷灰石的浮选回收率从60%

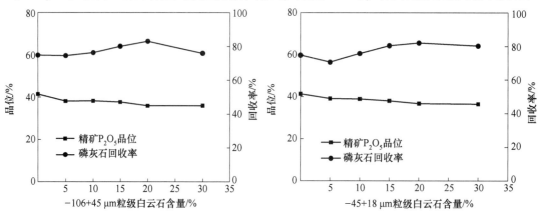

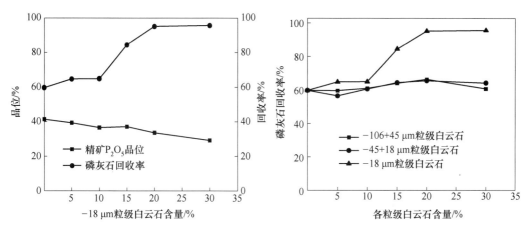

图 10.1　不同粒级白云石对-106+45 μm 粒级磷灰石浮选的影响

提升到 90%。-106+45 μm 与-45+18 μm 粒级的白云石与-106+45 μm 粒级磷灰石的混合矿的浮选精矿中 P_2O_5 的品位与磷灰石的回收率变化较小。综合分析可知，当采用油酸钠为捕收剂浮选回收-106+45 μm 粒级磷灰石时，添加-18 μm 粒级白云石能够降低浮选精矿中 P_2O_5 的品位并提高磷灰石的浮选回收率，各个粒级的白云石与-106+45 μm 粒级磷灰石分离均较困难。

10.1.2　不同粒级方解石对-106+45 μm 粒级磷灰石浮选的交互影响

不同含量的-106+45 μm、-45+18 μm、-18 μm 粒级方解石对-106+45 μm 粒级磷灰石浮选的影响如图 10.2 所示。由此结果可知，随着各粒级方解石含量的增加，浮选精矿中 P_2O_5 的品位逐渐降低而磷灰石的浮选回收率逐渐升高。当-18 μm 粒级方解石含量超过 5% 时，磷灰石的浮选回收率明显升高。-45+18 μm 粒级方解石与-106+45 μm 粒级方解石对磷灰石浮选的活化作用较弱。综合分析可知，当采用油酸钠作为捕收剂浮选-106+45 μm 粒级磷灰石时，添加各个粒级的方解石能够降低浮选精矿中 P_2O_5 的品位并提升磷灰石的浮选回收率，方解石的粒度越细越能提高-106+45 μm 粒级磷灰石的浮选回收率，各个粒级的方解石与-106+45 μm 粒级磷灰石分离困难。

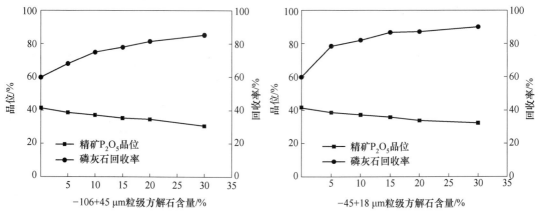

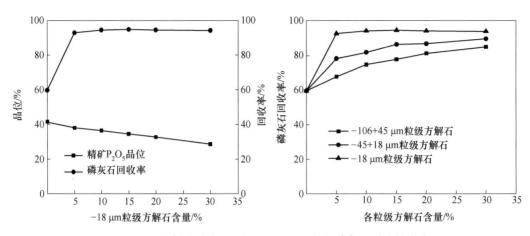

图 10.2   不同粒级方解石对-106+45 μm 粒级磷灰石浮选的影响

10.1.3   不同粒级石英对-106+45 μm 粒级磷灰石浮选的交互影响

不同含量的-106+45 μm、-45+18 μm、-18 μm 粒级石英对-106+45 μm 粒级磷灰石浮选的影响如图 10.3 所示。由此结果可知，随着各个粒级石英含量的增加，浮选精矿中

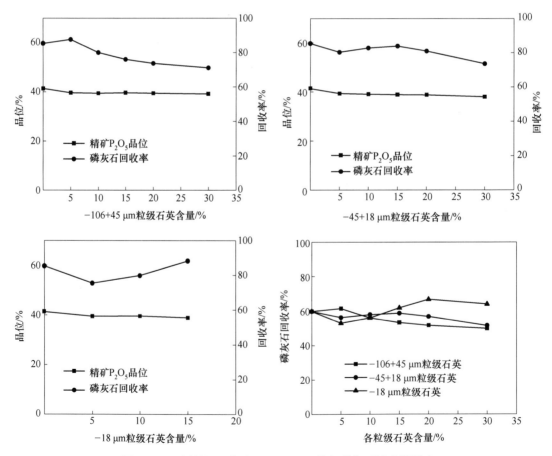

图 10.3   不同粒级石英对-106+45 μm 粒级磷灰石浮选的影响

P_2O_5 的品位与磷灰石的浮选回收率基本没有变化，当−18 μm 粒级的石英含量超过 20% 时，磷灰石的浮选回收率有小幅度的提升。综合分析可知，当采用油酸钠作为捕收剂浮选回收−106+45 μm 粒级磷灰石时，添加各个粒级的石英对于磷灰石的浮选基本无影响，各粒级的石英与−106+45 μm 粒级磷灰石分离较为容易。

10.1.4 不同粒级不同矿物对−106+45 μm 粒级磷灰石浮选的交互影响规律分析

对不同粒级白云石、方解石、石英对−106+45 μm 粒级磷灰石浮选的交互影响规律及差异进行了总结分析，结果如图 10.4 及表 10.1 所示。由此结果可知，不同粒级的不同矿物对磷灰石浮选的影响最明显的为−106+45 μm、−45+18 μm、−18 μm 的方解石与−18 μm 粒级的白云石。

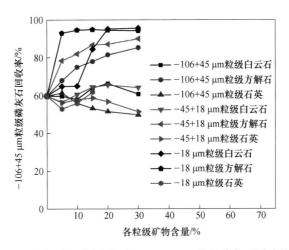

图 10.4 不同粒级不同矿物对−106+45 μm 粒级磷灰石浮选的影响

表 10.1 不同粒级不同矿物对−106+45 μm 粒级磷灰石浮选的交互影响规律

添加矿物种类	粒级/μm	其他矿物含量为 15%时，磷灰石的回收率/%	粒级影响程度排序
白云石	不添加	59.8	−18 μm>−45+18 μm≈−106+45 μm
	−106+45	64.0	
	−45+18	64.4	
	−18	84.5	
方解石	不添加	59.8	−18 μm>−45+18 μm>−106+45 μm
	−106+45	78.0	
	−45+18	86.7	
	−18	94.9	
石英	不添加	59.8	−18 μm≈−45+18 μm≈−106+45 μm
	−106+45	53.2	
	−45+18	58.7	
	−18	61.8	

10. 2　不同粒级不同矿物对-45+18 μm 粒级磷灰石浮选的交互影响

10. 2. 1　不同粒级白云石对-45+18 μm 粒级磷灰石浮选的交互影响

不同含量的-106+45 μm、-45+18 μm、-18 μm 粒级白云石对-45+18 μm 粒级磷灰石浮选的影响如图 10.5 所示。由此结果可知，随着各粒级白云石含量的增加，浮选精矿中 P_2O_5 的品位与磷灰石的浮选回收率基本不变，-18 μm 粒级的白云石可以小幅度地提高磷灰石的浮选回收率。综合分析可知，当采用油酸钠为捕收剂浮选回收-45+18 μm 粒级磷灰石时，添加-18 μm 粒级的白云石可以小幅度地提高-45+18 μm 粒级磷灰石的浮选回收率，各粒级的白云石与-45+18 μm 粒级磷灰石浮选分离困难。

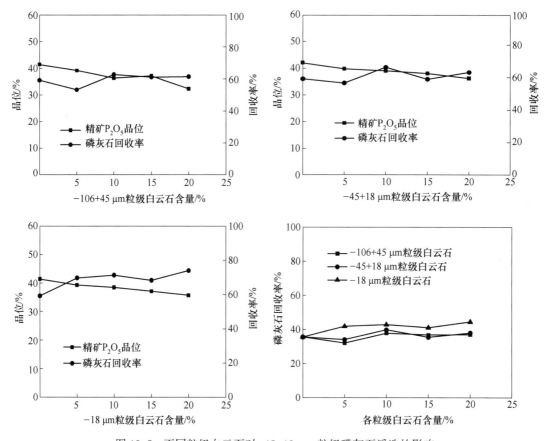

图 10.5　不同粒级白云石对-45+18 μm 粒级磷灰石浮选的影响

10. 2. 2　不同粒级方解石对-45+18 μm 粒级磷灰石浮选的交互影响

不同含量的-106+45 μm、-45+18 μm、-18 μm 粒级方解石对-45+18 μm 粒级磷灰石浮选的影响如图 10.6 所示。由此结果可知，随着各个粒级方解石含量的增加，浮选精矿中 P_2O_5 的品位逐渐降低而磷灰石的浮选回收率逐渐升高，-106+45 μm 与-45+18 μm 粒级方解石能够小幅度地提升磷灰石的浮选回收率，-18 μm 粒级方解石可以迅速提高

−45+18 μm 粒级磷灰石的浮选回收率。综合分析可知,当采用油酸钠为捕收剂浮选回收−45+18 μm 粒级磷灰石时,添加−18 μm 粒级的方解石对磷灰石浮选的活化作用最为明显,各粒级的方解石与−45+18 μm 粒级磷灰石分离困难。

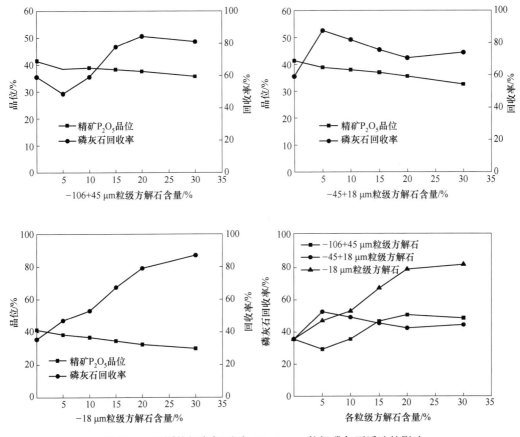

图 10.6　不同粒级方解石对−45+18 μm 粒级磷灰石浮选的影响

由−45+18 μm 粒级磷灰石浮选影响可以发现:各粒级方解石与−18 μm 粒级白云石均对−106+45 μm 粒级磷灰石的浮选有较强的活化作用,且方解石粒度越细对于磷灰石浮选回收率提升越高。当添加各粒级方解石浮选回收−45+18 μm 粒级的磷灰石时, −18 μm 粒级方解石对−45+18 μm 粒级磷灰石浮选有较强的活化作用。综合分析可知,添加各粒级方解石与−18 μm 粒级白云石能提高−106+45 μm 粒级磷灰石的浮选回收率,添加−18 μm 粒级的方解石能够显著提升−45+18 μm 粒级磷灰石的浮选回收率。

10.2.3　不同粒级石英对−45+18 μm 粒级磷灰石浮选的交互影响

不同含量的−106+45 μm、−45+18 μm、−18 μm 粒级石英对−45+18 μm 粒级磷灰石浮选的影响如图 10.7 所示。由此结果可知,随着各粒级石英含量的增加,浮选精矿中 P_2O_5 的品位与磷灰石的浮选回收率基本不变, −18 μm 粒级的石英对于−45+18 μm 粒级磷灰石的浮选回收率有轻微的提高。综合分析可知,当采用油酸钠为捕收剂浮选回收−45+18 μm 粒级磷灰石时,添加各个粒级的石英对于磷灰石的浮选基本没有影响, −18 μm 粒级的石英对于−45+18 μm 粒级磷灰石的浮选回收率有轻微的提高。

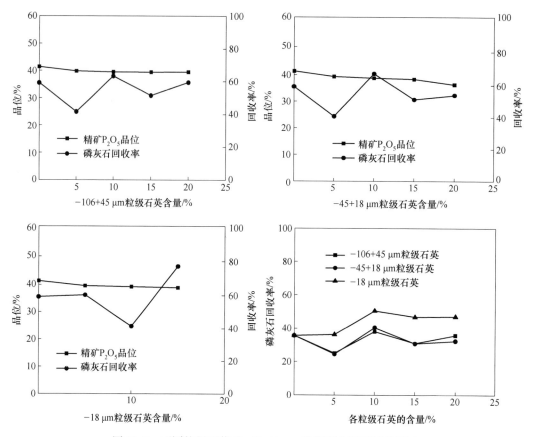

图 10.7 不同粒级石英对−45+18 μm 粒级磷灰石浮选的影响

10.2.4 不同粒级不同矿物对−45+18 μm 粒级磷灰石浮选的交互影响规律分析

对不同粒级白云石、方解石、石英对−45+18 μm 粒级磷灰石浮选的交互影响规律及差异进行了总结分析，如图 10.8 及表 10.2 所示。由此结果可知，不同粒级的不同矿物对磷灰石浮选的影响最大的是−18 μm 粒级的方解石。

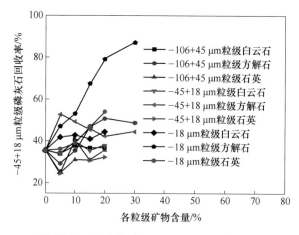

图 10.8 不同粒级不同矿物对−45+18 μm 粒级磷灰石浮选的影响

表 10.2　不同粒级不同矿物对−45+18 μm 粒级磷灰石浮选的交互影响规律

添加矿物种类	粒级/μm	其他矿物含量为15%时，磷灰石回收率/%	粒级影响程度排序
白云石	不添加	35.5	−18 μm>−45+18 μm≈−106+45 μm
	−106+45	36.7	
	−45+18	35.4	
	−18	41	
方解石	不添加	35.5	−18 μm>−45+18 μm≈−106+45 μm
	−106+45	46.7	
	−45+18	45.4	
	−18	67.4	
石英	不添加	35.5	−18 μm>−45+18 μm≈−106+45 μm
	−106+45	30.9	
	−45+18	30.7	
	−18	46.7	

10.3　不同粒级不同矿物对−106+45 μm 粒级白云石浮选的交互影响

10.3.1　不同粒级磷灰石对−106+45 μm 粒级白云石浮选的交互影响

不同含量的−106+45 μm、−45+18 μm、−18 μm 粒级磷灰石对−106+45 μm 粒级白云石浮选的影响如图 10.9 所示。由此结果可知，随着各粒级磷灰石含量的增加，浮选精矿中 MgO 的品位有小幅度的降低，白云石的浮选回收率逐渐下降；当不同粒级的磷灰石含量不小于 10% 时，各粒级磷灰石对−106+45 μm 粒级白云石浮选的抑制效果趋于相同。当不同粒级磷灰石含量小于 10% 时，不同粒级磷灰石对于−106+45 μm 粒级白云石浮选影响大小为：−45+18 μm 粒级>−18 μm 粒级>−106+45 μm 粒级。综合分析可知，当采用油酸钠为捕收剂浮选回收−106+45 μm 粒级白云石时，添加不同粒级的磷灰石对−106+45 μm 粒级白云石的浮选有较强的抑制作用。

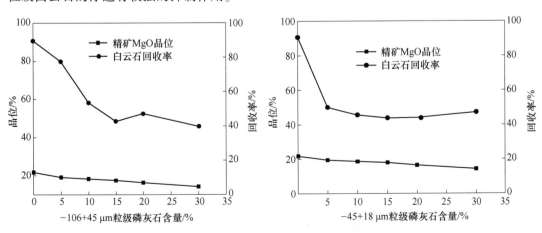

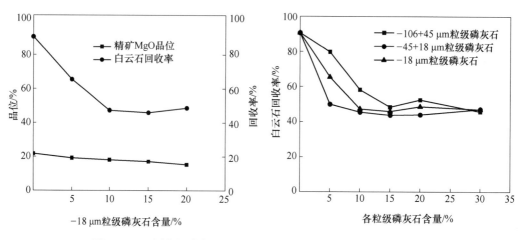

图 10.9　不同粒级磷灰石对于−106+45 μm 粒级白云石浮选的影响

10.3.2　不同粒级方解石对−106+45 μm 粒级白云石浮选的交互影响

不同含量的−106+45 μm、−45+18 μm、−18 μm 粒级方解石对−106+45 μm 粒级白云石浮选的影响如图 10.10 所示。由此结果可知，随着各粒级方解石含量的增加，浮选精矿

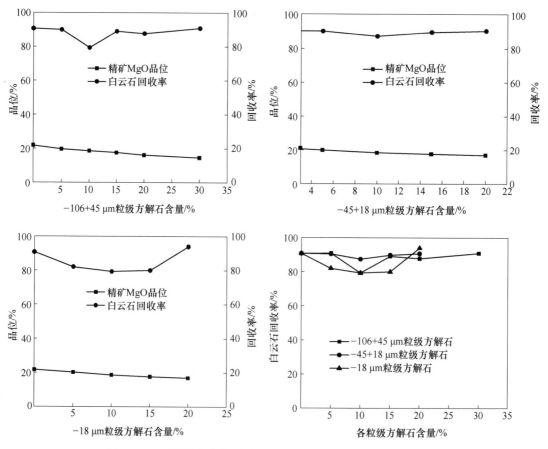

图 10.10　不同粒级方解石对−106+45 μm 粒级白云石浮选的影响

中 MgO 的品位逐渐下降而白云石的浮选回收率基本不变。综合分析可知，当采用油酸钠为捕收剂对−106+45 μm 粒级白云石进行浮选回收时，添加不同粒级的方解石对于−106+45 μm 粒级白云石的浮选基本没有影响。

10.3.3   不同粒级石英对−106+45 μm 粒级白云石浮选的交互影响

不同含量的−106+45 μm、−45+18 μm、−18 μm 粒级石英对−106+45 μm 粒级白云石浮选的影响如图 10.11 所示。由此结果可知，随着各个粒级石英含量的增加，浮选精矿中 MgO 的品位与白云石的浮选回收率基本不变。综合分析可知，当采用油酸钠为捕收剂浮选回收白云石时，添加各个粒级的石英对于−106+45 μm 粒级白云石的浮选回收率基本没有影响。

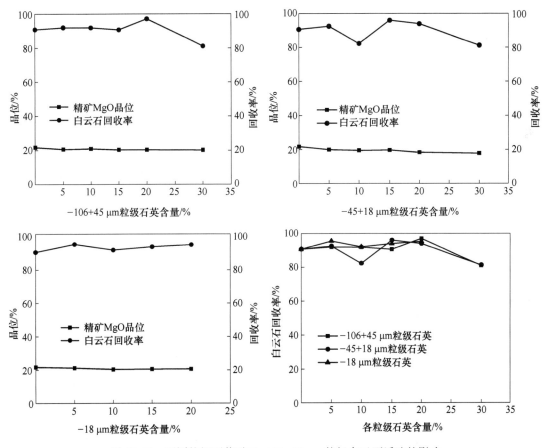

图 10.11   不同粒级石英对于−106+45 μm 粒级白云石浮选的影响

10.3.4   不同粒级不同矿物对−106+45 μm 粒级白云石浮选的交互影响规律分析

对不同粒级磷灰石、方解石、石英与−106+45 μm 粒级白云石浮选的交互影响规律及差异进行了总结分析，如图 10.12 及表 10.3 所示。由此结果可知，不同粒级的磷灰石、方解石、石英对−106+45 μm 粒级白云石浮选回收率影响最大的是各粒级的磷灰石。

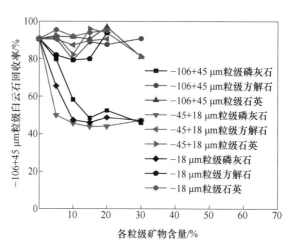

图 10.12　不同粒级不同矿物对白云石浮选的影响

表 10.3　不同粒级不同矿物对−106+45 μm 粒级白云石浮选的影响结果

添加矿物种类	粒级/μm	其他矿物含量为15%时， 白云石回收率/%	粒级影响程度排序
磷灰石	不添加	90.7	−45+18 μm>−18 μm>−106+45 μm
	−106+45	48.4	
	−45+18	43.8	
	−18	47.4	
方解石	不添加	90.7	−18 μm≈−45+18 μm≈−106+45 μm
	−106+45	89.0	
	−45+18	89.8	
	−18	80.0	
石英	不添加	90.7	−18 μm≈−45+18 μm≈−106+45 μm
	−106+45	90.6	
	−45+18	96.0	
	−18	94.0	

10.4　不同粒级不同矿物对−45+18 μm 粒级白云石浮选的交互影响

10.4.1　不同粒级磷灰石对−45+18 μm 粒级白云石浮选的交互影响

　　不同含量的−106+45 μm、−45+18 μm、−18 μm 粒级磷灰石对−45+18 μm 粒级白云石浮选的影响如图 10.13 所示。由此结果可知，随着各粒级磷灰石含量的增加，浮选精矿中 MgO 品位逐渐升高，白云石的回收率逐渐降低；当磷灰石的含量小于 5% 时，各粒级磷灰石对−45+18 μm 粒级白云石浮选的抑制效果趋于相同；当不同粒级磷灰石的含量大于 5% 时，不同粒级磷灰石对−45+18 μm 粒级白云石浮选的抑制强弱为：−45+18 μm>−18 μm>

-106+45 μm。综合分析可知，当采用油酸钠为捕收剂浮选回收-45+18 μm 粒级白云石时，添加不同粒级的磷灰石能够降低-45+18 μm 粒级白云石的浮选回收率。

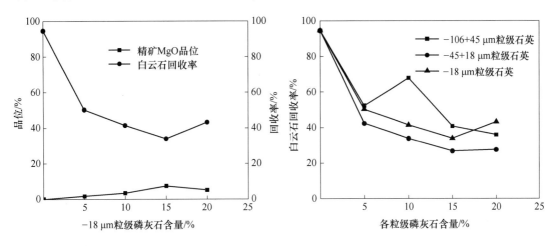

图 10.13 不同粒级磷灰石对-45+18 μm 粒级白云石浮选的影响

10.4.2 不同粒级石英对-45+18 μm 粒级白云石浮选的交互影响

不同含量的-106+45 μm、-45+18 μm、-18 μm 粒级石英对-45+18 μm 粒级白云石浮选的影响如图 10.14 所示。由此结果可知，随着各粒级石英含量的增加，浮选精矿中 MgO 的品位基本不变，浮选精矿中白云石的浮选回收率逐渐降低；当不同粒级石英含量小于15%时，各粒级石英对于-45+18 μm 粒级白云石浮选抑制的顺序为：-18 μm> -45+18 μm> -106+45 μm；当不同粒级石英含量超过15%时，不同粒级石英对-45+18 μm 粒级白云石浮选的影响差别较小。综合分析可知，当采用油酸钠作捕收剂浮选回收-45+18 μm 粒级白云石时，添加不同粒级石英对白云石有抑制作用。通过对比不同粒级石英对-106+45 μm 与-45+18 μm 粒级白云石的浮选影响可以发现，不同粒级石英对-106+45 μm 粒级白云石的浮选基本没有影响，不同粒级石英对-45+18 μm 粒级白云石的浮选有抑制作用。

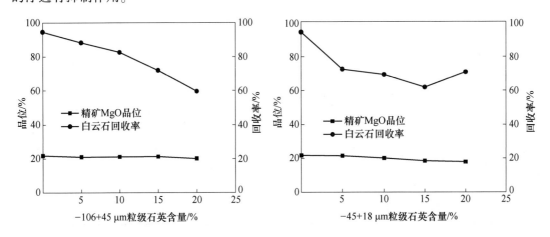

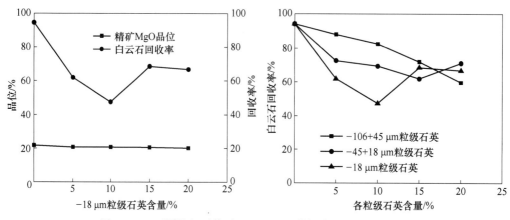

图 10.14 不同粒级石英对 $-45+18~\mu m$ 粒级白云石浮选的影响

10.4.3 不同粒级不同矿物对 $-45+18~\mu m$ 粒级白云石浮选的交互影响规律分析

对不同粒级的磷灰石、石英与 $-45+18~\mu m$ 粒级白云石浮选的交互影响规律及差异进行了总结分析，如图 10.15 及表 10.4 所示。由此结果可知，不同粒级不同矿物对 $-45+18~\mu m$ 粒级白云石浮选抑制作用最明显的为磷灰石，其对 $-45+18~\mu m$ 粒级白云石浮选的抑制强弱为：$-45+18~\mu m>-18~\mu m>-106+45~\mu m$；不同粒级的石英对其浮选的抑制强弱为：$-18~\mu m>-45+18~\mu m>-106+45~\mu m$。

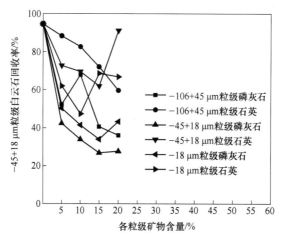

图 10.15 不同粒级不同矿物对 $-45+18~\mu m$ 粒级白云石浮选的影响

表 10.4 不同粒级不同矿物对 $-45+18~\mu m$ 粒级白云石浮选的影响

添加矿物种类	粒级/μm	其他矿物含量为 15% 时，白云石回收率/%	粒级影响程度排序
磷灰石	不添加	94.6	$-45+18~\mu m>-18~\mu m>-106+45~\mu m$
	$-106+45$	40.6	
	$-45+18$	26.8	
	-18	33.9	

续表 10.4

添加矿物种类	粒级/μm	其他矿物含量为15%时， 白云石回收率/%	粒级影响程度排序
石英	不添加	94.6	−18 μm≈−45+18 μm≈−106+45 μm
	−106+45	72.0	
	−45+18	61.9	
	−18	68.6	

10.5 不同粒级不同矿物对−106+45 μm 粒级方解石浮选的交互影响

10.5.1 不同粒级磷灰石对−106+45 μm 粒级方解石浮选的交互影响

不同含量的−106+45 μm、−45+18 μm、−18 μm 粒级磷灰石对−106+45 μm 粒级方解石浮选的影响如图 10.16 所示。由此结果可知，随着各粒级磷灰石含量的增加，浮选精矿中 CaO 的品位逐渐升高，而方解石的浮选回收率逐渐下降，−18 μm 粒级的磷灰石对方解

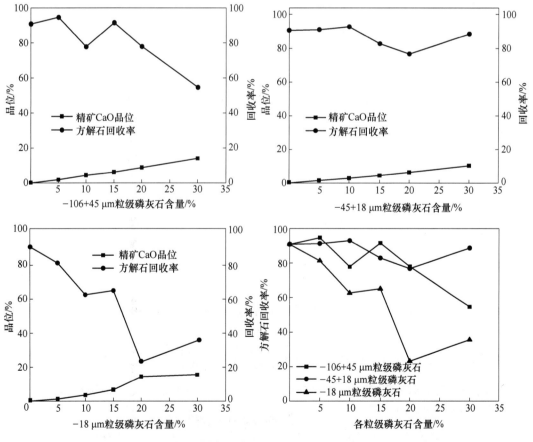

图 10.16 不同粒级磷灰石对−106+45 μm 粒级方解石浮选的影响

石的浮选回收抑制最为明显。综合分析可知，当采用油酸钠为捕收剂浮选回收-106+45 μm
粒级方解石时，添加-18 μm 粒级的磷灰石能够显著地降低-106+45 μm 粒级方解石的浮选
回收率。

10.5.2 不同粒级石英对-106+45 μm 粒级方解石浮选的交互影响

不同含量的-106+45 μm、-45+18 μm、-18 μm 粒级石英对-106+45 μm 粒级方解
石浮选的影响如图 10.17 所示。由此结果可知，随着各粒级石英含量的增加，对方解石
的浮选回收率基本没有影响。综合分析可知，当采用油酸钠为捕收剂浮选回收-106+45 μm
粒级方解石时，添加不同粒级石英对于-106+45 μm 粒级方解石浮选回收率没有影响。

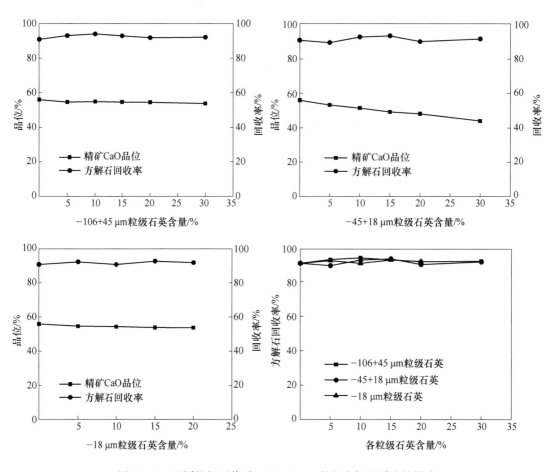

图 10.17 不同粒级石英对-106+45 μm 粒级方解石浮选的影响

10.5.3 不同粒级不同矿物对-106+45 μm 粒级方解石浮选的交互影响规律分析

对不同粒级的磷灰石、石英对-106+45 μm 粒级方解石浮选的交互影响规律及差异进
行了总结分析，如图 10.18 及表 10.5 所示。

由图 10.18 及表 10.5 可知，-18 μm 粒级的磷灰石对-106+45 μm 粒级方解石的浮选
抑制作用最为明显。

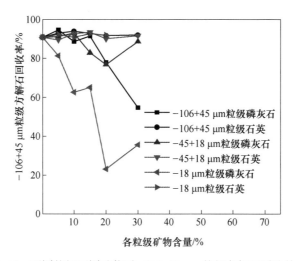

图 10.18　不同粒级不同矿物对−106+45 μm 粒级方解石浮选的影响

表 10.5　不同粒级不同矿物对−106+45 μm 粒级方解石浮选的影响

添加矿物种类	粒级/μm	其他矿物含量为 10%时，方解石回收率/%	粒级影响程度排序
磷灰石	不添加	90.9	−18 μm>−45+18 μm≈−106+45 μm
	−106+45	91.6	
	−45+18	82.9	
	−18	65.1	
石英	不添加	90.9	−18 μm≈−45+18 μm≈−106+45 μm
	−106+45	92.9	
	−45+18	93.5	
	−18	92.8	

10.6　不同粒级不同矿物对−45+18 μm 粒级方解石浮选的交互影响

10.6.1　不同粒级磷灰石对−45+18 μm 粒级方解石浮选的交互影响

不同含量的−106+45 μm、−45+18 μm、−18 μm 粒级磷灰石对−45+18 μm 粒级方解石浮选的影响如图 10.19 所示。

由图 10.19 中的结果可知，随着各粒级磷灰石含量的增加，−106+45 μm 粒级磷灰石对方解石浮选回收率影响较小，−45+18 μm 与−18 μm 粒级的磷灰石对−45+18 μm 粒级方解石的抑制比较明显。由此可知，当采用油酸钠为捕收剂浮选回收−45+18 μm 粒级方解石时，添加−45+18 μm 与−18 μm 粒级的磷灰石能够显著降低−45+18 μm 粒级方解石的浮选回收率。通过对比不同粒级磷灰石对−106+45 μm 和−45+18 μm 粒级方解石浮选的影响可以发现，−45+18 μm 粒级磷灰石对−106+45 μm 粒级方解石浮选抑制作用较弱，对−45+18 μm 粒级方解石浮选的抑制作用较强。

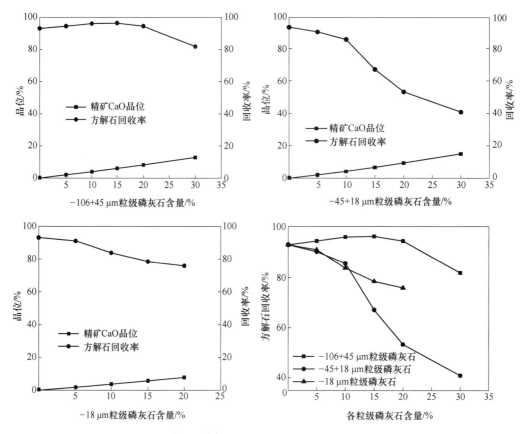

图 10.19　不同粒级磷灰石对−45+18 μm 粒级方解石浮选的影响

10.6.2　不同粒级石英对−45+18 μm 粒级方解石浮选的交互影响

不同含量的−106+45 μm、−45+18 μm、−18 μm 粒级石英对−45+18 μm 粒级方解石浮选的影响如图 10.20 所示。由此结果可知，随着各粒级石英含量的增加，浮选精矿中 CaO 品位逐渐下降而方解石浮选回收率基本不变。各个粒级的石英对−45+18 μm 粒级方解石的浮选回收率基本没有影响。因此可知，当采用油酸钠为捕收剂浮选回收−45+18 μm 粒级方解石时，添加不同粒级的石英对方解石的浮选基本没有影响。

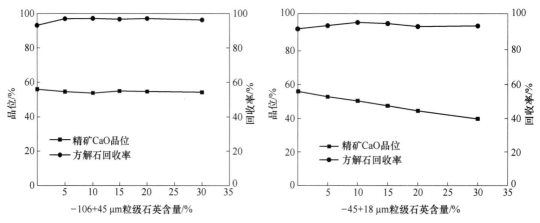

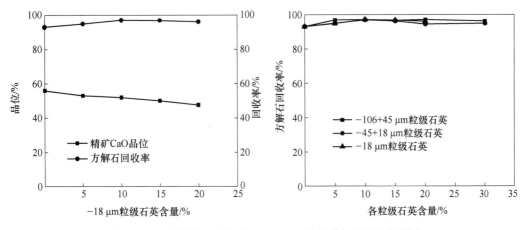

图 10.20　不同粒级石英对–45+18 μm 粒级方解石浮选的影响

10.6.3　不同粒级不同矿物对–45+18 μm 粒级方解石浮选的交互影响规律分析

对不同粒级的磷灰石、石英与–45+18 μm 粒级方解石浮选的交互影响规律及差异进行了总结分析，如图 10.21 及表 10.6 所示。由此结果可知，–45+18 μm 与–18 μm 粒级磷灰石对–45+18 μm 粒级方解石的浮选抑制最明显。

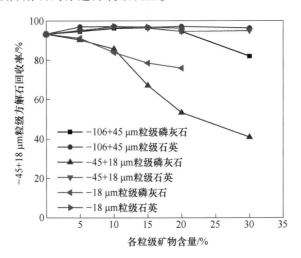

图 10.21　不同粒级不同矿物对–45+18 μm 粒级方解石浮选的影响

表 10.6　不同粒级不同矿物对–45+18 μm 粒级方解石浮选的影响结果

添加矿物种类	粒级/μm	其他矿物含量为10%时，方解石回收率/%	粒级影响程度排序
磷灰石	不添加	93.1	–45+18 μm≥–18 μm>–106+45 μm
	–106+45	96.2	
	–45+18	85.7	
	–18	83.8	

添加矿物种类	粒级/μm	其他矿物含量为 10%时，方解石回收率/%	粒级影响程度排序
石英	不添加	93.1	−18 μm≈−45+18 μm≈−106+45 μm
	−106+45	97.2	
	−45+18	97.0	
	−18	97.2	

10.7　不同粒级不同矿物对−106+45 μm 粒级石英浮选的交互影响

10.7.1　不同粒级磷灰石对−106+45 μm 粒级石英浮选的交互影响

　　不同含量的−106+45 μm、−45+18 μm、−18 μm 粒级磷灰石对−106+45 μm 粒级石英浮选的影响如图 10.22 所示。由此结果可知，随着各粒级磷灰石含量的增加，不同粒级的磷灰石对−106+45 μm 粒级石英的浮选回收率基本没有影响。由此说明，采用油酸钠为捕收剂浮选回收−106+45 μm 粒级石英时，添加不同粒级的磷灰石对于石英的浮选基本没有影响。

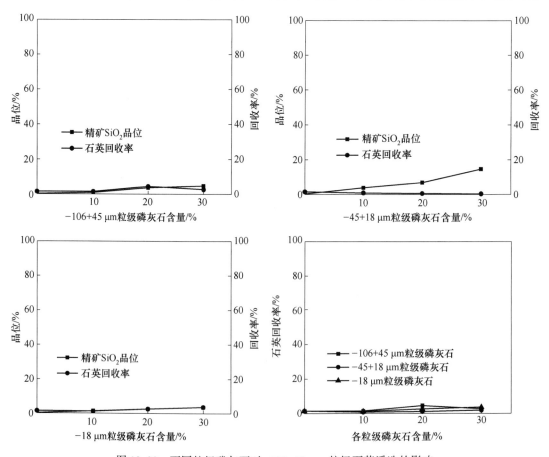

图 10.22　不同粒级磷灰石对−106+45 μm 粒级石英浮选的影响

10.7.2 不同粒级白云石对-106+45 μm 粒级石英浮选的交互影响

不同含量的-106+45 μm、-45+18 μm、-18 μm 粒级白云石对-106+45 μm 粒级石英浮选的影响如图 10.23 所示。由此结果可知，随着各粒级白云石含量的增加，-106+45 μm 与-45+18 μm 粒级的白云石对-106+45 μm 粒级石英的浮选回收率基本没有影响；当-18 μm 粒级白云石含量超过 10%时，对-106+45 μm 粒级石英的浮选有较强活化作用。综合分析可知，采用油酸钠为捕收剂浮选回收-106+45 μm 粒级石英时，添加-18 μm 粒级的白云石能够显著提升-106+45 μm 粒级石英的浮选回收率。

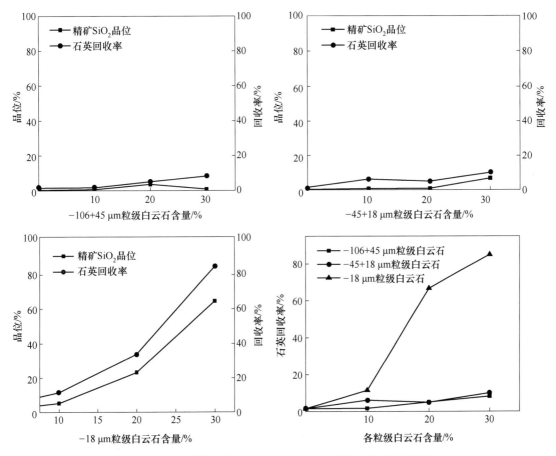

图 10.23　不同粒级白云石对-106+45 μm 粒级石英浮选的影响

10.7.3 不同粒级方解石对-106+45 μm 粒级石英浮选的交互影响

不同含量的-106+45 μm、-45+18 μm、-18 μm 粒级方解石对-106+45 μm 粒级石英浮选的影响如图 10.24 所示。由此结果可知，随着各个粒级方解石含量的增加，-106+45 μm 粒级方解石可以微弱地活化石英的浮选，-45+18 μm 粒级的方解石含量超过 20%时，对于石英的浮选有强烈的活化作用。-18 μm 粒级的方解石可以显著提高石英的浮选回收率。综合分析可知，当采用油酸钠为捕收剂浮选回收-106+45 μm 粒级石英时，添加-18 μm 与-45+18 μm 粒级的方解石可以显著提高-106+45 μm 粒级石英的浮选回收率。

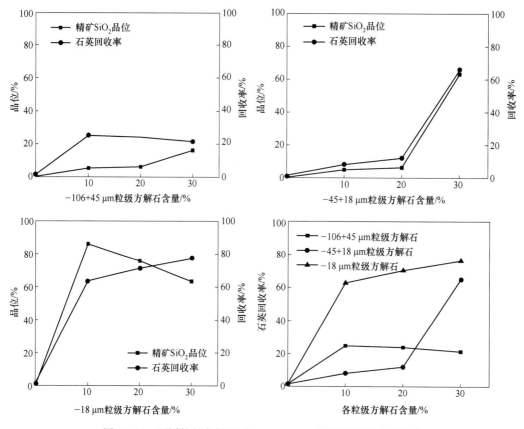

图 10.24　不同粒级方解石对–106+45 μm 粒级石英浮选的影响

10.7.4　不同粒级不同矿物对–106+45 μm 粒级石英浮选的交互影响规律分析

对不同粒级磷灰石、白云石、方解石与–106+45 μm 粒级石英浮选的交互影响规律及差异进行了总结分析，如图 10.25 及表 10.7 所示。由此结果可知，–45+18 μm 与–18 μm

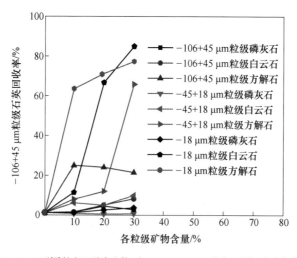

图 10.25　不同粒级不同矿物对–106+45 μm 粒级石英浮选的影响

粒级的方解石能够大幅度地提升−106+45 μm 粒级石英的浮选回收率，−18 μm 粒级的白云石也能够显著提高−106+45 μm 粒级石英的浮选回收率。

表 10.7 不同粒级不同矿物对−106+45 μm 粒级石英浮选的影响结果

添加矿物种类	粒级/μm	其他矿物含量为 10%时，石英回收率/%	粒级影响程度排序
磷灰石	不添加	1.5	−18 μm≈−45+18 μm≈−106+45 μm
	−106+45	1.4	
	−45+18	0.83	
	−18	1.2	
白云石	不添加	1.5	−18 μm>−45+18 μm≈−106+45 μm
	−106+45	1.6	
	−45+18	6.1	
	−18	11.4	
方解石	不添加	1.5	−18 μm>−45+18 μm≥−106+45 μm
	−106+45	25	
	−45+18	8	
	−18	63.6	

10.8 不同粒级不同矿物对−45+18 μm 粒级石英浮选的交互影响

10.8.1 不同粒级磷灰石对−45+18 μm 粒级石英浮选的交互影响

不同含量的−106+45 μm、−45+18 μm、−18 μm 粒级磷灰石对−45+18 μm 粒级石英浮选的影响如图 10.26 所示。由此结果可知，随着各个粒级磷灰石含量的增加，不同粒级的磷灰石对−45+18 μm 粒级石英的浮选回收率影响较小。−106+45 μm 粒级磷灰石对−45+18 μm 粒级石英的浮选有微弱的活化作用。综合分析可知，当采用油酸钠为捕收剂浮选回收−45+18 μm 粒级石英时，添加不同粒级的磷灰石对石英的浮选回收率影响比较小。通过对比不同粒级磷灰石对于−106+45 μm 与−45+18 μm 粒级石英的浮选影响可以得出，−106+45 μm 粒级的磷灰石可以微弱地活化−45+18 μm 粒级石英的浮选。

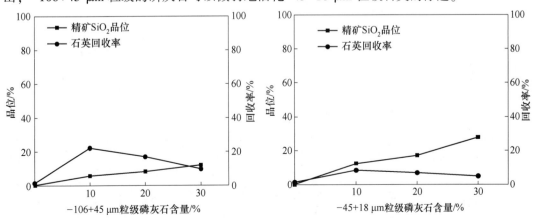

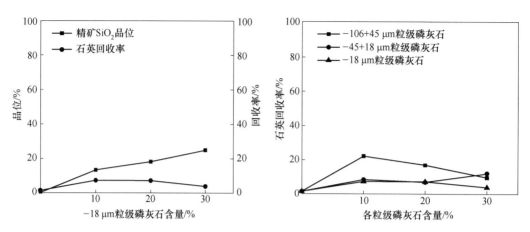

图 10.26   不同粒级磷灰石对−45+18 μm 粒级石英浮选的影响

10.8.2   不同粒级白云石对−45+18 μm 粒级石英浮选的交互影响

不同含量的−106+45 μm、−45+18 μm、−18 μm 粒级白云石对−45+18 μm 粒级石英浮选的影响如图 10.27 所示。由此结果可知，随着各粒级白云石含量的增加，各粒级白云石

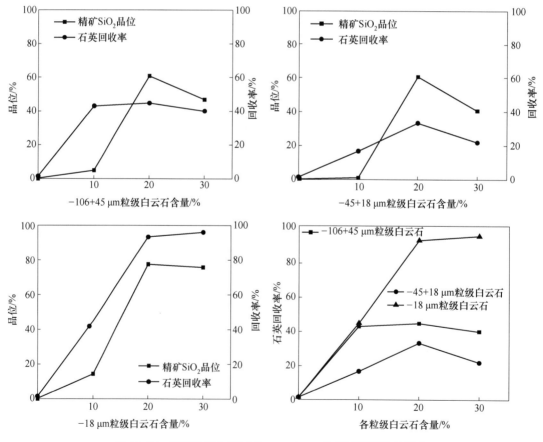

图 10.27   不同粒级白云石对−45+18 μm 粒级石英浮选的影响

对-45+18 μm 粒级石英的浮选有活化作用。当白云石的含量超过 10%时，不同粒级白云石对-45+18 μm 粒级石英的活化顺序为：-18 μm>-106+45 μm>-45+18 μm。综合分析可知，当采用油酸钠为捕收剂浮选回收-45+18 μm 粒级石英时，添加不同粒级的白云石能较大幅度地提高-45+18 μm 粒级石英的浮选回收率。对比不同粒级白云石对-106+45 μm 与45+18 μm 粒级石英的浮选影响结果可以发现：各个粒级的白云石均能提高-45+18 μm 粒级石英的回收率，-18 μm 粒级的白云石可以提高-106+45 μm 粒级石英的回收率。

10.8.3　不同粒级方解石对-45+18 μm 粒级石英浮选的交互影响

不同含量的-106+45 μm、-45+18 μm、-18 μm 粒级方解石对-45+18 μm 粒级石英浮选的影响如图 10.28 所示。由此结果可知，随着各个粒级方解石含量的增加，各个粒级的方解石对-45+18 μm 粒级石英的浮选均有活化作用，不同粒级方解石对于-45+18 μm 粒级石英的活化顺序为：-18 μm>-45+18 μm>-106+45 μm。综合分析可知，当采用油酸钠为捕收剂浮选回收-45+18 μm 粒级石英时，添加不同粒级的方解石能够活化石英的浮选。通过对比不同粒级方解石对-106+45 μm 与 -45+18 μm 粒级石英的浮选回收可以发现，各个粒级的方解石均能够活化-45+18 μm 粒级石英的浮选，-18 μm、-45+18 μm 粒级的方解石能够活化-106+45 μm 粒级石英的浮选。

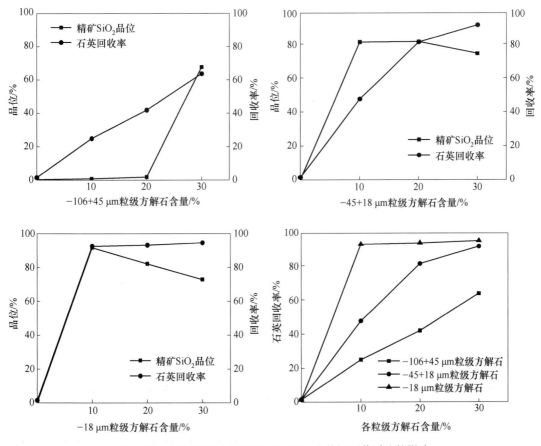

图 10.28　不同粒级方解石对-45+18 μm 粒级石英浮选的影响

10.8.4　不同粒级不同矿物对−45+18 μm 粒级石英浮选的交互影响规律分析

对不同粒级磷灰石、白云石、方解石与−45+18 μm 粒级石英浮选的交互影响规律及差异进行了总结分析，如图 10.29 和表 10.8 所示。由此结果可知，当 pH 值为 10，采用油酸钠为捕收剂浮选回收−45+18 μm 粒级石英时，各粒级不同矿物对−45+18 μm 粒级石英活化最为明显的是：−18 μm 粒级的白云石、−18 μm 粒级方解石、−45+18 μm 粒级的方解石。

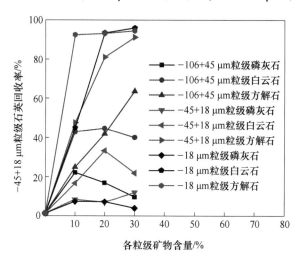

图 10.29　不同粒级不同矿物对−45+18 μm 粒级石英浮选的影响

表 10.8　不同粒级不同矿物对−45+18 μm 粒级石英浮选的影响结果

添加矿物种类	粒级/μm	其他矿物含量为 10%时，石英回收率/%	粒级影响程度排序
磷灰石	不添加	1.3	−18 μm≈−45+18 μm≈−106+45 μm
	−106+45	22.2	
	−45+18	8.4	
	−18	7.3	
白云石	不添加	1.3	−18 μm>−45+18 μm>−106+45 μm
	−106+45	43.0	
	−45+18	16.7	
	−18	44.9	
方解石	不添加	1.3	−18 μm>−45+18 μm>−106+45 μm
	−106+45	24.9	
	−45+18	47.6	
	−18	92.5	

10.9 调整剂对矿物活化石英浮选的调控影响与作用机理探讨

10.9.1 调整剂对矿物活化–106+45 μm 粒级石英浮选的调控影响

石英等硅酸盐矿物通常为脉石矿物，而碳酸盐类矿物的溶解度较大，溶解阳离子等组分对石英浮选有不同程度的活化作用，所以往往加入调整剂对其浮选进行抑制调控。考察了不同用量的水玻璃、淀粉和六偏磷酸钠对不同粒级不同矿物活化后的–106+45 μm 粒级石英浮选的调控影响，结果见表 10.9。

表 10.9 调整剂对矿物活化–106+45 μm 粒级石英浮选的调控影响

添加矿物名称	调整剂名称	调整剂用量/mg·L^{-1}	精矿中石英品位/%	精矿中石英回收率/%
–18 μm 粒级白云石（含量 20%）	无	0	76.9	86.7
	水玻璃	60	80.55	94.5
		120	78.49	87.8
	淀粉	60	84	96
		120	83.68	99
	六偏磷酸钠	60	81.4	35.4
		120	82	30.2
–45+18 μm 粒级方解石（含量 30%）	无	0	63.2	85.8
	水玻璃	60	61.69	84.4
		120	67.5	78
	淀粉	60	70.93	96
		120	69.25	92.7
	六偏磷酸钠	60	62.7	5
		120	70.17	4.3
–18 μm 粒级方解石（含量 10%）	无	0	86.14	83.6
	淀粉	60	92.27	96.6
		120	91.17	97
	六偏磷酸钠	60	95.21	8.4
		120	96.63	1.1

由表 10.9 可知，水玻璃和淀粉对–18 μm 粒级白云石、–45+18 μm 粒级方解石、–18 μm 粒级方解石活化–106+45 μm 粒级石英的浮选回收率与精矿中 SiO_2 品位基本没有影响。六偏磷酸钠对–18 μm 粒级白云石、–45+18 μm 粒级方解石、–18 μm 粒级方解石活化–106+45 μm 粒级石英的浮选有极强的抑制作用。由此可见，水玻璃和淀粉对于较细粒级白云石和方解石活化的粗粒级石英的浮选基本没有影响，六偏磷酸钠对于较细粒级白云石和方解石活化的粗粒级石英的浮选具有较强的抑制作用。

10.9.2   调整剂对矿物活化−45+18 μm 粒级石英浮选的调控影响

不同用量的水玻璃、淀粉和六偏磷酸钠对不同粒级白云石和方解石活化后的−45+18 μm 粒级石英浮选的调控影响见表 10.10。由此结果可知，水玻璃和淀粉对各粒级白云石活化的−45+18 μm 粒级石英的浮选回收率与浮选精矿中的石英品位基本没有影响。六偏磷酸钠对各粒级白云石活化的−45+18 μm 粒级石英浮选的影响较小，随着六偏磷酸钠用量的增加，六偏磷酸钠对各粒级白云石活化石英的浮选有一定抑制作用。水玻璃和淀粉对各粒级方解石活化的−45+18 μm 粒级石英的浮选基本没有影响；六偏磷酸钠对各粒级方解石活化的−45+18 μm 粒级石英浮选的抑制作用随药剂用量的增加而增大。

表 10.10   调整剂对矿物活化−45+18 μm 粒级石英浮选的调控影响

添加矿物名称	调整剂名称	调整剂用量/mg·L^{-1}	精矿中石英品位/%	精矿中石英回收率/%
−106+45 μm 粒级白云石（含量 20%）	无	0	60.75	44.7
	水玻璃	60	69.83	42.1
		120	64.75	43.8
	淀粉	60	72.33	46.3
		120	83.67	47
	六偏磷酸钠	60	68.72	39.4
		120	63.46	14.4
−45+18 μm 粒级白云石（含量 20%）	无	0	60.54	43.3
	水玻璃	60	69.51	57.5
		120	61.48	40.8
	淀粉	60	66.21	40
		120	70.15	43
	六偏磷酸钠	60	66.46	47.8
		120	68.01	27.9
−18 μm 粒级白云石（含量 20%）	无	0	77.62	93.5
	水玻璃	60	80.89	98.2
		120	80.37	99.3
	淀粉	60	80.73	96.2
		120	82	97.4
	六偏磷酸钠	60	79.57	87.1
		120	77.81	69.8
−45+18 μm 粒级方解石（含量 30%）	无	0	74.37	91.2
	水玻璃	60	68.94	80.4
		120	69.07	81.2
	淀粉	60	71.31	84.7
		120	73.19	82.2
	六偏磷酸钠	60	74.87	65
		120	73.77	53.7

添加矿物名称	调整剂名称	调整剂用量/mg·L⁻¹	精矿中石英品位/%	精矿中石英回收率/%
−18 μm 粒级方解石 （含量10%）	无	0	91.66	92.5
	水玻璃	60	79.34	97.2
		120	79.52	97.8
	六偏磷酸钠	60	81.02	94.6
		120	78.88	77.2

10.9.3　水玻璃对矿物活化石英浮选的抑制作用机理探讨

水玻璃在一定条件下可以降低方解石与白云石对石英浮选产生的活化作用，为了探讨水玻璃的抑制作用机理，分别以钙离子与镁离子为调整剂，对水玻璃及钙、镁离子作用后的石英表面进行了红外光谱分析，如图 10.30 与图 10.31 所示。

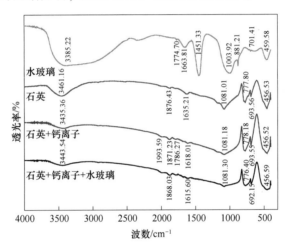

图 10.30　水玻璃与钙离子作用前后石英表面的红外光谱图

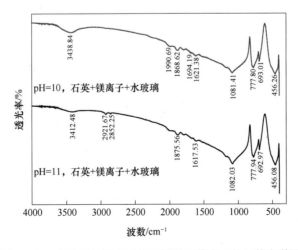

图 10.31　水玻璃与镁离子作用前后石英表面的红外光谱图

由图 10.30 中水玻璃的红外光谱图可知，3385.22 cm^{-1} 处强而宽的吸收峰是水分子伸缩振动，1774.70 cm^{-1} 与 1663.81 cm^{-1} 处的吸收峰是水分子的变角振动，1451.33 cm^{-1} 和 1003.92 cm^{-1} 处的吸收峰为石英 Si—O—Si 的反对称伸缩的伸缩振动，881.21 cm^{-1} 处吸收峰为 Si—O 的对称伸缩振动。701.41 cm^{-1} 处的吸收峰为 H_2O 的变角振动，459.58 cm^{-1} 处是 Si—O 的弯曲振动吸收峰。

由图 10.30 中石英的红外光谱图可知，3461.16 cm^{-1} 处强而宽的吸收峰是水分子的伸缩振动，1876.43 cm^{-1} 和 1635.21 cm^{-1} 处的吸收峰为 H_2O 的变角振动，1081.01 cm^{-1} 处的吸收峰为石英 Si—O—Si 的反对称伸缩振动。777.80 cm^{-1} 和 693.56 cm^{-1} 处的吸收峰是 Si—O 的对称伸缩振动，456.53 cm^{-1} 处 Si—O 的弯曲振动吸收峰。

由图 10.30 中石英+钙离子的红外光谱图可知，石英与氯化钙作用后石英表面没有新的吸收峰出现，是石英表面 3461.16 cm^{-1} 处 H_2O 的吸收峰变到了 3435.36 cm^{-1} 处，发生了 25.8 cm^{-1} 的位移。同时，1635.21 cm^{-1} 处的吸收峰变到了 1618.01 cm^{-1} 处，发生了 17.2 cm^{-1} 的偏移。结晶水分子中的 O 原子通常与金属离子配位，金属离子对 O—H 键上电子云的诱导作用越强，H_2O 分子的伸缩振动频率越向低频移动，说明钙离子对 O—H 键的诱导作用较强，有利于 $Ca(OH)^+$ 的形成，进而对石英的浮选产生活化作用。

由图 10.30 中石英+钙离子+水玻璃的红外光谱图可知，石英与氯化钙和水玻璃发生反应后，石英的表面没有新的吸收峰出现，石英表面 H_2O 的伸缩振动峰与不添加水玻璃相比变到 3445.54 cm^{-1}，其位移改变了 10.18 cm^{-1}。这说明水玻璃减弱了金属钙离子对 O—H 键上电子云的诱导作用，削弱了 $Ca(OH)^+$ 对石英浮选的活化作用。

由图 10.31 可知，当 pH 值为 10 时，石英与氯化镁和水玻璃作用后，石英表面 3438.84 cm^{-1} 和 1990.69 cm^{-1} 处的吸收峰是水分子的振动吸收峰，1868.62 cm^{-1} 和 1621.38 cm^{-1} 处的吸收峰为 H_2O 的变角振动，1081.41 cm^{-1} 处的吸收峰是石英 Si—O—Si 的反对称伸缩振动。777.80 cm^{-1} 和 693.01 cm^{-1} 处的吸收峰是 Si—O 的对称伸缩振动，456.26 cm^{-1} 处是 Si—O 的弯曲振动吸收峰。由图 10.31 可以得出，当 pH=11 时，石英与氯化镁和水玻璃作用后，与 pH 值为 10 条件下的红外光谱相比，出现了新的 2921.67 cm^{-1} 和 2852.25 cm^{-1} 两个吸收峰，吸收峰为弥散的 -OH 伸缩振动吸收峰，弥散的原因在于水分子中的 O—H…O 中的距离在不断地改变。而 H_2O 分子的伸缩振动吸收峰由 3438.84 cm^{-1} 变到了 3412.48 cm^{-1} 处，位移改变了 26.36 cm^{-1}，说明金属镁离子在 O—H 键上电子云的诱导作用加强，两个峰值的变化可以说明金属镁离子在不同的 pH 值条件下对 O—H…O 的影响一直在变化，所以水玻璃在不同的 pH 值条件下对镁离子活化后石英浮选的抑制作用不同。

10.10　磷灰石体系矿物浮选交互影响的作用机理探讨

磷灰石浮选体系中，矿物之间产生了一定的抑制或活化等交互影响，结合扫描电镜与红外光谱等分析手段对不同粒级不同矿物之间的浮选交互影响的作用机理进行了初步探讨。

10.10.1　不同粒级白云石与磷灰石浮选交互影响的机理探讨

为探讨 -18 μm 粒级白云石对 -106+45 μm 粒级磷灰石浮选产生活化的原因，对

−18 μm 粒级白云石与−106+45 μm 粒级磷灰石组成的混合矿浮选精矿进行扫描电镜分析，结果如图 10.32 及表 10.11、表 10.12 所示。

图 10.32　−18 μm 白云石与−106+45 μm 粒级磷灰石混合矿浮选精矿的扫描电镜照片

表 10.11　图 10.32 中 a 点的 EDS 能谱分析

元素	归一化质量/%	相对含量/%
C	16.31	27.15
O	35.24	44.03
F	5.34	5.62
P	11.49	7.42
Ca	31.62	15.77

表 10.12　图 10.32 中 b 点的 EDS 能谱分析

元素	归一化质量/%	相对含量/%
C	13.66	20.75
O	54.65	62.30
F	0.48	0.46
Mg	6.55	4.91
P	2.71	1.59
Ca	21.95	9.99

由图 10.32、表 10.11 与表 10.12 可知，图 10.32 中的 a 点为磷灰石、b 点为白云石，说明浮选精矿中有较多的−18 μm 粒级白云石吸附罩盖在−106+45 μm 粒级磷灰石表面，因此可以推测加入−18 μm 粒级白云石能够提高浮选精矿中磷灰石的浮选回收率，原因在于−18 μm 粒级的白云石在粗粒级磷灰石表面发生了吸附，增大了捕收剂在磷灰石表面的吸附。

对−18 μm 粒级磷灰石与−106+45 μm 粒级白云石组成的混合矿进行浮选试验，对浮选尾矿进行扫描电镜分析，结果如图 10.33 及表 10.13、表 10.14 所示。

400 nm

图 10.33　-18 μm 粒级磷灰石与-106+45 μm 粒级白云石混合矿浮选尾矿的扫描电镜照片

表 10.13　图 10.33 中 a 点的 EDS 能谱分析

元素	归一化质量/%	相对含量/%
C	7.45	22.47
O	3	60.98
Mg	0.76	0.70
Ca	38.02	21.05
F	3.94	4.60
P	13.74	9.84

表 10.14　图 10.33 中 b 点的 EDS 能谱分析

元素	归一化质量/%	相对含量/%
C	25.10	35.49
O	47.68	50.61
Mg	8.61	6.02
Ca	18.60	7.88

由图 10.33、表 10.13 与表 10.14 可以得出，图 10.33 中的 a 点为白云石、b 点为磷灰石，说明当添加-18 μm 粒级磷灰石时，浮选尾矿中有较多的-18 μm 粒级磷灰石吸附罩盖在粗粒级白云石表面，因此可以推测加入-18 μm 粒级磷灰石能够降低浮选尾矿中粗粒级白云石的浮选回收率，原因是-18 μm 粒级的磷灰石在粗粒级白云石表面发生了吸附，降低了捕收剂在白云石表面的吸附，所以细粒级的磷灰石会对粗粒级的白云石的浮选产生抑制。同时，可以推测在一定的条件下，当矿物的溶解离子达到一定浓度时，磷灰石和白云石的表面可以发生转化，当溶液中溶解的 CO_3^{2-} 浓度达到一定程度时，磷灰石的表面可以转化为白云石，所以-18 μm 粒级的白云石可以提高磷灰石的浮选回收率。当溶液中的 PO_4^{3-} 浓度达到一定值时，白云石的表面可以转化为磷灰石，所以-18 μm 粒级的磷灰石可以降低-106+45 μm 粒级白云石的浮选回收率[11]。

10.10.2　不同粒级方解石与磷灰石浮选交互影响的机理探讨

为探讨-18 μm 粒级方解石对-106+45 μm 粒级磷灰石浮选影响的原因，对-18 μm 粒级方解石与-106+45 μm 粒级磷灰石组成的混合矿进行浮选试验，对浮选精矿进行扫描电镜分析，结果如图 10.34 和表 10.15~表 10.17 所示。

图 10.34　-18 μm 粒级方解石与-106+45 μm 粒级磷灰石混合矿浮选精矿的扫描电镜照片

表 10.15　图 10.34 中 a 点的 EDS 能谱分析

元素	归一化质量/%	相对含量/%
C	30.84	49.11
O	20.23	24.18
F	2.29	2.30
Si	0.58	0.39
P	14.48	8.94
Ca	31.58	15.07

表 10.16　图 10.34 中 b 点的 EDS 能谱分析

元素	归一化质量/%	相对含量/%
C	10.11	18.02
O	40.28	53.91
F	1.34	1.51
P	4.87	3.37
Ca	43.39	23.18

表 10.17　图 10.34 中 c 点的 EDS 能谱分析

元素	归一化质量/%	相对含量/%
C	14.32	22.47
O	51.77	60.98

元素	归一化质量/%	相对含量/%
F	0.42	0.41
P	2.85	1.73
Ca	30.64	14.40

由图 10.34 和表 10.15~表 10.17 可知，图 10.34 中的 a 点为磷灰石、b 点与 c 点为方解石，说明浮选精矿中有较多的 -18 μm 粒级方解石吸附罩盖在 -106+45 μm 粒级磷灰石表面，因此可以推测加入 -18 μm 粒级方解石能够提高浮选精矿中磷灰石的浮选回收率，原因在于 -18 μm 粒级的方解石在 -106+45 μm 粒级磷灰石表面发生了吸附，增加了捕收剂在磷灰石表面的吸附。

为探讨 -18 μm 粒级磷灰石对 -106+45 μm 粒级方解石浮选产生抑制的原因，对 -18 μm 粒级磷灰石与 -106+45 μm 粒级方解石组成的混合矿进行浮选试验，对浮选尾矿进行扫描电镜分析，结果如图 10.35 及表 10.18、表 10.19 所示。

图 10.35   -18 μm 粒级磷灰石与 -106+45 μm 粒级方解石混合矿浮选尾矿的扫描电镜照片

表 10.18   图 10.35 中 a 点的 EDS 能谱分析

元素	归一化质量/%	相对含量/%
C	22.82	34.21
O	46.04	51.81
Ca	31.13	13.99

表 10.19   图 10.35 中 b 点的 EDS 能谱分析

元素	归一化质量/%	相对含量/%
C	6.24	10.39
O	50.23	62.75
F	6.91	7.27
P	9.09	5.87
Ca	27.52	13.73

由图 10.35、表 10.18 和表 10.19 可知，图 10.35 中的 a 点为方解石、b 点为磷灰石，当添加-18 μm 粒级磷灰石时，浮选尾矿中有较多的-18 μm 粒级磷灰石吸附罩盖在-106+45 μm 粒级方解石表面，因此可以推测加入-18 μm 粒级磷灰石能够降低浮选尾矿中方解石的浮选回收率，原因是-18 μm 粒级的磷灰石在-106+45 μm 粒级方解石表面发生了吸附，降低了捕收剂在方解石表面的吸附，所以会对方解石的浮选产生抑制。在一定的条件下，当矿物的溶解离子达到一定浓度时，磷灰石和方解石的表面可以发生转化；当溶液中溶解的 CO_3^{2-} 的浓度达到一定程度时，磷灰石的表面可以转化为方解石，所以-18 μm 粒级的方解石可以提高-106+45 μm 粒级磷灰石的浮选回收率。当溶液中的 PO_4^{3-} 浓度达到一定值时，方解石的表面可以转化为磷灰石，所以-18 μm 粒级的磷灰石可以降低-106+45 μm 粒级方解石的浮选回收率。

10.10.3 -18 μm 粒级的不同矿物对石英浮选交互影响的机理探讨

10.10.3.1 -18 μm 粒级的白云石对石英浮选交互影响的机理探讨

为探讨-18 μm 粒级白云石对-106+45 μm 粒级石英浮选产生的活化作用及六偏磷酸钠对该活化作用产生的抑制机理，对白云石与六偏磷酸钠作用前后的石英表面进行红外光谱分析，如图 10.36 所示。

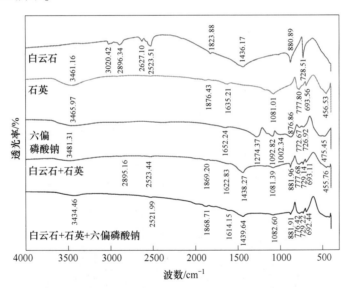

图 10.36 -18 μm 白云石与六偏磷酸钠作用前后-106+45 μm 粒级石英表面的红外光谱图

由图 10.36 中白云石的红外光谱图可知，3020.42 cm^{-1} 处强而宽的吸收峰是 H_2O 分子的伸缩振动，2896.34 cm^{-1} 处的吸收峰是 C—H 的伸缩振动，2627.10 cm^{-1} 处和 2523.51 cm^{-1} 处的吸收峰是—CH_2 的不对称伸缩振动，1823.88 cm^{-1} 处的吸收峰为 CO_3 的对称伸缩振动或面内弯曲振动的和频峰。1436.17 cm^{-1} 处的吸收峰为 CO_3 的反对称伸缩振动，880.89 cm^{-1} 处的吸收峰是 CO_3 的面外弯曲振动，728.51 cm^{-1} 处的吸收峰是 CO_3 的面内弯曲振动。

由图 10.36 中六偏磷酸钠的红外光谱图可知，3465.97 cm^{-1} 处强而宽的吸收峰是水分子的伸缩振动，1652.24 cm⁻¹处的吸收峰是 H_2O 的变角振动，1274.37 cm⁻¹处的吸收峰是 PO_2 的反对称伸缩，1092.82 cm⁻¹的吸收峰是 PO_4 的反对称伸缩。1002.34 cm⁻¹处为 PO_3 的对称伸缩，876.86 cm⁻¹处的吸收峰为 P—O—P 的反对称伸缩振动，772.67 cm⁻¹和 726.92 cm⁻¹处的吸收峰是 P—C 的伸缩振动，475.45 cm⁻¹处的吸收峰是 PO_4 的对称变角振动。

由图 10.36 中白云石+石英的红外光谱图并结合石英的红外光谱图进行对比发现，−106+45 μm 粒级石英与−18 μm 粒级的白云石混合后与不添加白云石相比，石英表面出现了新的峰值 1438.27 cm⁻¹和 729.14 cm⁻¹，新出现的两个峰值分别代表 CO_3 的反对称伸缩振动和 CO_3 的面内弯曲振动，同时 1081.01 cm⁻¹处的峰值在加入白云石之后变弱，说明白云石在石英的表面发生了吸附。同时，在加入白云石之后 H_2O 分子的峰值由 3461.16 cm⁻¹处变到了 3481.31 cm⁻¹处，发生了位移的改变，说明白云石溶解的金属离子改变了水分子中 O—H 键的距离，形成了 $Ca(OH)^+$ 或 $Mg(OH)^+$，从而对石英的浮选产生活化作用。

由图 10.36 中白云石+石英+六偏磷酸钠的红外光谱图可知，六偏磷酸钠对−18 μm 粒级白云石与−106+45 μm 粒级石英的混合矿作用后，没有出现新的峰值，与不添加六偏磷酸钠相比，峰值的变化主要为 3481.31 cm⁻¹处水分子的峰值变到了 3434.46 cm⁻¹处，1622.83 cm⁻¹处 H_2O 的变角振动吸收峰变到了 1614.15 cm⁻¹处。这说明六偏磷酸钠可以减弱白云石溶解的钙镁离子对水分子中 O—H 电子云的诱导作用，减少 $Ca(OH)^+$ 或 $Mg(OH)^+$ 对白云石浮选的活化作用。

为探讨−18 μm 粒级白云石对−106+45 μm 粒级石英浮选影响的原因，对−18 μm 粒级白云石与−106+45 μm 粒级石英组成的混合矿进行浮选试验，对浮选精矿进行扫描电镜分析，如图 10.37 及表 10.20、表 10.21 所示。

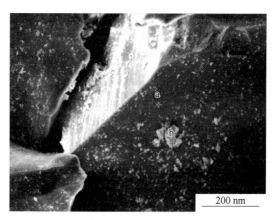

图 10.37　−18 μm 粒级白云石与−106+45 μm 粒级石英混合矿浮选精矿的扫描电镜照片

表 10.20　图 10.37 中 a 点的 EDS 能谱分析

元素	原子数	归一化质量/%	相对含量/%
C	6	52.45	66.76
O	8	18.21	17.40
Si	14	28.93	15.75

表 10. 21　图 10. 37 中 b 点的 EDS 能谱分析

元素	原子数	归一化质量/%	相对含量/%
C	6	9. 87	17. 76
O	8	40. 15	54. 21
Mg	12	12. 91	11. 48
Si	14	1. 84	1. 41
Ca	20	26. 28	14. 17

由图 10. 37、表 10. 20 和表 10. 21 可以得出，图 10. 37 中的 a 点为石英、b 点为白云石，当添加−18 μm 粒级白云石时，浮选精矿中有较多的−18 μm 粒级白云石吸附罩盖在−106+45 μm 粒级石英表面，因此可以推测加入−18 μm 粒级白云石能够提高浮选精矿中石英的浮选回收率，原因是−18 μm 粒级的白云石在−106+45 μm 粒级石英表面发生了吸附，增大了捕收剂在石英表面的吸附。

为了探讨−18 μm 粒级白云石对−106+45 μm 粒级石英的浮选产生活化的原因是否与白云石的溶解组分有关，对−18 μm 粒级白云石与−106+45 μm 粒级石英组成的混合矿进行浮选试验，结果如图 10. 38 所示。

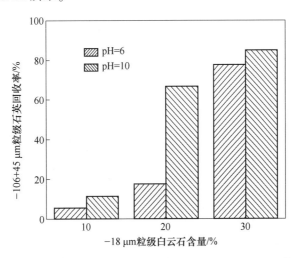

图 10. 38　−18 μm 粒级白云石在不同 pH 值条件下对−106+45 μm 粒级石英浮选回收率的影响

由图 10. 38 可知，−18 μm 粒级白云石在 pH 值为 10 的条件下对−106+45 μm 粒级石英浮选的回收率影响要大于 pH 值为 6 的条件下的回收效果，推测−18 μm 粒级白云石对−106+45 μm 粒级石英浮选产生活化的原因中，除了细粒级白云石在粗粒级矿物表面产生吸附罩盖外，可能还与细粒级白云石矿物的溶解组分有关。为探讨白云石溶解组分对石英浮选产生影响的机理，绘制了白云石在不同 pH 值条件下的溶解组分浓度对数图，如图 10. 39 所示。

由图 10. 39 可知，白云石在酸性条件下主要存在的优势组分为 Ca^{2+}、$Ca(OH)^+$ 和 $Mg(OH)^+$，推测这些优势组分均可以与捕收剂阴离子 Ol^- 产生反应，消耗部分捕收剂，降低了石英的浮选回收效果。

10. 10. 3. 2　−18 μm 粒级方解石对−106+45 μm 粒级石英浮选交互影响的机理探讨

为探讨−18 μm 粒级方解石对−106+45 μm 粒级石英浮选产生活化的原因，对方解石添

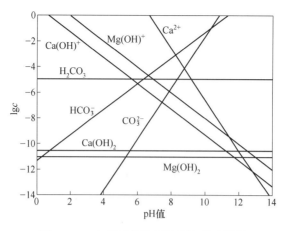

图 10.39　白云石的溶解组分浓度对数图

加六偏磷酸钠后的石英浮选精矿表面进行红外光谱分析与扫描电镜分析，结果如图 10.40、图 10.41 及表 10.22~表 10.24 所示。

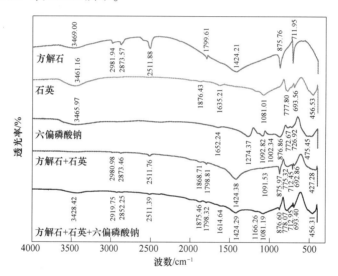

图 10.40　−18 μm 粒级方解石与六偏磷酸钠作用前后−106+45 μm 粒级石英浮选精矿的红外光谱图

图 10.41　−18 μm 粒级方解石与−106+45 μm 粒级石英浮选精矿的扫描电镜照片

表 10.22　图 10.41 中 a 点的 EDS 能谱分析

元素	原子数	归一化质量/%	相对含量/%
C	6	25.93	36.78
O	8	41.11	43.77
Si	14	30.62	18.57
Ca	20	1.59	0.68

表 10.23　图 10.41 中 b 点的 EDS 能谱分析

元素	原子数	归一化质量/%	相对含量/%
C	6	15.87	24.51
O	8	48.66	56.42
Si	14	14.10	9.31
Ca	20	0.76	9.54

表 10.24　图 10.41 中 c 点的 EDS 能谱分析

元素	原子数	归一化质量/%	相对含量/%
C	6	14.95	23.33
O	8	52.29	61.28
Si	14	0.87	0.58
Ca	20	31.25	14.62

由图 10.40 中方解石红外光谱图可知，$3469.00\ cm^{-1}$ 处强而宽的吸收峰是水分子的伸缩振动，$2981.94\ cm^{-1}$ 处的吸收峰是 CH 的不对称伸缩振动，$2873.57\ cm^{-1}$ 处的吸收峰是 CH 的伸缩振动，$2511.88\ cm^{-1}$ 处为 CO_3 的反对称或对称伸缩振动。$1799.61\ cm^{-1}$ 处的吸收峰为 C═O 的伸缩振动，$1424.21\ cm^{-1}$ 处的吸收峰为 CO_3 的反对称伸缩振动，$875.76\ cm^{-1}$ 处的吸收峰是 CO_3 的面外弯曲振动，$711.95\ cm^{-1}$ 处的吸收峰是 CH_2 的面内摇摆振动。

由图 10.40 中方解石+石英作用后的红外光谱图结合石英红外光谱图可知，石英加入 $-18\ \mu m$ 粒级方解石以后，石英的表面出现了新的峰值，新出现的峰值有 $2511.76\ cm^{-1}$、$1424.38\ cm^{-1}$ 及 $712.45\ cm^{-1}$，分别代表 CH_2 的伸缩振动、CO_3 的反对称伸缩振动，说明方解石在石英的表面发生了吸附。同时，$3461.16\ cm^{-1}$ 处的峰值变弱，说明方解石溶解的金属离子对 O—H 键的改变较大，形成了 $Ca(OH)^+$，从而对石英的浮选产生活化作用。

由图 10.40 中方解石+石英+六偏磷酸钠的红外光谱图可知，六偏磷酸钠与 $-18\ \mu m$ 粒级方解石和 $-106+45\ \mu m$ 粒级石英的混合矿反应以后，以前变弱的几处峰值又重新加强，主要有 $3428.42\ cm^{-1}$ 处的峰值和 $1081.19\ cm^{-1}$ 处的峰值，分别代表水分子的振动和 Si—O—Si 的反对称伸缩振动，说明添加六偏磷酸钠以后，六偏磷酸钠减弱了方解石溶解的金属离子对 O—H 中电子云的诱导作用，降低了 $Ca(OH)^+$ 对石英浮选的活化作用，从而削弱了方解石对石英浮选的活化作用。

由图 10.41 和表 10.22~表 10.24 可以得出，图 10.41 中的 a 点为石英、b 点和 c 点为方解石，当添加 $-18\ \mu m$ 粒级方解石时，浮选精矿中有较多的 $-18\ \mu m$ 粒级方解石吸附罩盖在-106+45 μm 粒级石英表面，因此可以推测加入-18 μm 粒级方解石能够提高浮选精矿中石英的浮选回收率，原因是-18 μm 粒级的方解石在-106+45 μm 粒级石英表面发生了吸附，增加捕收剂在石英表面的吸附。

为了探讨-18 μm 粒级方解石对-106+45 μm 粒级石英的浮选产生活化的原因是否与方解石的溶解组分有关，对-18 μm 粒级方解石与-106+45 μm 粒级石英组成的混合矿进行浮选试验，如图 10.42 所示。

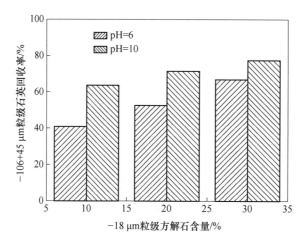

图 10.42　-18 μm 粒级方解石在不同 pH 值条件下对-106+45 μm 粒级石英浮选的影响

由图 10.42 可知，-18 μm 粒级的方解石在 pH 值为 10 条件下对-106+45 μm 粒级石英的浮选回收率影响要大于在 pH 值为 6 条件下的回收效果，推测-18 μm 粒级方解石对-106+45 μm 粒级石英产生活化的原因中，除了细粒级方解石在粗粒级矿物表面产生吸附罩盖外，细粒级方解石矿物的溶解组分也可产生影响。为探讨方解石的溶解组分对石英浮选活化的原因，绘制了不同 pH 值条件下方解石的溶解组分浓度对数图，结果如图 10.43 所示。

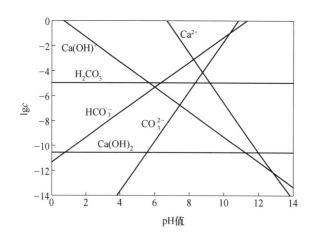

图 10.43　方解石的溶解组分浓度对数图

由图 10.43 可知，方解石在酸性条件下主要存在的优势组分为 Ca^{2+} 与 $Ca(OH)^+$，推测是由于矿物溶解产生的优势组分可能与 OI⁻ 产生反应，消耗了部分捕收剂，降低了捕收剂对石英的浮选回收效果。

通过研究发现，磷灰石浮选体系中的矿物间存在交互影响，这种交互作用使得部分矿物变成"抑制剂"或"活化剂"，或影响有用矿物磷灰石的回收，或影响脉石矿物的脱除效果。为消除或减弱这种影响，可以通过添加药剂等方式进行浮选调控，以达到有效浮选分离的效果。

参 考 文 献

[1] 刘宇桐，罗惠华，赵军，等．中国磷矿选矿研究现状与展望［J］．中国非金属矿工业导刊，2023，(5)：1-5，35．

[2] 周文雅，吕振福，曹进成，等．中国磷矿大型资源基地开发利用现状分析［J］．能源与环保，2021，43（1）：56-60．

[3] 刘文彪，黄文萱，马航，等．我国磷矿资源分布及其选矿技术进展［J］．化工矿物与加工，2020，49（12）：19-25．

[4] 张亚明，李文超，王海军．我国磷矿资源开发利用现状［J］．化工矿物与加工，2020，49（6）：43-46．

[5] 张书超．磷灰石浮选体系中矿物的交互影响研究［D］．福州：福州大学，2018．

[6] 王纪镇，刘睿华，荆茂晨，等．方解石与共伴生矿物浮选交互影响研究进展［J］．有色金属工程，2023，13（4）：78-87．

[7] 汤家焰，何嘉宁，张少杰，等．磷矿浮选中磷灰石和石英的交互行为［J］．非金属矿，2021，44（6）：69-73．

[8] 汤佩徽．磷灰石和硅质脉石浮选分离的研究［D］．长沙：中南大学，2011．

[9] 冯寅．磷灰石与白云石正浮选分离研究［D］．长沙：中南大学，2011．

[10] FUESTENAU D W，李云龙．表面转化对白云石和磷灰石化学性质和浮选行为的影响［J］．国外金属矿选矿，1992（11）：11-17．

[11] 王淀佐，胡岳华．浮选溶液化学［M］．长沙：湖南科学技术出版社，1988．

11 矿物浮选交互影响理论的实践应用

矿物之间的交互作用影响较为复杂，为了提高复杂矿石体系中有用矿物的分选效率，有时要利用这种交互影响，例如利用有用矿物细粒级之间的交互作用而开发的选择性絮凝、剪切絮凝、选择性疏水团聚、油团聚等浮选技术，利用有用矿物粗细颗粒交互作用的同类或自载体浮选技术等。但在大部分情况下，要提高有用矿物的分选效率，则可能要消除不同矿物之间的交互作用影响，例如分步浮选、分散浮选等技术。本章着重介绍有关利用和消除矿物间交互影响的工业生产实践。

11.1 分步浮选技术的应用实践

针对铁矿石浮选时铁矿物之间严重的交互影响，特别是菱铁矿等对赤铁矿分选影响较大的问题，笔者研究团队创造性地提出了分步浮选技术。通过分步浮选技术可以很好地消除菱铁矿等含碳酸盐铁矿石在赤铁矿和石英表面的无选择性交互作用影响，从而解决了鞍钢矿业集团东鞍山烧结厂含碳酸盐铁矿石无法正常分离的问题。

鞍钢集团矿业公司东鞍山烧结厂是我国第一个大型贫赤铁矿选烧联合企业，是鞍钢重要的钢铁原料基地之一，于 1958 年 10 月建成投产；现有选矿、烧结两大生产工艺，设计年产赤铁精矿 $225×10^4$ t、烧结矿 $360×10^4$ t。

东鞍山含碳酸盐赤铁矿石中铁、硫等元素都主要以独立矿物存在，主要铁矿物为假象赤铁矿，其次为菱铁矿。为充分利用好这部分资源，对东鞍山含碳酸盐赤铁矿石的工艺矿物学特性、矿物的可浮性及其分离工艺进行了系统的基础研究和应用探讨，提出的"分步浮选"技术（见图 11.1 和图 11.2），实现了含碳酸盐赤铁矿石的有效回收。

图 11.1 彩图

图 11.1　第一步菱铁矿正浮选浮选车间现场照片

图 11.2 彩图

图 11.2　第二步赤铁矿反浮选浮选车间现场照片

11.1.1　分步浮选技术

所谓分步浮选技术，第一步是根据东鞍山铁矿石中铁矿物之间交互影响严重、菱铁矿对赤铁矿分选影响较大的问题，利用不同矿物在不同介质条件下可浮性的差异。首先，在中性条件下将容易发生罩盖的细颗粒菱铁矿和绿泥石等含泥硅酸铁矿物第一步提前分离，减少其对后续分选的影响；然后，第二步在强碱性条件采用正常的反浮选技术分选赤铁矿，从而解决了东鞍山含碳酸盐铁矿石无法正常反浮选的问题。分步浮选工艺流程如图11.3 所示，分步浮选机理示意图如图 11.4 所示。

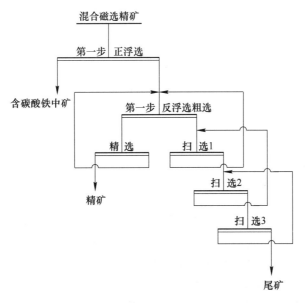

图 11.3　含碳酸盐铁矿石分步浮选工艺流程

由图 11.4 可看出，分步浮选基于事前控制思路，即在第一步预先分离出了部分可浮性相对较好的微细粒菱铁矿，以减少其对后续浮选的影响；第二步对赤铁矿进行常规的反浮选，浮选指标能得到较好的改善。

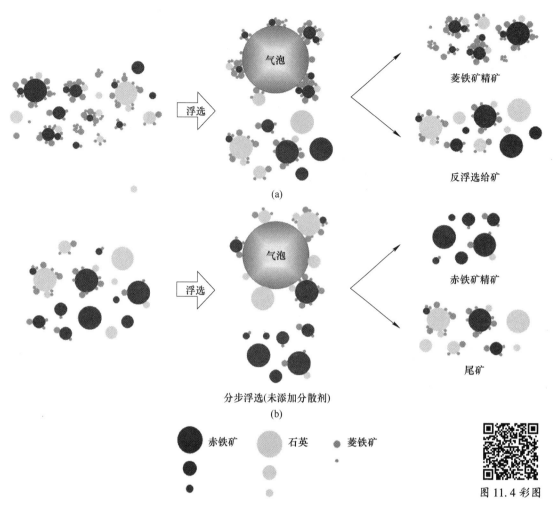

图 11.4 彩图

图 11.4　分步浮选机理示意图

（a）第一步：正浮选菱铁矿；（b）第二步：反浮选赤铁矿

若原矿中的碳酸盐含量增加，选别难度随即加大。分步浮选仍然按照图 11.4 的过程进行，在预先浮选分离菱铁矿的同时，由于矿浆中依然存在细粒矿物团聚和细粒菱铁矿黏附罩盖在粗颗粒铁矿表面的现象，造成较多赤铁矿等被夹带进入浮选泡沫而损失在菱铁矿精矿中，最终精矿的 TFe 回收率较低。

鞍钢集团矿业公司在前期研究工作的基础上，建设了一条年处理 100 万吨原矿石的东鞍山难选混合铁矿石阶段磨矿—粗细分选—重选—磁选—分步浮选工业化生产线，使东鞍山原来无法处理的近 5 亿吨含碳酸盐赤铁矿石得到利用。

分步浮选技术对其他类似难选混合铁矿石的开发利用起到示范作用，可使我国储量达 50 亿吨以上的含碳酸盐赤铁矿石得到合理的开发与利用，并对其他难选铁矿资源的开发利用提供借鉴作用。

11.1.2　工业试验与应用情况

东鞍山烧结厂所处理铁矿石来自东鞍山和西鞍山，经过多年的开采，目前矿石的矿物组成和特性发生了很大变化，矿石中的主要矿物有赤铁矿、磁铁矿、石英、褐铁矿、菱铁矿、铁白云石、角闪石及少量绿泥石等。由于不同矿区矿物组成的差异较大，因此生产中给矿的组成经常发生变化。近几年的生产结果统计表明，随着开采深度的增加，矿石中碳酸铁的含量逐年增加；矿石中的碳酸铁主要是菱铁矿，其次是铁白云石。

东鞍山高碳酸铁矿石中以菱铁矿为主的碳酸铁矿物在磨矿时极易泥化，泥化后的菱铁矿罩盖在赤铁矿和石英矿物表面，造成磁选混合精矿在反浮选过程中一部分石英因菱铁矿会受到淀粉一定程度的抑制而混入反浮选槽内产品，一部分赤铁矿则因淀粉对菱铁矿的抑制作用较弱而进入反浮选泡沫产品，从而导致石英和赤铁矿不能被有效分选，严重时出现"精尾不分"现象。这使东鞍山铁矿只能将高碳酸铁矿石堆存而无法处理，不仅浪费资源，还占用土地，影响生态环境。生产实践表明，碳酸铁的出现对东鞍山铁矿石的浮选影响极大，随着碳酸铁含量的增加，浮选指标呈下降趋势，甚至出现精尾不分现象，其结果导致这部分矿石无法得到有效处理，目前东鞍山每年堆存该类铁矿石约100万吨。

工艺矿物学研究结果表明，东鞍山含碳酸盐铁矿石的主要铁矿物为假象赤铁矿（75.85%），其次为菱铁矿，还有赤铁矿、半假象赤铁矿及少量的磁铁矿；主要脉石矿物为石英，其他脉石矿物为微晶结构的方解石、白云石、少量铁白云石及含铁的硅酸盐矿物等。矿石中假象赤铁矿的嵌布粒度不仅细，而且不均匀。矿石的构造类型主要为条带状构造，其次为脉状构造、层状构造等。矿石结构主要为由风化淋滤后交代作用形成的残余结构、骸晶结构、镶边结构、溶蚀结构等，其次为由结晶和沉淀作用形成的晶粒结构、自形晶结构、半自形晶结构、他形晶结构等；矿石中假象赤铁矿的嵌布粒度不仅偏细，而且不均匀。在+0.074 mm粒级中，假象赤铁矿的粒级占有率为41.55%；在-0.010 mm粒级中，假象赤铁矿的占有率为5.34%。因此，要获得较为理想的选别指标，细磨矿是必需的；同时选择性能良好的捕收剂加强对细粒级别假象赤铁矿与菱铁矿的回收也是必要的。其矿石多元素分析结果、铁物相分析结果和矿物的相对含量分别见表11.1~表11.3。

表 11.1　东鞍山含碳酸盐铁矿石的化学分析结果 （%）

化学成分	TFe	S	SiO$_2$	Al	K	Na
含量	34.43	0.0046	49.41	0.08	0.04	0.03
化学成分	Ca	Mg	Mn	As	FeO	—
含量	0.28	0.22	0.28	<0.005	9.24	—

表 11.2　东鞍山含碳酸盐铁矿石的铁物相分析结果 （%）

元素存在的相	磁性铁	碳酸铁	假象（半）赤、褐铁矿	硅酸铁	总量
含量	0.34	4.98	26.01	2.96	34.29
占有率	0.99	14.53	75.85	8.63	100.00

表 11.3　东鞍山含碳酸盐铁矿石中矿物的相对含量　　　　　　（%）

金属矿物	含量	脉石	含量
假象赤铁矿		石英	49.41
半假象赤铁矿	37.18	方解石（白云石）	1.46
赤铁矿		其他	1.34
菱铁矿	10.14	总计	100.00
磁铁矿	0.47		
黄铁矿	微		
黄铜矿	微		

在实验室研究工作的基础上，东鞍山烧结厂进行了含碳酸盐铁矿石的工业试验研究，工业试验从 2010 年 5 月 14 日开始在鞍钢集团公司东鞍山烧结厂进行，运行三天后各项指标趋于稳定。工业试验期间着重考察了不同碳酸铁含量、不同类型含碳酸盐铁矿石、不同药剂制度等对分步浮选工艺分选效果的影响，工业试验考察至 2010 年 8 月 23 日。

工业试验过程中考察了不同碳酸铁含量对分选效果的影响，结果见表 11.4。该结果表明，随着分步浮选给矿中碳酸铁含量的提高，分步浮选最终精矿的品位和回收率也呈下降趋势，表明给矿中碳酸铁含量的增加，确实对分步浮选分离过程产生了影响。但是，总体铁精矿的品位仍能保持在 63% 左右，浮选回收率也能保持在 63% 以上，当给矿中碳酸铁矿物含量（质量分数，余同）高达 11.57% 时，最终反浮选铁精矿的品位仍可达 61% 以上，浮选回收率在 63% 以上。

表 11.4　碳酸铁平均含量与平均铁精矿品位和回收率的关系　　　　　　（%）

原矿 $FeCO_3$ 含量	平均 $FeCO_3$ 含量	混磁精 $FeCO_3$ 平均含量	正浮选泡沫中 $FeCO_3$ 平均含量	正浮选 $FeCO_3$ 脱除率	最终铁精矿品位	平均回收率
2~3	2.41	5.61	14.01	38.23	65.68	63.84
3~4	3.55	5.59	14.02	33.90	64.69	65.72
4~5	4.38	6.60	15.87	39.27	64.10	63.85
5~6	5.39	7.61	20.01	30.03	62.49	63.93
6~7	6.36	7.56	20.18	46.36	64.45	61.97
7~8	7.42	9.22	21.98	47.21	60.77	58.32
>8	10.01	11.57	23.85	47.41	61.24	63.05
平均值	5.64	7.68	18.56	40.48	63.37	62.95

分步浮选工艺工业试验完成后，对东鞍山烧结厂含碳酸盐赤铁矿石阶段磨矿—粗细分选—重选—磁选—分步浮选工艺进行了流程考察，考察后的数质量流程如图 11.5 所示。

由图 11.5 可知，含碳酸盐赤铁矿石采用阶段磨矿—粗细分选—重选—磁选—分步浮选工艺，获得了总精矿铁品位为 63.03%，回收率为 63.77% 的分选指标，表明含碳酸盐赤铁矿石通过该分选工艺，能获得合格的精矿指标。由此可见，采用分步浮选工艺，可以消除菱铁矿对赤铁矿浮选的影响，是解决含碳酸盐铁矿石浮选分离难题的方法之一。

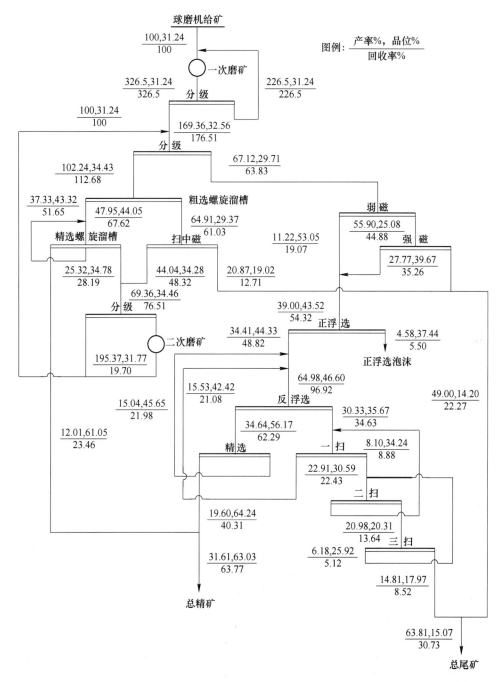

图 11.5 含碳酸盐赤铁矿石重选—磁选—分步浮选工艺的数质量流程

基于分步浮选工艺在东烧厂选矿作业区 3 号系统生产实践的成功，2012 年鞍钢申报国土资源部"含碳酸盐赤铁矿石分步浮选技术优化与工业应用"示范工程项目立项通过，获得国家矿产资源节约与综合利用示范工程专项资金支持。2012 年 5 月选矿二、三系统分步浮选工艺改造工程开工，9 月改造结束并投产，含碳酸盐赤铁矿石处理能力由 220 万吨提高到 440 万吨，年创效益 2200 万元，成为全国资源利用示范工程。

11.2　分散浮选技术的应用实践

为了消除矿物之间的交互影响作用，分散浮选是一种非常有效果的方法。分散方法有物理分散方法和化学分散方法。物理分散方法主要包括超声波分散和机械搅拌分散。化学分散是通过在颗粒悬浮体中加入无机电解质、有机高聚物及表面活性剂等分散剂使其在颗粒表面吸附，改变颗粒表面的性质，从而改变颗粒与液相介质、颗粒与颗粒间的相互作用，使体系分散，防止矿物颗粒团聚和罩盖的方法。分散剂作用前后矿粒的存在状态示意图如图 11.6 所示。

添加分散剂

图 11.6 彩图

图 11.6　分散剂作用前后矿粒的存在状态

笔者针对矿石中铁矿物之间交互影响严重的问题，采用分散性药剂将吸附罩盖在粗颗粒有用矿物表面的细颗粒菱铁矿或硅酸铁脉石解吸，并消除细颗粒矿泥的团聚现象；采用分散性捕收剂，使一些微细铁矿物不能与捕收剂作用，从而减少夹杂进入尾矿的铁矿物，从而达到提高分选指标的目的。

11.1 节中介绍了东鞍山烧结厂的分步浮选，分步浮选过程中会产生一部分"中矿"，具体是指在分步浮选工艺第一步获取合格产品后的含碳酸铁赤铁矿"中矿"产品，其产率为 11%左右、作业回收率在 15%左右、铁品位在 40%左右，如果将这部分"中矿"直接抛弃，将影响最终的回收率，也是对铁矿资源的极大浪费。该"中矿"产品是一种典型复杂难选物料，分析表明：该物料粒度细，-37 μm 粒级含量占 87.79%，粒级铁分布率为92.33%；矿物组成复杂，共生关系密切；含铁矿物种类多，分选性质差异大；菱铁矿等难选矿物相对富集，残留药剂影响大。

因此，自 2010 年 10 月始，鞍钢集团矿业公司与笔者研究团队联合继续针对鞍山式含碳酸盐赤铁矿分步浮选"中矿"的综合利用问题开展了广泛深入的合作研究，首次提出了采用"强化分散、联合用药、一粗一精高效浮选流程"处理分步浮选"中矿"，其创新性在于采用强化分散，有效抑制菱铁矿罩盖，通过药剂制度优化，提高微细粒石英、绿泥石等泥质矿物的浮选效果，实现了该类型物料分选技术的突破，该技术已率先在鞍钢集团矿业公司东鞍山烧结厂成功应用。

东鞍山含碳酸盐铁矿石"分步浮选"过程中产生的含碳酸盐中矿的化学多元素分析结果见表 11.5，铁的赋存状态见表 11.6。

表 11.5 碳酸盐中矿的化学多元素分析结果 （%）

化学成分	TFe	FeO	SiO$_2$	Al$_2$O$_3$	CaO	MgO	S	P
含量	42.98	13.51	22.96	2.78	2.47	1.68	0.072	0.11

表 11.6 碳酸盐中矿中铁的赋存状态 （%）

组分	Fe$_3$O$_4$ 中的 Fe	FeCO$_3$ 中的 Fe	Fe$_2$O$_3$ 中的 Fe	FeSiO$_3$ 中的 Fe	其他中的 Fe	TFe
含量	9.82	5.65	23.19	3.74	0.54	42.94
占全铁的百分比	22.87	13.16	54.01	8.71	1.26	100.00

从以上结果可知，铁元素存在的主要矿物形式是赤铁矿、磁铁矿和菱铁矿等，其中赤铁矿中的铁含量为 23.19%，占全部铁元素含量的 54.01%；含量仅次于赤铁矿的是磁铁矿，占到全部铁元素含量的 22.87%。赤铁矿和磁铁矿都属于较易浮选回收的矿物种类，因而对该中矿进行进一步利用是很有可能的。含碳酸铁中矿的 X 射线衍射图谱如图 11.7 所示。

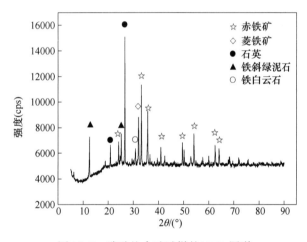

图 11.7 碳酸盐中矿试样的 XRD 图谱

由图 11.7 中的结果可知，该中矿中的主要有用铁矿物是赤铁矿和菱铁矿，脉石矿物主要是石英、铁斜绿泥石和少量易泥化的铁白云石，如何脱除这些脉石矿物是该中矿分选的关键。

碳酸盐中矿的激光粒度分析结果如图 11.8 所示。

激光粒度分布分析结果表明，该矿样中颗粒的平均粒径为 2.8352 μm，d_{50} = 1.2763 μm，比表面积为 28695 cm^2/cm^3。可以看出该中矿的粒度极细，其中粒度小于 5 μm 的颗粒占了 85% 以上，大于 10 μm 的颗粒仅占约 5%。微细粒中矿的大量存在是该中矿难以有效回收利用的重要原因。

笔者对东鞍山烧结厂分步浮选过程中产生的含菱铁矿中矿在分散剂水玻璃作用前后进行了扫描电镜对比研究，结果表明，未添加分散剂水玻璃前，悬浮液中有明显的微细颗粒黏附、罩盖在粗颗粒上，也有微细颗粒相互聚团均匀分布在悬浮液中，以及聚团颗粒黏附在粗颗粒表面的现象存在，其中粗细颗粒既包含赤铁矿和磁铁矿等有用铁矿物，也包含石

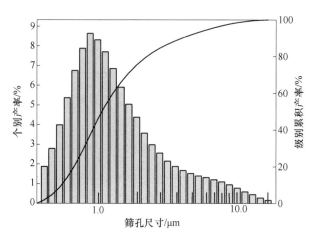

图 11.8　碳酸盐中矿的粒度分析

英、绿泥石等脉石矿物。添加分散剂水玻璃后，随着浮选机的搅拌，粗颗粒表面黏附的微细颗粒及微细粒聚团被打散脱离粗颗粒，均匀分布于悬浮液中的微细粒聚团也随着药剂作用而分散。

　　上述研究表明，在浮选体系中，矿物间会存在交互影响作用，通过分散浮选技术可以消除这种影响。基于此，笔者针对东鞍山含碳酸盐铁矿石分选过程中的混合磁选精矿开展了系统的分散浮选技术研究。

　　基于含碳酸盐中矿的特点，对该中矿进行了分散浮选研究，以水玻璃为分散剂，考察了各种试验条件对该中矿分选效果的影响，得出的适宜粗选条件为：矿浆 pH 值为 10.5，浮选机转速为 2800 r/min，捕收剂 KS 用量为 800 g/t，抑制剂淀粉用量为 2200 g/t。研究了在分选过程中分散剂水玻璃用量对中矿分选效果的影响，结果如图 11.9 所示。

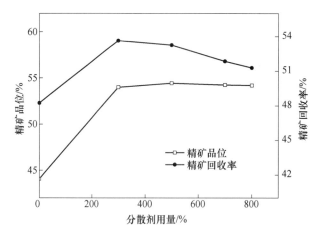

图 11.9　分散剂用量对含碳酸盐中矿分选的影响

　　由图 11.9 中的结果可知，在没有添加分散剂时，浮选精矿品位接近碳酸铁中矿的原矿品位，即该中矿几乎没有得到分选。添加少量分散剂水玻璃后，精矿品位和回收率则急剧升高，可以看出分散剂对该中矿的浮选起着很显著的作用。在分散剂用量为 500 g/t 时，精矿品位达到54.44%，此时精矿回收率也较高，为53.25%，因此水玻璃的适宜用量为500 g/t。

在上述条件试验基础上，进行了一粗三精二扫的开路流程试验，根据试验结果确定了一粗一精的工艺流程，并进行了闭路流程试验，试验数质量流程图如图11.10所示。

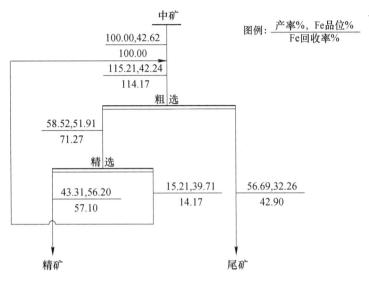

图 11.10　水玻璃作分散剂时一粗一精闭路数质量流程图

由图11.10可知，采用一粗一精闭路工艺流程，所得最终精矿品位和回收率分别为56.20%、57.10%，SiO_2含量为8.14%。

选择柠檬酸为分散剂，考察了各种试验条件对含碳酸盐中矿分散浮选效果的影响，得出的适宜粗选条件为：矿浆pH值为12，捕收剂KS用量为800 g/t，抑制剂淀粉用量为1400 g/t，氧化钙用量为400 g/t，NM-3用量为200 g/t。在此条件下，获得了铁品位为60.03%、回收率59.82%的粗精矿。

为考察多种分散剂对中矿的分散浮选效果，采用一粗一精流程对几种分散剂的浮选效果进行了比较，试验流程和条件如图11.11所示。

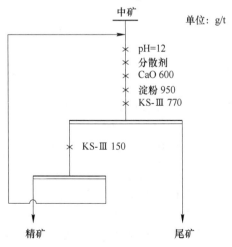

图 11.11　含碳酸盐中矿分散浮选试验闭路流程和条件

　　当分散剂草酸用量为 30 g/t、三聚磷酸钠用量为 50 g/t、柠檬酸用量为 200 g/t 时分别进行分散浮选闭路试验，闭路试验数质量流程图如图 11.12~图 11.14 所示。

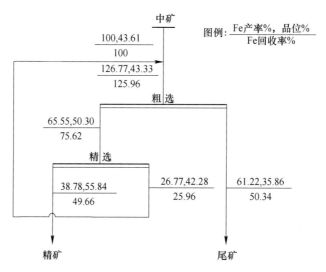

图 11.12　草酸作分散剂时含碳酸盐中矿的分散浮选数质量流程

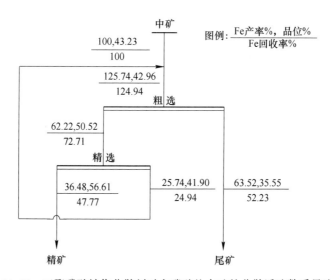

图 11.13　三聚磷酸钠作分散剂时含碳酸盐中矿的分散浮选数质量流程

　　试验结果表明，采用柠檬酸和水玻璃作分散剂能够获得最好的分选指标，可以获得相对较高的精矿品位和回收率。

　　在实验室试验基础上，东鞍山烧结厂针对其"分步浮选"中矿开展了分散浮选再选的工业试验。

　　水玻璃作分散剂时，工业试验数质量流程如图 11.15 所示。

　　结果可知，在正浮选精矿平均 Fe 品位为 44.52% 的给矿条件下，经一次粗选一次精选，获得含碳酸铁中矿再选精矿的平均 Fe 品位为 58.04%，回收率为 9.89%，中矿再选尾矿的平均 Fe 品位为 26.90%。

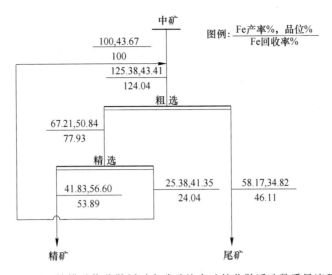

图 11.14 柠檬酸作分散剂时含碳酸盐中矿的分散浮选数质量流程

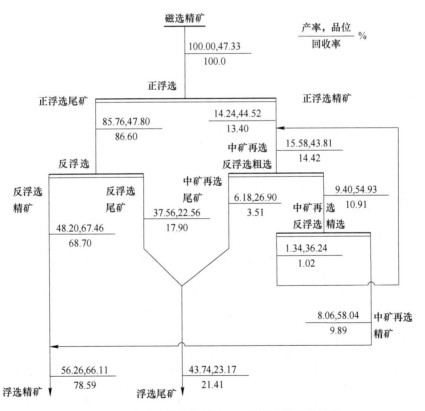

图 11.15 水玻璃作分散剂时的工业试验数质量流程

柠檬酸作分散剂时，工业试验数质量流程如图 11.16 所示。

结果可知，在正浮选精矿平均 Fe 品位为 44.12% 的给矿条件下，经一次粗选一次精选，获得含碳酸铁中矿再选精矿的平均 Fe 品位为 58.96%，回收率为 10.38%，中矿再选

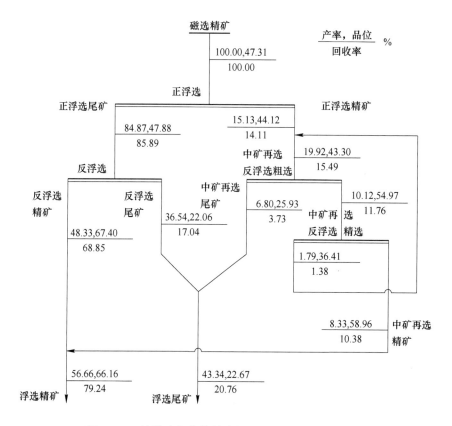

图 11.16　柠檬酸作分散剂时的工业试验数质量流程图

尾矿的平均 Fe 品位为 25.93%。

　　水玻璃和柠檬酸作分散剂时的工业试验产率结果对比见表 11.7。结果可知，柠檬酸分散浮选技术处理含碳酸盐中矿泡沫，中矿再选精矿产率为 8.33%，比水玻璃分散浮选技术再选精矿产率 8.06% 提高了 0.27 个百分点。

表 11.7　采用不同分散剂时工业试验产率（γ_{TFe}）对比　　　　　　　　　（%）

分散剂	磁选精矿	正浮选精矿	正浮选尾矿	反浮选精矿	反浮选尾矿	中矿再选粗选精矿	中矿再选精选尾矿	中矿再选精矿	中矿再选尾矿
水玻璃	100.00	14.24	85.76	48.20	37.56	9.40	1.34	8.06	6.18
柠檬酸	100.00	15.13	84.87	48.33	36.54	10.12	1.79	8.33	6.80
差值	0.00	+0.89	-0.89	+0.13	-1.02	+0.72	+0.45	+0.27	+0.62

　　水玻璃和柠檬酸作分散剂时的工业试验品位结果对比见表 11.8。结果可知，采用柠檬酸分散浮选技术处理含碳酸盐中矿泡沫，中矿再选精矿品位为 58.96%，中矿再选尾矿品位为 25.93%，比水玻璃分散浮选技术中矿再选精矿品位 58.04% 提高 0.92 个百分点，中矿再选尾矿品位 26.90% 下降了 0.97 个百分点。

表 11.8 采用不同分散剂时工业试验品位（β_{TFe}）对比 （%）

分散剂	磁选精矿	正浮选精矿	正浮选尾矿	反浮选精矿	反浮选尾矿	中矿再选粗选精矿	中矿再选精选尾矿	中矿再选精矿	中矿再选尾矿
水玻璃	47.33	44.52	47.80	67.46	22.56	54.93	36.24	58.04	26.90
柠檬酸	47.31	44.12	47.88	67.40	22.06	54.97	36.41	58.96	25.93
差值	-0.02	-0.40	+0.08	-0.06	-0.40	+0.04	+0.17	+0.92	-0.97

水玻璃和柠檬酸作分散剂时的工业试验回收率结果对比见表 11.9。结果可知，采用柠檬酸分散浮选技术处理含碳酸盐中矿泡沫，中矿再选精矿回收率为 10.38%，比水玻璃分散浮选技术中矿再选精矿回收率 9.89% 提高了 0.49 个百分点。

表 11.9 采用不同分散剂时的工业试验回收率（ε_{TFe}）对比 （%）

分散剂	磁选精矿	正浮选精矿	正浮选尾矿	反浮选精矿	反浮选尾矿	中矿再选粗选精矿	中矿再选精选尾矿	中矿再选精矿	中矿再选尾矿
水玻璃	100.00	13.40	86.60	68.70	17.90	10.91	1.02	9.89	3.51
柠檬酸	100.00	14.11	85.89	68.85	17.04	11.76	1.38	10.38	3.73
差值	0.00	+0.71	-0.71	+0.15	-0.86	+0.85	+0.36	+0.49	+0.22

水玻璃和柠檬酸作分散剂时最终精矿指标对比见表 11.10。

表 11.10 采用不同分散剂时的工业试验最终精矿指标对比 （%）

分散剂	产率	TFe 品位	回收率
水玻璃	56.26	66.11	78.59
柠檬酸	56.66	66.16	79.24
差值	+0.40	+0.05	+0.65

结果可知，采用柠檬酸分散浮选技术处理含碳酸盐中矿泡沫，最终精矿产率为 56.66%、品位为 66.16%、回收率为 79.24%，比水玻璃分散浮选技术中矿再选精矿产率 56.26%、品位 66.11%、回收率 78.59% 分别提高了 0.40、0.05 和 0.65 个百分点。

以上应用实践表明，含碳酸盐中矿通过分散浮选技术，获得了一定精矿品位和回收率的精矿，该精矿可以返回到相应作业中继续分选，或者直接混入精矿，可提高选厂的综合回收率 10 个百分点左右。

11.3 选择性絮凝浮选技术的应用实践

选择性絮凝浮选是利用细粒矿物之间交互作用的重要方法之一，即采用高分子絮凝剂选择性絮凝微粒的目的矿物或脉石矿泥，然后用浮选法分离。

矿物选择性絮凝浮选是 20 世纪 60 年代发展起来的一种分选微细颗粒矿物的工艺，分为分散、加药、吸附、选择絮凝和浮选分离 5 个阶段。该技术最初是由英国皇家矿业学院的基钦纳（Kitchener）博士和华伦斯普林实验室的矿石加工研究小组提出的。Ruehrwein 和 Ward 首先在 1952 年提出关于"桥联"的絮凝机理：标准絮凝剂的分子与多数胶体颗粒相似，而且聚合物的链将对若干个颗粒产生吸附作用。并用架桥理论解释了高聚物对矿物微粒的絮凝集聚。桥联机理如图 11.17 所示。

图 11.17 桥联机理

选择性高分子絮凝浮选成功的关键在于选择合适的絮凝剂和调节矿浆的物理化学性质，以使药剂与矿物表面的作用具有一定的专属性。选择性絮凝过程可分为几个阶段，首先使悬浮液中的固体颗粒充分而稳定地分散，加入絮凝剂后，絮凝剂选择性吸附在一部分颗粒表面，使其形成絮团，最终与另一部分仍处于稳定分散的颗粒分离。

高分子絮凝剂分子含有能与矿物颗粒表面相互作用的化学基团。高分子链上的某些基团吸附在颗粒表面上，而链的其余部分则朝外伸向溶液中。当另一个具有吸附空位的颗粒接触到聚合物分子的外伸部分，就会发生同样的吸着。这样，两个颗粒借助于聚合物分子联接形成聚集体，聚合物分子起桥联作用。桥联作用的必要条件是：（1）高分子在表面的吸附不紧密，有足够数量的链环、链尾向颗粒周围自由伸出；（2）高分子在表面的吸附比较稀疏，颗粒表面有足够的可供进一步吸附的空位。

选择性絮凝浮选工艺适合处理一些嵌布粒度很细的矿石，已在铜、铅、锌、钨、锡、铁、高岭土、磷灰石、煤等矿物的细粒处理方面有研究报道，同时其还在煤、钾盐、铜、铁等细粒矿石处理方面获得工业应用，工业生产验证了选择性絮凝浮选技术与工艺通过选择合适的高分子絮凝剂，在该类矿石的浮选过程中能取得较理想的效果。

选择性絮凝浮选具有选择性高、工艺设备简单、环境污染小等优点，在处理含有微细颗粒的悬浮料液方面具有明显的优越性，其分选效果优于常规浮选工艺；其缺点则表现在易受水中溶解离子的影响，难以控制。

在选择性絮凝工艺的研究工作中，大部分都限于矿物分离体系。有关絮凝选择性机理的基础知识可延伸到其他的分离领域，如环境保护、危险物质的预先富集、生物分离和控制药物的输送等体系。必须建立一种各学科配合的方法，以开展选择性絮凝工艺的科学技术研究，以便能实现工业应用。未来要着重从以下几个方面进行更深层次的研究：（1）寻找和研制高效的选择性絮凝剂和分散剂；（2）选择恰当的絮团分离技术；（3）进一步掌握絮凝、调整、分离各环节关键的影响因素和影响规律及它们和不同矿物的关系，如矿浆 pH 值、浓度、药剂量等；（4）降低分散剂耗量，提高经济效益，净化后含分散剂的水回用是一途径；（5）解决高分散剂悬浮液的固-液分离及净化水复用问题，有时需进一步添加凝聚剂和絮凝剂等使分散相颗粒聚沉；（6）减轻絮凝和分高过程的卷裹和夹带。

选择性絮凝浮选工艺成功获得工业应用的典型应用实践是美国蒂尔登选矿厂，于1974年建成。

蒂尔登选矿厂位于美国密歇根州上佩宁苏拉的马克特矿区，伊什佩明镇东南 4.8 km。

该厂是世界上第一座用"絮凝—脱泥—阳离子反浮选工艺"处理细粒浸染赤铁石英岩的选矿厂。第一期工程于1971年开始初步设计，1972年兴建，1975年投产，年处理原矿1060万吨，生产球团矿400万吨。第二期工程于1977年开始建设，1978年投产，规模也是年产球团矿400万吨。一、二期工程各有6台自磨机，12台砾磨机，150台浮选机和24台盘式过滤机。第三期工程投产后，最终规模为年产球团矿1200万吨，处理原矿3100万吨。

（1）矿石性质。

该厂处理难选细粒嵌布的非磁性铁隧岩，属于前寒武纪尼戈尼铁矿层系，其主要铁矿物为赤铁矿和假象赤铁矿，脉石矿物主要是石英、燧石和其他硅酸盐矿物。矿石具有明显的条带状构造。铁矿物嵌布粒度从小于 1 μm 到 100 μm，平均粒度为 10~25 μm。原矿磨至-25 μm（500目）占85%，才能达到充分解离。原矿铁品位36.6%，SiO_2 46.6%，可获铁品位为65%~66%，铁回收率70%~75%的铁精矿。

（2）碎磨流程。

选矿厂采用一段开路破碎，用1台 φ1.5 m 旋回破碎机将矿石破碎至-254 mm，送入选矿车间。磨矿采用自磨—砾磨加中间破碎流程（见图11.18），选矿厂共12个磨矿系列。

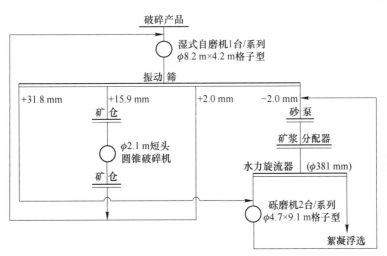

图 11.18　美国蒂尔登选矿厂磨矿流程

第一段磨矿每个系列采用1台 φ8.2 m×4.4 m 湿式自磨机，用2台同步电动机驱动，总功率为4250 kW。自磨机转速11.13 r/min，为临界转速的74.1%，充填率为30%，平均处理量为230 t/h，循环负荷为60%，每吨原矿电耗 13~16 kW·h，磨矿作业率为95%左右。

自磨机排矿卸到1台2.1 m×6.1 m 的三层振动筛，筛分为4种粒级。第一层筛上产品粒度-76+31.8 mm，作为砾石送往砾石仓供砾磨机用，多余砾石和第二层筛上产品-31.8+15.9 mm 给入破碎机，6个系列集中由2台 φ2.1 m 短头圆锥破碎机处理，破碎产品再返回6个系列自磨机。第三层筛上产品-15.9+2.0 mm 直接返回自磨机，筛下产品-2.0 mm 与砾磨机排矿一起通过矿浆分配器给入直径为381 mm 的水力旋流器。

第二段磨矿每个系列用 2 台 ϕ4.7 m×9.1 m 格子型砾磨机（第二期工程用 ϕ4.7 m× 9.7 m），磨机转运 14.87 r/min，为临界转速的 75%，磨机的充填率为 40%，砾石的平均耗量占原矿的 3%，砾磨机用 1879 kW 电机驱动，每吨原矿电耗 14~17 kW·h。

每台砾磨机配有 9 台 ϕ381 mm 水力旋流器，其中 7 台工作 2 台备用，沉砂口直径 76.2 mm，溢流管直径 152.4 mm，锥角 20°，给矿压力 0.21 MPa，溢流浓度 10%~12%，溢流粒度−0.025 mm 占 80%。沉砂返回砾磨机，循环负荷为 175%~300%。

（3）浮选工艺。

图 11.19 为蒂尔登选矿厂的工艺流程图。

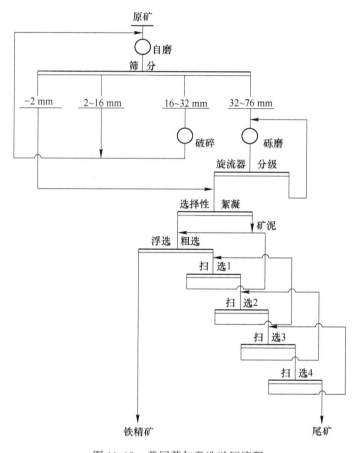

图 11.19　美国蒂尔登选矿厂流程

该工艺过程选用玉米淀粉为絮凝剂，用氢氧化钠、聚磷酸钠作为调整分散剂，加在磨矿机中，矿浆 pH 值为 11。苛性淀粉能有效地同时对氧化铁起选择性絮凝作用及抑制作用。

氢氧化钠和硅酸钠加入第一段自磨机中，以分散矿泥和调节 pH 值至 10.5~11。水力旋流器溢流给入 1 台 ϕ2.7 m×2.7 m 搅拌槽，在此加入玉米淀粉，用以选择性絮凝和抑制铁矿物。然后给入 1 台 ϕ16.8 m 脱泥浓缩机中，浓缩机溢流含铁 12%~14%，产率 25%~ 30%，浓度 12%~13%，送至尾矿浓缩机，加絮凝剂澄清后作回水利用。浓缩机底流平均含铁 43%~44%，浓度为 45%~60%，给入 6 台 ϕ2.7 m×2.7 m 搅拌槽，加入玉米淀粉搅拌约 2 min，然后加入胺送至浮选回路。

浮选采用一次粗选四次扫选。每系列用 25 台 14 m³ 威姆科浮选槽，其中粗选 10 槽，一扫 5 槽，二扫 4 槽、三、四扫各 3 槽。粗选槽内产品为最终精矿，第四槽扫选泡沫产品为最终尾矿，4 次扫选作业槽内产品合并返回粗选。选厂设计的工艺技术指标见表 11.11。

表 11.11 蒂尔登选矿厂设计工艺技术指标

产 品	产率/%	品位/%	铁回收率/%
原矿	100.0	35.9	100.0
脱泥浓缩机溢流	20.0	12.5	7.0
脱泥浓缩机底流	80.0	41.8	93.0
浮选尾矿	41.6	10.7	22.8
浮选精矿	38.4	65.6	70.2
总尾矿	61.6	17.4	29.8

11.4 载体浮选技术的应用实践

载体浮选又称背负浮选，是利用一般浮选粒级的矿粒作载体，使目的细粒矿物罩盖在载体上而上浮的选矿方法，是选别微细粒矿物极为有效的方法之一，是充分利用了粗细矿物之间的交互作用而实现分选。其基本原理是以粗矿粒为载体，以细颗粒矿物为目的矿物，在矿浆中添加捕收剂等药剂后，微细粒的矿物和载体表面均呈疏水性，在搅拌和充气条件下，目的微细粒矿物黏附于粗粒载体矿物表面，共同附着于气泡上浮出。载体浮选可用于脱除杂质，也可用于回收有用矿物。

载体浮选的物理化学基础是利用疏水化载体矿物和微细粒矿物之间的疏水吸引作用，并在高能搅拌作用而产生的强湍流条件下，增强粗粒与微细粒的相互碰撞，促进粗粒与微细间的疏水聚团的形成，即使粗粒矿物与细粒矿物之间发生交互作用，从而使细粒黏附于粗粒表面而提高细颗粒的表观粒径，从而大大提高与气泡的黏着概率。

如果被载的微粒矿物是有价回收矿物，这种用异类矿物作为载体的浮选，称之为异类载体浮选。该浮选方法存在着被载矿物与载体矿物分离，以及载体矿物回收再利用的问题，这样就增加了该工艺的难度，这是影响其工业应用的重要原因。

若采用同类矿物的粗粒负载同类矿物的微细粒，稳定之为同类载体浮选，如果粗粒载体矿物与细粒矿物完全相同，即称为自载体浮选。与异类载体浮选工艺相比，浮选后它不需要进行载体与被载矿物的分离，有利于在工业实践中应用。同时，经过药剂处理过的粗矿粒（一般为浮选粗精矿）使自身载带的药剂得到更好的分散和被吸收，从而降低总的药剂用量，节约生产成本。

影响载体浮选工艺的因素有多种，主要有目的矿物粒度、载体的粒度、载体与目的矿物比例，浮选浓度、浮选药剂制度、浮选时间、矿浆温度、pH 值等。而这些因素可以归纳为：载体粒径的大小、粗细比、搅拌器结构形式等几何因素；载体与细粒作用时的搅拌强度、搅拌时间的长短和矿浆浓度大小等物理因素；药剂的种类和作用浓度及介质 pH 值等化学因素。

　　载体浮选工艺的优点是采用普通设备和一般浮选药剂，并用常见的矿物如方解石、萤石、硅石、重晶石和硫黄等作载体，易于在工业中使用。载体浮选工艺作为一种有效回收微细粒矿物的方法，其不仅能降低企业的生产成本、减少向环境排放残余药剂的总量，而且能提高金属回收率。

　　但载体浮选也有其明显的缺点：一是药剂用量高，二是部分细粒矿物随载体成为泡沫浮出后，还存在着异类载体的分离回收问题，使该法的发展受到极大的限制。

　　最早将载体浮选工艺用于选矿，可以追溯到 20 世纪 60 年代初，此后，载体浮选工艺引起了选矿界的注意，不断有专利与研究报道，并在高岭土除铁、除钛中得到较多应用。此外，用硫黄作为载体，对佛罗里达州的磷酸盐矿泥进行载体浮选，结果也提高了磷灰石的回收率。Mercadc 用方解石作为载体浮选锡矿泥，当原矿含 SnO 0.6%，加入占原矿 13.5% 的方解石，以塔尔油为捕收剂，可得到含 Sn 4.19%、回收率 96.6% 的精矿。随着粗粒易选矿石的不断减少，有价元素在细粒矿物中损失，微细粒物料最大限度地回收利用资源是矿物加工领域的重要研究课题。

　　攀西地区攀枝花选钛厂位于四川省攀枝花市，是我国钒钛磁铁矿最丰富的地区，钛选厂于 1980 年开始投产。攀枝花选矿厂原设计年处理矿石 1350 万吨，产铁精矿 588 万吨。采用一段磨矿磁选流程，设计铁精矿含 Fe 53%，回收率 73%。实际生产铁精矿含 Fe 51.5%，回收率 75%～77%。共有 16 个生产系列，第一个生产系列于 1970 年建成，到 1978 年 16 个生产系列全部建成。选矿厂原矿采自朱家包包、兰家火山及尖包包矿区。1997 年 -0.04 mm 粒级钛铁矿强磁—浮选流程工业试验获得成功后，形成年产 2 万吨钛精矿生产线。经不断完善与优化，2002 年和 2004 年相继建成处理选矿厂全部 16 个生产系列磁尾以 0.065 mm 分界的细粒级强磁—浮选生产流程及相配套的 +0.065 mm 粒级重—电选流程生产系统。选钛厂年生产钛精矿达 30 万吨左右。

　　（1）矿石性质。

　　攀枝花矿区的钒钛磁铁矿属海西期辉长岩的晚期岩浆矿床。工业矿体在岩体中呈似层岩状产出，规模巨大，层位稳定。后因构造被破坏及沟谷切割，沿走向自北东向南分成朱家包包、兰家火山、尖包包、倒马坎、公山、纳拉箐等 6 个矿体。攀枝花辉长岩体长约 19 km，宽约 2 km。

　　矿石中主要金属矿物有钛磁铁矿、钛铁矿、少量磁铁矿、磁赤铁矿、磁黄铁矿、黄铁矿、镍黄铁矿、紫硫镍矿、硫钴矿等，脉石矿物主要有钛辉石、斜长石、橄榄石、绿泥石等。钛磁铁矿中的铁占总铁金属量的 80% 左右，钛铁矿中的 TiO_2 占总 TiO_2 含量的 38%～44%。钒主要赋存于钛磁铁矿中。

　　钛铁矿为半自形或他形粒状，与钛磁铁矿密切共生充填于硅酸盐矿物颗粒间，形成海绵陨铁结构，网状结构。属岩浆晚期产物，钛铁矿分布较广，粒度为 0.4～0.5 mm，是主要回收对象。少量钛铁矿与钛磁铁矿嵌布于钛辉石、钛角闪石中，形成嵌晶结构，粒度较细，还有少量钛铁矿为伟晶岩期钛铁矿，粒度粗大，但含量少。有 35% 的钴以微细含钴镍的独立矿物或以类质同象形态赋存于磁黄铁矿中，有 57% 的钴以微细包裹体形式赋存于钛磁铁矿中。

　　选铁后的尾矿给入选钛厂选钛。在选铁的磁选尾矿中主要含有钛铁矿、硫化矿物、钛辉石、斜长石等，同时也含有磁选选铁时剩余的钛磁铁矿。选铁的尾矿一般含有 TiO_2 8%

左右，含泥量较高，其中-0.043 mm 粒级含量达34%~39%。+0.4 mm 粒级中 TiO$_2$ 的含量不高，仅为2%~4%，可作为尾矿丢弃。

（2）细粒选别工艺的优化。

随着采矿向深部开采，矿石性质发生了变化，采用重选—电选工艺选钛最有效粒级（-0.40+0.045 mm）的含量由原来的60%降低到40%左右，而细粒级（-0.04 mm）部分钛金属量已上升至60%左右，细粒中的钛金属基本未回收，因而造成选钛厂回收率下降。

细粒中的钛铁矿最有效的回收手段是浮选法。为了降低浮选选矿成本，需要预先脱除-0.019 mm 部分细泥，并用高梯度湿式强磁选机预富集，丢掉大部分非磁性脉石后再进入浮选作业。

攀枝花钛选厂在过去重选—电选工艺流程的基础上，经过多年的技术攻关和技术改造，优化了选矿工艺（见图11.20）。原来的选矿工艺由于原矿性质变化，钛铁矿粒度变细，而生产指标比建厂时有大幅度降低。

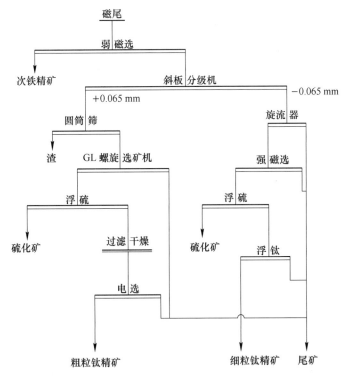

图 11.20 攀枝花选钛厂优化后生产原则流程

攀枝花钛选矿厂处理的原料为选铁尾矿，优化后的选矿工艺为粗粒级采用重选—电选工艺，细粒级采用磁—浮工艺。原矿先用斜板浓密机分级，将物料分成+0.063 mm 和-0.063 mm 两种粒级，+0.063 mm 粒级经圆筒筛隔渣后，经螺旋选矿机选得钛粗精矿，该粗精矿经浮选脱硫后，过滤干燥，再用电选法得粗粒钛精矿。-0.063 mm 粒级物料用旋流器脱除-0.019 mm 的泥之后用湿式高梯度强磁选机将细粒钛铁矿选入磁性产品中，磁性产品先浮选硫化矿，再通过一次粗选、一次扫选、四次精选的钛铁矿浮选流程，获得细粒钛铁矿精矿。

但采用的强磁选—浮选工艺对于 -0.019 mm 粒级钛铁矿回收效果较差，细粒级钛铁矿回收率不高。因此，选厂在 2003 年同时也进行了细粒钛铁矿的浮选回收研究，尝试采用选择性疏水聚团浮选技术和粗粒载体浮选技术，通过控制分散，减少脉石细泥与细粒级钛铁矿之间的凝聚作用。在此基础上，一方面采用选择性疏水聚团浮选技术使微细粒级钛铁矿相互作用形成疏水性聚团；另一方面通过添加粗粒级钛铁矿，利用粗颗粒载体效应进一步提高微细粒级钛铁矿的浮选效果。

通过采用选择性疏水聚团浮选技术和粗粒载体浮选技术，使生产时的浮选作业回收率提高到 70.09%，精矿 TiO_2 含量为 47.94%，其中 -0.019 mm 粒级浮选作业回收率为 62.38%。与 -0.019 mm 粒级钛铁矿单级浮选相比，回收率提高了 9.82%。说明粗颗粒的存在有利于 -0.019 mm 粒级钛铁矿的回收。

以上典型实例说明，载体浮选技术能利用常规的浮选设备实现微细粒矿物的浮选，而且具有流程简单、药剂用量少、分选指标高、稳定性高的特点，产生了显著的经济效益[1-2]。

参 考 文 献

[1] 王朋杰，刘龙飞. 载体浮选工艺的应用与机理研究进展 [J]. 现代矿业，2011（1）：78-80.

[2] 许新邦. 磁—浮流程回收攀钢微细粒钛铁矿的试验研究 [C] // 全国矿山采选技术进展报告会，2001.